最近の化学工学 67

進化する燃料電池・二次電池

反応・構造・製造技術の基礎と未来社会を支える電池技術

化学工学会 関東支部編
化学工学会 エネルギー部会、材料・界面部会著

化学工学会

出版にあたって

「最近の化学工学」シリーズの歴史は大変長く、化学工学の基礎から応用までその時代に即した様々なテーマを紹介してきました。今回で67回目を迎えますが、その長い歴史の中でも、電池技術を取り上げるのは、これが初めてとなります。電池技術は、再生可能エネルギーを含む世界的なエネルギー需給構造の大きな変化の中で、非常に重要な技術として急速な成長を遂げています。本書では、燃料電池や二次電池を中心に解説しており、その理解のためには、電気化学の知識に加え化学工学の知識が必須となります。本書により、反応工学や移動現象論などの従来の化学工学の分野で培われてきた学問体系が、最新の電池技術の中でどのように活用されているかが理解できると思います。また、固体酸化物形燃料電池、固体高分子形燃料電池、リチウムイオン電池、全固体リチウムイオン電池などの最新の技術についても詳しく紹介しています。さらに本書では、個別の材料からセル化・システム化までの電池製造技術について述べており、電池がどのような材料から組み立てられ、最終的にその機能をどのように発現していくのかについて、系統的に理解することができるでしょう。

本書は、化学工学会関東支部主催、化学工学会エネルギー部会及び同材料・界面部会共催の「最近の化学工学講習会 67　進化する燃料電池・二次電池－反応・構造・製造技術の基礎と未来社会を支える電池技術－」のテキストとして、化学工学会エネルギー部会エネルギー変換デバイス・システム分科会が世話役となり編纂されました。燃料電池・二次電池の動作原理から今後の技術トレンドまでを網羅した力作ですので、是非手に取って読んでみてください。本書を通じて、進化し続ける電池技術の基礎と最先端に触れていただき、一人でも多くの方々がその将来の発展に貢献しようと考えて下されば、我々にとって望外の喜びです。

最後に、多忙を極める中、出版にご尽力いただいた執筆者の方々に心から感謝を申し上げます。

2018年12月

公益社団法人化学工学会 関東支部　支部長　酒井 康行
公益社団法人化学工学会 エネルギー部会　部会長　渡邉 哲哉
公益社団法人化学工学会 材料・界面部会　部会長　塩井 章久
公益社団法人化学工学会 エネルギー部会
エネルギー変換デバイス・システム分科会　分科会長　大友 順一郎

進化する燃料電池・二次電池
－反応・構造・製造技術の基礎と未来社会を支える電池技術－
目次

執筆者一覧

1. 序論　大友 順一郎（東京大学 大学院新領域創成科学研究科）

2. 基礎編

2-1　伊原 学・長谷川 馨（東京工業大学 物質理工学院）
2-2　井上 元（九州大学 大学院工学研究院）
2-3　西村 顕（三重大学 大学院工学研究科）
2-4　古山 通久　（物質・材料研究機構　エネルギー・環境材料研究拠点／信州大学 環境・エネルギー材料科学研究所）
2-5　福長 博（信州大学 繊維学部）

3. 応用編

I.
I-1　田巻 孝敬（東京工業大学 科学技術創成研究院）
I-2　中川 紳好（群馬大学 大学院理工学府）
I-3　菊地 隆司（東京大学 大学院工学系研究科）
I-4　谷口 泉（東京工業大学 物質理工学院）

II.
II-1　山村 方人（九州工業大学 大学院工学研究院）
II-2　渡邉 敦（東レエンジニアリング株式会社）
II-3　松崎 良雄（東京ガス株式会社）

III.
III-1　中垣 隆雄（早稲田大学 創造理工学部）
III-2
III-2-1　林 晃敏・作田 敦・辰巳砂 昌弘（大阪府立大学 大学院工学研究科）
III-2-2　大久 保將史・山田 淳夫（東京大学 大学院工学系研究科）
III-2-3　石飛 宏和（群馬大学 大学院理工学府）
III-2-4　宮西　将史・山口 猛央（東京工業大学 科学技術創成研究院）
III-3
III-3-1　吉野 正人（東芝エネルギーシステムズ株式会社）
III-3-2　辻口 拓也（金沢大学 理工研究域）
III-3-3　高坂 文彦（産業技術総合研究所）
III-4　大友 順一郎（東京大学 大学院新領域創成科学研究科）
III-5　伊原 学（東京工業大学 物質理工学院）

1
序論

本書について

大友順一郎
（東京大学）

1−1 はじめに

現代社会では大規模なエネルギーの使用と貯蔵が必要であり、今世紀に入ると地球温暖化・気候変動の問題から、高効率なエネルギー変換システムの導入の必要性に加え、再生可能エネルギーの大量導入に伴うエネルギー需給の大規模な構造変化が起こる時代に突入している。また、再生可能エネルギーの変動抑制やその余剰電力の大量貯蔵といった新たな技術的な要請も生じている。すなわち、気候変動に対応したエネルギー構造の変化に関する世界的な大きな潮流の中で、エネルギー利用の効率化や再生可能エネルギーの大量導入を前提とした様々な新技術開発が進められている。一例として、図 1 に今世紀における二酸化炭素排出量の削減シナリオを示す[1]。図 1 のシナリオでは、2100 年時点での温度上昇を 2℃に抑えることを前提としており、その場合 2050 年時点で現在の二酸化炭素排出量を半減する必要があることが示されている。その実現に向けて、再生可能エネルギーの導入、最終消費部門でのエネルギー利用の効率改善、二酸化炭素の回収・貯蔵 (Carbon dioxide Capture and Storage : CCS)などが対応策として掲げられている。2018 年 10 月に公開された気候変動に関する政府間パネル（Intergovernmental Panel on Climate Change : IPCC）による 1.5℃特別報告書では、地球環境に対するより厳しい見通しと共に、2030 年で 2017 年比二酸化炭素の排出量の半減を提言している [2]。また、気候変動による国別の被害総額の評価研究によると、日本国内の被害総額は 100 円～1000 円/t-CO_2 の範囲にあるとの試算結果が報告されており[3]、国内の二酸化炭素排出量（約 13 億 t/年）を考慮すると、気候変動による国内の被害総額は、年間数千億円規模になると考えられる。20 年後、30 年後のエネルギーの予測は非常に困難であるが、これらの報告は、少なくとも今世紀のエネルギーのあり方の大きな方向性を示唆している。

以上に述べた世界的な気候変動の抑制に向けた取り組みは、エネルギーはもとより、社会のあらゆる側面である産業、輸送、都市、土地利用などでかつてない変革をせまるものであり、個別の要素技術のみではとうてい解決できるものではないが、本書で取り上げる電池技術(燃料電池、二次電池）は、その一翼を担う技術であり、学術および産業応用の両者において重要な要素技術であることはまちがいない。燃料電池は、定置型分散電源や車載向けの移動用電源として技術開発が進められているが、より将来の役割としては、再生可能エネルギーと組み合わせた水電解による水素製造システムとしても期待される。一方、二次電池は、身近な電子機器（スマートフォンやノートパソコン等）から電気自動車、さらには再生可能エネルギーの余剰電力の貯蔵用途としても幅広く研究開発が進められており、近年の電気化学の中で最も注目を集める分野になっている。

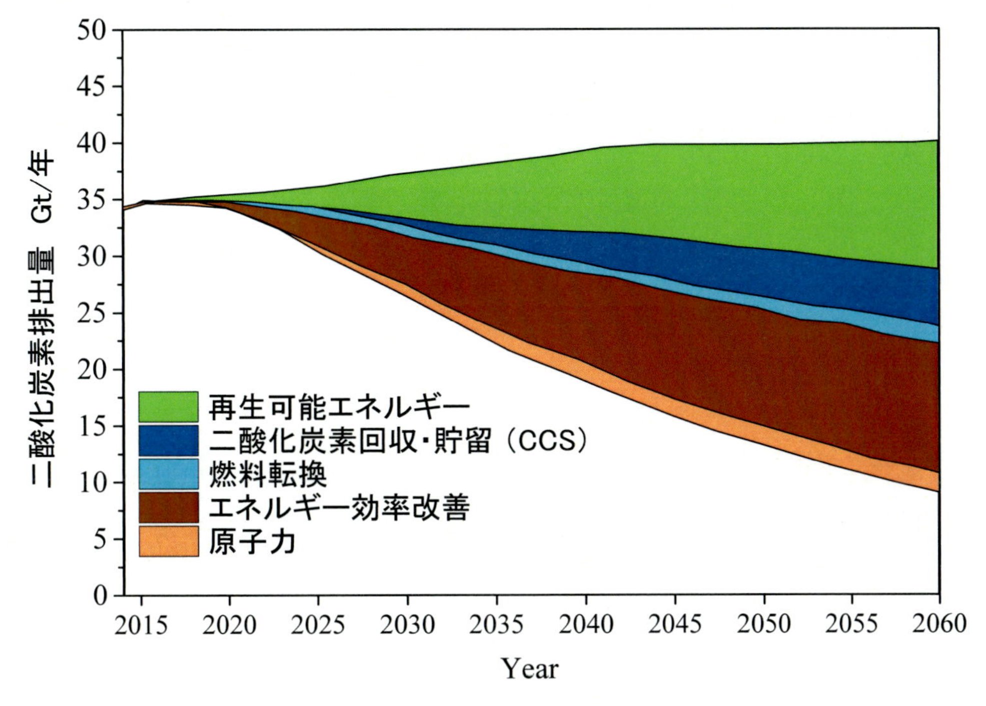

図 1　二酸化炭素削減シナリオ（2°C Scenario : 2DS)
（文献[1]より改変の上掲載）

本書は、燃料電池と二次電池の基礎となる電気化学の基礎事項の解説から製造方法、さらに次世代社会のエネルギー構造を見据えた最先端技術の紹介までを対象として編纂された。従って、電池技術の基礎から応用までを一貫して理解したいと考えている方々、さらには今後のエネルギー技術のトレンドに興味をお持ちの方々など、企業や研究所の関係者、大学の学生や教員などを含めた幅広い読者対象を想定している。本書の構成は、以上の趣旨に基づき、基礎編と応用編の 2 部構成になっている。電池技術の基礎から学びたい初学者は、基礎編から読み進めていただき、電池技術と周辺技術動向に興味のある読者は、応用編から読んで頂いてもよい。以下に化学工学との関連性を含めてその概要を記す。

1−2 化学工学と電池技術

本書で取り上げる燃料電池や二次電池などの電池技術は、電荷移動過程を取り扱う電気化学が基礎理論であることは言うまでもないが、一方で、物質とエネルギーの移動を伴うエネルギー変換システムであり、その観点からは化学工学で取り扱う対象でもある。化学工学の特徴の一つは、現象のモデル化にある。現代化学は、本書でも取り上げているように、計算機科学の発展により、量子化学計算、分子動力学、素反応解析、数値流体解析などを用いた数値シミュレーションが数多く用いられているが、対象となる現象が複雑である場合、実験データとの解離がしばしば問題となる。電池技術の特徴は、後述するように、そのマルチスケール性にあるから、電池特性の予測は一般的に難しい問題である。化学工学モデルは、化学反応や流体システムに基づく現象の本質的な側面をモデル化することを目的としており、用いられるパラメータもできるだけ少ない形で記述する努力がなされ、より本質的な現象の理解を助けてくれる。対象となるシステムをモデル化する上で、まずは平衡論と速度論の両者の視点が重要になる。燃料電池や二次電池などの電池システムの場合、平衡論（化学平衡、熱力学）の観点から、起電力や理論効率が決定される。一方、速度論の観点からは、これら電池システムでは、動作時の過電圧（セルの電圧降下）やエネルギー変換効率、出力などのシステム性能に関する情報が得られる。また、速度論に基づくモデル化おいては、対象システムの律速過程の把握が重要となる。燃料電池、二次電池システムにおいてもエネルギー変換効率や出力の改善の観点から、律速過程を理解することが必要不可欠である。本書で取り上げる電技技術を含み、一般的には次の観点から検討される。

・化学工学モデルと律速過程

1）総括反応速度式と素反応解析

対象となるシステムの反応モデルを記述する際、律速過程の情報を含む総括反応速度式による記述が有効であるが、より本質的な理解に向けて、素反応過程の解析が必要になる。均一系の反応と比べると、不均一系反応である電極反応を含む表面反応の素反応速度の情報は限られており、表面科学の実験データに加え、量子化学計算の援用により反応機構の解析や反応速度定数が求められる。素反応の網羅と律速過程の把握は容易ではないが、電極表面の反応機構を理解する上で素反応過程の把握が重要である。

2）反応・拡散過程

電池システムでは、しばしば化学種やイオンの拡散が律速過程になる。燃料電池では電極上への燃料の供給過程の把握が必要であり、支配方程式は、移流項を含む反応拡散方程式によって記述される。加えて、電極には多くの場合多孔性の材料が用いられており、電極細孔内の拡散過程の理解が必要になる。二次電池においても多孔性電極が用いられるので、電解質から電極表面への細孔内のネットワーク構造を介したイオンの輸送過程の理解が必要である。また、対象とする電池システムが発熱反応や吸熱反応を伴う場合は、物質収支の把握と共に熱収支を考え、系内の伝熱による温度分布を考慮した反応速度モデルにより現象を把握する必要が生じる。

3）界面輸送過程

電池技術では、界面輸送過程の解明は極めて重要である。燃料電池では電解質-電極-気相の三相界面あるいは電解質-電極間の二相界面における反応・輸送過程の把握が、電極反応の素過程や律速段階の理解につながる。二次電池でも、例えばリチウムイオン電池においては、電解質-電極界面でのリチウムイオンの脱溶媒和と電極への取り込みの過程や、電極表面でのリチウム原子と電解質との反応による SEI（solid electrolyte interface）形成の機構の把握などが検討対象になっている。また、電極材料の微粒化により電極と電解質間の界面長・界面積を増加させる目的で、燃料電池や二次電池では電極の微細化による界面の構造制御が行われるが、微粒化に伴い電極劣化の速度が上昇するリスクも大きくなるので、その構造スケールの制御も必要となる。

・マルチスケール性と階層構造

電池技術で取り扱う反応・輸送過程は、ナノサイズ[nm]からミクロンサイズ[μm]、さらにマクロサイズ[mm〜m]に至るマルチスケールの現象を含んでいる。上述したように、電池システムは、オングストロームからナノメートルオーダーの表面・界面反応過程、数十ナノメートルから数百ナノメートルの電極ネットワーク構造の形成と輸送過程、さらにマクロサイズでのデバイス化までのスケールを跨ぐ対象である（6 桁(nm〜mm)あるいは 10 桁(Å〜m)程度のマルチスケール）。これらの階層構造とシステム全体を考慮した機構の理解と現象の記述により、電池デバイス・システムの性能の把握と設計が可能になる。しかし、量子化学計算や反応素過程に基づくボトムアップによるモデル化だけでは現象の記述が膨大になり、電池の動作の正確な再現は困難である。化学工学モデルでは、反応・輸送過程の粗視化やパラメータに含まれる情報の圧縮を行うことで、モデルを簡易化しつつ、かつ現象の本質を損なわずに現象を説明することができる。図 2 に電極反応から電池デバイス・システム化に至るマルチスケール性の概念図を示す。

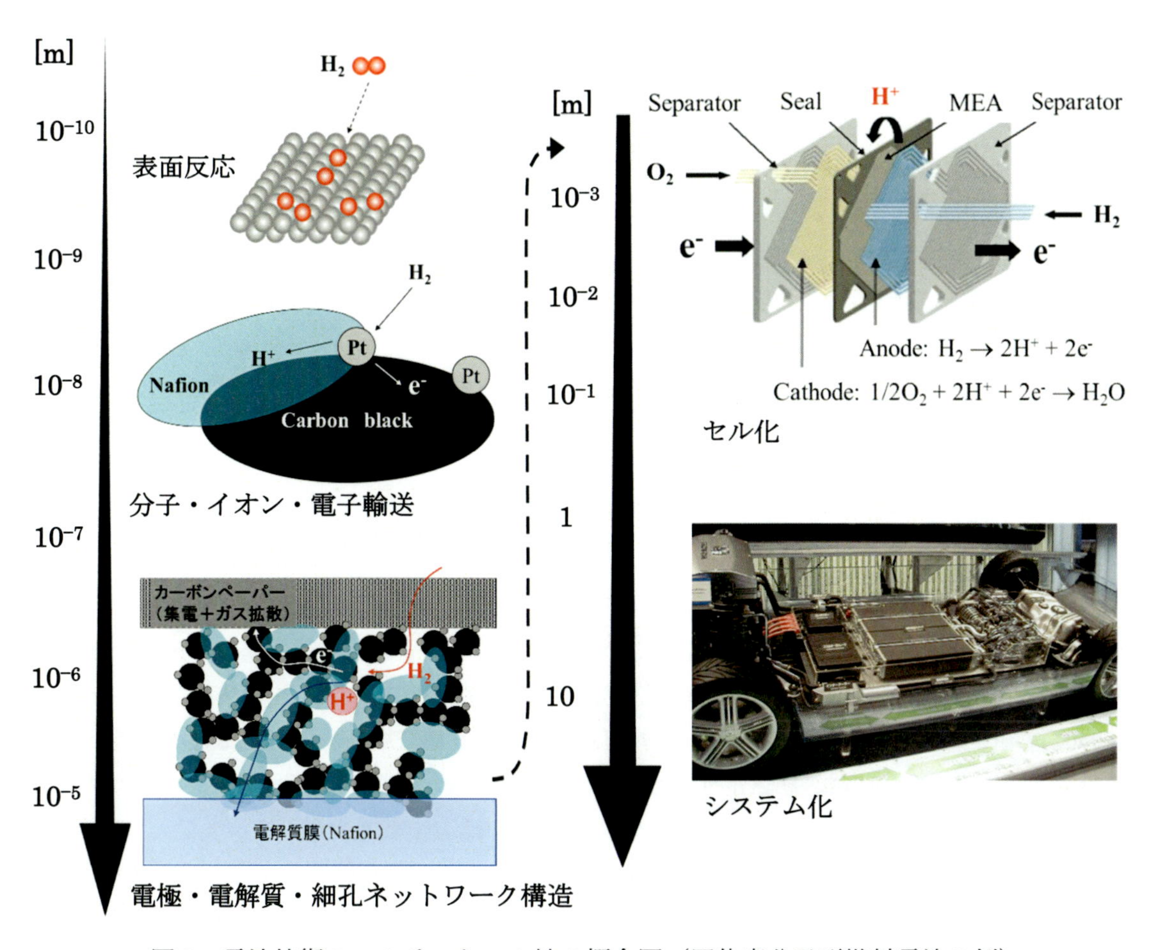

図 2　電池技術のマルチスケール性の概念図（固体高分子形燃料電池の例）

さらに、物質・エネルギー収支と階層構造の観点から、将来のエネルギーシステムについても議論することができる。すなわち、燃料電池や二次電池などの様々な個別のエネルギー変換システムを要素と見なしたエネルギーシステム全体に対して、それら要素技術の導入を想定した検討が可能である。本書でも取り上げているように、物質・エネルギー収支に基づく将来のエネルギーバリューチェーン（エネルギーの上流から下流までの流れ）の議論や、再生可能エネルギー導入を前提とした分散型と集中型発電システムの協調などのエネルギーの将来シナリオについて、化学工学の視点からシステム全体の評価を行うことができる。

・電池の製造工程における学理

現実の電池の製造工程における電極・電解質の構造形成についても、粒子材料の分散・凝集、乾燥、硬化などの各過程におけるマルチスケール性を考慮したものづくりが求められる。電極構造形成や電解質膜・電極接合体の製造には、塗布・乾燥過程の化学工学の知識が適用される。電極インクの塗布工程は、油や粒子を含む混合系の流動を取り扱うレオロジーが背景にあり、さらに乾燥過程では電極の構造形成により複雑かつ多様な構造体がつくられる。電極の構造形成には、トップダウンとボトムアップの両者の手法が用いられる。テープキャスト法や Roll-to-roll 方式の液膜塗布プロセス、あるいはインクジェット塗布のようなトップダウン法では、数十ミクロン程度のパターン形成が可能である。一方、乾燥工程においては、ボトムアップ的な電極構造の自己形成過程を考える必要がある。平衡論に基づく粒子の凝集構造は、粒子同士の引力と斥力によって決定される。流動下での非平衡状態では、表面張力や流体力（粒子系の移流や拡散）によって自己組織化的に電極構造が形成される。

以上述べた化学工学的な視点は、本書の電池技術の解説の底流に一貫してある考え方である。最後に本書の構成について述べる。

1−3 本書の構成について

・基礎編

燃料電池や二次電池の技術的基礎となる電気化学の醍醐味の一つは、電圧（より正確には電極電位）の変化によって電極と電解質の界面でのイオンや電子を含む電荷移動過程の反応速度を容易に制御できる点にある。例えば、水の電気分解に相当する 1.3V の電圧を温度換算すると、約 15000℃の値が得られ、電気エネルギーが如何に強力かを実感できる。また、電極界面の反応を円滑に進行させるためには、電極界面の物質移動やエネルギー移動の制御が必要であるため、それら輸送過程の理解が重要となる。さらに、電極界面の構造や電極全体のネットワーク構造が、電荷移動反応や輸送過程に影響をもたらし、電極やセル全体の性能に変化が生じる。本書では、燃料電池や二次電池の電極反応に焦点をあて、平易な解説を試みた。

本書基礎編（2−1, 2−2, 2−3）では、燃料電池や二次電池の電極界面の反応過程や物質・熱の移動現象について述べ、電池の作動原理や電極反応における電圧と電流の関係について容易に理解できるよう解説した。初学者は、燃料電池と二次電池の使用目的や作動原理はそれぞれ異なるが、それらの動作を理解する上で共通とのなる基礎理論があることに気がつくであろう。また、これからセルの設計や動作のシミュレーションを行いたいと考えている読者には、電気化学や移動現象の基礎理論がどのように利用されているのか、その概要について理解できる構成とした(2−1，2−2)。輸送過程のうち、伝熱もセル設計を考える上で重要な過程であり、燃料電池を事例として取り上げ、電極やセパレータ部分での伝熱の取り扱いについて解説した(2−3)。加えて、近年の計算機科学の発展は著しく、燃料電池や二次電池の動作原理の理解や高効率なセルやシステムの設計を行う際、計算機科学によるアプローチが必要不可欠になっている。そこで、燃料電池や二次電池の電極反応を事例として、第一原理計算、分子動力学法、および化学反応や拡散など複数の現象を考慮した連成解析についての基礎理論の解説と、計算技術のそれぞれの電池技術への活用についても紹介した（2−4)。基礎編の最後に、電気化学の測定手法の基礎について解説した。燃料電池や二次電池の電極反応やセル性能の把握では、直流法や交流インピーダンス法が広く用いられており、その基礎的な事項について具体的な測定事例を交えて紹介した。以上述べた燃料電池や二次電池の電極反応はナノスケールからメソスケールに跨がるマルチスケールの現象であり、電気化学や移動現象の基礎理論を枠組みとして、電極界面の挙動を理解することができる。

・応用編（I，II，III）

応用編 I では、基礎編で取り扱った電極反応の具体的な対象として、固体高分子形燃料電池（Polymer Electrolyte Fuel Cell: PEFC)、固体酸化物形燃料電池（Solid Oxide Fuel Cell: SOFC)、リチウムイオン電池（Lithium-Ion Battery: LIB）のそれぞれの電極について具体的な構成材料と構造について解説し、それら電極材料の合成方法についても紹介した。併せて PEFC を用いた直接メタノール形燃料電池（DMFC）の電極反応や電極材料についても解説した。基礎編と併せて本章を読むことで実際の電極材料と共に電極の構造と反応についての理解が進むであろう。

応用編 II では、これら電極構造を実現する実際の電池の製造技術について取り上げた。燃料電池や二次電池の電極の製造方法は、塗布・乾燥技術が基になっている。その工程は、電極材料の印刷用のインクの分散混合に始まり、塗布、乾燥、硬化などの工程から構成され、レオロジーを基盤知識とした化学工学で取り扱う単位操作の対象でもある。電極材料の分散、塗布、乾燥、硬化の一連の工程によって電極構造が決定され、またそのスループットによって製造コストがきまるので、電池技術において塗布・乾燥技術は将来の大量製造の基礎技術として極めて重要である。そこで、塗布・乾燥技術については、電極構造形成に関連した基礎理論と LIB 電極製造工程を具体例として紹介した。加えて、SOFC セルスタックの製造技術についても、そのセルデザインの歴史的な変遷を含め、具体的な工程や製造装置の解説を行った。

応用編 III では、低炭素・脱炭素社会に向けた未来の電池技術について紹介した。新型電池として、全固体リチウムイオン電池、ナトリウムイオン電池、レドックスフロー電池、固体型アルカリ燃料電池を取り上げ、その最新の技術開発についてできるだけ平易な解説を行った。電気自動車への搭載が検討され注目されている全固体リチウムイオン電池を始めとして、いずれも次世代の定置型蓄電池や高効率燃料電池として期待される技術である。電力貯蔵技術と共に、エネルギーの貯蔵・運搬（エネルギーキャリア）利用を前提とした電池技術開発の最新動向についても紹介した。さらに、SOFC を用いた水蒸気電解による水素製造（SOEC）や炭化水素系および二酸化炭素由来のエネルギーキャリアの概要とその合成方法について紹介した。また、アンモニアのエネルギーキャリアへ適用についても解説した。以上の要素技術を活用した将来のエネルギーシステムについても解説を加えたので、個別技術と併せて読んで頂きたい。

まとめ

本書は、化学工学的視点から電池技術の基礎から応用までを取り扱っている。電池技術は、電極と電解質の両者の技術開発が必要であるが、本書では特に電極材料や反応に焦点をあて、最新かつ平易な解説を心がけた。本書は、基礎編、応用編のいずれから読んでも理解できる構成になっているので、興味のある部分から読み進めて頂き、電池技術の理解をさらに深めて頂きたい。

参考文献

[1] IEA Tracking clean energy progress 2017
https://www.iea.org/publications/freepublications/publication/TrackingCleanEnergyProgress2017.pdf
[2] IPCC 1.5℃特別報告書（2018）http://www.ipcc.ch/report/sr15/
[3] K. Ricke et al., Nat. Clim. Change 8, 895-900 (2018).

2
基礎編
燃料電池/二次電池を理解するための電気化学の基礎

2－1　電気化学・電極反応の基礎

伊原 学・長谷川 馨
（東京工業大学）

2−1 の概要

電気化学とその応用範囲、特に燃料電池、太陽電池、蓄電池などのエネルギーデバイスとの関係、電気化学システムの意味を解説した後、電気化学において基礎となる平衡論と速度論の全体像について説明する。さらに、平衡論としてネルンストの式、標準電極電位と標準水素電極、参照電極などについて、電気化学反応の速度論として電気二重層モデル、平衡電位と過電圧、バトラー-フォルマーの式、ターフェルの式、およびそれらの式の前提条件などを、さらに物質移動過程の速度論として電気化学ポテンシャルの意味や取扱い、例として固体酸化物燃料電池における物質移動過程を紹介し、物質移動過程を考慮した電流密度と電極電位の関係についての一般式、濃度過電圧や限界電流密度についても解説する。本章では、電極反応の理解に必要な基礎知識全般を解説する。

1. 電気化学とその応用範囲および用語など基礎知識
2. 電気化学における平衡論
   - ・ネルンストの式、ギブズエネルギーと電池の起電力
   - ・標準電極電位と標準水素電極、参照電極の種類
3. 電気化学における速度論 1（電極反応）
   - ・電気二重層モデル
   - ・平衡論から速度論へ、部分電流密度と交換電流密度
   - ・平衡電位と過電圧、バトラー-フォルマーの式、ターフェルの式
4. 電気化学における速度論 2（物質移動と電極反応）
   - ・エネルギーデバイスにおける物質移動過程（固体酸化物燃料電池における燃料極反応を例に）
   - ・電気化学において考慮すべき過程と物質移動過程の種類
   - ・平衡論から速度論へ、モルギブズエネルギーと化学ポテンシャル
   - ・化学ポテンシャルおよび電気化学ポテンシャルを使った中性および荷電粒子の拡散速度
   - ・物質移動過程を考慮した電流密度と電極電位の関係、濃度過電圧、限界電流密度

1.　電気化学とその応用範囲および用語など基礎知識

電気化学とは、電荷をもった電子やイオンが関与する反応と物質移動を扱う学問である。酸化還元を伴うあらゆる反応に関連する学問であり、めっきや腐食・防食などを対象としてきたほか、蓄電池や燃料電池、電気分解、それによる水素生成、あるいは各種電気化学センサーといった多くのデバイスやプロセスにおける基礎学問である。電気化学は酸化還元反応などの考え方の基礎を与える“基礎電気化学”、光触媒や光電解セル、太陽電池といった光相互作用を伴う“光電気化学”、バイオセンサーなどの生化学反応を伴う“生物電気化学”などの他、これらのデバイス

やプロセスを分析して内部での現象を把握するための“電気化学測定法”に大きく分類することができる。本章では、特に“基礎電気化学”として分類される内容について解説する。

・アノードとカソード、および正極と負極

燃料電池、電気分解セル、二次電池などの電気化学デバイスは、**正極**(positive electrode)と**負極**(negative electrode)、もしくはアノード (anode)とカソード(cathode)と呼ばれる2つの電極が、**電解質**と呼ばれるイオンを伝導する媒体中に存在することで動作する。例として、図 1-1 に固体酸化物形燃料電池、アルカリ水電解装置の構成概念図を示す。電子を放出する電極をアノード、電子を取り込む電極をカソードと定義されている。また、電位が低い側の電極を負極と呼び、高い側を正極と呼ぶ。したがって、酸素の化学ポテンシャルによる自己電位を使って電荷をくみ上げる固体酸化物形燃料電池はアノードが負極、カソードが正極となるが、外部電源による電圧印加によって反応を進行させる電気分解セルにおいては、アノードが正極、カソードが負極と逆の関係となる。また、蓄電地においては充放電においてアノードとカソードが入れ替わるが、慣例として放電時の電極を基準として名づけることが多い。

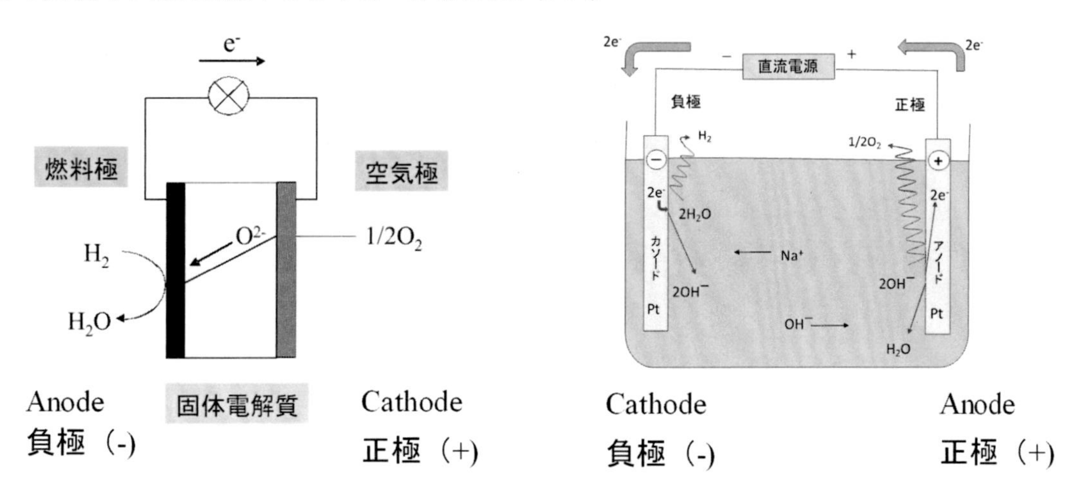

図 1-1 (左)固体酸化物型燃料電池(右)アルカリ水電解装置の電極構成

・ファラデーの法則

「ファラデーの法則 : 電流がセル中を通過するとき、電極上において変化 (析出、溶解、発生) する化学物質の質量は、通過する電気量に比例する。」

電極反応が量論的に進行すれば、移動した電荷移動速度 (電流) もしくは、移動した電荷量から電極反応の反応速度および反応量をそれぞれ求めることができる。この法則を利用して、燃料電池の燃料利用率なども計算できる。

2. 電気化学における平衡論

・ネルンストの式、ギブズエネルギーと電池の起電力

熱力学では、最大の仕事効率は可逆過程 (外界に影響を与えずに状態を変化する過程) にて与

えられ、定温定圧下での最大仕事（=可逆過程にて得られる仕事）はギブズエネルギー差(ΔG)となる。また、電池における可逆過程は、正極、負極の電位を変化させず(起電力を保ったまま)可逆的に相互に反応を進行させることであり、現実には実現しない理想的な過程となる。つまり、内部抵抗ゼロの電極反応によって得られる仕事が最大仕事となる。また、電流は単位時間当たりに移動する電荷量であるため、電荷が単位時間あたりにする仕事(W)は、電流(I)と電圧(V)のかけ合わせとなる。したがって、電池における**起電力** E(electromotive force: E. M. F.) は、以下の式(1)であらわされる。

$$-\Delta G = nFE \quad (1)$$

n は反応に関与する電子数、F はファラデー定数(=96485 C/mol)である。

ここで、一般式として電池における全反応が式(2) で与えられる場合を考える(例えば、a 個の A、b 個の B、c 個の・・・が x 個の X、y 個の Y、・・・・となる反応)。

$$\mathrm{aA} + \mathrm{bB} + \cdots\cdots \rightleftarrows \mathrm{xX} + \mathrm{yY} + \cdots\cdots \quad (2)$$

熱力学では、各化学種 i のモルギブズエネルギーGi（化学種 i の 1mol のギブズエネルギー）は式(3)によって与えられる。

$$Gi = Gi^{\mathrm{O}} + RT \ln a_i \quad (3)$$

ここで、R は気体定数、a_iは化学種 i の活量[注1]である。各化学種の活量が 1 のときの ΔG°（標準ギブズエネルギー）とすると、以下のように**ネルンストの式**(4c)が導出できる。式(4c)に示すように、電池の起電力 E（Electromotive force: E.M.F）は、ΔG°で決定される標準電極電位（E^o）と各化学種の組成によって決まる第２項によって、決定される。

$$\Delta G = \Delta G^\circ + RT \ln \frac{a_X^x a_Y^y \cdots\cdots}{a_A^a a_B^b \cdots\cdots} \quad (4a)$$

$$E = \frac{-\Delta G}{nF} = \frac{-\Delta G^\circ}{nF} - \frac{RT}{nF} \ln \frac{a_X^x a_Y^y \cdots\cdots}{a_A^a a_B^b \cdots\cdots} \quad (4b)$$

$$E = E^\circ - \frac{RT}{nF} \ln \frac{a_X^x a_Y^y \cdots\cdots}{a_A^a a_B^b \cdots\cdots} \quad (4c)$$

注1)　活量は理想溶液であればモル分率に相当する。熱力学では、モル分率に活量係数をかけて活量とすることで、非理想系であっても理想系のように取り扱うことができる。

・標準電極電位と標準水素電極、参照電極の種類

電気化学測定法では、電極電位もしくは電流を、一定もしくは変化させて、それぞれ電流もしくは電極電位を測定し電極上で起こる反応を解析する。電極電位を単独で測定することはできないため、異なる系での電極電位を比較する時などに**基準電極**が必要になる。ネルンストの式を使い起電力を算出する方法を具体的に説明することにもなるので、以下に紹介する。

既知の電極反応を基準とすることで電極電位を知ることができる。その中で以下式 5(a)に示す水素の酸化還元反応が用いられる。この電極反応から式(4c)を使って図 1-2 に示す半電池（Half cell）の起電力を求めると(5b)となる。

$$\mathrm{H^+} + e^- \rightleftarrows \frac{1}{2}\mathrm{H_2} \qquad (5a)$$

$$E = E^\circ - \frac{RT}{F}\ln\frac{\left(P_{\mathrm{H_2}}\right)^{1/2}}{a_{\mathrm{H^+}}} \qquad (5b)$$

この反応において P_{H2}＝1 atm、a_{H+}=1 において白金黒電極が示す電位 $E(=E^o)$を、すべての温度において 0 V と規定し、**標準水素電極**電位（Standard hydrogen electrode (SHE)もしくは Normal hydrogen electrode (NHE)と呼ぶ）と定めている。

しかし、SHE は 1atm の水素を流しながら水素イオン濃度(=pH)を一定に保つ必要があるため、測定する上では不便な基準電極である。そのため、実際にはいくつかの**参照電極**として使われている。銀-ハロゲン化銀電極は代表的な参照極で、表面をハロゲン化銀 AgX で覆った銀電極をハロゲン化物イオン X-を含む溶液中に挿入した構造を持つ(X^-を含む溶液 | AgX | Ag)。以下の電極反応によって電位が決まるため、ネルンストの式（4c）によって電位が規定される。電極反応式から起電力を求める場合、電子によって、与える、もしくは発生するギブズエネルギー分が表現されていると考えることができるので、電子の活量はネルンストの式には加えない。

AgX (金属塩相) + e^-(金属相) ⇄ Ag (金属相) + X^- (溶液相)

$$E = E^o - \frac{RT}{F}\ln\frac{a_{Ag}a_{X^-}}{a_{AgX}} \qquad (6a)$$

ここで、Ag および AgX は純固体となるため、各活量は 1 となり、式(6b)が得られる。

$$E = E^\circ - \frac{RT}{F}\ln a_{X^-} \qquad (6b)$$

したがって、ハロゲン化物イオンの活量（理想系ではモル分率）によって、SHE に対する電位が変化する。例えば、銀-ハロゲン化銀電極の場合、飽和 KCl 水溶液を用いた場合は E= 0.197 V vs SHE であるが、0.1M KCl 水溶液を用いた場合は、E= 0.289V vs SHE となる。

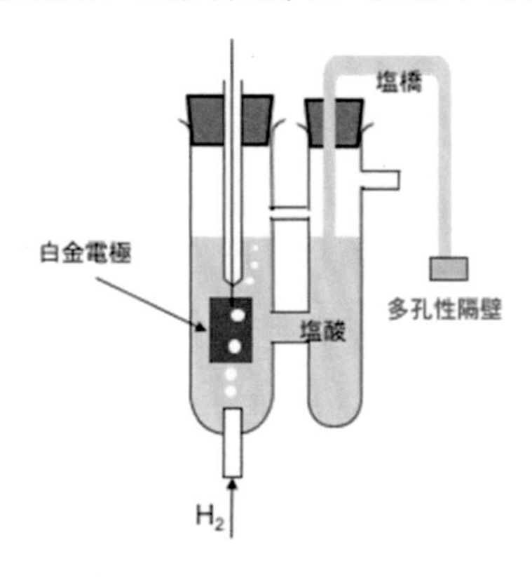

図 1-2 水素電極の構成

3.　電気化学における速度論 1（電極反応）

・電極/電解液界面に形成される電気二重層

電極反応が起こるとき、電極上でどのようなことが起こるのかを電気分解を例にとって考えてみよう（図 2(左))。電圧を電極に印加すると、電極が帯電し電解液中に電位勾配が生じ、瞬時に溶液中のイオンが電位勾配を打ち消すように正極表面にアニオンが、負極表面にカチオンが移動する。その結果、理想的には微弱な電流が流れてすぐに止まり、図 2-1(右)のように電極と逆の電荷をもったイオンの層ができることで**電気二重層**が形成される。この際、定常電流は流れていないので、電解液中のイオンの物質移動の推進力となる電気化学ポテンシャル勾配はなく（詳しくは後述)、電気化学ポテンシャル中の静電ポテンシャルの項に対応する電位の勾配（電場）は、電極表面の電気二重層に集中し、電気化学反応は電気二重層に印加されている電圧を駆動力として進行する。さらに電圧を印加し、反応に必要な過電圧（反応過電圧）が電極表面に印加されると電極反応が開始する。負極では過剰な電荷の蓄積（過電圧）に対し、電極から溶液に電荷が移動し、イオンとして対極に移動する。この移動が定常電流として現れる。電気化学測定においては、電荷の流れ（電流）による、これら各電位差の生成や緩和の時定数の違いを利用し、電位損失を分離し解析を行う手法が多く用いられる(交流インピーダンス測定、カレントインタラプションなど)。図 2（右）には、代表的なヘルムホルツの電気二重層モデルの概念図を示す。このモデルでは、イオンは大きさを持っているので電極表面に一定の距離以上近づくことができないとした完全な電気二重層を仮定している。一方で、電極付近のイオンが連続的に分布して不完全な電気二重層を形成する場合もある。このような電気二重層の形態についても、交流インピーダンス測定などの電気化学測定によって解析することが可能であり、電極反応の特徴の把握に役立っている。

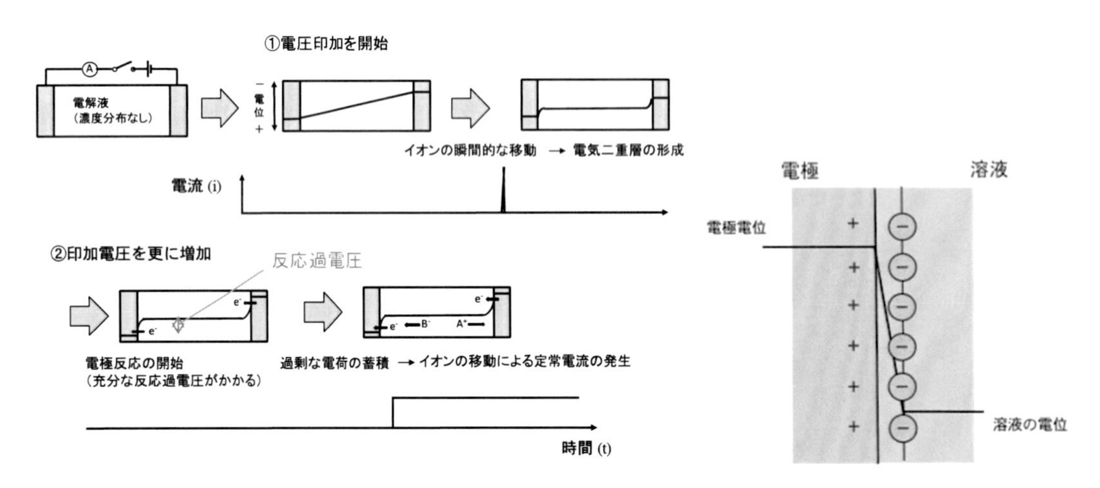

図 2-1 (左)水電解反応における、印加電圧に対する電極の変化
(右)ヘルムホルツの電気二重層モデル

・平衡論から速度論へ、部分電流密度と交換電流密度

電気化学反応の平衡論は、平衡を取り扱う熱力学をベースに取り扱うことができた。一方、電気化学反応の速度論は熱化学反応と同様に熱活性化型の反応をベースに議論が可能である。素反応である熱活性化型の熱化学反応として、化学種 DE が熱分解し、化学種 D と E とに分解する式(7a)の場合を考える。その反応速度$\vec{v}$は DE の濃度（C_{DE}）と反応速度定数$\vec{k}$を用いて式(7b)で表される。さらに、反応速度定数$\vec{k}$は頻度因子 A と活性化エネルギーE_aを用いるとアレニウスの式(7c)で表せる。図 2-2 に概念図を示す。

$$\mathrm{DE} \rightleftarrows \mathrm{D} + \mathrm{E} \qquad (7a)$$

$$\vec{v} = \vec{k} C_{DE} \qquad (7b)$$

$$\vec{k} = A\exp\left(-\frac{E_a}{RT}\right) \qquad (7c)$$

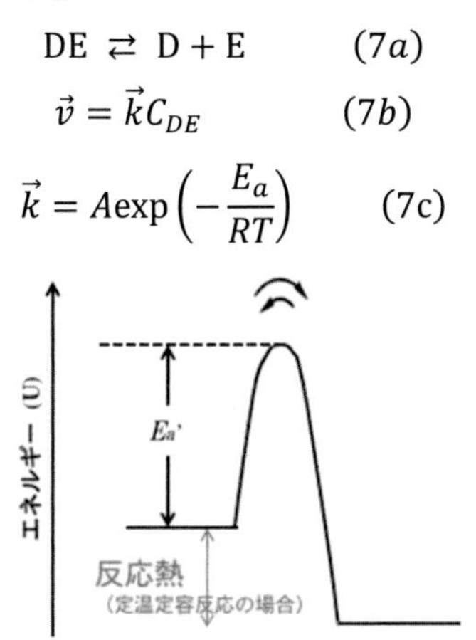

図 2-2　熱化学反応における活性化エネルギーと反応速度の関係

これを電極上の反応に置き換えるとどうなるか。次に、酸化体 O と還元体 R の n 電子反応である酸化還元反応(8a)を考える。電気化学反応の場合は、ギブズエネルギーと等価な電位にて障壁を越えるエネルギーを与えるため、エネルギーの指標としてギブズエネルギーを用いた。定温定圧下では、生成系、反応系それぞれのギブズエネルギーの総和は等しくなる。この場合、両方向の速度定数は以下で与えられ、平衡状態では順逆方向の速度が等しく総括の電気化学反応速度は 0 となる。平衡状態の電極に電圧を印加すると、図 3（左）に示すように電位が平衡からずれる。そのずれた分だけ障壁が下がり、その結果式(8b)のように速度が増大する。障壁の変化（図 3（左）では"a-b"）は系によって様々であることから、一般的な表現として関数とし、式 8b では "a-b = $-f(nF\eta)$"とした。

$$\mathrm{O} + ne^- \rightleftarrows \mathrm{R} \qquad (8a)$$

$$\vec{k} = A\exp\left(-\frac{E_a + f(nF\eta)}{RT}\right)$$

$$= \vec{k^{\circ}}\exp\left(-\frac{f(nF\eta)}{RT}\right) \qquad (8b)$$

この電極電位の変化 η=E-E_{eq} を**過電圧（活性化過電圧）**と呼び、η<0 の時を**カソード分極**(図 3 左)、η>0 の時を**アノード分極**(図 3 右)と呼ぶ。この$-f(nF\eta)$を簡略化のため一次に近似すると、電位はそれぞれ式(9a, b)のようになる。

$$\overrightarrow{E_a} = E_a^O + (1-\alpha_a)nF\eta = E_a^O + \alpha_c nF\eta \quad (9a)$$

$$\overleftarrow{E_a} = E_a^O + \alpha_a nF\eta \qquad (9b)$$

α_aとα_c(α_a+α_c=1)をアノード、カソードにおける移動係数と呼び、その配分はポテンシャルエネルギーの山の形で決まる。

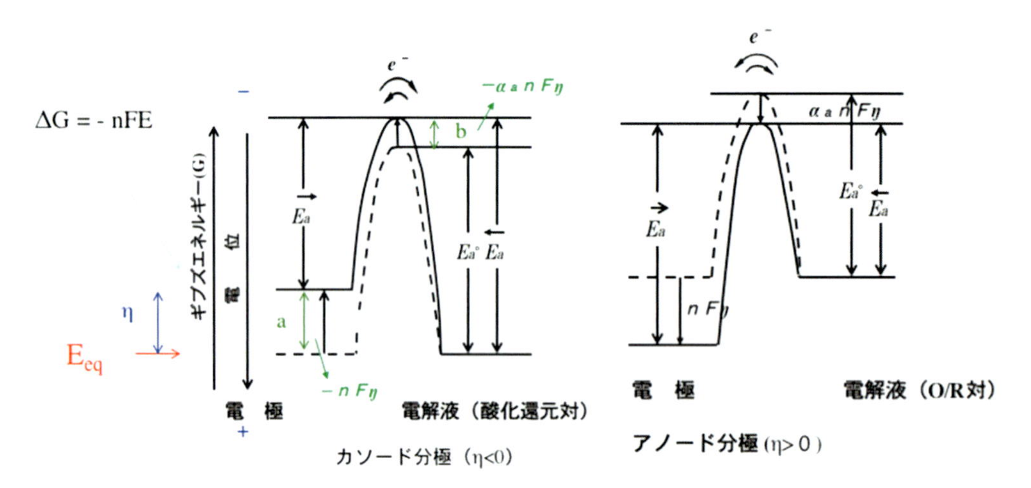

図 3 (左)カソード分極(右)アノード分極における反応障壁の変化

ここから各方向の電流密度i_a、i_cを算出すると(C^Sは電極表面の濃度)以下のようにうなる。

$$i_a = nF\overleftarrow{v}$$
$$= nF\overleftarrow{k}C_R^S$$
$$= nF\overleftarrow{k}^O C_R^S \exp\left(\frac{\alpha_a nF\eta}{RT}\right) \qquad (10a)$$

$$i_c = -nF\overrightarrow{k}^O C_O^S \exp\left(-\frac{\alpha_c nF\eta}{RT}\right) \qquad (10b)$$

(10a)を**部分アノード電流密度**、(10c)を**部分カソード電流密度**と呼ぶ。実際に流れる電流はi_aとi_cの差分である。図 4 に電極電位と電流の関係を示す。特にiaとicの絶対値が等しいとき、実際には電流はどちらにも流れないことになる。このときのi_0が**交換電流密度**と定義され(式(11a))、E_{eq}が**平衡電位**となる(式(11b))。

$$i_a = |i_c| = i_0 \qquad (11a)$$
$$E = E_{eq} \qquad (11b)$$

i_0が高いほどその系の速度定数 k が高いことを意味し、電荷移動が速やかに行われることを意味することから、交換電流密度は電極特性を測る重要な指標として多く用いられる。

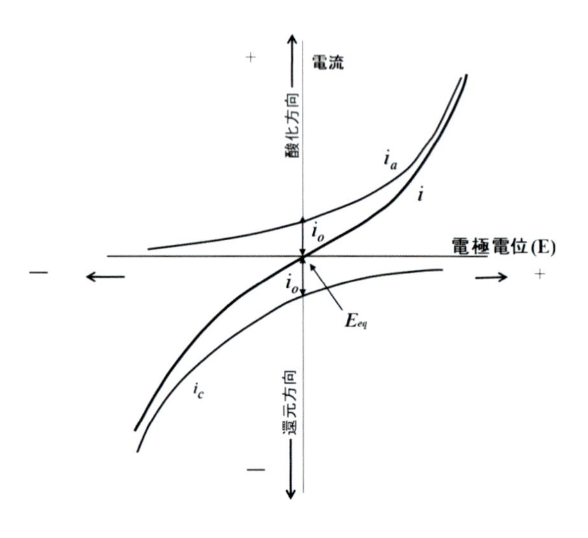

図 4 電極電位と電流、部分アノード電流、部分カソード電流の関係

・平衡電位と過電圧、バトラー-フォルマーの式、ターフェルの式

ここまでの速度式を用いると、電極電位と交換電流密度、電流密度の関係を式(12)のように定式化できる。

$$i = i_a - |i_c|$$

$$= nF\overleftarrow{k}^O C_R^S \exp\left(\frac{\alpha_a nF\eta}{RT}\right) - nF\overrightarrow{k}^O C_R^S \exp\left(-\frac{\alpha_c nF\eta}{RT}\right)$$

$$i_0 = nF\overleftarrow{k}^O C_R^{eq} = nF\overrightarrow{k}^O C_O^{eq}$$

$$\frac{i}{i_0} = \frac{C_R^S}{C_R^{eq}} \exp\left(\frac{\alpha_a nF\eta}{RT}\right) - \frac{C_O^S}{C_O^{eq}} \exp\left(-\frac{\alpha_c nF\eta}{RT}\right) \quad (12)$$

ここで、物質移動過程が十分早く、電荷移動過程が律速である場合、すなわち$C_R^S = C_R^{eq}, C_O^S = C_O^{eq}$であるとき、

$$i = i_0\left[exp\left(\frac{\alpha_a nF\eta}{RT}\right) - exp\left(-\frac{\alpha_c nF\eta}{RT}\right)\right] \quad (13)$$

となる。上式(13)が電気化学反応の最も基礎的な速度式である**バトラー-フォルマー式**(Butler-Volmer equation)であり、電気化学反応を理解し、表現できる一般式である。しかし、一方で想定した電気化学反応が素反応であり、電荷移動律速を仮定していることに注意したい。実際に多くの電気化学デバイスではこのバトラー-フォルマー式が適用できない。

上式(13)において、$\eta \gg \frac{RT}{\alpha_a nF}$のとき、もしくは$\eta \ll \frac{-RT}{\alpha_c nF}$のとき、すなわち過電圧が一定以上で電極が十分に分極し、逆反応がほぼ無視できるとき、それぞれ式(14a, b)のようにかける。

$$\eta = -\frac{RT}{\alpha_a nF}\ln i_0 + \frac{RT}{\alpha_a nF}\ln i_a \quad (14a)$$

$$\eta = \frac{RT}{\alpha_c nF}\ln i_0 + \frac{RT}{\alpha_a nF}\ln|i_c| \quad (14b)$$

これを一般化すると式(15)のように書ける。

$$\eta = a \pm b\log|i| \quad (15)$$

この式(15)は**ターフェル式**と呼ばれ、電極反応の解析においてしばしば用いられる式である。図6のように横軸に電流密度の対数、縦軸に電極電位をとると、一定以上の電位において直線となる。そしてその直線と平衡電位との交点が$\log i_0$となり、交換電流密度を求めることができる。一方、過電圧が小さく双方向の電流が無視できない領域においては様相が異なる。バトラー-フォルマー式(13)をテイラー展開し、平衡電位付近では2次以上の項が無視できることになり、1次の項のみをとると、式(16)のようにかけるため、過電圧と電流の関係は式(17)のようになる。

$$i = i_0\left[\left(1 + \frac{\alpha_a nF\eta}{RT}\right) - \left(1 - \frac{\alpha_c nF\eta}{RT}\right)\right]$$

$$= i_0\left(\frac{(\alpha_a + \alpha_c)nF\eta}{RT}\right) = i_0\left(\frac{nF\eta}{RT}\right) \quad (16)$$

$$\eta = \left(\frac{RT}{nFi_0}\right)i \quad (17)$$

よってこの領域では過電圧と電流密度が比例するような挙動となる。この領域はオームの法則($V=IR$)に類似した領域となるため、その傾きが分極抵抗(polarization resistance)もしくは電荷移動抵抗(charge transfer resistance)と呼ばれる。

4. 電気化学における速度論 2（物質移動と電極反応）

・エネルギーデバイスにおける物質移動過程（固体酸化物形燃料電池における燃料極反応を例に）

ここまで電極反応、すなわち電極-電解質間の電荷移動が律速となるときの速度論を解説した。しかし現実系、特に電池や燃料電池といったエネルギー変換デバイスは、高いエネルギー密度や出力密度を得るために、限られた空間内でより多くの電気化学反応を起こすために作られる。したがって、必然的に様々なプロセスを経ることとなり、物質移動をはじめとした電荷移動以外のプロセスが律速となりうる。本項では、固体酸化物形燃料電池(SOFC)の燃料極上の反応を例に、エネルギーデバイスにおける反応と物質移動の複合過程からなる速度論を解説する。

SOFC は高温作動を特徴とする燃料電池で、図 5(左)に示すように(La,Sr)MnO_3 などのイオンと電子を伝導する混合伝導体からなる空気極、Y 安定化 ZrO_x(YSZ)や Gd ドープ CeO_x(GDC)からなる固体酸化物電解質、金属 Ni と酸化物電解質のサーメット構造を持つ燃料極からなる。空気極で酸素が電子を受け取り生成した酸化物イオン(O^{2-})が電解質中を伝導し、燃料極上で水素と酸化物イオンから水と電子となる反応が起こる。両極の反応と起電力は以下の式(18a-c)で書ける。

$$1/2O_2 + 2e^- \rightarrow O^{2-} \qquad (18a)$$

$$H_2 + O^{2-} \rightarrow H_2O + 2e^- \qquad (18b)$$

$$E = \frac{RT}{4F}\ln\frac{P_{O2^c}}{P_{O2^a}} \qquad (18c)$$

SOFC において燃料極上で起こる現象は複雑である。式(18b)及び図 5(右)で示すように、燃料極では H_2 ガス、O^{2-}が出会うことで反応し、H_2O ガスと電子となる。したがって、ガス、イオン伝導体(酸化物)、電子伝導体(金属)の三者が出会った点でのみ反応が進行する。燃料極は図 6 に示すように金属と酸化物が均一に分散、混合された多孔質構造であり、三者が出会う界面、**三相界面**が存在し、各三相界面に対してそれぞれが伝導するパスがネットワーク上に形成されている。そのような電極上の速度論であるため、ガスの分子拡散、化学種の吸脱着、反応及び電荷移動、イオン伝導、電子伝導と多数のパスを経て反応が進行する。

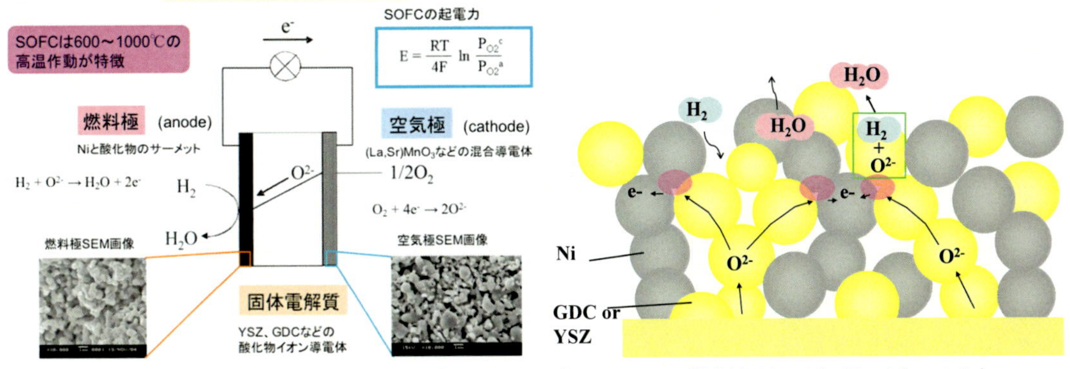

図 5 (左)SOFC の特徴とその構成　　(右)SOFC の燃料極と三相界面上の反応

・電気化学において考慮すべき過程と物質移動過程の種類

以上のことはSOFCに限らず多くのエネルギーデバイスなどにおいて共通することであり、以下のような多数の物質移動、反応を伴う過程を考慮すべきである。そしてこれらの中から律速過程を把握、もしくは仮定を置いて議論していくことが重要である。

1. 反応過程 (reaction process)は以下が主に挙げられる。
   電極表面への反応種の吸着、生成種の脱離(adsorption/desorption)
   電気化学反応(electrochemical reaction)
   電荷移動(charge transfer)
   化学反応(chemical reaction)
   相転移(液化や蒸発など)(phase transition)
2. 物質移動過程(mass transfer process)は以下のとおりであり、それぞれ異なるポテンシャルを駆動力(driving force)として移動が生じる。
   対流(convection): 流体の実質的な流れによって熱や流体中の物質、運動量が運ばれる
   拡散(diffusion): 濃度勾配による物質の移動(フィックの法則)
   　多孔質電極内の細孔内分子拡散、クヌーセン拡散及び電解質内でのイオン拡散
   泳動(migration): 電位勾配によってイオンなどが運ばれる現象

その中で泳動と拡散の両方の駆動力を考えるのが電気化学ポテンシャルである。時に双方のポテンシャルが逆方向であることや、双方がバランスして系内に勾配を保ったまま平衡状態となることも起こり得る（半導体太陽電池内のキャリアの移動や、電極表面の拡散電気二重層など）

・平衡論から速度論へ、モルギブズエネルギーと化学ポテンシャル

電気化学ポテンシャルを用いることで、荷電粒子の物質移動を議論することができ、物質移動過程を伴った電気化学反応の速度論を記述することができる。まずはその前に、化学ポテンシャルとそれを用いた中性粒子の流束を記述する方法、つまり拡散現象による流束について解説する。

n モルの理想気体のギブズ自由エネルギーは以下式(19a)となる。

$$G(T,P) = G^o(T) + nRT\ln p \qquad (19a)$$

よって、混合物中の成分 i のモルギブズ自由エネルギーGi は固体、気体それぞれ式(19b, c)のようになる。

$$\text{混合気体}\quad Gi = Gi^o + RT \ln \frac{f_i}{p^o} \qquad (19b)$$

$$\text{混合液体}\quad Gi = Gi^o + RT \ln a_i \qquad (19c)$$

Gi^o は $p_i=p^o$ もしくは $x_i=1$、つまり成分 i のモルギブズエネルギーで、p^o は全圧、f_i はフガシティー、a_i は活量である。分圧や濃度が高いほどモルギブズエネルギーは高く、成分 i は高濃度(分圧)から低濃度(分圧)に広がろうとする。つまり、モルギブスエネルギーの差が拡散の駆動力になることが直感的に理解できるであろう。

非理想系においては、分子間相互作用が濃度に依存するため、活量係数の変化に対してモルギブズエネルギーが必ずしも一定にはならない。そこで、新たに「モルギブズエネルギーの i 成分モル数に対する偏微分係数」として式(20a)のように化学ポテンシャルを定義する。したがって、成分 i と j から構成される系における成分 i の化学ポテンシャルは、式（20a）のようになる。

$$\mu_i = \left(\frac{\partial G}{\partial n_i}\right)_{T,p,n_j} \qquad (20a)$$

温度 T、圧力 p、他成分のモル数(n_j)が変化しないときは以下式(20b)のようになる。

$$dG = \mu_i dn_i \qquad (20b)$$

これは、1 mol の成分 i を加えても組成や状態がほとんど変化しないくらい気体や溶液の量が多い場合に、1 mol の成分 i を加えたときの系のギブズ自由エネルギー変化量に対応する。

・化学ポテンシャルおよび電気化学ポテンシャルを使った中性および荷電粒子の拡散速度

拡散は物質の濃度差を駆動力とした物質移動である。拡散の流束 J_i (mol/m^{2}s)は以下のフィックの第 1 法則(Fick's first law of diffusion、式(21))でも表せる。

$$J_i = -D_i \frac{\partial C_i}{\partial x} \qquad (21)$$

D は拡散係数である。ここから微小区間内の物質収支をとると、区間内の成分 i の濃度変化であるフィックの第 2 法則(式(22))が記述できる。

$$\frac{\partial C_i}{\partial t}\partial x = -D_i\left[\left(\frac{\partial C_i}{\partial x}\right)_x - \left(\frac{\partial C_i}{\partial x}\right)_{x+\partial x}\right]$$

$$\frac{\partial C_i}{\partial t} = \frac{\partial}{\partial x}\left[-D_i\left[\left(\frac{\partial C_i}{\partial x}\right)_x - \left(\frac{\partial C_i}{\partial x}\right)_{x+\partial x}\right]\right]$$

$$= D_i \frac{\partial^2 C_i}{\partial x^2} \qquad (22)$$

一方、「ポテンシャルの傾きは“力”に対応し、移動度は「“力”当たりの速度」を示していることを用いると、化学ポテンシャルの勾配から流束を記述することができ、以下式(23)ようになる。

$$J_i = -C_i v_i \frac{d\mu_i}{dx} \qquad (23-1)$$

また、拡散する中性粒子の濃度を用いると、式（19c）の活量を単位変化した式

$$\mu = \mu^o + RT \ln C \qquad (23-2)$$

と表すことができるので、

化学ポテンシャルの勾配は式(24)となる。

$$-\frac{d\mu_i}{dx} = -RT \frac{d \ln C_i}{dx} \qquad (24)$$

以上から流束は式(23')となる。

$$J_i = -C_i v_i RT \frac{d \ln C_i}{dx}$$

$$= -C_i v_i RT \frac{d \ln C_i}{dC_i} \frac{dC_i}{dx}$$

$$= -v_i RT \frac{dC_i}{dx} \qquad (23')$$

これをフィックの第一法則からの式(21)と照らし合わせると、以下式(25)のようになり、移動度を測定することで拡散係数が分かることになる。

$$D_i = v_i RT \qquad (25)$$

一方、イオンなどの荷電粒子に関しては電気化学ポテンシャルを定義することでその移動を記述する。荷電粒子 i の電気化学ポテンシャル φ は以下式(26a)であらわされる。

$$\varphi = \mu + zFV \qquad (26a)$$

z は符号を含めた電荷数、V は内部電位、μ は化学ポテンシャル(中性粒子のものと同様)、F はファラデー定数である。すなわち、電気化学ポテンシャルは、化学ポテンシャルと静電ポテンシャルの和である。混合溶液中の化学ポテンシャル μ は以下式(26b)で表せることから、電気化学ポテンシャルは(26c)のようにあらわせる。

$$\mu = \mu^o + RT \ln C \qquad (26b)$$

$$\varphi = \varphi^o + RT \ln C + zFV \qquad (26c)$$

中性粒子の拡散の駆動力が化学ポテンシャルの勾配で決定した(式(24))のと同様に、荷電粒子の拡散の駆動力は式(27)のように電気化学ポテンシャルの勾配で決定できる。

$$-\frac{d\varphi_i}{dx} = -\left(RT \frac{d \ln C_i}{dx} + z_i F \frac{dV}{dx}\right) \qquad (27)$$

よって、荷電粒子の拡散流束 J_i は式(28)のようになる。

$$j_i = -C_i v_i \frac{d\varphi_i}{dx}$$

$$= -C_i v_i \left(RT \frac{d \ln C_i}{dx} + z_i F \frac{dV}{dx}\right) \qquad (28)$$

式(28)の左項が化学ポテンシャルの勾配、右項が静電ポテンシャルの勾配(=電場)を意味し、その足し合わせで電気化学ポテンシャルが決まる。

・物質移動過程を考慮した電流密度と電極電位の関係、濃度過電圧、限界電流密度

3 節において電極上の反応速度を電荷移動(電極反応)律速として取り扱って定式化した。ここでは酸化体(O)と還元体(R)の拡散による物質移動が、電流密度と電極電位の関係に与える影響を考える。電極反応によって O が消費(生成)し R が生成(消費)すると、拡散によってそれぞれが移動し供給もしくは放出される。そして定常状態において電極近傍の各点で以下の式(29)が成立し、その結果図 7 のように電極近傍に O、R それぞれの濃度勾配が形成される(C^s は電極表面、C^b は溶液バルク中の濃度)。

$$J_i = -D_i \frac{\partial C_i}{\partial x}$$

$$J_0 = \frac{|i|}{nF} - D_i \left(\frac{\partial C_i}{\partial x} \right)_{x=0}$$

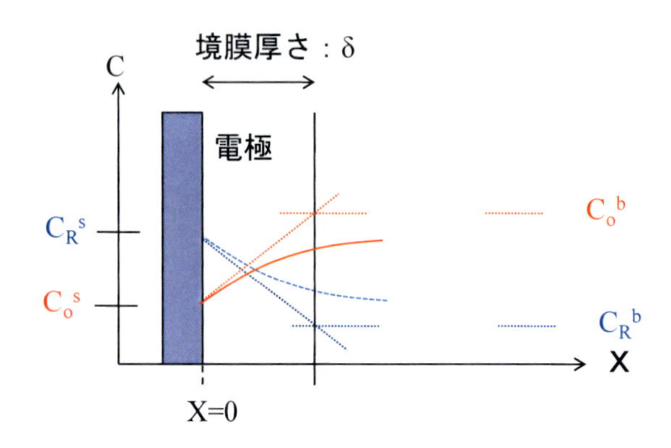

図 6 拡散による濃度勾配の形成と、境膜モデル

ここでそれぞれの濃度勾配に対して、電極表面から直線状に濃度勾配があるという近似をする。すなわち境膜の概念を用いて図 6 のように濃度勾配を表現する。すると、拡散流束によって電流密度を式(30)のように表現できる。

$$|i_c| = nFD_O \frac{C_O^b - C_O^s}{\delta} \qquad (30)$$

そして、電極表面の酸化体(還元体)の濃度がゼロになった時が、とりうる電流密度の最大値となる。これを限界電流密度といい、式(31)で表される。

$$|i_{c,\mathrm{lim}}| = nFD_O \frac{C_O^b}{\delta} \qquad (31a)$$

$$i_{a,\mathrm{lim}} = nFD_R \frac{C_R^b}{\delta} \qquad (31b)$$

以上と、3 節で示したバトラー-フォルマー式(13)を合わせて考えると、電極反応と物質移動の

両方の過程を考慮した電極反応速度を導き出せる。電極表面では式(12)(再出)が成立すると考えると以下の式(32)のようになる。

$$\frac{i}{i_0} = \frac{C_R^S}{C_R^{eq}} \exp\left(\frac{\alpha_a nF\eta}{RT}\right) - \frac{C_O^S}{C_O^{eq}} \exp\left(-\frac{\alpha_c nF\eta}{RT}\right) \quad (12)$$

過電圧が十分大きく($\eta >> RT/\alpha_a nF$)、バルクでは平衡が成立している($C_R^{eq}=C_R^b$)と考えると以下のように簡略化され、さらに対数をとると過電圧と電流の関係式(33)が導き出せる。

$$\frac{i_a}{i_0} = \frac{C_R^S}{C_R^b} exp\left(\frac{\alpha_a nF\eta}{RT}\right)$$

$$\ln i_a = \ln i_0 + \ln\left(\frac{C_R^S}{C_R^b}\right) + \frac{\alpha_a nF\eta}{RT}$$

$$\eta = -\frac{RT}{\alpha_a nF}\ln i_0 + \frac{RT}{\alpha_a nF}\ln i_a - \frac{RT}{\alpha_a nF}\ln\left(\frac{C_R^S}{C_R^b}\right) \quad (33)$$

第 1-2 項は活性化過電圧である。第 3 項が物質移動の影響ということになり、これを濃度過電圧(η_{con}, concentration overpotential)という。この式(33)を図にすると図 7 のようになる。濃度過電圧が影響しない範囲においてターフェル式に従う直線部分が見え、それ以上になると急激に過電圧が増加し、表面濃度が 0 となる電流以上は流れなくなる(限界電流密度)。

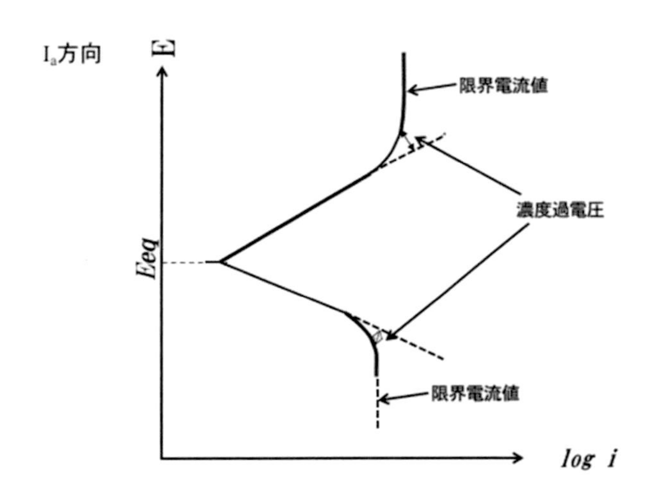

図 7 濃度過電圧を考慮した電流-電位曲線と、限界電流密度

式(31a)、(31b)から$\frac{C_R^S}{C_R^b}$ および $\frac{C_O^S}{C_O^{eq}}$ を導出し、$C_R^b = C_R^{eq}, C_O^b = C_O^{eq}$ と仮定し、(12)に代入すると、濃度過電圧を考慮して限界電流密度を取り入れたバトラーフォルマー式はアノード電流、カソード電流それぞれ式(34a, b)のようになる。

$$\frac{i_a}{i_0} = \left(1 - \frac{i_a}{i_{a,\lim}}\right) \exp\left(\frac{\alpha_a nF\eta}{RT}\right) - \left(1 + \frac{i_a}{|i_{c,\lim}|}\right) \exp\left(\frac{-\alpha_c nF\eta}{RT}\right) \quad (34a)$$

$$\frac{i_c}{i_0} = \left(1 + \frac{|i_c|}{i_{a,\lim}}\right) \exp\left(\frac{\alpha_a nF\eta}{RT}\right) - \left(1 - \frac{|i_c|}{|i_{c,\lim}|}\right) \exp\left(\frac{-\alpha_c nF\eta}{RT}\right) \quad (34b)$$

以上をもとに、電極反応速度、物質移動速度が異なるときの電流-過電圧曲線の概要を図 8 に示す。電極反応速度が遅いと、電流を流すのに大きな過電圧を要し(黒、緑)、ある程度早くなるとバトラーフォルマー式に従う(黄)。しかしそれ以上になると拡散が律速となり限界電流が見られ、電極によらず一定の最大電流となる(青)。

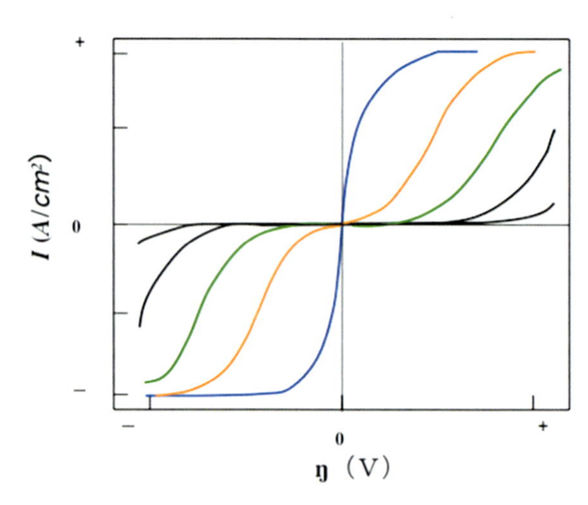

図 8 電極反応速度、物質移動速度が異なるときの電流-過電圧曲線

本章の一部は、主に下記の書籍を参考にさせていただきました。

参考文献

[1] 電気化学概論　松田好晴、岩倉千秋共著　丸善株式会社

[2] ベーシック電気化学　大堺利行、加納健司、桑畑進　著、化学同人

[3] 電気化学　渡辺正、金村聖志、益田秀樹、渡辺正義共著、丸善株式会社

[4] エッセンシャル電気化学　玉虫伶太、高橋勝緒著

[5] 入門　熱力学　実例で理解する　小宮山宏　著　、倍風館

[6] 速度論　小宮山宏　著、朝倉書店

[7] 理工系学生のための　基礎化学　量子化学・熱力学　第 3 版　化学同人

２－２　物質輸送

井上　元
（九州大学）

２－２－１．はじめに

電気化学反応デバイスである二次電池や燃料電池において，目的の電気化学反応を円滑に進めるためには，その反応原料である化学種（液相，気相），イオン，電子を円滑に均一に電極表面に供給する必要がある。この際の輸送抵抗の損失が，物質輸送過電圧やオーム過電圧として現れ，燃料電池における出力密度の低下や，二次電池の充放電効率の低下を招く，またこれら反応種が十分供給されない場合，電池内の電極材料（貴金属材料やレアメタルを含む電極活物質）の利用率低下にもつながり，また局所的に反応集中が生じた場合は，電極の溶出や，短絡に繋がる金属析出が生じる可能性がある。したがって電池内部での物質輸送性能の向上は，電池の高出力化・高充放電効率化のみならず，低コスト化や耐久性向上にも寄与できると考えられる。また各反応種の輸送経路は異なるため，多相なコンポジット構造，多孔質構造が用いられるのが一般的であるが，各輸送種の物質輸送特性，有効反応界面積，実効容量を踏まえ複合的に考える必要があり，その上でも実際の電極内部の輸送現象を理解することが極めて重要である。そしてこれらの知見が構造設計の最適化に繋がり電池性能の向上にも繋がる。本節では電極内の物質輸送に関する基礎，多孔質電極の概要について論じ，そしてその具体例としてリチウムイオン二次電池（Lithium ion Battery: LiB）と固体高分子形燃料電池（Polymer Electrolyte Fuel Cell: PEFC）における輸送現象と，その関連技術に関して論じる。

２－２－２．電極内の物質輸送に関する基礎

LiB と PEFC の概要図を図２－２－１に示す。PEFC は，プロトン伝導体である電解質膜を中心に，その両側に白金担持カーボン触媒からなる触媒層，さらにその両側に反応ガス供給のためのガス拡散，およびガス供給流路を配置した構造をとっている。水素側で水素酸化反応，酸素側で酸素還元反応が生じ，その際に電子が外部回路を通ることにより発電する。一方，LiB では，正極，負極活物質への Li 貯蔵および脱離挿入により，極間で Li が移動し，電子が外部回路を通り充電，放電が進む。両極は電解液で繋がっており，短絡を防ぐために中央にセパレータを用いる。また粒子充填層であるため構造維持のためにバインダーが，また電子伝導経路保持のために，カーボンブラックなどの導電助剤が用いられる。図から分かるように，電池には必ず２つの電極が存在し，この極間で電解質（電解液）を介してキャリアイオンが移動し，電子は外部回路を経て移動する。副反応がない電気的中性条件で考えると，両極で同じイオン流束，電子流束となり，常に対向した流れとなる。また燃料電池の場合には反応種の拡散流束も等しくなる。各電極表面でイオンと電子は消費または生成されるため，電池は同じ反応容器内で酸化還元反応を行うレドックス反応器であるとも言える。蓄積量がない定常状態であれば，このイオン・電子極間流量と各電極での反応量は等しくなり，これが電流値となる。数値シミュレーションにおいては，

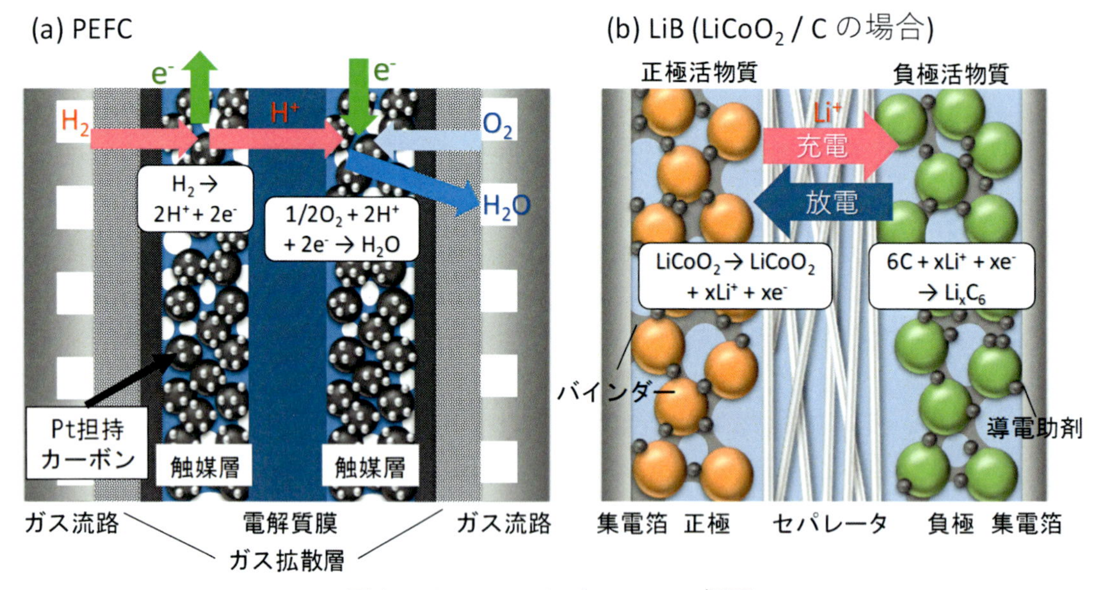

図２－２－１　LiB と PEFC の概要

これら両極の反応量と電荷移動量で，全ての収支が一致するように解を得る必要がある。通常この電流値が高くなるほど，移動特性の影響が顕著となる。例えば燃料電池における発電時や，二次電池における放電時に，高出力化を図るためには，電圧損失を抑えた上で電流量を上げる必要があり，そしてそのためには，イオン・電子・反応種の流束も上げる必要がある。非常に単純なケースでは，これらはそれぞれイオン電位，電子電位そして反応原料濃度の勾配を駆動力とする，伝導や拡散機構で進むため（LiB のイオン輸送は伝導と拡散の両方生じる），高電流時には電池内部の輸送方向に大きな電位分布や濃度分布が形成される。

ここで電極表面反応の式として，電流密度 i を表す下記の Butler-Volmer 式を取り扱い説明する。

$$i = i_0 \left[\exp\left(\frac{\alpha n F \eta}{RT} \right) - \exp\left(\frac{-(1-\alpha) n F \eta}{RT} \right) \right] \tag{1}$$

なお本式は平衡論として導出された式であり，実際の電極内での計算に関しては，あくまで上記の適用が近似でき，また反応種の電極表面の吸着脱着過程など，他過程が無視できる場合に限ることに注意する必要がある。一般式としてアノード反応に対して正，カソード反応に対して負で記している。ここで i_0 は交換電流密度であり，電極反応の触媒性能を意味する。α は電荷移動係数，n は価数，F はファラデー定数である。η は過電圧であり，単極電位 E と平衡電位 E^{eq} の差として $\eta = E - E^{eq}$ で与えられ，また単極電位はその局所において，イオン電位と電子電位の差となる。つまり前述のように大電流時に電極中で，イオン電位と電子電位の分布が形成される場合は，この過電圧 η に分布が生じ，その結果式(1)より電極層内部に反応分布が生じる。極端な場合は未反応領域も生じるため，そのためにも両電位分布形成の緩和として，有効伝導度の向上が不可欠である。

一方, 式(1)で還元物 R がアノード酸化によって電子を放出し, 酸化物 O になる場合を考える。R のバルク濃度を $C_{\mathrm{R}}^{\mathrm{b}}$ とすると, 電極表面での R 濃度 $C_{\mathrm{R}}^{\mathrm{e}}$ は電極表面での反応により $C_{\mathrm{R}}^{\mathrm{b}}$ よりも低くなる。一方 O のバルク濃度を $C_{\mathrm{O}}^{\mathrm{b}}$ とすると, 電極表面の O 濃度 $C_{\mathrm{O}}^{\mathrm{e}}$ はその生成反応により $C_{\mathrm{O}}^{\mathrm{b}}$ よりも高くなる。これはイオン・電子電位の場合と同様, 大電流になるほどその傾向は大きくなる。以上を考慮して物質移動過程が含まれる場合は, 式（1）は式（2）のように変形される。

$$i = i_0 \left[\left(\frac{C_{\mathrm{R}}^{\mathrm{e}}}{C_{\mathrm{R}}^{\mathrm{b}}} \right) \exp\left(\frac{\alpha n F \eta}{RT} \right) - \left(\frac{C_{\mathrm{O}}^{\mathrm{e}}}{C_{\mathrm{O}}^{\mathrm{b}}} \right) \exp\left(\frac{-(1-\alpha) n F \eta}{RT} \right) \right] \tag{2}$$

上式から示されるように, 電極内で物質輸送性能を向上させ, 反応原料となる R の電極表面濃度 $C_{\mathrm{R}}^{\mathrm{e}}$ を高め, また生成物 O を円滑に除去し $C_{\mathrm{O}}^{\mathrm{e}}$ を下げることが必要である。これら化学種が電解質中を輸送する場合（LiB の場合のリチウムイオン）は, その輸送機構として拡散と泳動を, 別の相中を輸送する場合（PEFC の場合の水素や酸素）は, 拡散を考慮する必要がある。ここで PEFC の場合について考える。なお空気極の酸素還元反応（$1/2O_2 + 2H^+ + 2e^- \rightarrow H_2O$）のみ考え, 単純なケースとして, 式(2)第二項も無視できると近似すると, 発電時の電流密度 i は以下となる。

$$i = i_0 \left(\frac{C_{\mathrm{O_2}}^{\mathrm{e}}}{C_{\mathrm{O_2}}^{\mathrm{b}}} \right) \exp\left(\frac{\alpha n F \eta}{RT} \right) \tag{3}$$

一方電極層が十分薄く, その内部の濃度分布が無視できる薄膜電極であると近似し, またガス流路部を流れる濃度 $C_{\mathrm{O_2}}^{\mathrm{b}}$ の酸素が, Fick 則に基づいて厚さ L の拡散層を介して触媒層まで拡散し, 触媒層表面が $C_{\mathrm{O_2}}^{\mathrm{e}}$ で, その濃度勾配が直線近似できると見なすと, その物質流束は以下となる。

$$N_{\mathrm{O_2}} = D_{\mathrm{O_2}}^{\mathrm{eff}} \frac{C_{\mathrm{O_2}}^{\mathrm{b}} - C_{\mathrm{O_2}}^{\mathrm{e}}}{L} \tag{4}$$

ここで, $D_{\mathrm{O_2}}^{\mathrm{eff}}$ は多孔質体である拡散層の有効拡散係数である。定常状態で上記酸素移動量は電極反応による消費量と等しくなる。つまり以下の式が得られる。

$$i = 4 F D_{\mathrm{O_2}}^{\mathrm{eff}} \frac{C_{\mathrm{O_2}}^{\mathrm{b}} - C_{\mathrm{O_2}}^{\mathrm{e}}}{L} \tag{5}$$

上式より電極表面濃度 $C_{\mathrm{O_2}}^{\mathrm{e}}$ が 0 になるとき電流は最大となる。つまり以下の式が得られる。

$$i_{\mathrm{lim}} = 4 F D_{\mathrm{O_2}}^{\mathrm{eff}} \frac{C_{\mathrm{O_2}}^{\mathrm{b}}}{L} \tag{6}$$

この最大電流 i_{lim} を限界電流密度と呼ぶ。式 (5), (6)より式(7)を得る。

$$\frac{C_{\mathrm{O_2}}^{\mathrm{e}}}{C_{\mathrm{O_2}}^{\mathrm{b}}} = \frac{i_{\mathrm{lim}} - i}{i_{\mathrm{lim}}} \tag{7}$$

これを式(3)に代入することで，式(8)の過電圧式が得られる。

$$\eta = \frac{RT}{\alpha nF}\ln\left(\frac{i}{i_0}\right) + \frac{RT}{\alpha nF}\ln\left(\frac{i_{\lim}}{i_{\lim} - i}\right) \tag{8}$$

この第一項が活性化過電圧（反応過電圧），第二項が濃度過電圧（拡散過電圧）である。この式の電流密度-電極電位曲線，また電流密度と電圧を乗じた，電流密度-出力密度曲線を図２－２－２に示す。濃度過電圧に起因して，限界電流密度近傍で急激に電極電位が低下する。PEFC の場合はさらに，直線的な電圧損失として，電解質膜中のプロトン伝導に由来するオーム過電圧（$R^{\mathrm{ohm}}i$）が加わる。電極表面への物質輸送性を向上させることで，式(6)からも限界電流密度を増大でき，高出力化に繋がると言える。また上記検討では，限界電流密度が反応原料の供給経路である拡散層の物質輸送性能のみに依存しているが，実際はガス流路，拡散層をはじめとする他多孔質部材，そして触媒層内の物質輸送性能の影響を考慮する必要がある。なお図(a)中に電極触媒活性が向上もしくは担持触媒量が増加して，正味の交換電流密度が増大した場合と，物質輸送性能が向上し，限界電流密度が増加した場合の２条件の曲線を描いているが，これを出力密度曲線に変換すると，どちらの条件でも最大出力密度は同程度となっていることがわかる。触媒層内で同じ電極触媒を用い，担持担体密度が変わらないとすると，反応活性増加と物質輸送性能増加はトレードオフになる場合が多い。あくまで電池として望まれるのは高出力化であり，電流密度と電圧の両方を増加させることが望まれる。なお PEFC の場合，反応原料および生成物はそれぞれ電池外部から供給され，そして排出されるが，一方 LiB の場合，電極層内部の活物質から脱離および貯蔵されるものであり，また活物質容量が有限であることから非定常現象となる（電池特性評価としては電流密度-電圧曲線ではなく，充放電容量-電圧曲線）。したがって PEFC の場合と考え方が異なるものの，充放電時の過電圧内訳としては，活性化過電圧，濃度過電圧，オーム過電圧で構成される点は同じである。また過電圧，すなわち平衡電位と電極電位の差は，エネルギー損失として熱となる。この電池内部での発熱と物質輸送も複合的な問題であるが，詳細は次節を参照されたい。

２－２－３．多孔質電極の概要

イオン・電子，その他反応種の輸送経路は異なり，また有効界面積の三次元状の拡大として，一般に多孔質電極が用いられている。LiB，PEFC の各構成部材の断面図を図２－２－３に示す。（なお倍率は全て異なる。）LiB では Li の脱離挿入に必要な活物質，電解液部（製造時は空隙，後に電解液含浸），そしてバインダーや導電助剤から成る。導電剤は高電位での溶出や副反応を抑えるために，一般的に炭素材料が使われており，中でもカーボンブラックが広く用いられている。PEFC では白金担持カーボン触媒（カーボンブラックを担体に数 nm の白金粒子を担持したもの），アイオノマー，空隙から成る。アイオノマーはプロトン伝導機能を有するポリマー材料であり，白金担持カーボンを被覆するように付着しているとされている。詳細は別節で述べる。

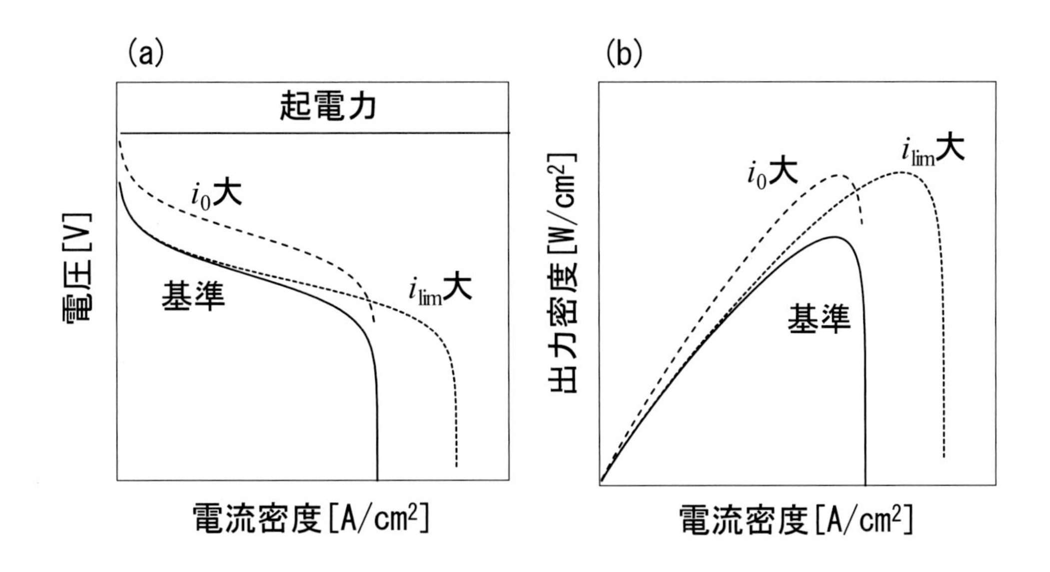

図２－２－２　電流密度-電圧曲線(a)と電柱密度-出力密度曲線(b)

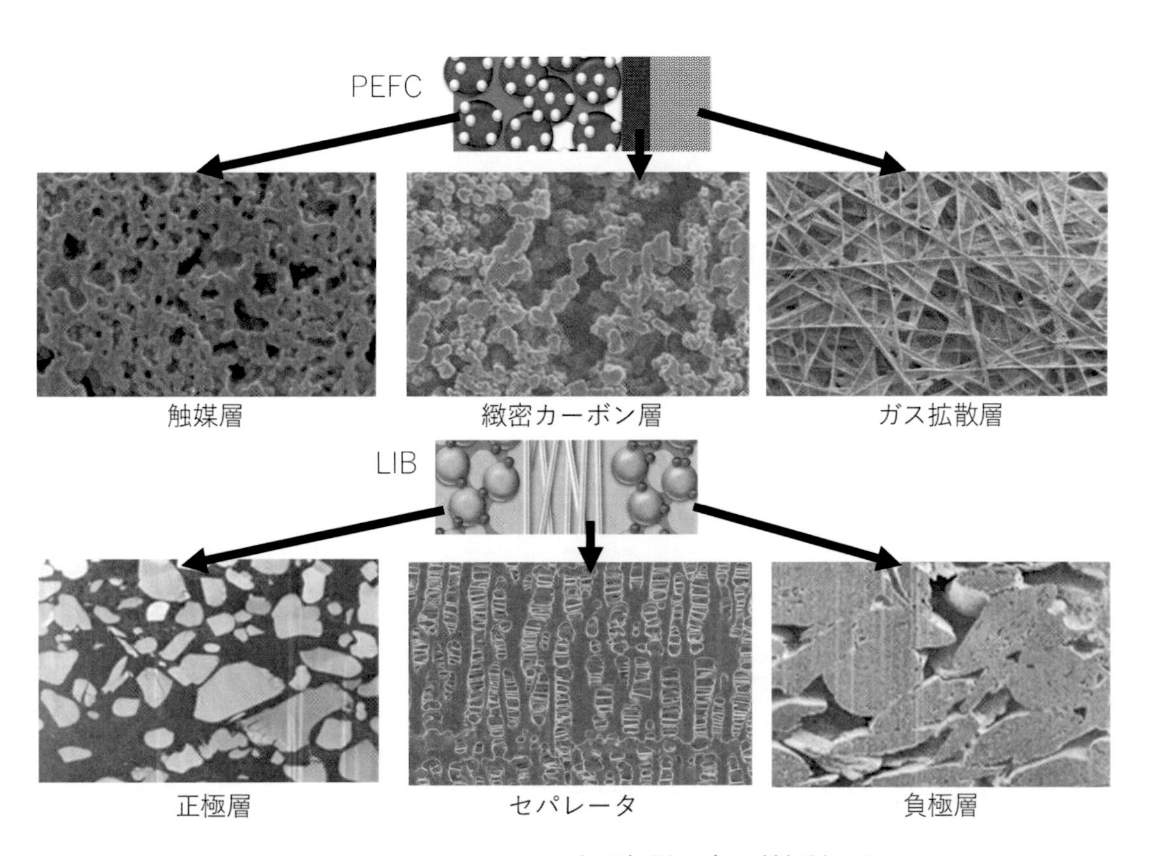

図２－２－３　PEFC，LiB の各電極層・多孔質部材の断面図

電極構造の設計に関して LIB の場合を例に説明する。高容量化を考えると，厚膜電極が理想

である。相対的に全体コストで無視できない集電箔やセパレータの使用量削減にも繋がり，電池パックコストとしても利点がある。しかしながら反応種の輸送長が長くなり，過電圧増大や有効利用率の低減を引き起こす。現在イオン輸送が律速とされており，そのため有効反応界面を維持しつつ，リチウムイオンを円滑に均一に輸送する構造が求められている。つまり多孔質電極層中のイオン伝導抵抗の低減が望まれている。その方法として，図２－２－４に示すように『①：高イオン伝導度の電解液の開発』,『②：電極層の薄膜化や高空隙率化』,『③：輸送経路の最適構造化』,『④：新規構造化電極』,『⑤：イオン伝導機構の基礎理解に立脚した支配要因の解明』等が挙げられる。①に関しては，電解液の構造解析や新規材料探索が必要となる。②は従来のアプローチであり，出力密度と容量のトレードオフの中での設計に留まり，現状の課題解決には至らない。③は多孔質電極の微細幾何形状（モルフォロジー）に依存し，従来のなりゆき任せの電極構造を，機能的に最適化することで改善できる可能性がある。④は例えば3Dプリンタやリソグラフィー技術を活用した，ピラー構造を有する三次元電極が挙げられ，見かけ上電極層の薄膜化による高出力密度化が期待できる。⑤に関して，リチウムイオンは通常溶媒和していると考えられ，そのイオン半径より微小細孔部には流通しない，いわゆる細孔効果があると考えられる。実際に壁面効果や細孔効果に左右されることが示唆される結果が得られており[1]，このような現象を明らかにし，その要因を定量化することで，表面組成等の工夫も必要になると考えられる。ここでは③の効果について述べる。

壁面効果や細孔効果が無い限り，多孔質体の空隙（または空隙を全て満たす液・電解液）を移動する物質，イオンの流束とその機構はアナロジーが成り立つ。つまりバルク拡散係数 やバルク伝導度 に対して（空隙率/屈曲度）を乗じた，有効拡散係数や有効伝導度を求め，その値に駆動力となる濃度勾配や電位勾配を乗じることで流束が求まる。ここで屈曲度は空隙内の輸送経路の曲路長を意味し，その値が大きいほど湾曲していることを意味する。イオン輸送抵抗の低減，すなわち有効イオン伝導度の向上のためには，高空隙率，低屈曲度となる多孔質構造が求められている。一般に粒子充填層の場合，屈曲度は空隙率の平方根の逆数として整理され，有効伝導度は空隙率のみの関数として以下で表される。

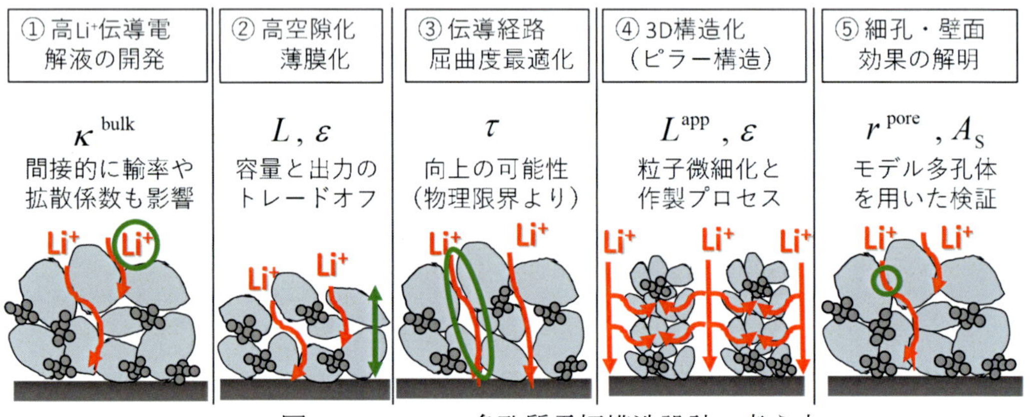

図２－２－４　多孔質電極構造設計の考え方

$$\sigma^{\mathrm{eff}} = \varepsilon/\tau \times \sigma^{\mathrm{bulk}} = \varepsilon^{1.5}\sigma^{\mathrm{bulk}} \tag{9}$$

$$\sigma^{\mathrm{rel}} = \sigma^{\mathrm{eff}}/\sigma^{\mathrm{bulk}} = \varepsilon/\tau = \varepsilon^{1.5} = \varepsilon^{\gamma}, \gamma = 1.5 \tag{10}$$

上式は Bruggeman 近似と呼ばれ，二次電池の多くの数値モデルで用いられている[2]。また2式目は相対伝導度であり，有効伝導度とバルク伝導度の比で表される。しかし実際は必ずしも粒子充填構造と同等ではなく，屈曲度は粒子形状や粒子径分布，バインダーや導電助剤の量や付着構造，また電極層全体の分布（偏在）に依存する。さらにこれらは全て，電極層製造時のプロセス（粒子制御，スラリー調整，塗布，乾燥，圧縮）に影響される。したがって実電極中のマクロなイオン伝導抵抗を低減するために，現状の電極の構造を捉え，その律速要因を明らかにすることが重要である。なおセパレータ内の伝導度も同様に，空隙率のみならず細孔分布や幾何形状（延伸構造，発泡構造，不織布構造）に依存し，構造と伝導度の相関を把握することが重要である。

以上は全て材料種の化学的な性状に依存せず，あくまで③で挙げた”構造”のみの議論であるが，一方で⑤に関してのアプローチも考えられる。幾何形状が規定された構造（例えば，細孔径，細孔間隔，開孔率が予め制御された垂直配向多孔体）を用いて，バルク伝導度が既知の電解液を完全に含浸させて，電位勾配を負荷して有効イオン伝導度を直接実計測した場合に，これら伝導度と構造の相関が ε / τ 式のみで整理できないとすると，壁面効果や細孔効果を考慮すべきこととなる。なおこのような規則構造体の場合，空隙率が高く，屈曲度が小さいためにそのイオン伝導抵抗が小さくなりやすく，その結果サンプルに十分な厚みがないと，相対的にバルク電解液とサンプルの間の境界層部の抵抗を含み，伝導抵抗が過大評価されてしまう。したがって，このような多孔質体内の輸送抵抗を求める際は，サンプルに十分な厚みを与えるか，もしくは厚み違いの計測より，厚みゼロに外挿して界面部の抵抗を分離する必要がある。

また上記のように拡散セルや伝導セルを用いて，電極層全体の輸送特性を評価する手法以外に，電気化学計測により輸送現象に由来する過電圧成分を分離し，モデル式を基に既知のパラメータを用いることで，有効拡散係数や有効伝導度を得る手法もある。しかしながら前者と異なり，その場合の輸送特性は，反応種流入出の電極端面から，活物質や電極触媒表面の反応界面までの経路上の輸送特性である。したがって反応界面近傍のナノスケールの輸送抵抗（LiB の場合の被膜抵抗や，PEFC の場合のアイオノマー抵抗）を含むものであることに注意する必要がある。

さらに LiB の場合，リチウム電解液伝導度は，リチウムイオン濃度の関数となっている。したがって内部に濃度分布が形成されるときは，非常に複合的な現象となることに注意する必要がある。またナノメートルスケールの導電助剤の電子伝導度も，そのバルク物性の取得が難しく，計測時の締結圧に依存する。PEFC の場合は，アイオノマーのプロトン伝導がアイオノマー中の含水量に依存する。プロトンが水和して移動したり，またアイオノマー中の水クラスターの形成に影響したりするためであり，つまり湿度に強く依存する。また高湿度になるとアイオノマーは膨潤し，触媒層内の空隙体積の相対的な減少にもつながる。したがって電極層や触媒層の輸送特性を実測する場合に，周囲環境に非常に強く依存することに注意する必要がある。

２－２－４．多孔質電極の構造評価手法

近年実際の複雑な多孔質構造を把握する検討も進められている[3][4]。多孔質体の三次元構造評価技術としてＸ線 CT と FIB-SEM（Focused Ion Beam Scanning Electron Microscope）が挙げられる。各技術の特徴を表２－２－１に示す。Ｘ線ＣＴは，Ｘ線透過時の多孔質材料の密度差による吸収係数の違いを基に，さらに対象サンプルを 360 度回転（補間する場合は 180 度でも可）させて，その各角度の X 線透過像を連続取得し，そしてこの多量の透過像データの再構築演算（Computed Tomography : CT）により，立体構造を得る手法である。非破壊測定であるため，医療分野で幅広く用いられているが，近年はそれ以外にも広く多孔質材料の評価技術（例えば岩石，石炭など）として用いられている。FIB-SEM はイオンビーム（主に Ga，Ar）により対象材料を切断し，その表面構造を SEM により撮像するといった，一連の動作（Cut&See）を連続的に行い，複数枚の断面像を積層させて立体構造を取得する技術である。FIB-SEM の分解能はスライスピッチと SEM 倍率に依存するが，4 nm/voxel 程度の分解能を有している。X 線 CT の最高機種でも 50 nm/voxel であるため，微細な活物質や二次凝集体からなる立体構造の取得には FIB-SEM が適している。また例えば導電助剤であるカーボンブラックは 1 μm 以下の二次粒子（アグリゲート）径を有し，その凝集構造内部の平均細孔径は 100 nm 程度である。したがってカーボンブラックをより多く含む材料の場合，FIB-SEM が有利である。なお空隙と断面の識別が難しく，その技術開発も検討されている[5]。一方実電池内では，ある一定の締結圧を制御して部材を積層するため，セルに組み込まれた実環境下では，電極層は圧縮されている。このように面圧付与をしながら観察できるのは X 線 CT の利点である。以上の X 線 CT と FIB-SEM による立体構造取得には，破壊・非破壊，分解能，観察時間，加工の影響など一長一短あり，対象材料や目的に応じて使い分ける必要がある。

表２－２－１　構造観察手法の概要

	集束イオンビーム-走査型電子顕微鏡 (FIB-SEM)	**X線コンピュータ断層撮影 (X-ray CT)**
概要	イオンビームで平滑な断面を作製し、その表面をSEMで観察する。複数スライスにより立体構造の取得が可能	X線を照射し、減衰吸収されたのち背面で検出。サンプルを回転させ連続撮像し、画像をフーリエ変換で再構成
特徴	分解能　◎（4 nm～0.1 μm） 三次元化　○ In-situ 観察　×（切断必要）	分解能　○（50 nm～1 μm） 三次元化　◎ In-situ 観察　△（材料限定）
課題	・スライス時のドリフト ・空隙埋め（樹脂含浸、蒸着）	・アーチファクト ・回転時のドリフト
電池分野	電極層の構造観察、空隙構造、元素分布、導電助剤形状	パッケージ化した電池そのものの観察、セル全体、加圧下

２－２－５．リチウムイオン二次電池における物質輸送現象

充放電時の LiB 内部の反応輸送現象の概要を図２－２－５に示す。各材料の説明は図２－２－１の通りである。正極負極間でリチウムイオンの脱離挿入を行うことで充放電を行う機構であるが，輸送現象として下記が主要過程である（材料開発や反応に関しては割愛する。）。なお各輸送方程式が関わる領域を図中の数字で示している（赤矢印が Li，青矢印が電子の輸送である。）図中の記号は以下の通りである。

κ^{eff}：有効イオン伝導度，κ_D^{eff}：拡散効果による有効イオン伝導度，ϕ_{el}：イオン電位，
C_{Li^+}：イオン濃度，A_s：比表面積，i：電流密度，D_{el}^{eff}：電解液中の有効イオン拡散係数，
t_{Li^+}：輸率，r：活物質粒子半径，D_{ed}：粒子内拡散係数，σ_{el}^{eff}：有効電子伝導度，
ϕ_{ed}：電子電位

① 多孔質電極内および極間のリチウムイオン電位

リチウムイオン伝導は,電位勾配に基づく伝導だけでなく，濃度勾配に基づく泳動効果の影響も受ける。そしてその抵抗低減のためには，電解液伝導度の向上や電極層の構造設計が必要となる。またセパレータは，イオン伝導性を考えると高空隙が望ましいが，両電極の接触（短絡）を防ぐために，絶縁体でかつ機械的強度が求められる。

② 多孔質電極内および極間のリチウムイオン濃度

リチウムイオン電池で用いられる電解液は，輸率（リチウムイオンが担うイオン電流量の割合）が１ではなく，アニオン移動の効果も含まれる。つまり電解液中に濃度分布が形成される。電解液伝導度は濃度の関数であるため，低濃度部では著しく伝導度が低下する。したがってこのような濃度分布形成を緩和する工夫が必要となる。なお次世代電池として有望視される全固体電池では，このイオン自身の拡散は無視でき，濃度勾配の形成はないとして扱われる場合が多い。

③ 活物質粒子内のリチウム濃度

反応界面は粒子表面であるので，その粒子表面と粒子内部のリチウム拡散を迅速に行う必要がある。例えば放電時に正極活物質表面のリチウムが高濃度だと，その粒子に対しての反応は停止し，その結果実効容量が低下する。その改善としては微小粒子が望ましいが，微小粒子はハンドリングが難しく，実電池としては造粒操作による粒子制御も行われている。

④ 活物質表面での脱溶媒和，被膜層中の移動

基本的にリチウムは溶媒和して移動するが，電極近傍では脱溶媒和する必要がある。また活物質表面には，初期の充放電サイクルで形成される被膜（Solid Electrolyte Interphase：SEI）があり，この層中の輸送も抵抗として無視できない場合がある。

⑤　電極層中の電子電位

電極層内で電子は導電助剤を通じて伝導するが，固相内であるため，その粒子連結性が極めて重要である。導電剤の低減はイオン伝導の向上に繋がるが，過度な低減は粒子接点数が減り，パーコレーション理論より有効伝導度が著しく低下する。また電子伝導性が非常に低い活物質に対しては，電極層成形の前処理としてカーボンコートも行われる。

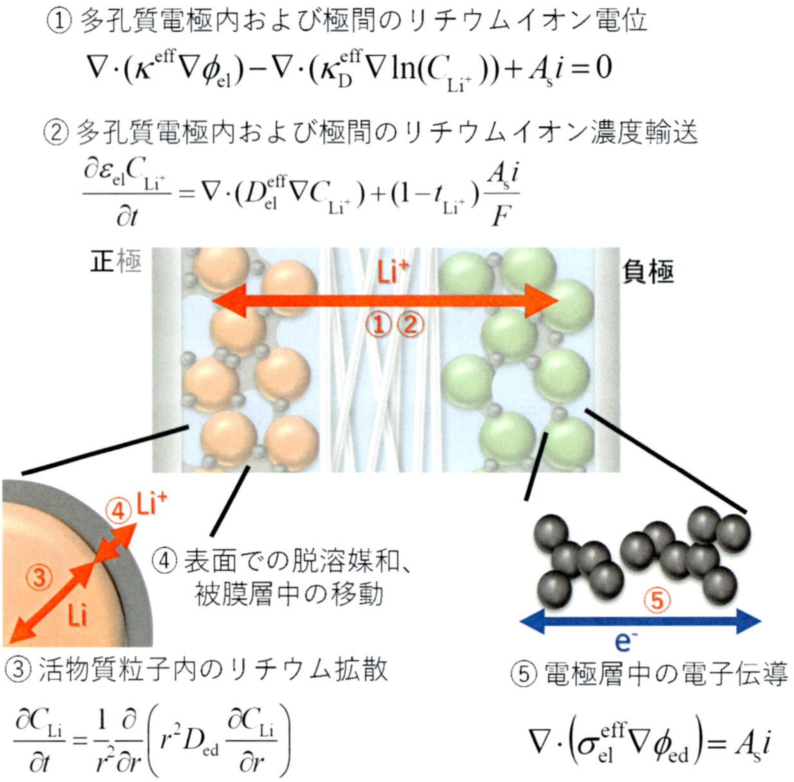

①多孔質電極内および極間のリチウムイオン電位

$$\nabla\cdot(\kappa^{\mathrm{eff}}\nabla\phi_{\mathrm{el}})-\nabla\cdot(\kappa_{\mathrm{D}}^{\mathrm{eff}}\nabla\ln(C_{\mathrm{Li^+}}))+A_{\mathrm{s}}i=0$$

②多孔質電極内および極間のリチウムイオン濃度輸送

$$\frac{\partial\varepsilon_{\mathrm{el}}C_{\mathrm{Li^+}}}{\partial t}=\nabla\cdot(D_{\mathrm{el}}^{\mathrm{eff}}\nabla C_{\mathrm{Li^+}})+(1-t_{\mathrm{Li^+}})\frac{A_{\mathrm{s}}i}{F}$$

正極　Li⁺　①②　負極

④Li⁺　③　Li

④表面での脱溶媒和、被膜層中の移動

⑤　e⁻

③活物質粒子内のリチウム拡散

$$\frac{\partial C_{\mathrm{Li}}}{\partial t}=\frac{1}{r^2}\frac{\partial}{\partial r}\left(r^2D_{\mathrm{ed}}\frac{\partial C_{\mathrm{Li}}}{\partial r}\right)$$

⑤電極層中の電子伝導

$$\nabla\cdot\left(\sigma_{\mathrm{el}}^{\mathrm{eff}}\nabla\phi_{\mathrm{ed}}\right)=A_{\mathrm{s}}i$$

図２－２－５　リチウムイオン電池内の反応輸送現象

その他無視できない現象として，活物質の体積膨張収縮がある。正極・負極ともにリチウムイオンの脱離挿入により体積が変化する。次世代電池材料として有望視されるシリコンの場合，体積が３倍にも増加することが報告されている。この体積変化によって，電解液体積部の減少，表面積の変化，電極層厚さの増加，電解液の押し出しによる対流発生が生じるとされ，上記①～⑤の減少がより複雑化する。

また劣化に関してはLi金属析出（デンドライト）も低減が不可欠である。例えば充電時に負極活物質へのリチウム挿入が不十分で，表面に金属リチウムとして析出し，それが反応活性点として樹木状に析出成長すると，両極を隔てるセパレータを貫通し，短絡する危険がある。その析出の起点になるのが，極間のイオン電流の過剰な分布であり，セパレータの構造工夫によりイオン伝導の斑が緩和され，デンドライトの低減に繋がる。したがってLiBにおいて輸送現象の理解とその工夫は，出力向上のみならず，安定性や耐久性向上にも繋がると言える。

なお充放電速度を表す指標として，Ｃレート（１時間で満充電，もしくは満放電になる速度が１Ｃ）が用いられる。電気自動車としては20C 充電（３分充電）などが目標に言われているが，あくまで電池だけの改善で高速充電が実現できるわけではない。電池パックに接続する導電ケーブルにも大電流が流れるため，このケーブルやコネクター部なども含めた技術開発が必要である。

２－２－６．固体高分子形燃料電池における物質輸送現象

PEFC 内部の反応輸送現象の概要を，図２－２－６に示す。LiB と異なり，本質的には定常状態で論じられ，輸送現象として下記が主要過程である。なお一般的に水素極側の過電圧は十分小さいので，ここでは空気極側および電解質膜に関してまとめる。（材料開発や反応は割愛する。）

① 流路から Pt 表面までの酸素拡散

加湿器を経てセルに供給される酸素は，セル平面方向に沿ったガス流路を流通し，炭素繊維からなる数 10 μ m の細孔径を有するガス拡散層（Gas Diffusion Layer: GDL），そしてカーボンブラック堆積層で，強い疎水性を有する緻密カーボン層（Micro Porous Layer: MPL）を経て触媒層を通り，空隙部そしてアイオノマーを介して，Pt 表面に拡散する。したがって各過程において輸送抵抗の低減が望まれる。まず GDL や MPL は高空隙率であるが，触媒層に比べて厚いため，その輸送抵抗は無視できない。酸素輸送だけを考えると，これらの部材の排除が望ましいが，後述のように電子伝導を担う必要もあり，また電解質膜を安定保持するために，機械的強度も必要になる。また流路構造により触媒層への面内ガス分配機能も有する必要がある。触媒層内部では酸素は空隙中を拡散するが，細孔径が 100 nm 前後であるため，クヌッセン効果が無視できない。Pt 近傍では酸素は一旦アイオノマーに溶解してその後拡散する。僅か数 nm の厚さではあるが，このアイオノマーの輸送抵抗が無視できないとする報告がある。Pt 表面で酸素還元反応が起こるが，Pt 表面は電位に依存して酸化するため，みかけ上有効反応界面積は電位に依存する。

② 水素極側からのプロトン伝導

プロトンは電解質膜を通じて空気極側に移動し，触媒層中のアイオノマーを通り，Pt 表面に移動する。電解質膜もアイオノマーも，内部の水クラスターの形成がプロトン伝導度に強く影響するため，触媒層内の水分状態に依存し，供給ガスの加湿が必要となる。

③ 外部水蒸気供給や生成水排出，極間水輸送等の水管理

前述のように，供給ガスを加湿する必要がある。一方で発電に伴って水が生成するため，過剰な加湿は凝縮水の発生を引き起こす。この液水は多孔質部材中の空隙やガス流路を閉塞し，酸素輸送を阻害する。また極間でも電気浸透効果により，水が水素極から空気極へ移動し，濃度勾配が顕著になると逆拡散効果により，対向した水輸送が生じる。さらに水の相変化は内部発熱にも依存するため，これらを考慮した設計が必要となる。

③　炭素材料を介した電子伝導

通常担体がカーボン材料であるので，電子は担体を通じて伝導する。LiB と同様，粒子接点形成（パーコレーション理論）で有効伝導度が著しく変化する。一般的には律速にはならないが，他の新規材料を検討する場合（高空隙化を狙った担体レス構造，炭素腐食防止を狙った酸化物担体など）は考慮する必要がある。

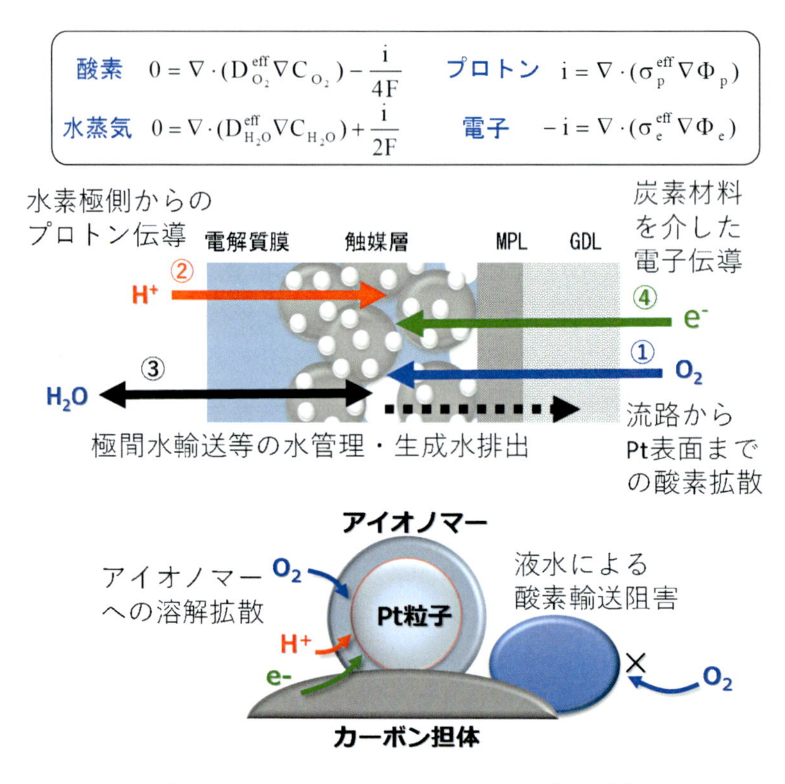

図２－２－６　PEFC 内部の反応輸送現象

その他にも無視できない現象として，炭素担体内部に担持された Pt への反応種輸送がある。Pt の耐久性向上のためには，担体表面の比表面積を大きくし，Pt 粒子間の距離を長くし，Pt 成長を抑えることが有効である。そのためナノ細孔を含む炭素担体の利用が提案されているが，担体内部に担持された Pt 粒子に，ナノ細孔を通じて酸素，プロトンが移動する機構には不明な点が多い。また高電位高酸性雰囲気で Pt 粒子が溶出し，再析出する現象に関しても，Pt イオン伝導などの輸送現象の理解が必要となる。

流路部の設計も複合的に考える必要がある。流路に滞留する液滴を円滑に排出するためには，線速度を上げ，抗力によって除去するのが効果的である。そこで供給流量を上げたり，流路開口部を狭くしたりすることが考えられるが，これらは反応率の低下や圧力損失の増大を招き，ブロワなどの供給補機動力の増加に繋がる。結果として正味の発電量の低下になることに注意する必要がある。その他流路の濡れ性を工夫することも一つの方法である。

高電流化で電圧損失（過電圧）も抑えることができれば，単セル１枚当たりの出力密度の向上に繋がり，スタックにおいて積層枚数を減らすことができる。これは直接的に PEFC スタックの低コスト化に繋がる。一方白金利用率 100%を維持して，厚い触媒層を実現できれば，これも積層する他部材（電解質膜，ガス拡散層，セパレータ）などの基材の使用量を低減することができ，これも低コスト化への貢献となる。したがって PEFC において輸送現象の理解とその工夫は，安定性や耐久性向上，出力向上，低コスト化に繋がると言える。

２－２－７．おわりに

これまで電気化学分野において，新規材料開発が中心に研究開発が進められてきたが，電池デバイスやシステムとして，その内部現象を理解し，速度論的に基づいて構造を設計することが，極めて重要である。これまでは比較的試行錯誤の経験に基づいて，作製されている場合が多いが，この点に関して，各種反応器やそのシステムを設計してきた化学工学分野の知見を活用することで，理論に基づいた上で，各種電池の更なる性能向上に繋がると言える。また新たな次世代電池として，空気電池，全固体電池，バナジウムフロー電池も研究が進められているが，これらに対しても同様に速度論的現象理解を進めることで，高度構造設計に繋がると言える。

参考文献

[1] Fukutsuka, T. et al., Electrochimica Acta, 199(2016), 380-387.

[2] Inoue, G. et al., J. Power Sources, 342 (2017) 476-488.

[3] Inoue, G. et al., J. Power Sources, 327 (2016) 1-10.

[4] Inoue, G. et al., Int. J. Hydrogen Energy, 41 (2016) 21352-21365.

[5] Terao, T. et al., J. Power Sources, 347(15) (2017) 108-113.

２－３　伝熱

西村　顕
（三重大学）

燃料電池の伝熱現象理解の重要性

温度は、電解質膜のプロトン伝導性や触媒層の反応活性に影響するため、発電性能に大きく寄与する。また、局所のホットスポットが電解質膜や触媒層の劣化につながる。さらに、温度は水の相変化に影響するため、PEFC の場合、液水生成によるフラッディング・プラッギング現象誘引に関係する。スタックを組んだ際には、温度管理のための冷却が重要になる。このようなことから、燃料電池の伝熱現象に関する研究は盛んに行われている。本節では、特に多く報告されている PEFC と SOFC に絞って、近年の研究事例を数値解析・モデリングと温度測定手法に分けて紹介する。

PEFC の伝熱研究の紹介（数値解析・モデリング）

E. Fontana ら[1]は、不均一断面を有するガス流路が単セル内の熱・物質輸送現象に及ぼす影響について数値解析を行っている。熱・物質輸送現象に着目した理由として、①セル内の温度分布は全体の発電性能に重大なインパクトを与える、②拡散係数のような物性値や輸送特性が温度に依存する、③温度は凝縮や蒸発速度を定義する多成分輸送において鍵となる、ことが挙げられるとしている。彼らの研究の主たる目的は、反応物の消費、発電ならびに伝熱のガス流路の傾きに対する依存性を明らかにすることである。以下に、いくつか図を挙げて研究の概略を説明する。

図 1 は、計算モデルを 3D 構造と 2D 視点で図示している。ガス流路はテーパーを有し、入口から出口にかけて断面積が減少する構造である。計算は CFD ソフトウェア ANSYS Fluent で実施している。

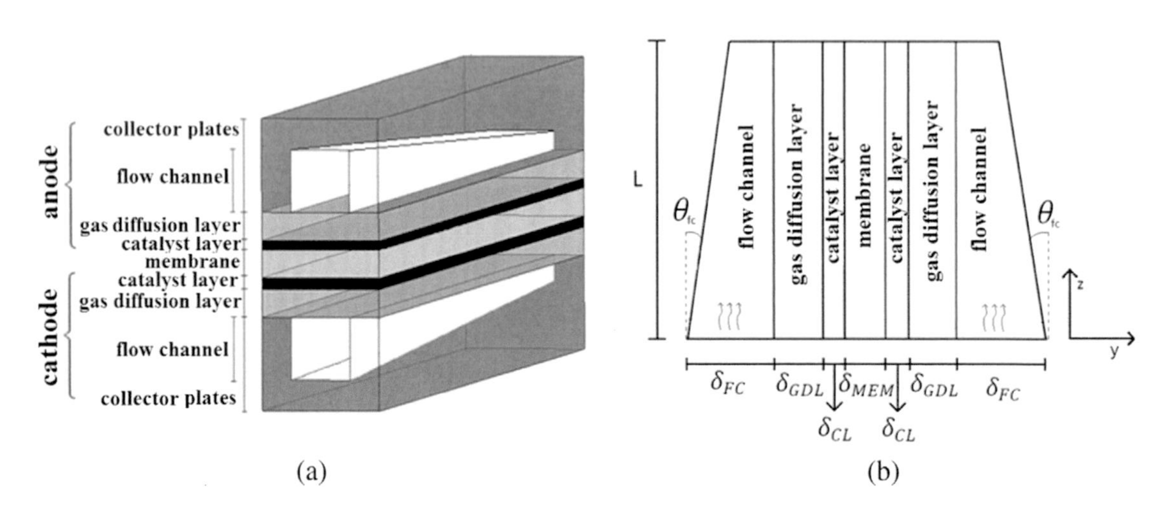

図 1　計算モデル図（a : 3D 構造、b : 2D 視点）[1]

図 2 には計算結果の一例として、図 1 に示したモデルセル内の温度分布を示す。直方体形状とテーパー形状で温度分布を比較したところ、温度差は、カソードのガス流路で著しく、主に GDL と触媒層の界面で生じる。他方、アノード側では直方体形状とテーパー形状のガス流路形状の違い（すなわちガス流路深さが変化すること）による温度差はそれほど著しくない。実際には、反応熱はオーム熱に関係しており、また GDL の熱伝導率は電解質膜の熱伝導率よりずっと大きいので、温度分布は直接的に O_2 の分布に影響される。

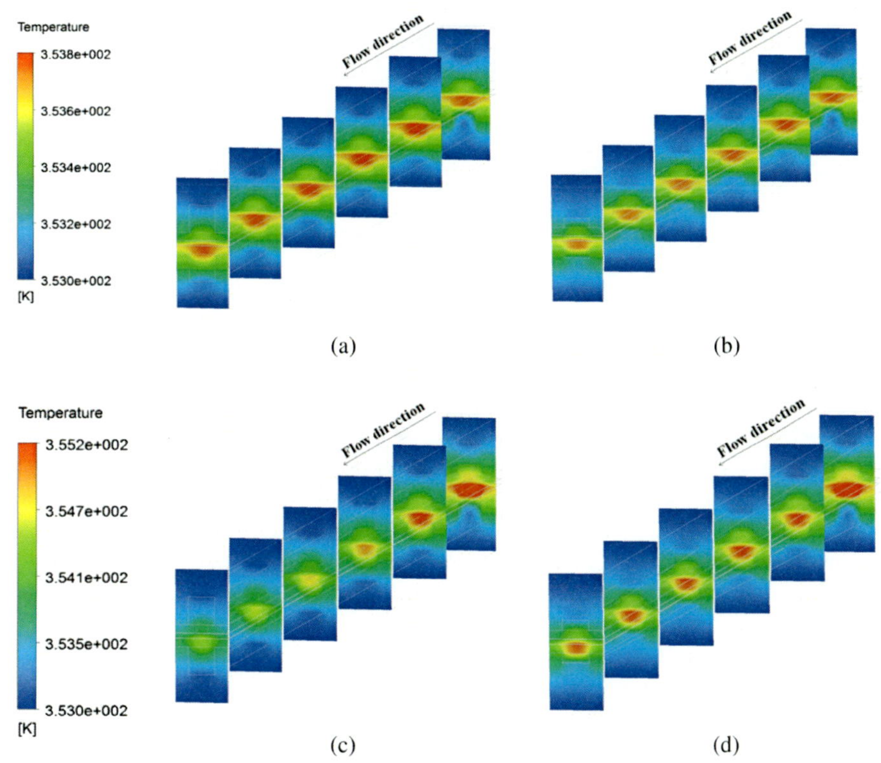

図 2　セル内の温度分布（a：直方体形状@V = 0.75 V、b：ガス流路テーパー角度θ_{FC} = 0.75°　@V = 0.75 V、c：直方体形状@V = 0.5 V、d：ガス流路テーパー角度θ_{FC} = 0.75°　@V = 0.5 V）[1]

G. He ら[2]は、サーペンタイン流路を有し、半分対向流運転をする PEFC 中の伝熱や液水除去に GDL の熱伝導率の非等方性が与える影響を検討するため、3D の二相モデルで数値解析を行っている。解析の結果より、非等方性 GDL は等方性 GDL よりも高い温度差（温度分布）が生じることが明らかとなった。そして、ガス流路に対して垂直の面方向熱伝導率がガス流路に沿った面方向熱伝導率よりも重要であり、それがより大きな温度差（温度分布）を生み出すとしている。また、ガス流路に対して垂直の面方向熱伝導率は、ガス流路に沿った面方向熱伝導率よりも電解質膜中の電流密度分布により影響を与えることを報告している。以下に、いくつか図表を挙げて研究の概略を説明する。

図 3 は、計算モデルを示している。3D 構造で、アノードとカソードのガス流れは半分対向流であり、サーペンタイン流路構造を模擬している。

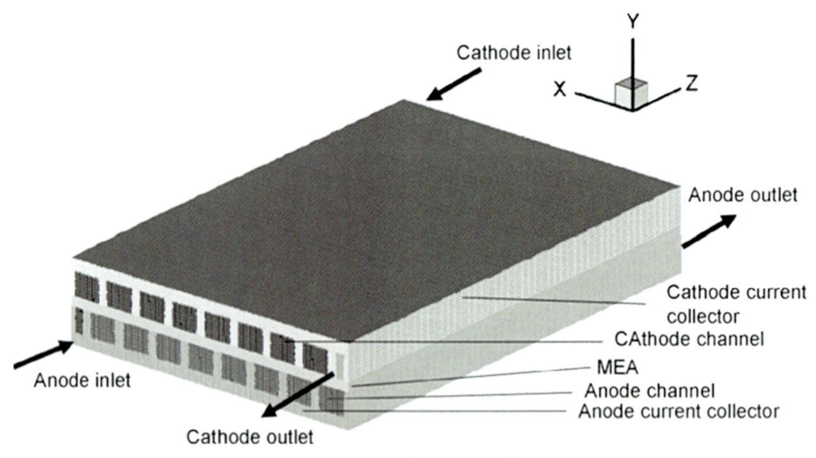

図 3　計算モデル[2]

図 4､5 は､カソード触媒層－電解質膜界面の温度分布を Case 1～Case 4 について示している。Case 1～Case 4 の説明は表 1 を参照のこと。図 4、5 より、等方性 GDL を想定した場合（Case 1）よりも非等方性 GDL を想定した場合（Case 2～Case 4）の方が最高温度は高くなる。これは、等方性 GDL の方が厚さ方向熱伝導率は 10 倍程度大きいためである。また、隣り合ったガス流路とリブで最も温度差が大きいのは Case 3 である。これは、ガス流路に対して垂直の面方向熱伝導率が小さいので、ガス流路の付近の熱が伝わりにくいためである。このことから、ガス流路に対して垂直の面方向熱伝導率は PEFC の伝熱に関してとても重要である。Case 2 と Case 4 については、最高温度も含めて温度分布がほとんど同じである。Case 2 と Case 4 の違いはガス流路に沿った面方向熱伝導率であるが、これはセル内の伝熱にほとんど影響しないことが言える。したがって、ガス流路に沿った面方向熱伝導率は重要ではない。

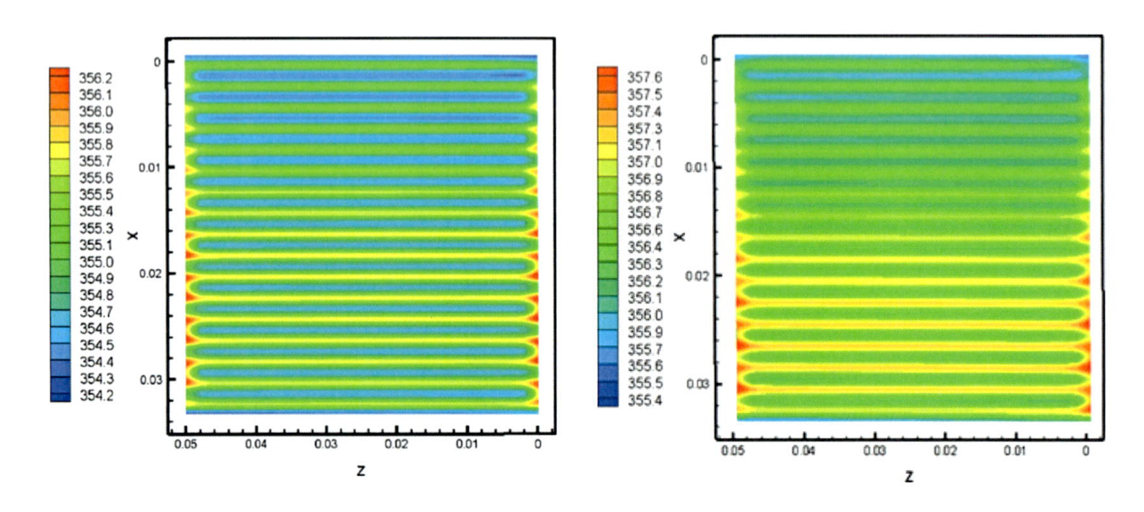

図 4　カソード触媒層－電解質膜界面温度分布

（左：Case 1、右：Case 2；単位 K；x [m]、z [m]）[2]

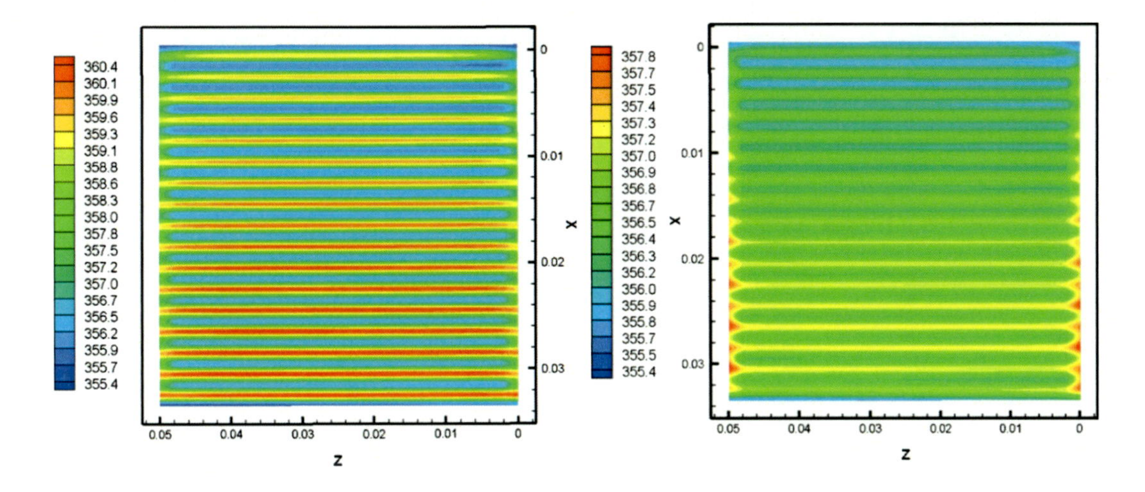

図 5　カソード触媒層－電解質膜界面温度分布
（左：Case 3、右：Case 4；単位 K；x [m]、z [m]）[2]

表 1　数値解析に使用した GDL の熱伝導率設定条件[2]

	厚さ方向熱伝導率(y) [W/(m・K)]	ガス流路に沿った面方向熱伝導率(z) [W/(m・K)]	ガス流路に垂直の面方向熱伝導率(x) [W/(m・K)]
Case 1	10	10	10
Case 2	1.27	10	10
Case 3	1.27	10	1.27
Case 4	1.27	1.27	10

PEFC の伝熱研究の紹介（温度測定）

V. A. R. Ilie ら[3]は、Ta（タンタル）ミクロ抵抗熱センサー技術に基づいた新しい PEFC 単セル内温度測定技術を報告している。彼らによると、通常の熱電対や温感膜、白金線などによる温度測定では、化学的抵抗性や絶縁に優れているか、また MEA の内側にセンサーを正しく設置できるかどうかが問題である。しかし、実際に用いられるセンサーは小さくても 20～30 μm で、GDL 中のカーボンファイバーの 3～4 倍以上もあるため、MEA に影響を与え、MEA と GDL の界面の接触抵抗もしくは不均一接触をもたらすことが危惧される。それに加えて、ポリイミド、PTFE、パリレン膜のような絶縁支持体が熱抵抗となり、PEFC の熱・物質移動現象や発電性能を変えてしまうことが懸念される。それに対して彼らは、頑丈で、化学的抵抗性に優れ、扱い易く、自作もしくは市販の MEA に挿入し易い温度センサーを開発している。以下に、いくつか図を挙げて研究の概略を説明する。

図 6、7 に、Ta ミクロ抵抗熱センサーの挿入位置を局所的に表した模式図とセル全体で表した図をそれぞれ示す。Ta ミクロ抵抗熱センサーは直径 25 μm の熱線センサーである。図 6、7 に示

す位置に設置してあり、MEA と GDL の界面のアノード側とカソード側に挿入してある。このセンサーは、温度変化と金属線の電気抵抗の変化を相関付けることで温度を測定する。測定原理は以下の通りである。

通常、金属線の電気抵抗は次式に従い温度変化と共に変化する。

$$R = R_0(1 + \alpha\Delta T + \beta\Delta T^2 + \cdots) \tag{1}$$

しかし、特定の物質や限られた温度範囲では式(1)は次のように簡単化できる。

$$R = R_0[1 + \alpha(T - T_0)] \tag{2}$$

ここで、R [Ω]、R_0 [Ω]はそれぞれ温度 T [℃]、T_0 [℃]での電気抵抗であり、α [$℃^{-1}$]は使用した金属の温度係数でセンサーの感度を特性付ける。

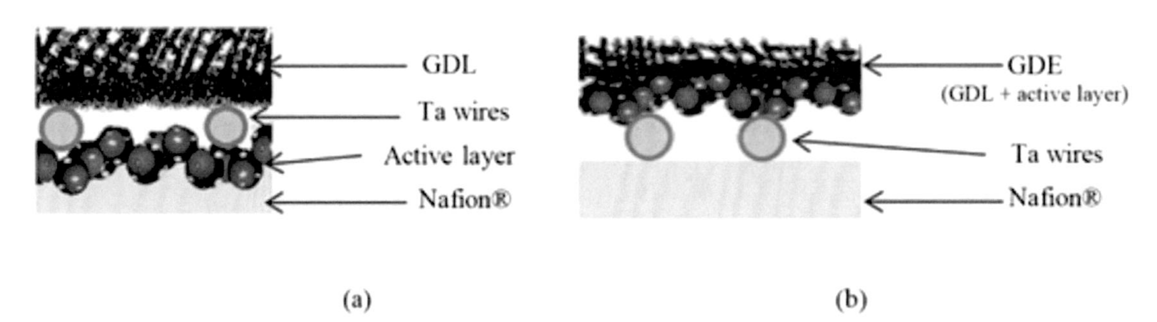

図 6　Ta ミクロ抵抗熱センサーの挿入位置
（a : 常温で圧縮して挿入、b : ホットプレスで挿入）[3]

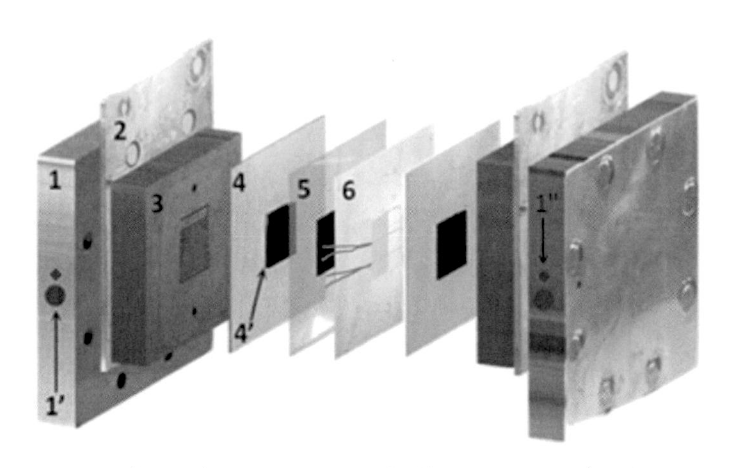

図 7　単セル内の Ta ミクロ抵抗熱センサーの挿入位置[3]

図 8 は、ガスの供給および切り替えによる単セル内部の温度変化を示している。本図より、

22 ℃の乾燥空気と乾燥 H_2 を単セルに供給すると、カソード触媒層温度は低下する。そして、相対湿度 100 %RH、温度 50 ℃の H_2 に切り替えるとカソード触媒層温度は速やかに上昇する。これより、H_2 の加湿温度が触媒層に大きな影響を与えることが分かる。

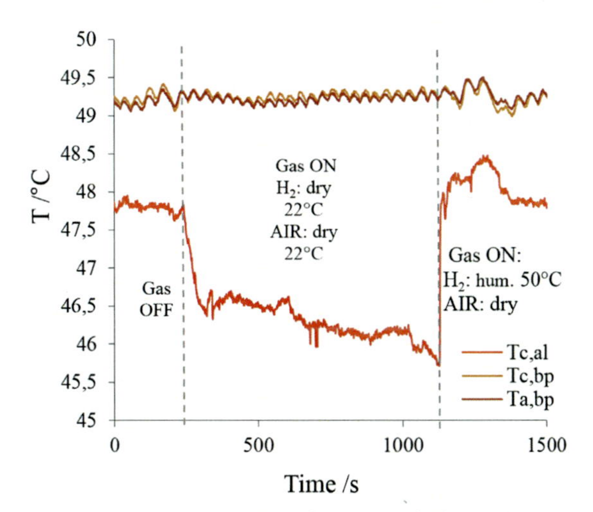

図 8　ガスの供給および切り替えによる単セル内部の温度変化（$T_{c,al}$：カソード触媒層温度、$T_{c,bp}$：カソードエンドプレート温度、$T_{a,bp}$：アノードエンドプレート温度）[3]

図 9 は、I−V 試験時のカソードの触媒層（左図）とアノード触媒層（右図）の温度変化を示している。触媒層とエンドプレート（50 ℃）とは温度差があり、左図よりカソードでは 2.5 ℃、右図よりアノードでは 10 ℃である。カソード触媒層で発熱するのでアノード側の方が温度差は大きくなると思われる。また、これより発電中にはセル内で大きな温度勾配が生じるため、電解質膜やその他の部材の熱抵抗を正確に予測する上で、触媒層温度を測定することは意義深い。

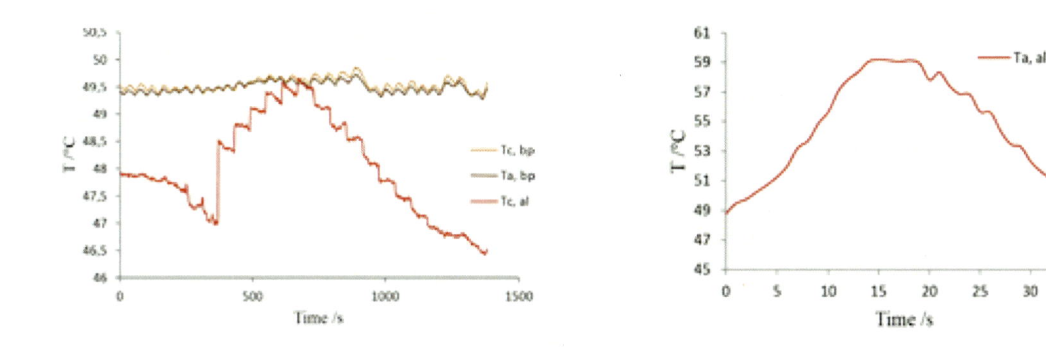

図 9　I−V 試験時の温度変化（$T_{c,bp}$：カソードエンドプレート温度、$T_{a,bp}$：アノードエンドプレート温度、$T_{c,al}$：カソード触媒層温度、$T_{a,al}$：アノード触媒層温度）[3]

C. Y. Lee ら[4]は、MEMS（Micro Electro Mechanical Systems）技術を用いてフレキシブルミクロ温度・電圧センサーを開発した。170 ℃で運転する高温 PEFC の 7 セルスタック内のカソードセパレーターにミクロセンサーを埋め込んで、それぞれのセルの温度の測定結果を報告している。以下に、いくつか図を挙げて研究の概略を説明する。

図 10、11、12 に、ミクロ温度・電圧センサーの構造の概略を示す。ミクロ温度センサーは温度抵抗係数の抵抗温度検出器である。電極パターンはサーペンタイン構造で、センサーヘッド面積は 400 μm×400 μm、最小線幅は 10 μm である。測定原理は、V. A. R. Ilie ら[3]と同様である。

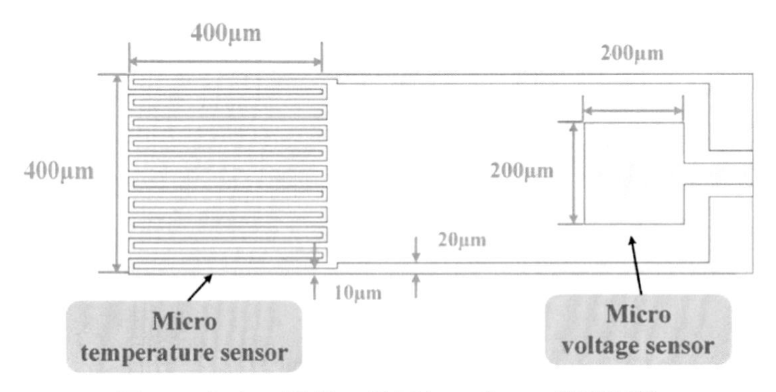

図 10　ミクロ温度・電圧センサーの概略図[4]

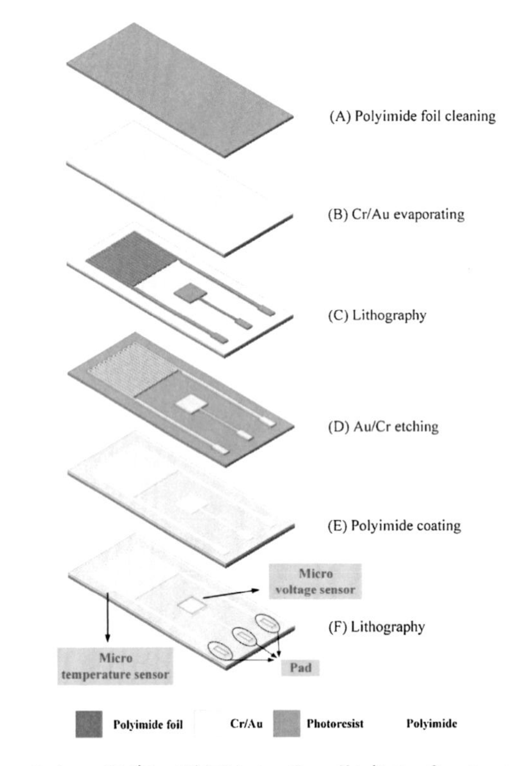

図 11　ミクロ温度・電圧センサー作成のプロセスフロー[4]

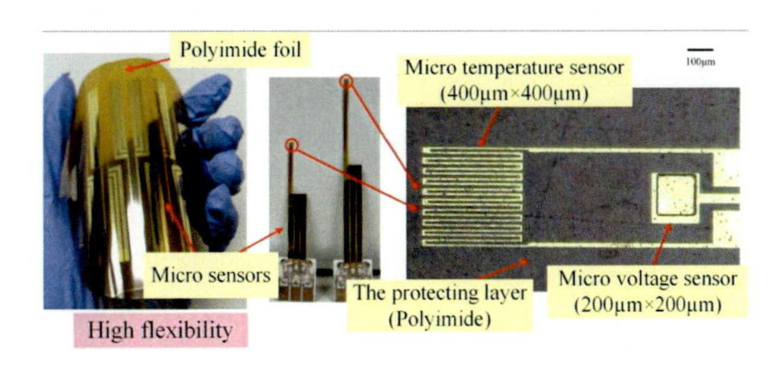

図 12　ミクロ温度・電圧センサーの外観写真[4]

図 13 には、センサー設置の有無が発電特性に与える影響を示している。本図から、ミクロ温度・電圧センサー挿入した場合と挿入しない場合で I－V カーブに違いはほとんどなく、センサー挿入の影響はほとんどないと見なせる。7 セル合計で 12 本のミクロ温度・電圧センサーを挿入しているが、センサーの面積が小さく、MEA の反応面積のたった 1 %しかないことが理由として考えられるとしている。

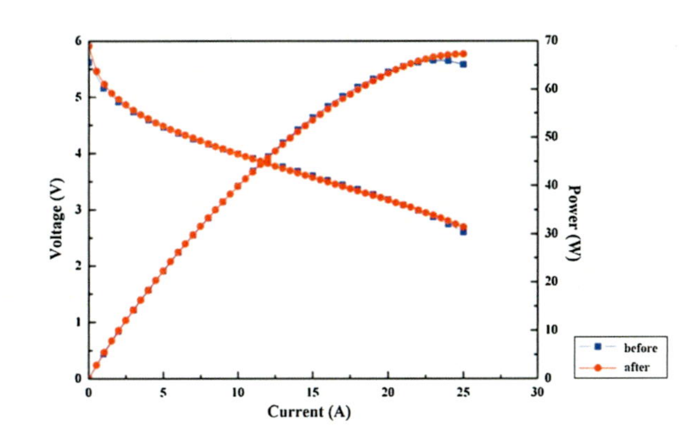

図 13　ミクロ温度・電圧センサー挿入前と挿入後の発電特性の比較[4]

A. Nishimura ら[5、6]は、サーモグラフィーと可視化セルを用いてセパレーターの背面（GDL とは反対側の面）の温度測定を行った結果について報告している。さらには、その測定データを利用した 1D 伝熱モデルを提案し、カソード触媒層と電解質膜の界面の温度分布を算出した結果も報告している[7、8]。以下に、いくつか図を挙げて研究の概略を説明する。

図 14 は、可視化セルの模式図と外観写真を示している。電解質膜や触媒層の温度を直接計測できると良いが、それらを外気に曝してしまうとガスがリークし、発電できない。また、ガスリークを防止するため透明樹脂やガラスを観察窓に用いると、異物を挟み込むため、通常の状態とは異なる発電特性となってしまう。加えて、サーモグラフィーでは赤外線を検出して温度測定するが、透明樹脂やガラスに液水が付着すると、液水が赤外線を吸収してしまい、正確な温度が測定できないという問題がある。そこで A. Nishimura ら[5、6]は、セパレーターの背面の温度を測定することで電気化学反応や温度場へ与える影響を極力少なくしている。さらには、可視化セルの

周囲側面には断熱材を巻き、熱流束の向きを観察面とその反対側の面になるようにし、観察面の温度面分布に与える影響を少なくしている。

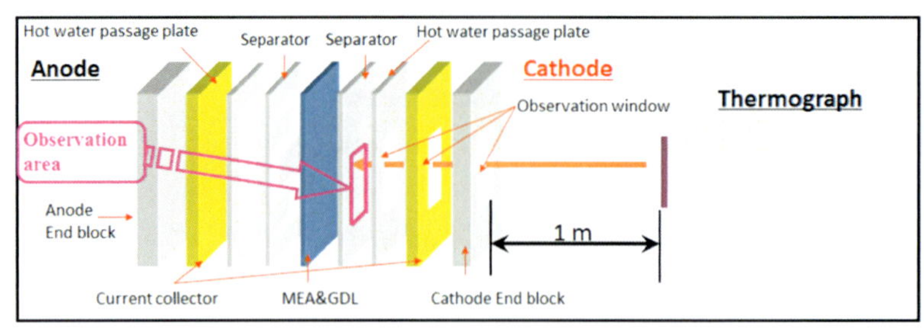

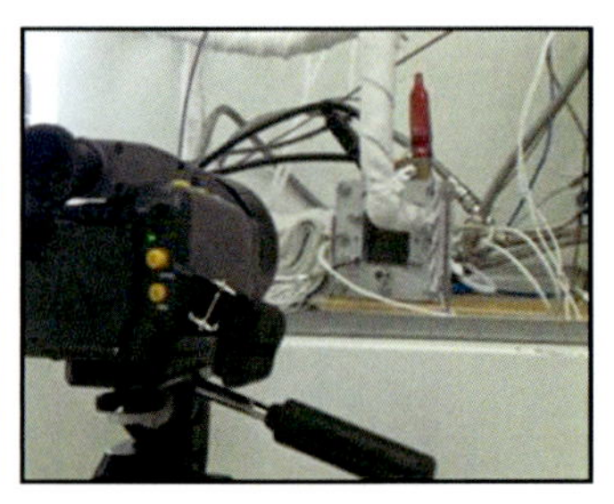

図 14　可視化セル

図 15 は、サーモグラフィーで温度測定できるようにするため単セルを穴開けしたことでどれだけ発電性能が低下するか I−V カーブで検証した結果である。左図にはアノードのセパレーター背面観察時、右図にはカソードのセパレーター背面観察時の結果を示している。本図から、穴開けによる電圧低下は、アノード観察時には電流密度が 0.80 A/cm^2 の際に約 4 %で、カソード観察時には電流密度が 0.80 A/cm^2 の際に約 7 %であり、穴開け観察面が発電性能に与える影響は小さい。

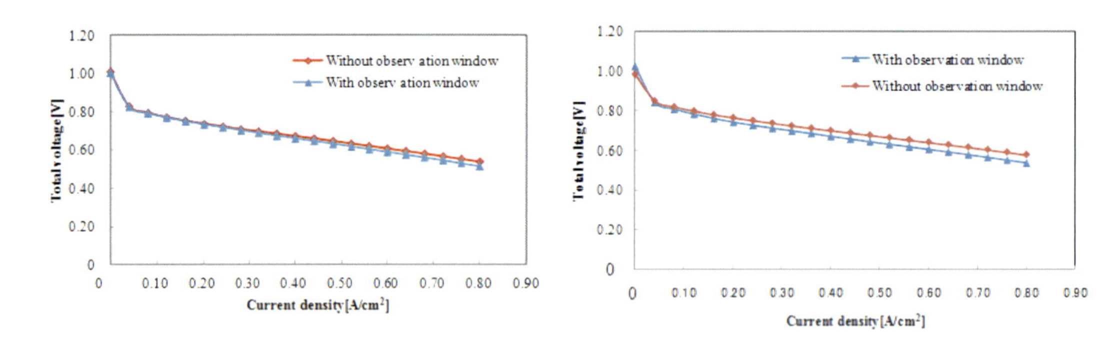

図 15　穴開け観察面の有無による発電性能の違い
(左図：アノード観察時、右図：カソード観察時)

図 16 は、サーモグラフィーで撮影した温度面分布画像を画像解析ソフトで定量的に整理する際の区画領域を示す。セパレーターにはサーペンタイン流路を用いており、そのガス流れに沿って、40 mm×50 mm の温度面分布画像を 10 mm×10 mm の領域に A から T と区分している。この観察面全体の平均温度を T_{ave} [℃]、区分された各領域の温度を T_i [℃]として、温度面分布を $T_i - T_{ave}$ で整理した結果の一例を図 17 に示す。単セル初期温度が 90 ℃で供給ガスの相対湿度を 40 %RH、60 %RH、80 %RH、100 %RH と変化させた時のアノードとカソードのセパレーター背面の温度面分布をそれぞれ左図と右図に示している。図 17 から、アノードとカソードを比較すると、アノードの方が温度変動は比較的小さいのに対し、カソードは入口から出口にかけて温度

上昇していることが見て取れる。アノードでは供給ガスには伝熱性の優れたH_2を用いており面方向に熱が伝わり易い環境であり、温度分布がならされると考えられる。一方、カソードは液水生成による加湿の効果で発電性能が後流にかけて向上し、発熱量が増加するため温度上昇したと考えられる。なお、L、MやP、Qといった領域で温度降下が見られるのは、ガス流路の折り返し部に相当することから液水が滞留し易く、ガスの拡散阻害による発電性能低下が局所的に起きていると思われる。

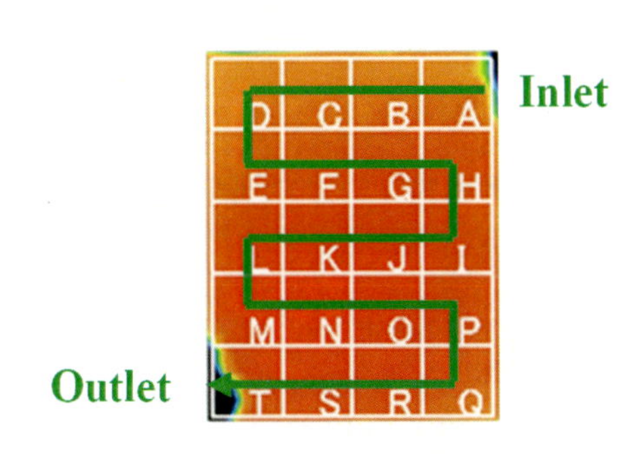

図 16　温度面分布画像の区分[6]

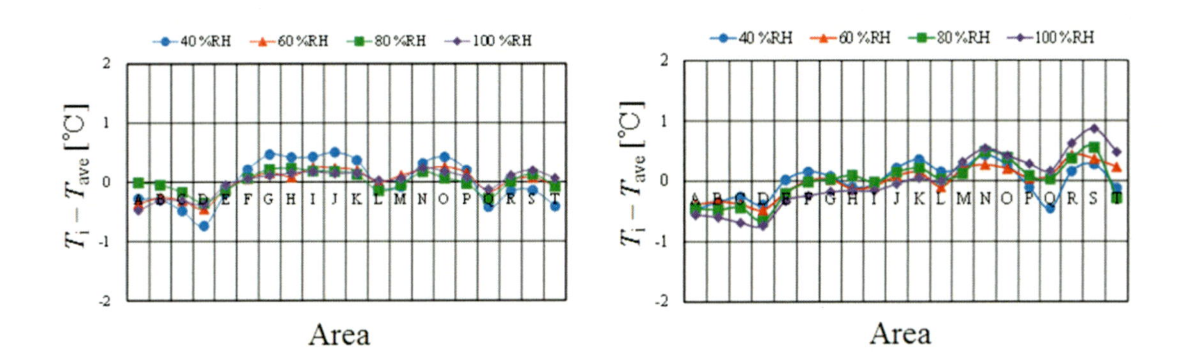

図 17　温度面分布（左図：アノード観察面、右図：カソード観察面）[6]

SOFCの伝熱研究の紹介（数値解析・モデリング）

S. A. Hajimolanaら[9]は、熱および電気化学現象が管状SOFCに及ぼす影響を検討するため、拡散、固有のインピーダンス、輸送プロセス（運動量、熱・物質移動）、内部改質／シフト反応、電気化学プロセス、過電圧（活性化、濃度、オーム）を考慮した数学モデルを構築して行った解析結果を報告している。エネルギー保存式では、対流伝熱、輻射伝熱、拡散伝熱、H_2およびCOの酸化反応熱、改質反応で消費される熱、ならびにシフト反応による発熱を考慮している。特に輻射伝熱がSOFCの発電性能に及ぼす影響を検討している。以下に、いくつか図を挙げて研究の概略を説明する。

図18は、解析対象のモデル図で、次の5つのサブシステムを考慮している。①注入管内の空気に関する質量・運動量・エネルギー保存式、②注入管の固体部分のエネルギー保存式、③流入

管外表面とセル管のカソード内表面の間の空気を流れる空気に関する質量・運動量・エネルギー保存式、④アノード層、カソード層、およびそれらの間の電解質から構成される燃料電池管に関するエネルギー・物質拡散保存式、および電気化学反応式、⑤セル管のアノード側の空間を流れる燃料に関する質量・運動量・エネルギー保存式。

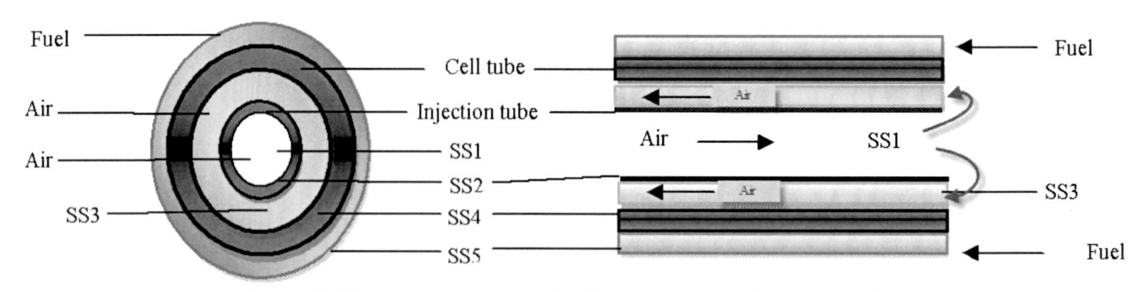

図 18　管状 SOFC を 5 つのサブシステムに分割したモデル[9]

図 19 は、入口燃料圧力とセル管温度の関係について、燃料成分と外部のセル管との間の輻射伝熱を考慮した場合と考慮しない場合で比較している。同図から、輻射伝熱を考慮すると、輻射伝熱により燃料成分が燃料電池からの発熱を吸収するため、セル管温度は低下する。入口燃料圧力が低いと輻射伝熱の影響は大きくないが、入口燃料圧力が高くなると輻射伝熱の影響が大きくなる。

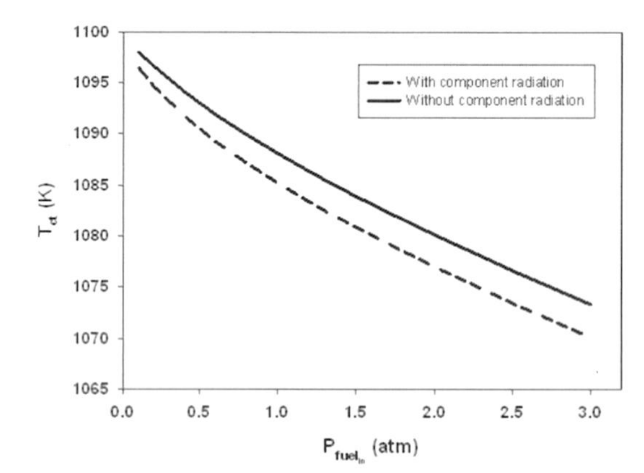

図 19　入口燃料圧力とセル管温度の関係（燃料成分と外部のセル管との間の輻射伝熱を考慮した場合と考慮しない場合の比較）[9]

図 20 は、セル管長さとセル管温度の関係について、燃料成分と外部のセル管との間の輻射伝熱を考慮した場合と考慮しない場合で比較している。同図から、セル管長さが 0.02 m より短いと輻射伝熱の影響は無視できるが、セル管長さが長くなるとその影響は大きくなる。これは、セル管長さが長いと熱交換面積が増大するため、燃料気体の全放射率が増加し、その結果燃料成分の輻射伝熱により燃料電池からの発熱をより吸収するためである。

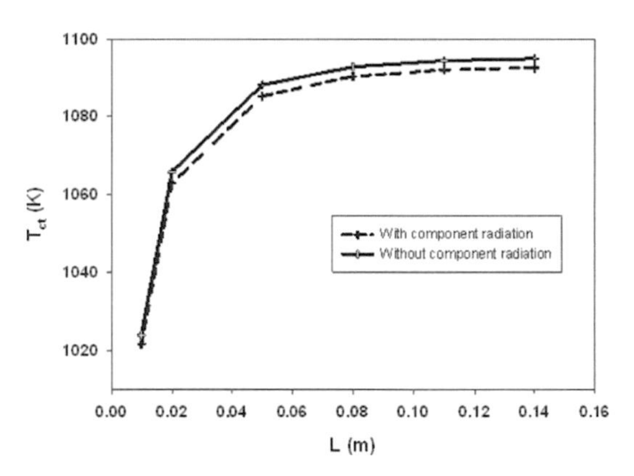

図 20　セル管長さとセル管温度の関係（燃料成分と外部のセル管との間の輻射伝熱を考慮した場合と考慮しない場合の比較）[9]

M. Zeng ら[10]は、空気と燃料の流路の輻射熱が SOFC の全体的な運転条件や発電性能に及ぼす影響を明らかにするため、3D 包括的モデルを用いて市販ソフトウェア COMSOL で数値解析を行った結果について報告している。輻射伝熱はエネルギー保存式にカップリングして解いている。また、運転電圧、ガス流路壁の放射率、雰囲気温度、流れのフローパターン（平行流、対向流）が SOFC の発電性能に与える影響について検討している。以下に、いくつか図を挙げて研究の概略を説明する。ここでは特にガス流路壁の輻射の影響についてまとめる。

図 21 は、計算モデルの模式図である。計算負荷を減らすため、5 本の平行ガス流路から構成させる単セルモデルとしている。解析では、運動量保存式、物質拡散保存式、電荷輸送式、電気化学反応式、エネルギー保存式を考慮し、また空気と燃料のガス流路については輻射伝熱も考慮している。

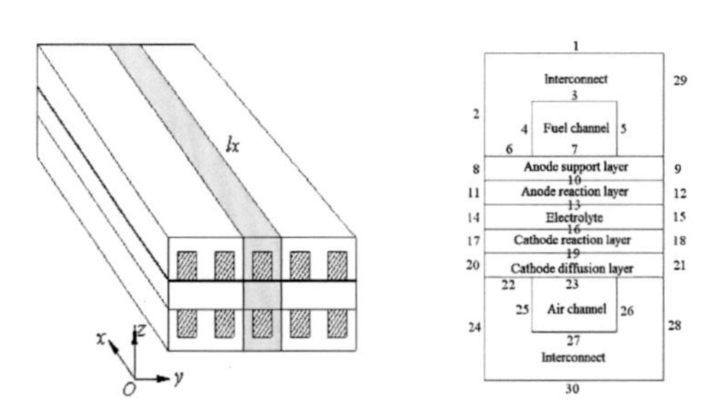

(a) 3D schematic diagram of cell-stack (b) Schematic diagram of yz plane and boundary nodes

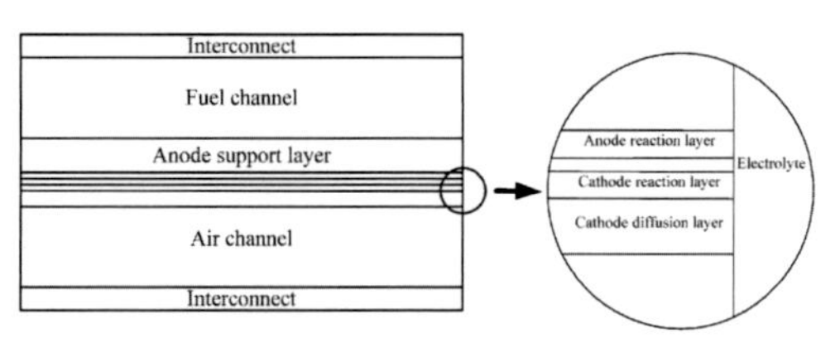

(c) Schematic diagram of xz plane

図 21　計算モデル[10]

図 22 に、空気と燃料のガス流路壁の放射率を変化させた場合のガス流れ方向の温度分布（左図）と電流密度分布（右図）を示す。この時、運転電圧は 0.75 V で一定である。左図から放射率が増加すると局所温度が低下し、これは右図に示されるように輻射伝熱なし（$\varepsilon = 0$）の場合と比べて局所電流密度の低下をもたらす。温度が低いと触媒層の電気化学反応速度が小さくなり、電流密度が低下するためである。

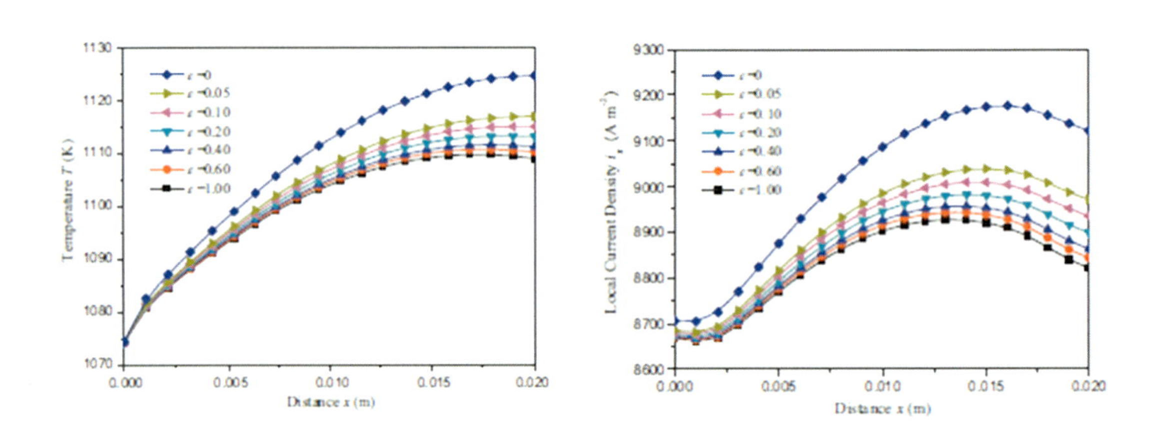

図 22　空気と燃料のガス流路壁の放射率がガス流れ方向の温度分布（左図）と電流密度分布（右図）に与える影響[10]

SOFC の伝熱研究の紹介（温度測定）

W. B. Guan ら[11]は、薄い K 型熱電対で平板型 SOFC スタック内温度分布を測定した結果を報告している。また、電流が温度分布に与える影響を検討している。彼らによると、スタック内部の温度分布が不均一になることや高温部が現れることは、スタック内部のセル性能低下の兆候であるとしている。以下に、いくつか図を挙げて研究の概略を説明する。

図 23 に熱電対の設置位置、図 24 に使用した薄い K 型熱電対をそれぞれ示す。熱電対を温度測定のためにスタック内に挿入すると一般的にガスリークが生じるため、厚さ 10 μm と薄い K 型熱電対を用い、かつ 2 種類のシーラントを混ぜ合わせたもので Interconnect の表面に固定し、ガスリークを防止している。なお、K 型熱電対を用いたのは、高感度、高安定性、高均質性、高温での耐酸化性のためである。

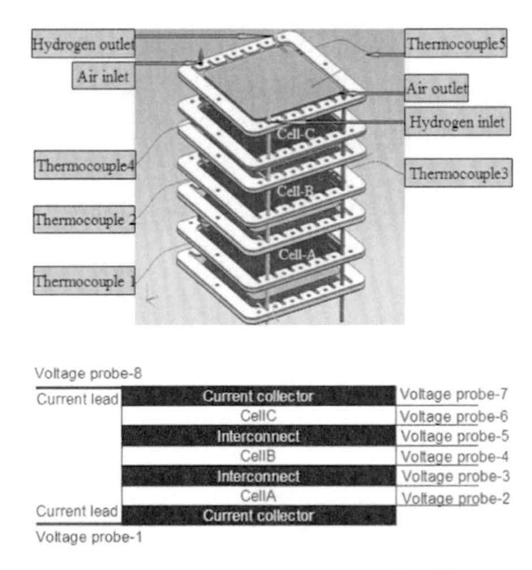

図 23　熱電対の設置位置[11]

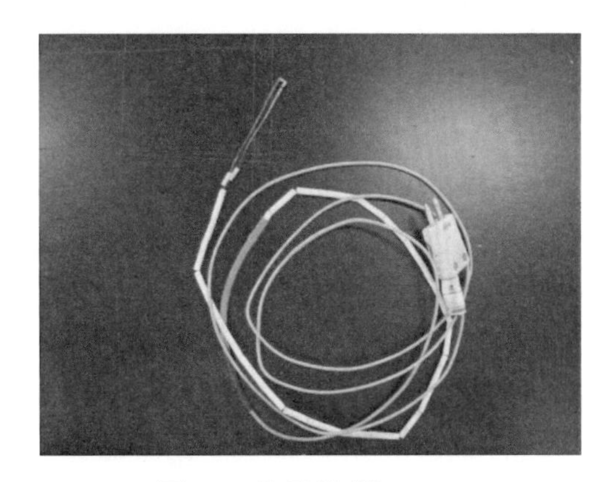

図 24　熱電対 [11]

図 25 は、電流と温度の関係を示している。図中(1)～(5)は図 23 中の熱電対の番号に対応し、また FR1 と FR2 は異なるガス流量条件を表している（図中に説明あり）。本図から、温度は電流の増加と共に上昇するが、ガス流量の影響はあまりないことが分かる。また、温度は(1)、(2)、(4)、(5)、(3)の順番に上昇する。(3)で最高温度になるのは中央に位置する Cell B の空気出口であるためで、(1)が最低温度になるのは Cell A の空気入口のためである。

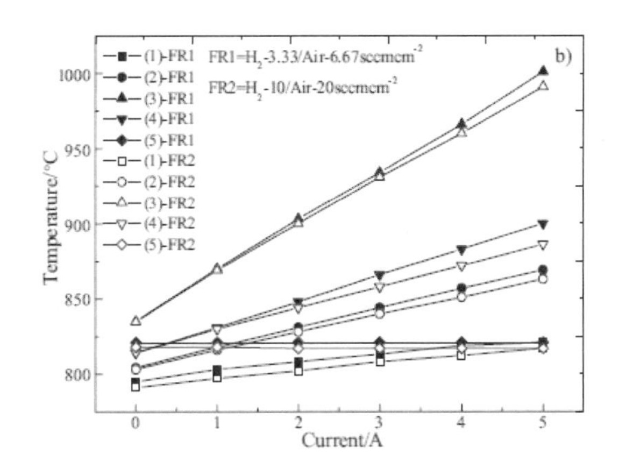

図 25　電流と各位置の温度の関係[11]

本節のまとめ

以上、近年行われている燃料電池の伝熱現象に関する研究事例を紹介した。これまでに取り組まれた燃料電池の伝熱現象に関する研究は有意な知見を多々含むが、主に数値解析のみ、もしくは温度測定技術を用いた実験的検討のみである。特に数値解析での検討について、温度測定による解析結果の検証事例はほとんどないため、解析精度を裏付ける意味でも数値解析と温度測定を組み合わせた取り組みが今後重要になると考える。また、温度測定技術を用いた実験的検討では、測定誤差の評価や温度測定が発電特性および熱・物質移動特性に与える外乱の定量的評価は十分に報告されていないため、今後これらを同時に行うことが測定値の精度保証に必要である。

参考文献

[1] E. Fontana, E. Mancusi, A. Silva, V. C. Mariani, A. A. U. Souza and S. M. E. G. U. Souza, Study of Effects of Flow Channel with Non-uniform Cross-sectional Area on PEMFC Species and Heat Transfer, International Journal of Heat and Mass Transfer, 54 (2011), 4462-4472.

[2] G. He, Y. Yamazaki and A. Abudula, A Three-dimensional Analysis of the Effect of Anisotropic Gas Diffusion Layer (GDL) Thermal Conductivity on the Heat Transfer and Two-phase Behavior in a Proton Exchange Membrane Fuel Cell (PEMFC), Journal of Power Sources, 195 (2010), 1551-1560.

[3] V. A. R. Ilie, S. Martemianov and A. Thomas, Investigation of the Local Temperature and Overheat inside the Membrane Electrode Assembly by PEM Fuel Cell, International Journal of Hydrogen Energy, 41 (2016), 15528-15537.

[4] C. Y. Lee, F. B. Weng, Y. P. Huang, C. P. Chang and C. K. Cheng, Real-time Monitoring of Internal Temperature and Voltage of High-temperature Fuel Cell Stack, Electrochimica Acta, 161 (2015), 413-419.

[5] A. Nishimura, K. Shibuya, A. Morimoto, S. Tanaka, M. Hirota, Y. Nakamura, M. Kojima, M. Narita and E. Hu, Dominant Factor and Mechanism of Coupling Phenomena in Single Cell of Polymer Electrolyte Fuel Cell, Applied Energy, 90 (2012), 73-79.

[6] A. Nishimura, M. Yoshimura, A. H. Mahadi, M. Hirota and M. L. Kolhe, Impact of Operation Condition on Temperature Distribution in Single Cell of Polymer Electrolyte Fuel Cell Operated at Higher Temperature than Usual, Mechanical Engineering Journal, 3 (2016), DOI: 10.1299/mej.16-00304.

[7] A. Nishimura, K. Iio, M. Baba, T. Yamauchi, M. Hirota and E. Hu, Modeling of Heat Transfer in Single Cell of Polymer Electrolyte Fuel Cell by Means of Temperature Data Measured by Thermograph, Journal of Chemical Engineering of Japan, 47 (2014), 521-529.

[8] A. Nishimura, T. Fukuoka, M. Baba, M. Hirota and E. Hu, Clarification on Temperature Distributions in Single Cell of Polymer Electrolyte Fuel Cell under Different Operation Conditions by Means of 1D Multi-plate Heat-transfer Model, Journal of Chemical Engineering of Japan, 48 (2015), 862-871.

[9] S. A. Hajimolana, M. A. Hussain, M. Soroush, W. M. A. W. Daud and M. H. Chakrabarti, Modeling of a Tubular-SOFC: The Effect of the Thermal Radiation of Fuel Components and CO Participating in the Electrochemical Process, Fuel Cells, 5 (2012), 761-772.

[10] M. Zeng, J. Yuan, J. Zhang, B. Sunden and Q. Wang, Investigation of Thermal Radiation Effects on Solid Oxide Fuel Cell Performance by a Comprehensive Model, Journal of Power Sources, 206 (2012), 185-196.

[11] W. B. Guan, H. J. Zhai, L. Jin, C. Xu and W. G. Wang, Temperature Measurement and Distribution

Inside Planar SOFC Stacks, Fuel Cells, 1 (2012), 24-31.

２－４　電池開発を支える計算技術

古山通久
（物質・材料研究機構／信州大学）

はじめに

近年の計算機性能の向上、並列計算など計算機科学の発展、理論化学の発展があいまって、燃料電池、蓄電池など多くの分野において計算技術が幅広く展開されてきている。さらに、直近では米国・Materials Genome Initiative に始まった材料情報科学の大きな潮流に端を発して、データ科学・数理科学の活用にも高い注目が集まっている。計算技術はそのようなデータを生み出す有力な手法の一つでもあり、現在は、計算技術が役に立つこともある、という状態から、研究開発における必須の技術の一つとしての認識へと移行しつつあると言える。本章では、材料機能や化学反応を取り扱う上で必須の第一原理計算、原子・分子スケールの動特性を解析するための分子動力学法、化学反応や拡散など複数の現象の相互作用を考慮した連成シミュレーションについて基礎理論を紹介し、それぞれの計算技術の活用について具体例を紹介する。

1. 主要な計算手法の特徴

別稿でも記載したように[1]、電池技術の研究開発において汎用される計算手法は、電子・原子を顕わに考慮する離散的な計算化学手法と微分方程式で物理現象が表現される連続体力学に基づく手法とに大別される。有限要素法に代表される連続体力学に基づく手法は、物質輸送・熱伝導・電気化学反応・構造変化など様々な現象が相互に影響を与えながら進行する連成現象の解析が可能である。対象とするデバイスの特性を実空間・実時間スケールで扱うことができ、物性等が既知の材料を用いた際の対象の特性の予測、構造の設計、要求仕様を実現するために求められる要素の特性や物性目標の提示などの目的に活用される。電子や原子を基本単位とする第一原理計算や古典分子動力学（MD）などの計算化学手法は、量子力学に基づく手法と古典力学に基づく手法に大別される。量子力学に基づく手法は、ハートリー－フォック法などの分子軌道法と密度汎関数理論（DFT）に基づく密度汎関数法が代表的手法であるが、計算精度と計算負荷のバランスから後者が電池分野において実践的に活用されていると言える。分子や材料、界面構造の位置情報を与えれば非経験的に安定な構造や電子状態を求めることができ、得られた電子状態から、分子や材料の物性・機能や反応性、界面における特性などを知ることができる。非経験的であるため、元素の組み合わせや組成、結晶構造を変えた未知の材料系の特性を予測することも可能である。他方、密度汎関数法の計算負荷は、典型的には対象とする系に含まれる電子数の4乗に比例すると考えてよく、数百原子の計算は典型元素でも簡単ではない。そのため、対象の一部を的確に切り出したモデルを構築して解析に用いられる。近年では、スーパーコンピュータを用いた超並列計算による大規模な系の計算も選択肢となっている。原子を最小の単位として取り扱う古典力学に基づく手法は、原子の荷電状態や結合状態を所与のものとして、安定配置や動特性などを調べる目的に用いられる。荷電状態や結合状態が所与のため、電荷移動や結合の開裂・生成を伴う化学反応などは通常取り扱うことができない。古典力学に基づく手法の計算負荷は、通常、原子の数の二乗に比例する。そのため、大きな困難を伴わずに数万から数十万原子を取り扱うこともでき、大規模な系の特性を調べる目的に広く活用される。調べたい特性や対象の大きさ、得たい精度と計算負荷などを考慮し、各種計算化学手法から適切な手法を選択することが重要である。次項では、各種計算手法の基礎について概説する。

2. 基礎理論[1]

2. 1. 第一原理計算の基礎

第一原理計算は原子を構成する電子と原子核の運動を最小単位とし、非経験的に材料の構造や物性を算出することができる計算手法である。第一原理計算では以下のシュレーディンガー方程式を解くことで電子状態が求められる。

$$\hat{H}\psi = \mathrm{E}\psi \tag{1}$$

ここで$\hat{H}$はハミルトン演算子、ψは波動関数、Eはエネルギー固有値である。ハミルトン演算子は電子の運動エネルギー、原子核の運動エネルギー、電子—電子の反発エネルギー、電子—原子核の引力エネルギー、原子核—原子核の反発エネルギーで構成される。電子の質量は 9.11×10^{-31}kg と、最も軽い水素の原子核の質量 1.67×10^{-27}kg と比べてもおよそ 2000 分の 1 と軽い。そのため、一般の第一原理計算では、電子の運動は原子核の運動と比べて十分速く、原子核は静止しているとみなす Born-Oppenheimer(BO)近似が適用される。その結果、原子核の運動エネルギー項と原子核—原子核の反発エネルギーはそれぞれゼロおよび定数となり、電子のシュレーディンガー方程式を解くのみでよい。通常我々が対象とする系には複数の電子が含まれる。電子は他の電子からの相互作用を受け、そのような多体問題は厳密に解くことはできず、数値的に解く場合でも膨大な計算負荷が必要となる。そのため、多体効果を平均場と近似し、その平均場を電子が感じるとする一電子近似を適用する。DFT では次式の Kohn-Sham 方程式を解くことで電子のエネルギーを求める。

$$\left(-\frac{1}{2}\nabla^2 - \sum_A^N \frac{Z_A}{r_A} + \sum_j^N \left(J_j - K_j\right)\right)\varphi_i = \varepsilon_i \varphi_i \tag{2}$$

第 1 項は電子の運動エネルギー、第 2 項は電子と原子核の引力エネルギー、第 3 項は電子密度であらわされたクーロン相互作用エネルギー、第 4 項が交換相互作用および相関相互作用によるエネルギーを表している。交換相互作用は 2 つの電子を交換した際の対称性に関連し、パウリの排他律に由来する。相関エネルギーは実際に多体問題である電子の運動を平均場で置き換えたことにより記述できなくなった相互作用であり、ある電子と別の電子の存在位置の相関などに由来するエネルギーである。DFT において交換相関相互作用は電子密度の汎関数として記述される。様々な汎関数が開発されており、対象とする系に関連した既報文献において汎用される汎関数を把握し、用いることが肝要である。

2. 2. 分子動力学法の基礎

MD 法は、原子を質点とみなし、次式の運動方程式を解くことで対象とする分子や材料の動特性を調べることができる手法である。

$$m_i \frac{\partial^2 \boldsymbol{r}_i(t)}{\partial t^2} = \boldsymbol{F}_i(t), \qquad (i=1,\ 2,\ \cdots,\ N) \tag{3}$$

r_iと　m_iはそれぞれ原子iの位置ベクトルおよび質量、$\boldsymbol{F}_i$は原子iが他の原子群から受ける力を表している。力はポテンシャルエネルギーの位置微分から計算することができる。ポテンシャルエネルギーを量子力学に基づき求める手法を第一原理 MD 法、古典力学に基づき求める方法を古典 MD 法または単に MD 法と言う。MD 法では運動方程式を微小時間 Δt で積分することで Δt 秒後の原子位置を決定できる。このプロセスを何度も繰り返すことで原子位置の時間発展、すなわち対象の動特性を計算することができる。高い精度で積分するためには数値積分における微小時間 Δt を小さくすればよいが、Δt を小さくすれば、時間 t をシミュレーションするために必要となる繰り返し計算の回数がその分増大する。そのため、対象とする元素種や温度などを考慮して適切に積分時間を設定することが重要である。第一原理 MD 法では繰り返し計算のたびに電子状態を算出するため計算負荷が大きく小規模系･短時間の系への適用に限定される。一方、相互作用が所与で計算負荷の小さい古典 MD 法は結合の開裂・生成や電荷移動を扱えない。そのため、量子力学的性質を維持したままパラメータを用いて計算負荷を軽減する Tight-Binding 法[1,2]や古典力学の範囲で化学反応を取り扱おうとする経験的原子価結合法[3]や反応性力場[4]などの手法も開発されている。誌面の都合上、次節では具体例としては取り上げないが、凝縮系における反応や拡散などの動的な過程の解析には必須の手法である。

2.3. 反応速度論

化学反応や拡散、吸着現象は、原子や分子がある状態からある状態へと移行する素過程の繰り返しとして進行する。始状態から終状態へと移行する過程では、エネルギー的に不安定な遷移状態を経ることとなり､その時に超えなくてはならないエネルギー障壁を活性化エネルギーと言う。この時、ある係数 k の温度依存性は次式のようにあらわすことができる。

$$k = k_0 \exp(\frac{E_{act}}{RT}) \quad (4)$$

ここで、k_0は前指数因子であり、E_{act}は活性化エネルギー、RおよびTはそれぞれ気体定数および絶対温度である。それぞれの素過程に関する前指数因子や活性化エネルギーは、実験的に観測されるマクロ量などから導出されるだけではなく､第一原理計算や分子動力学計算などに基づき統計力学的に算出することもできる。算出されたパラメータを、化学反応経路のシミュレーションなどの入力とすることで、予測的に律速過程を同定することができる。ラジカルなど様々な中間体が関与する高温燃焼反応などにおいて先駆的に活用されてきたが､最近では触媒などの表面・界面現象への適用も進められている。

2.4. 連続体シミュレーションの基礎

連続体シミュレーションでは､解析的に解くことが困難な運動方程式や拡散方程式など微分方程式で表現される物理式を数値的に解くことで近似解を得ることができる。有限差分法や有限要素法などが代表的な手法であり、汎用ソフトウェアも多数利用できる。有限要素法では、対象とする構造モデルを微小な領域（要素）に分割し、各小領域における方程式を単純化された補間関数などにより近似する。各小領域の方程式は連立方程式を同時に解くことで対象全体の特性を得ることができる。シミュレーションのプロセスは、１．対象の構造モデル化、２．構造モデルのメッシュ化（要素の生成）、３．物理モデル化（支配方程式の決定）、４．計算、５．計算出力データの解析､の手順で取り組む。ここで１および２をプリプロセス､５をポストプロセスと呼び､それぞれ様々なソフトウェアが利用できる。３および４はソルバーと呼ばれるソフトウェアを用いる。１～５までを統合したパッケージも市販化されており広く利用できるが、取り組みたい解析を実現するために必要な機能がない場合は､独自に実装したソフトウェアを活用することが通常である。４．の計算過程では、時間発展や構造変化を知るため、様々な時間または位置の微分方程式を積分する。異なる時間スケールや空間スケールの現象に対応する微分方程式を安定・高精度かつ効率的に解くために、様々な手法が提案されている。物理モデルを解く際には、物理定数や物性値、境界条件などを入力とする。物性値は文献等において報告される既知の数値を用いることがほとんどであるが、実測される全体の特性がよく再現されたとしても、物理的に意味のない数値を用いては他の系や条件への移行可能性が担保されず、有意な計算とはならない。新規の材料系を用いた際の特性を調べたい時には前項に記したように第一原理計算など予測性のある手法により算出された材料物性値を用いるなどの必要があり、異なる手法の連係が重要となる。

3. 計算技術の活用例

3.1. 超並列化第一原理計算による合金ナノ粒子の安定性

担持金属ナノ粒子触媒は固体高分子形燃料電池（PEFC）の電極触媒や燃料改質プロセスにおける触媒として汎用される。合金ナノ粒子には、固溶体、スキン構造、共晶、金属間化合物など、元素の組み合わせ、組成、各元素の配置により様々な種類がある。白金など貴金属の使用量を可能な限り削減するため、比表面積を大きくできるナノ粒子が多くの触媒系で用いられる。単に微粒化により幾何学的に比表面積を増やすことを企図するだけでなく、ナノ粒子化により特異的に発現する活性の起源が大きな興味となっており、同時に長期安定性も重要な課題となっている。それら活性起源や安定性の理論解明・理論予測への期待が近年高まってきているが、電子状態や触媒反応活性を調べるためには量子論に基づく計算手法が必要であり、計算負荷の大きさが障壁となってきた。近年の計算機と並列計算技術の発展により、第一原理に基づくナノ粒子の超並列計算が報告されるようになってきており、最大規模の計算[2]は 2057 原子、4 nm 以上に到達している。計算が可能であることを示すベンチマーク結果の報告ではなく、計算結果に基づく物理的・化学的な議論をしているものでも単元素系で 1557 原子（約 3.5 nm）[3]、二元合金系で 711 原子（約 2.8 nm）[4,5]が報告されている。実用される触媒と同スケールの構造モデルを用いてナノ粒子の特性を理論的に解明し、触媒機能を理解しようとすることも不可能ではなくなってきている。

3.2. PdPt 系合金ナノ粒子の安定性

理論計算により特徴的な電子状態が予測されたとしても、そのような状態を長期にわたり安定に保持できなければ実用上の価値は期待できない。そのため、ナノ粒子の安定性を知る事は活性と同程度かそれ以上に重要であると言える。PEFC の白金使用料を抑制する触媒として、白金をシェルとして用い、安価な元素をコアに用いるコアーシェル触媒が期待されている。Pd と Pt の組み合わせは、800℃など高温においては全ての組成において固溶合金を形成するが常温付近で 1:1 の組成などでは相分離することが知られている[6]。そのため、コアーシェル合金触媒の中でも Pd と Pt の組み合わせは活性・安定性の面から有望と期待されている[7]。

本節では、第一原理計算の応用例として、Pd と Pt からなるナノ粒子の安定性について理論的に解明した研究[4]について概要を紹介する。様々なナノ粒子構造の安定性を調べるため、図 1 に示すような Pt シェルおよび Pd シェルのコアシェル構造、固溶体構造のモデルを用意した。モデルは 711 原子からなり、約 2.8 nm のナノ粒子に相当する。シェル厚みは 1 層および 2 層の 2 種類を用意し、固溶体構造の Pt/Pd 組成はコアシェル構造の組成に対応するよう作成した。ここで、固溶状態とは均質に混じり合っている状態を指す。均質度は、短距離秩序または短範囲規則度により評価することとし、指標として Warren-Cowley パラメータ[8]を用いた。

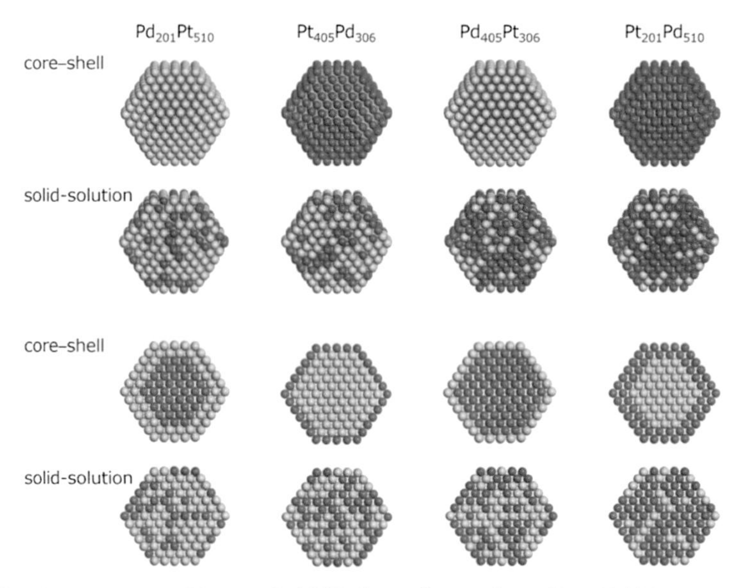

図 1　計算に用いた PdPt ナノ粒子の各種構造モデル。上 2 段は外観図、下 2 段は断面図。灰色が Pt、緑が Pd。Reprinted with permission from *J. Phys. Chem. Lett.*, **7**, 736 (2016). Copyright 2016 American Chemical Society.

合金ナノ粒子の熱力学的安定性は次式の過剰エネルギー[9]を算出し、議論した。

$$E_{exc} = \frac{1}{711}\left(E\left(Pd_{N_{Pd}}Pt_{N_{Pt}}\right) - \frac{N_{Pd}}{711}E(Pd_{711}) - \frac{N_{Pt}}{711}E(Pt_{711})\right) \tag{5}$$

過剰エネルギーは、同じサイズの単成分ナノ粒子のエネルギーに対する合金ナノ粒子のエネルギーの差として定義され、過剰エネルギーが負の時、合金が安定であることを意味する。第一原理計算の結果に基づき算出された結果からは、Pt シェルが最も不安定であり、Pd シェルが最も安定と計算され、固溶体はその中間となった。この安定性の順番は表面における Pd の占有割合の順番と対応しており、Pt よりも Pd の方が表面エネルギーが小さいことに由来すると考えられた。

ここで、第一原理計算の結果は絶対零度のものであり、温度の効果を議論するため、エントロピーを考慮することとした。ここで、エントロピーとして振動および配置のエントロピーを考慮した。振動エントロピーは既報[10]を参照することとし、配置エントロピーは次式のボルツマンの式に従うものとした。

$$S = k \ln W \tag{6}$$

ここで k はボルツマン定数、W は配置の自由度である。単成分系およびコアシェル構造では配置の自由度が 1 となるため、配置エントロピーは 0 であり、固溶体構造には様々な配置が存在する。図 3 には、373 K における過剰自由エネルギーを示す。配置のエントロピーの効果により固溶体構造が安定化し、Pd シェル構造と同程度の過剰エネルギーとなることがわかった。理論の精度的な問題には留意する必要があるものの、得られた第一原理計算の結果からは、3 nm 程

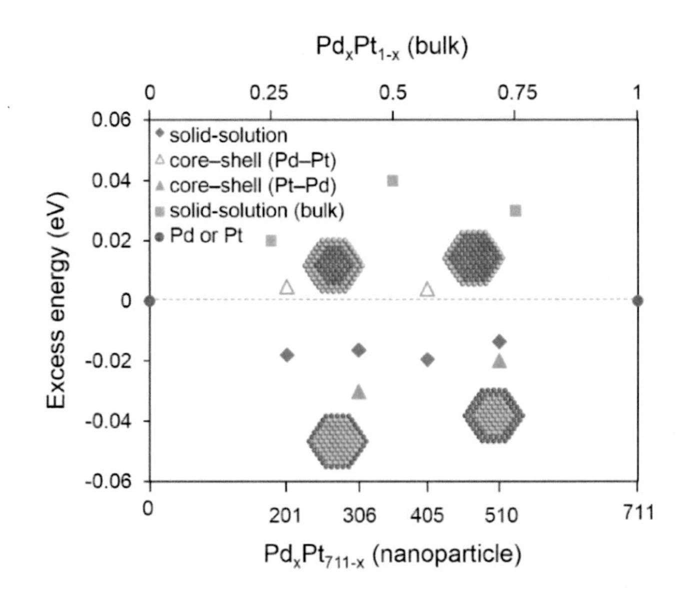

図 2　PdPt ナノ粒子の過剰エネルギー。Reprinted with permission from *J. Phys. Chem. Lett.*, **7**, 736 (2016). Copyright 2016 American Chemical Society.

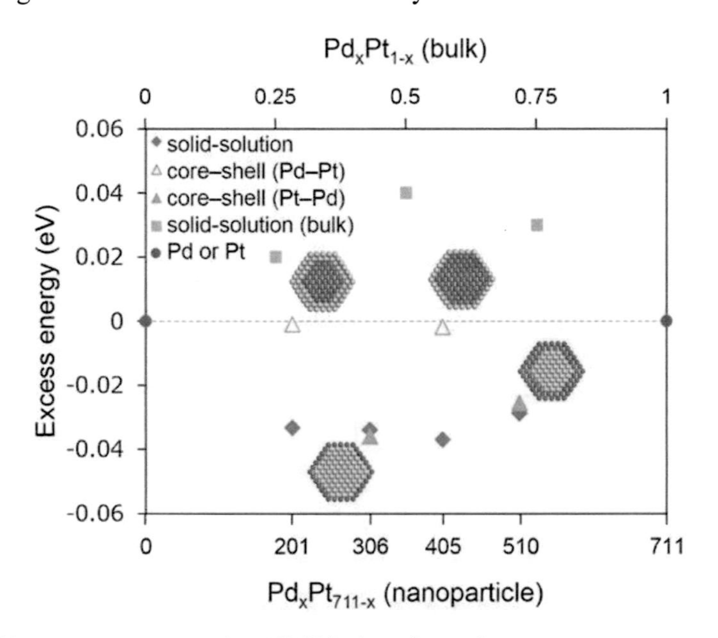

図 3　PdPt ナノ粒子の 373 K における過剰自由エネルギー。Reprinted with permission from *J. Phys. Chem. Lett.*, **7**, 736 (2016). Copyright 2016 American Chemical Society.

度の Pt をシェルとする PdPt コアシェル粒子は、PEFC の動作温度における長時間運転においてより安定な固溶体構造に変化する可能性が示唆される。

続いて、Pt スキン触媒に関する安定性を議論した事例を紹介する[5]。図 4 に示すような Pt_{711}、$Pt_{608}Co_{103}$、Co_{711} のナノ粒子モデルを用いた。$Pt_{608}Co_{103}$ の組成については、固溶体構造と、表面 1 層が Pt のみで構成され、内部は均質に混じり合った Pt スキン構造の 2 種類の配置を用意した。$Pt_{608}Co_{103}$ の過剰エネルギーを算出したところ、スキン構造は-0.071 eV/atom、固溶体構造は-0.034 eV/atom であり、Pt スキン構造は表面にも Co が存在する固溶体構造よりもエンタルピー的に安定であることがわかった。スキン構造では表面は Pt のみであるため、固溶体構造よりも配置エントロピーは小さくなる。ここで、エントロピーとして配置のエントロピーのみを考えると、前者では 2.746 eV/K/atom、後者では 3.527 eV/K/atom と計算される。PEFC の典型的動作温度である 353 K における過剰自由エネルギーはそれぞれ-0.081 eV/atom、-0.047 eV/atom となり、配置のエントロピー差を考慮してもスキン構造の方が安定であることが示された。すなわち、Pt スキン触媒は、PEFC の動作温度における長時間運転においても固溶体構造に変化することなく安定に存在し得ることが示唆された。

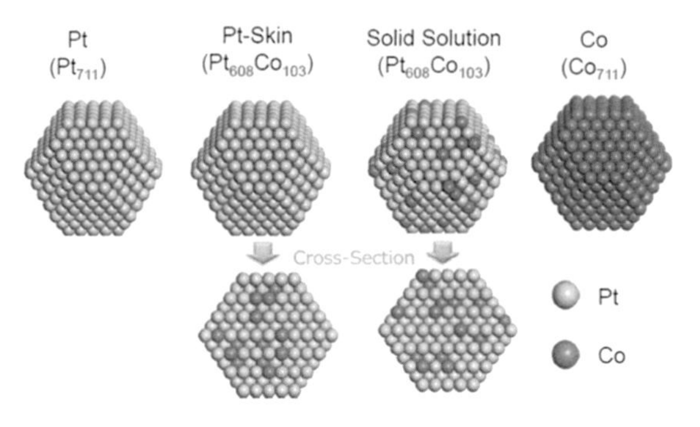

図 4　計算に用いた PtCo ナノ粒子の構造モデル。Reproduced with permission from ECS Trans., 75(14), 717-721 (2016). Copyright 2016, The Electrochemical Society.

3. 3.　固体酸化物形燃料電池燃料極反応のマイクロカイネティックモデリング

水素を燃料とした時の固体酸化物形燃料電池（SOFC）の燃料極反応は次式であらわされる。

$$H_2 + O^{2-} \rightarrow H_2 + 2e^- \tag{7}$$

反応は単純であるものの、多孔質電極における三次元的な反応場の広がりが現象を複雑にするため、単結晶の電解質基板上に二次元のパターン電極を作製したモデル電極系での実験が行われてきた[11-14]。またモデル電極系の活性を説明する反応メカニズムの解明の目的で、表面への吸着、表面拡散、表面反応、および三相界面における電荷移動反応の素過程を考慮したマイクロカイネティックシミュレーションが取り組まれてきた[15-18]。ここでは、8 つの表面反応素過程、3 つの電荷移動反応素過程を考慮する Kohno ら[17]によるシミュレータを用い、第一原理計算により算出されるパラメータに基づき定量的なシミュレーションを実現した Liu らの成果[18]について紹介する。

シミュレーションでは以下の表面反応素過程を考慮した。

$$H_2O(g) + V_{YSZ} \rightleftarrows H_2O_{YSZ} \tag{8}$$
$$H_2O_{YSZ} + O^{2-}_{YSZ} \rightleftarrows 2OH^{-}_{YSZ} \tag{9}$$
$$O^{2-}_{YSZ} + V_{\ddot{O},YSZ} \rightleftarrows O^{X}_{O,YSZ} + V_{YSZ} \tag{10}$$
$$H_2O(g) + V_{Ni} \rightleftarrows H_2O_{Ni} \tag{11}$$
$$H_2(g) + 2V_{Ni} \rightleftarrows 2H_{Ni} \tag{12}$$
$$H_{Ni} + O_{Ni} \rightleftarrows OH_{Ni} + V_{Ni} \tag{13}$$
$$H_2O_{Ni} + O_{Ni} \rightleftarrows 2OH_{Ni} \tag{14}$$
$$OH_{Ni} + H_{Ni} \rightleftarrows H_2O_{Ni} + V_{Ni} \tag{15}$$

また、以下の電荷移動反応素過程を考慮した。

$$H_{Ni} + OH^{-}_{YSZ} \rightleftarrows H_2O_{YSZ} + V_{Ni} + e^{-} \tag{16}$$
$$H_{Ni} + O^{2-}_{YSZ} \rightleftarrows OH^{-}_{YSZ} + V_{Ni} + e^{-} \tag{17}$$
$$O^{2-}_{YSZ} + V_{Ni} \rightleftarrows O_{Ni} + V_{YSZ} + 2e^{-} \tag{18}$$

モデルとしては 1 次元のモデルを考慮し、各表面化学種の拡散も Fick の方程式に基づき考慮した。シミュレーションに用いるパラメータは、例えば第一原理に基づき導出されたものであっても、手法や計算条件、計算モデルなどにより大きく異なる値が報告され、一意に定めることができない。そこで、はじめに文献の網羅的調査を行い、その後、条件等含め精査を行い、シミュレーションに用いる標準値を選定した。表面反応および三相界面における電荷移動反応のエネルギー変化については、ヘスの法則を適用することで 16 の基本パラメータセットを準備した。7 通りの拡散素過程については、標準値に加えて、標準値の 100 倍の値、100 分の 1 の値の 3 水準のパラメータを用いてシミュレーションを実施した。それぞれの条件で異なる電流値の 60 点のシミュレーションを実施した。$16 \times 3^7 \times 60 = 2{,}099{,}520$ 点の計算結果に基づき、実測をよく説明するシードパラメータセットを選定し、各パラメータの値を精査しながら実測を説明するパラメータセットを決定した。

図 5 には、Mizusaki らの実測[11]を再現したシミュレーションの結果を示す。カソード電流条件において水蒸気分圧依存性に実測との乖離が見られるものの、SOFC の動作条件であるアノード電流条件において水蒸気分圧依存性、水素分圧依存性を定量的によく再現していることがわかる。本稿では割愛するが、Bieberle ら[13]や Yao ら[12]による実測を良好に再現するパラメータセットの同定にも成功した[18]。得られた結果からは、三相界面における電荷移動反応のうち、式(18)の過程が活性を大きく支配していることが理解された。Iskandarov および Tada による研究では、三相界面に異種カチオンをドープすることで反応

障壁を変化させられることが示されており[19]、高活性化への道筋も示されている。

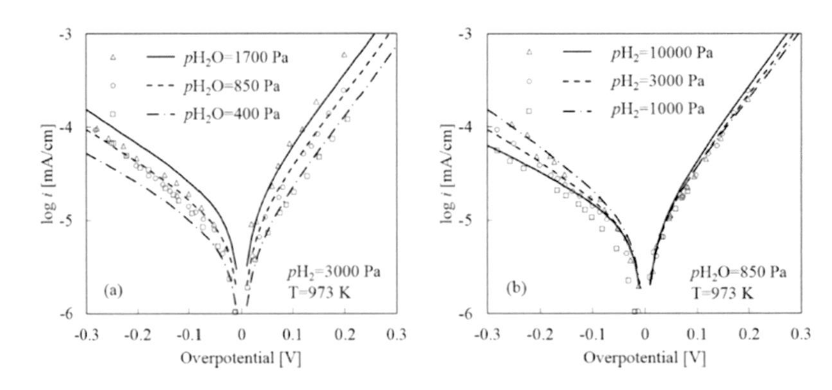

図 5 電流電圧特性の(a)水蒸気分圧依存性および(b)水素分圧依存性。白抜きの各点は Mizusaki ら[11]による実測結果。Reprinted with permission from *J. Phys. Chem. C*, **121**, 19069 (2017). Copyright 2017 American Chemical Society.

3.4. リチウムイオン電池正極における反応・輸送連成シミュレーション

リチウムイオン電池（LIB）のデバイスとしての充放電特性は、材料そのものの物性・特性だけでなく、界面特性や、電極の構造にも大きく影響される。特に、複数の材料の合剤電極の微構造は複雑であり、多くの界面が内在されている。微構造や界面が充放電特性に与える影響を調べるためには、それらを顕わに考慮したシミュレーションが必須である。液系電解質を用いる LIB の正極は、活物質だけでなく、電子の主伝導経路を供する導電助剤としてのカーボン材料、電極材料と集電体を結着するバインダーと電解液が複雑な構造場を形成している。そのような複雑構造場において、イオンの輸送、電荷移動反応、電子の輸送が非平衡の過程として進行しており、高容量化や高レート特性などを実現するための最適な電極構造の設計が必要である。電極微構造の設計を実現するためには、マクロに観測可能な特性を支配する過程や要因を理解することが必須である。実際、複雑な構造因子を除外した単粒子活物質の充放電特性は極めて優れており[20-26]、例えば Li_xCoO_2（LCO）の単粒子実験では 300C の放電に相当する高い放電レートにおいても 75%の容量維持率が報告されている[23]。実際の自動車用途における充放電速度との 2 桁ほどものギャップは、安全確保に求められる放熱のためにゆっくりとした充放電をさせているだけでなく、構造が単純な単粒子と実際の複雑構造を有する合剤電極における律速過程が異なるためである。本節では、仮想構造モデル化技術を活用し、複雑構造場における界面抵抗の影響を調べた事例[27]を紹介する。

多成分からなる合剤電極の輸送特性を調べるため、活物質、導電助剤、バインダー、電解液からなる三次元構造モデル化を行った。図 6(a)には模式的断面図を示す。ここで、活物質と活物質の粒子間の電子・イオンの移動は活物質のバルク中における移動と異なると考え、粒子間の界面層を導入した。構築したモデルに基づき、有限要素法を用いて連成現象の解析を行った。物理現象としては、下記を考慮した。

電子伝導：活物質、導電助剤、集電対およびそれらの界面
Li 拡散：活物質および活物質—活物質界面

Li^+伝導：電解液
電荷移動反応：活物質—電解液界面

ここで、活物質—電解液界面における電荷移動反応には Butler-Volmer 式を適用した。既往の報告[28]にならい、界面における被膜抵抗も設定した。バインダーは物質の輸送などに一切関与しない領域として扱った。また、活物質—活物質界面には、バルクとは異なる拡散性および伝導性を設定することができるようにした。正極活物質として LCO、電解質としてはプロピレンカーボネート：エチレンカーボネートの 1：1 混合溶媒中の 1mol/dm^3 $LiClO_4$ を想定した[23]。まずはじめに、微構造因子の影響のない単粒子活物質特性を再現する物性パラメータを推測することとし、図 6(b)に示すような構造の単純な単粒子モデルを用いたシミュレーションを実施した。その後、推定したパラメータが合剤電極を構成する材料の物性を代表すると考えて合剤電極の特性をシミュレーションした。

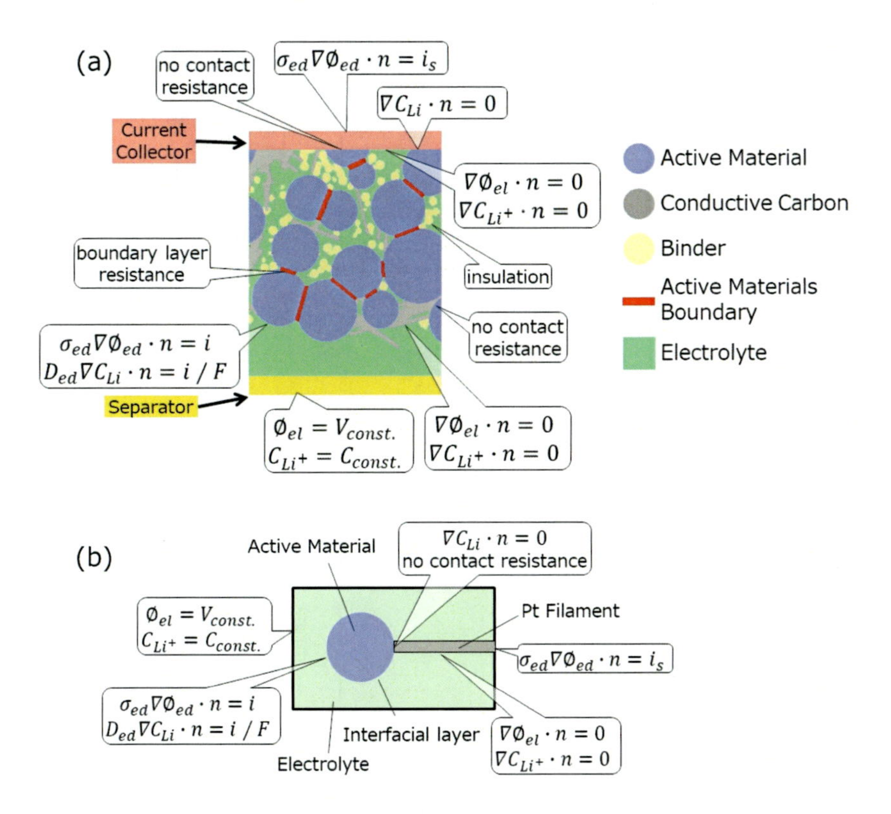

図 6　シミュレーションに用いたモデルの断面模式図: (a)合剤電極、(b)単粒子電極（Reprinted from H. Kikukawa, K. Honkura, M. Koyama, Influence of inter-particle resistance between active materials on the discharge characteristics of the positive electrode of lithium ion batteries, *Electrochim. Acta*, **278**, 385-395 (2018), Copyright 2018, with permission from Elsevier）

単粒子電極の放電特性のうち、電位および容量保持率に着目して実測を再現するパラメータを探索し、LCO 中のリチウム拡散係数を 3×10^{-13} と決定した。この値は近年の実験的報告[29]と合致する値であり、これまでのシミュレーションの報告にみられる 3.7×10^{-16} m^2s^{-1} [30]や 1×10^{-14}

m^2s^{-1} [31]などの値と比して大きな値である。それらの報告では、複雑微構造を有する合剤電極を単純な構造を用いてシミュレーションしており、多くの因子が拡散係数にまるめこまれた結果として理解することができる。

続いて、単粒子電極の実測特性を再現するよう決定したパラメータを用いて合剤電極の放電特性をシミュレーションした。活物質粒子間に抵抗を考慮しなかった場合、導電助剤を含有しない電極構造において、10C という速い放電レートにおいても容量が保持されることが計算結果として得られた。本節では活物質粒子間に高い物質輸送抵抗が存在すると仮定したシミュレーションの結果を図 7 に示す。電極厚さが 40 μm と薄い時、10C の放電レートにおいても高い容量保持率が実現されていることがわかる（図 6(a)）。他方、電極厚さが 70 μm の時には 5C において容量保持率が約 6 割となり 10C においてはおよそ 3 割と計算された（図 6(b)）。

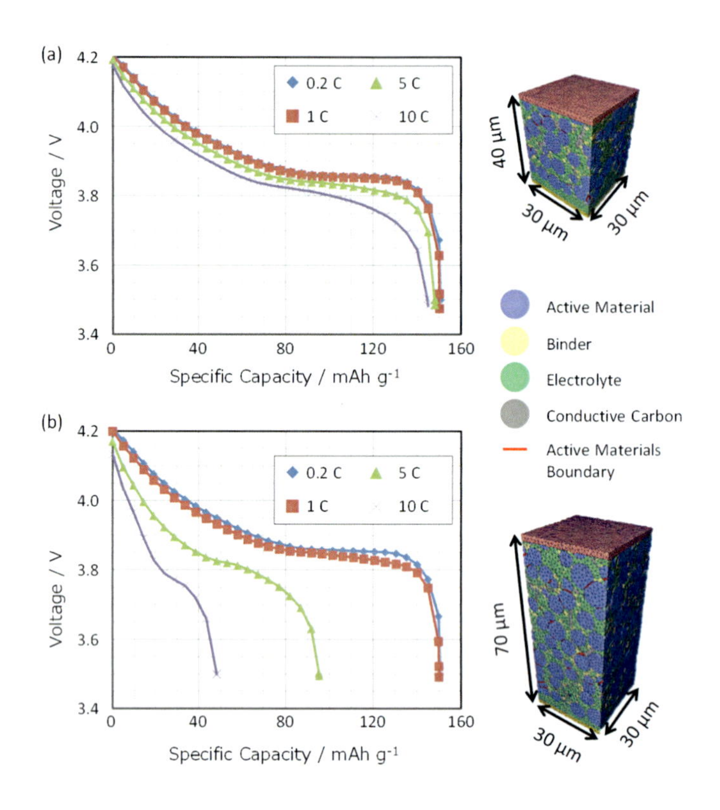

図 7　活物質粒子間に物質輸送抵抗を仮定した時の放電シミュレーション結果。(a)電極厚さ 40 μm、(b)電極厚さ 70 μm（Reprinted from H. Kikukawa, K. Honkura, M. Koyama, Influence of inter-particle resistance between active materials on the discharge characteristics of the positive electrode of lithium ion batteries, *Electrochim. Acta*, **278**, 385-395 (2018), Copyright 2018, with permission from Elsevier）

図 8 には、放電レートが 10C の時の放電過程における電解液中の濃度分布を示す。放電初期においてはリチウムイオンの濃度は均質であるが、放電の中期、末期となるにつれ、電解液中の

リチウムイオン濃度が低い領域が生じている。電極厚さが 40 μ m の時、放電の中期には電極内でリチウムイオン濃度の低下が見られ、末期においては集電体近傍において濃度がゼロに近くなっていることがわかる（図 7(a)）。それに対して電極厚さが 70 μ m の時には、放電の中期において電極の大部分の領域においてリチウムイオン濃度がゼロに近づいているリチウムイオン枯れ

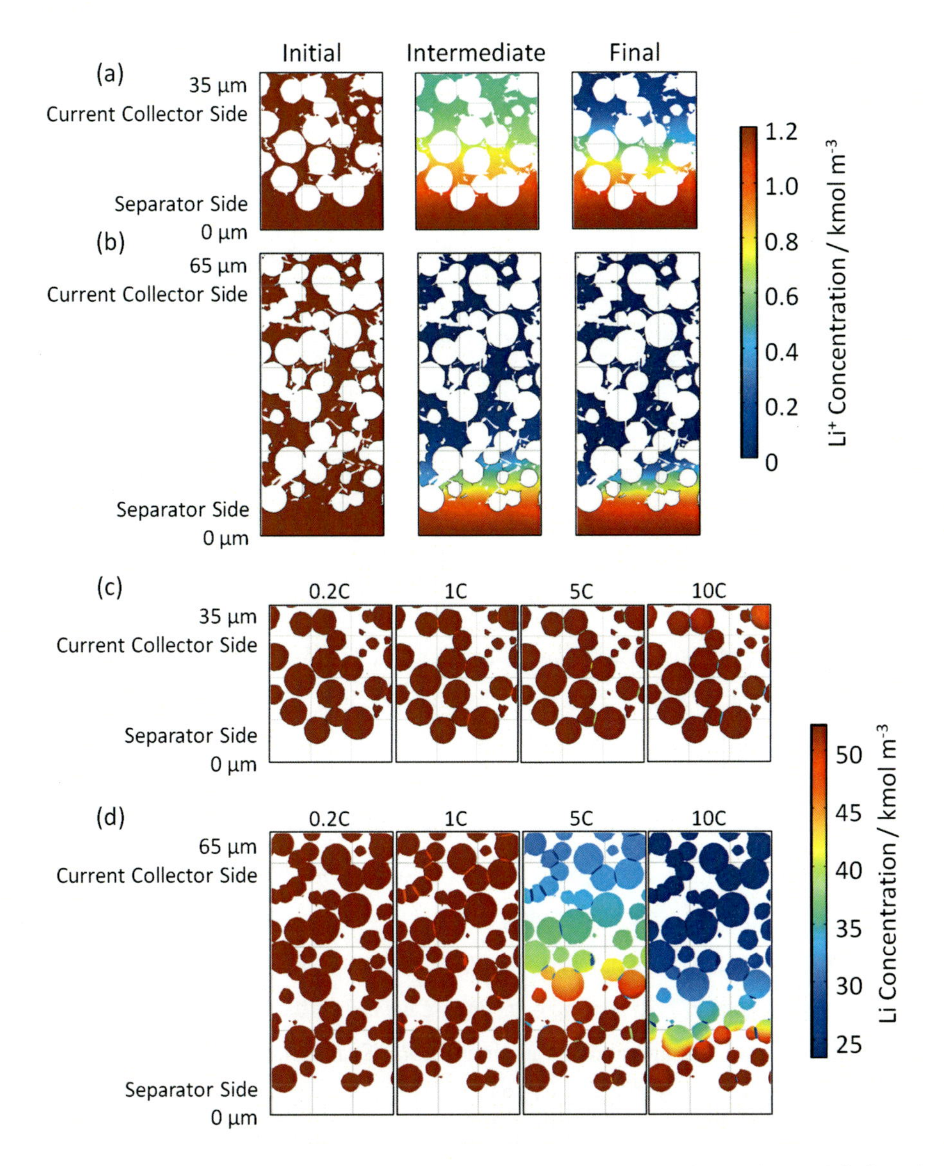

図 8　電極中のリチウムイオンの濃度分布　(a)電極厚さ 40 μ m の時の電解液中濃度分布、(b) 電極厚さ 70 μ m の時の電解液中濃度分布、(c)電極厚さ 40 μ m の時の活物質中濃度分布、(d) 電極厚さ 70 μ m の時の活物質中濃度分布（Reprinted from H. Kikukawa, K. Honkura, M. Koyama, Influence of inter-particle resistance between active materials on the discharge characteristics of the positive electrode of lithium ion batteries, *Electrochim. Acta*, **278**, 385-395 (2018), Copyright 2018, with permission from Elsevier）

の状態となっていることがわかる（図 7(b))。図 7(c)および図 7(d)には、放電末期における活物質中のリチウムイオン濃度を示す。電極厚さが 40 μ m の時には、放電レート 5C においても全ての活物質にリチウムが挿入されていることがわかる（図 7(c))。これに対して電極厚さが 70 μ m の時、放電レート 5C および 10C においてはセパレータに近い側のみにおいて十分なリチウムの挿入が起きている（図 7(d))。このように、様々な微構造の電極に対して同様のシミュレーションを実施することで、求められる充放電特性を満足する電極構造のコンピュータ支援設計が実現されると期待される。

4. おわりに

本章では、電池開発における計算技術の基礎について概説したのち、第一原理計算、マイクロカイネティックモデリング、連成シミュレーションを活用した事例について紹介した。それぞれの手法の特徴を活かすことで得難い知見を得ることができるが、そのためには各手法の理論的な背景をある程度理解し、最も注目する課題に適用することが重要である。

参考文献

[1] 古山通久、Javed Baber、井上元、「リチウムイオン電池における高容量化・高電圧化技術と安全対策　第 14 章第 1 節　蓄電デバイスにおける計算技術の活用（pp. 693-707)、技術情報協会、2018.

[2] Á. Ruiz-Serrano, C.-K. Skylaris, *J. Chem. Phys.*, **139**, 054107 (2013).

[3] Y. Nanba, T. Ishimoto, M. Koyama, *J. Phys. Chem. C*, **121**, 27445-27452 (2017).

[4] T. Ishimoto, M. Koyama, *J. Phys. Chem. Lett.*, **7**, 736-740 (2016).

[5] Y. Nanba, D. S. Rivera, T. Ishimoto, M. Koyama, *ECS Trans.*, **75**(14), 717-721 (2016).

[6] “Binary Alloy Phase Diagrams”, 2nd Ed., eds. T. B. Massalski, H. Okamoto, P. R. Subramanian and L. Kacprzak, in 3 volumes, ASM International, Ohio, USA (1990).

[7] 例えば N. Jung, D. Y. Chung, J. Ryu, S. J. Yoo, Y.-E. Sung, *Nano Today*, **9**, 433-456 (2014).

[8] J. M. Cowley, *Phys. Rev.*, **77**, 669–675 (1950).

[9] R. Ferrando, A. Fortunelli, G. Rossi, *Phys. Rev. B*, **72**, 085449 (2005).

[10] H. B. Liu, U. Pal, R. Perez, J. A. Ascencio, *J. Phys. Chem. B*, **110**, 5191 (2006).

[11] J. Mizusaki, H. Tagawa, T. Saito and T. Yamamura, *Solid State Ionics*, **70/71**, 52 (1994).

[12] W. Yao and E. Croiset, *Can. J. Chem. Eng.*, **93**, 2157 (2015).

[13] A. Bieberle, L. P. Meier, L. J. Gauckler, *J. Electrochem. Soc.*, **148**, A646 (2001).

[14] A. Utz, H. Störmer, A. Leonide, A. Weber and E. Ivers-Tiffée, *J. Electrochem. Soc.*, **157**, B920 (2010).

[15] D. G. Goodwin, H. Zhu, A. M. Colclasure, R. J. Kee, *J. Electrochem. Soc.*, **156**, B1004 (2009).

[16] M. Vogler, A. Bieberle-Hütter, L. Gauckler, J. Warnatz, W. G. Bessler, *J. Electrochem. Soc.*, **156**, B663 (2009).

[17] H. Kohno, S. Liu, T. Ogura, T. Ishimoto, D. S. Monder, K. Karan, M. Koyama, *ECS Trans.*, **57**(1),

2821-2830 (2013).

[18] S. Liu, A. Muhammad, K. Mihara, T. Ishimoto, T. Tada, M. Koyama, *J. Phys. Chem. C*, **121**, 19069-19079 (2017).

[19] A. Iskandarov, T. Tada, *Phys. Chem. Chem. Phys.*, **20**, 12574-12588 (2018).

[20] K. Dokko, M. Mohamedi, Y. Fujita, T. Itoh, M. Nishizawa, M. Umeda, I. Uchida, *J. Electrochem. Soc.*, **148**, A422 (2001).

[21] K. Dokko, M. Mohamedi, M. Umeda, I. Uchida, *J. Electrochem. Soc.*, **150**, A425 (2003).

[22] A. Palencsár, D. A. Scherson, *Electrochem. Solid-State Lett.*, **6**, E1 (2003).

[23] K. Dokko, N. Nakata, K. Kanamura, *J. Power Sources*, **189**, 783 (2009).

[24] H. Munakata, B. Takemura, T. Saito, K. Kanamura, *J. Power Sources*, **217**, 444 (2012).

[25] Y.-H. Huang, F.-M. Wang, T.-T. Huang, J.-M. Chen, B.-J. Hwang, J. Rick, *Int. J. Electrochem. Sci.*, **7**, 1205 (2012).

[26] T. Li, B.-H. Song, L. Lu, K.-Y. Zeng, *Phys. Chem. Chem. Phys.*, **17**, 10257 (2015).

[27] H. Kikukawa, K. Honkura, M. Koyama, *Electrochim. Acta*, **278**, 385-395 (2018).

[28] M. Doyle, J. Newman, A. S. Gozdz, C. N. Schmutz, J.-M. Tarascon, *J. Electrochem. Soc.*, **143**, 1890 (1996).

[29] K. Kanamura, Y. Yamada, K. Annaka, N. Nakata, H. Munakata, *Electrochem.*, **84**, 759 (2016).

[30] G. M. Goldin, A. M. Colclasure, A. H. Widemann, R. J. Kee, *Electrochim. Acta*, **64**, 118 (2012).

[31] D. K. Karthikeyan, G. Sikha, R. E. White, *J. Power Sources*, **185**, 1398 (2008).

２－５　電極反応の電気化学測定手法

福長　博
（信州大学）

はじめに

デバイスとしての電池や燃料電池の性能評価することは，いわゆる内部抵抗の大小を測定することに相当する。一口に内部抵抗といっても，その中身は様々な要素が含まれる。狭義の抵抗の場合，オームの法則で表されるように，抵抗に起因する電圧降下は電流に比例する。一方，電池における「内部抵抗」は狭義の抵抗だけでなく，反応に起因する抵抗や物質移動に起因する抵抗も含まれる。これらの抵抗による電圧降下は電流に対する依存性が異なり，それぞれの要因と対応して活性化過電圧，抵抗過電圧，濃度過電圧と呼ばれる。電池の電極端子間の電圧と電流を測定すると，その電流における全ての過電圧の合計が平衡電位からの電位差として計測される。そこで，過電圧を分離するために，それぞれの過電圧の電流依存性の違いを利用するか，応答速度の違いを利用するか大きく分けて二つの方法が一般的に用いられる。本稿では，固体高分子形燃料電池(PEFC)を例に，電極反応の電気化学測定手法について概説するが，電気化学の理論[1, 2, 3, 4, 5]や詳細な測定法[6, 7, 8, 9]については多くの成書が出版されており，それらを参考にしていただきたい。

1. 電極反応による過電圧

一般に電池の２つの電極端子間の電圧 E は，以下の式で示すようにその電池の反応の平衡電位 E_{eq} から活性化過電圧 η_A，抵抗過電圧 η_R，濃度過電圧 η_C によって電圧降下したものが測定される。

$$E = E_{eq} - \eta_A - \eta_R - \eta_C$$

ここで，E_{eq} は標準状態における起電力であり，実際の開放起電力(OCV: Open Circuit Voltage)は温度や圧力の標準状態からのずれを考慮する必要がある。

それぞれの過電圧は以下に述べるような特徴を持つため，端子間電圧 E と電流密度 i は図 1 に示すような関係となる。

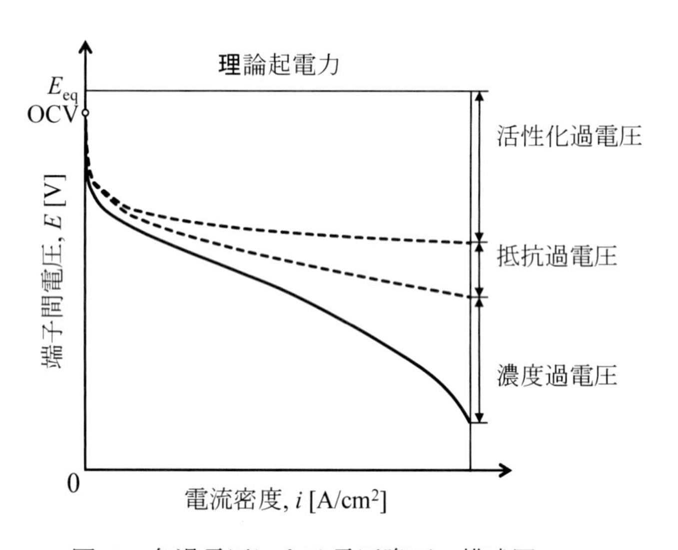

図 1　各過電圧による電圧降下の模式図

1) 活性化過電圧

活性化過電圧は，電極における反応の活性化エネルギーに伴い生ずる過電圧で，正反応と逆反応を考慮した Butler-Volmer の式で表される。電気化学反応は，電位の印加とともに指数関数的に電流が流れるため，平衡電位からある程度ずれた電位になると，着目している反応の逆反応に

よる逆方向の電流は無視できるほど小さくなる。そのため，実用的な範囲での活性化過電圧ηは，電流の対数$\log|i|$と直線関係が成り立ち，以下のTafelの式に従う。

$$\eta = a + b\log|i| \tag{1}$$

ここで，aとbは定数であり，傾きbは ターフェル勾配といい，気体定数R，ファラデー定数F，移動係数α，反応に関与する電子数nを用いて

$$b = \frac{-2.30RT}{\alpha nF} \tag{2}$$

と与えられる。

2) 抵抗過電圧

抵抗過電圧は，電解質の抵抗，集電体として働くセパレータの抵抗によるIR損が主なものであり，オームの法則に従い，直接電極反応とは関係しない。バルク抵抗のIR損は，後述する電流遮断法や交流インピーダンス測定によって容易に分離できる。ただし，抵抗過電圧には電極触媒層内のイオン伝導による抵抗も含まれる。このような触媒層内の電気の流れは，電極反応と同時進行現象であるため，容易には分離できずその扱いは複雑になる。

3) 濃度過電圧

濃度過電圧は，電極における反応物質の補給及び反応生成物の除去の速度が遅く，電極の反応が妨害されるときにあらわれる電圧である。電極を流れる電流が大きくなると，電極表面で反応物が消費され，電極近傍の濃度が低下する。このとき，反応物は拡散により電極へ供給される。拡散が遅い場合，供給する反応物濃度と電極表面での濃度に差が生じ，その濃度差の分だけNernstの式で表される電位差に相当する濃度過電圧が生じる。

2. 測定系と電極

電気化学測定において，着目している電極の反応を知りたいとき，分極させて電流を流すにはその電極のみを用いて測定することはできず，必ず二つの電極を用いることとなる。このとき，着目している電極を作用電極または試験電極と呼び，もう一方の電極を対極または補助電極と呼ぶ。作用電極に流れる電流と同じ電流が対極にも流れるため，観測される端子間の電圧は，両方の電極における反応の電圧降下を含んだものとなる。そのため，通常，三つ目の電極として，参照電極または基準電極と呼ばれる電位の基準となる電極を用い，これを基準にして作用電極の電位を観測する。参照電極には電流は流れず，対極に電流の処理を分担させて，三電極式の測定系

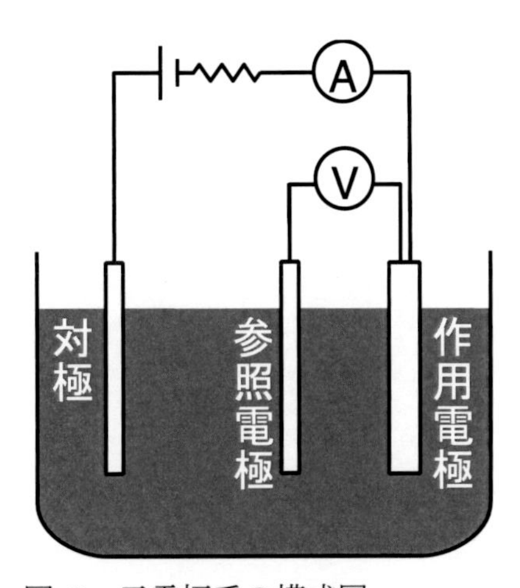

図 2　三電極系の模式図

にする。測定には，ポテンショスタットと呼ばれる，参照電極に対する作用電極の電位を一定に保ちながら作用電極と対極の間に流れる電流を測定する装置，または，ガルバノスタットと呼ばれる，一定の電流を流しながら参照電極に対する作用電極の電位を測定する装置を用いる。

三電極方式に対して，対極の電圧降下が十分に小さければ，端子間で観測される電圧降下は作用電極に起因するものとみなして，二つの電極で測定を行うことができる。具体的には，対極が分極性の小さい反応が起きるような電極であるか，または，同じ電流でも電流密度が小さくなるように対極の面積が作用電極よりも十分に大きければ，対極の分極を作用電極に対して無視できるほど小さくすることができる。PEFC であれば，アノードにおける水素の酸化反応は，カソードにおける酸素の還元反応に比べて小さな分極のため，端子間の IR-free 電圧はそのままカソードにおける過電圧による電圧降下によるものとみなすことができる。

3. 電極触媒の評価と電極触媒層の評価

電池の評価のために種々の電気化学測定が用いられる。電池全体(フルセル)の評価であれば，電解質を挟んだアノードとカソードからなる単セルとして測定を行うが，電極触媒粒子の評価であれば，ハーフセル（半セル）で測定を行うことになる。この場合，物質移動や電子／イオン伝導の影響の小さい実験条件にして測定を行うため，触媒の粒子の状態は実際のデバイスで用いられる電極とは異なる。そのため，ハーフセルで高性能な触媒が必ずしも実際の電極としたときに高性能になるとは限らない。

電極触媒は単一の物質の物性で触媒活性が決まるのでなく，例えば PEFC の触媒として一般的に用いられる Pt の場合，Pt 微粒子を導電性担体であるカーボンブラック(CB)に担持した形状で使用される。このとき，閉塞した細孔に入っている Pt は有効な触媒として作用しない。そのため，Pt の単位質量あたりの活性が，触媒性能を評価するためには重要となる。様々なコンセプトのもとで研究開発される新規電極触媒材料の比較を容易にするため，燃料電池実用化推進協議会(FCCJ)が，平成 19 年(平成 23 年改訂)に「固体高分子形燃料電池の目標・研究開発課題と評価方法の提案」[10]として，共通の評価方法・プロトコルの採用を提案している。プロトコルにおいて，白金系触媒の評価について，回転ディスク電極(RDE)を用いた触媒単体の評価を実施するよう言及されている。

電極触媒層は，一般に触媒とアイオノマーにより構成されている。触媒上での電気化学反応には，反応物，電子，イオンが関与している。そのため，気相／電子伝導相／イオン伝導相の三相が接する三相界面の形成が重要である。さらに，三相界面が反応場として有効に機能するためには，それぞれのパスが触媒層の膜厚方向につながっているような構造になっている必要がある。セルとしての評価法について，平成 24 年に NEDO が「セル評価解析プロトコル」[11]を刊行している。その中で，コンディショニング（慣らし運転）も含めて，電流−電圧特性（I-V 特性），酸素還元反応（ORR: Oxygen reduction reaction）活性，ECA を重点評価項目とするセル評価試験の方法が述べられている。

4. サイクリックボルタンメトリー

電気化学反応の「初期診断法」として有用なサイクリックボルタンメトリー（CV: Cyclic voltammetry）法は，電池／燃料電池の電極反応の評価としてもよく用いられる。電位を一定速度で掃引し，電流を測定すると，その電位での酸化還元反応に基づくピークを観測することができる。順方向と逆方向の掃引を繰り返し，その電流–電位曲線を測定するのがCV法である。PEFCのカソードで用いるPt/CB触媒の場合, Pt表面への水素の吸着／脱離やPt表面の酸化／還元に伴うピークが観測される[12, 13]。特に，水素の吸着／脱離のピークは，有効なPt表面積の測定に用いられる。Pt/CBをグラッシーカーボンに固定化した電極のCV測定の例を図 **3** に示す。0.05～0.4 Vにかけてのピークが水素の吸着と脱着のピークである。約0.4 Vより高電位な領域の反応が関与しない電気二重層に伴う電流と水素発生の立ち上がりの電位で囲まれた，図の斜線領域の面積がPt上への水素の吸着の電気量を表す。水素が多結晶Ptの表面に吸脱着する際の電気量が210 μC cm^{-2}であることから，これを除することでPtが電気化学的に活性な表面積(ECA: Electrochemically active surface area)を求めることができる。触媒の有効利用率は，ハーフセルを用いて測定される触媒単体のECAの測定値とMEA状態でのECA測定値を比較することで評価することができる。

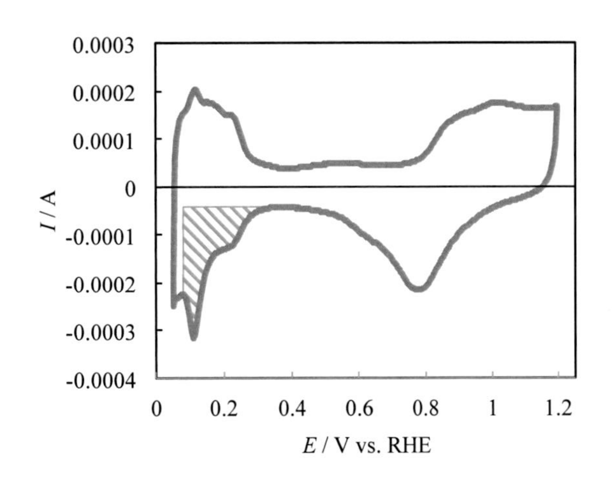

図 3　Pt/CB触媒のCV測定の例

5. 回転電極法

PEFC用カソード触媒の酸素還元活性などの触媒活性の測定は，通常，回転ディスク電極(RDE: Rotating Disk Electrode)法を用いて行う。RDEは，上面を鏡面研磨したグラッシーカーボン(GC)円盤基板に触媒分散液を滴下して乾燥させることで，触媒の薄い層を製膜してハーフセルとして測定を行う。このとき，真の触媒活性を測定するためには，反応律速となるように触媒を製膜することが重要であり，内田らがその方法について報告している[12]。

RDE法は，電解液中でディスク電極を回転させて，電解液を層流で触媒層へ送ることで反応物の流れを制御し，電極表面での電気化学反応を定量的に解析することができる測定法である[14]。電解液中でディスク電極を回転させると，遠心力により生じる流れによって供給される反応物の拡散による限界電流I_dは，以下のLevichの式で表される。

$$I_{\mathrm{d}} = 0.62nFSD^{2/3}c\nu^{-1/6}\omega^{1/2} \qquad (3)$$

ここで，nは全反応電子数，Fはファラデー定数，Sは電極表面積，Dは溶液中の酸素の拡散係数，νは溶液の動粘度，ωは回転角速度である。ORR反応のように電極反応が非可逆の場合，ORR

電流 I は，I_d と活性支配電流 I_k と以下のような関係にある。

$$1/I = 1/I_k + 1/I_d \qquad (4)$$

右辺の第２項は $\omega^{1/2}$ に比例するので，$1/I$ を $\omega^{1/2}$ に対してプロットする（Koutecky-Levich プロット）と，$\omega^{1/2}=0$ の切片より，拡散抵抗の影響を除いた I_k を求めることができる。ただし，PEFC 触媒層においては，Pt/CB 触媒を被覆するアイオノマー中の酸素の物質移動に影響されないような被覆厚に制御するよう注意する必要がある[15]。

また，ディスク電極の外側にリング状の電極を設置した回転リングディスク電極(RDE: Rotating Ring Disk Electrode)法では，酸素還元反応における，４電子反応による水の生成と，２電子反応による過酸化水素の生成を定量的に評価することができ，反応機構の解析に用いられる。

6. 定常分極測定と過電圧分離解析方法

電池の単セルとしての性能を最も簡便に評価する方法は，２つの電極の端子間から電流を取り出し，そのときの電圧を測定することである。このとき，電流を流していないときの端子間電圧（開放起電力 (OCV: Open Circuit Voltage)）から前述した各種の過電圧の分だけ電圧降下したものが端子間電圧になる。PEFC において過電圧を分離する方法として，NEDO から刊行されている「セル評価解析プロトコル」 [11] において，以下のように記されている。

① 横軸電流密度(対数軸)，縦軸 IR-free 電圧とした Tafel プロットを作成する。

② 低電流密度側で直線性がある 3~4 点の値から回帰直線の式を求める。

③ 分析したいポイントの電流密度の値を式の x として代入し回帰式上での電圧 y を求める。

④ 理論起電圧 1.17V と y の値との差 1.17-y を活性化過電圧とする。

⑤ 分析したいポイントの電流密度 (A/cm^2)×内部抵抗値(Ω・cm^2)を抵抗過電圧とする。

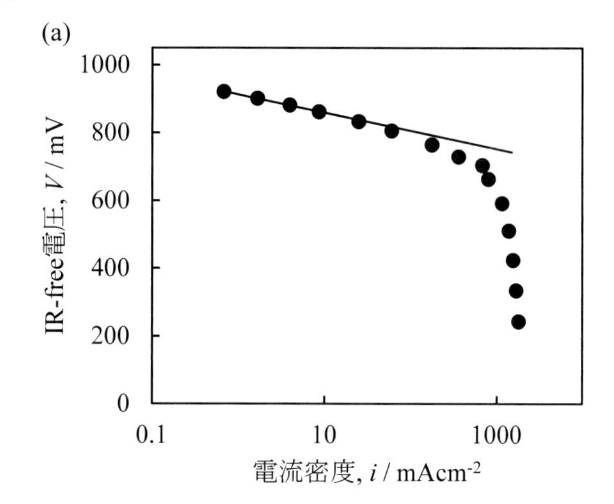

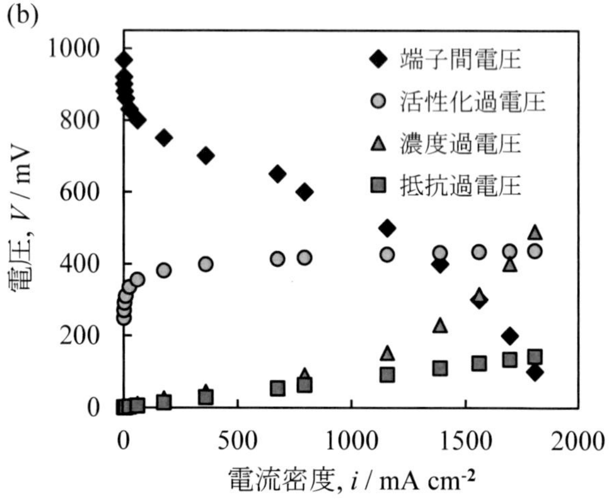

図 4 Pt/CB-Nafion をカソードに用いた PEFC の (a)IR-free 電圧と(b)分離した各過電圧

⑥ 電流密度 x での回帰式上での電圧 y の値と IR-free 電圧値との差を拡散過電圧とする。
ここで，④の理論起電圧は以下のように求められている。

$$E_{\mathrm{rev}(PH_2,PO_2,T)}=1.23-0.9\times10^{-3}(T-298)+\frac{2.303RT}{4F}\times\left[\left(\frac{P_{\mathrm{H_2}}}{P^{*}_{\mathrm{H_2}}}\right)^{2}\left(\frac{P^{*}_{\mathrm{O_2}}}{P_{\mathrm{O_2}}}\right)\right],\quad P^{*}_{\mathrm{H_2}}=P^{*}_{\mathrm{O_2}}=101.3\mathrm{kPa} \qquad (5)$$

T=80℃，$(P_{\mathrm{H_2}}/P^{*}_{\mathrm{H_2}})=1$，$(P_{\mathrm{O_2}}/P^{*}_{\mathrm{O_2}})=0.21$ のとき理論起電力は 1.17 V であるが，加湿や加圧の条件によって，ガス中の水素分圧，酸素分圧は変化するので，実験条件に合わせて計算する必要がある。

このプロトコルに従って，PEFC の過電圧を分離した測定例を図 **4** に示す。この例で示したような通常の Pt/CB 触媒を用いて作製した触媒層では，触媒層が薄いため，抵抗過電圧は IR 損だけとみなせるので，IR-free 電圧から活性化過電圧を引いた電圧が濃度過電圧と考えられる。一方，DMFC のアノード[16]や，PEFC の非白金カソード[17]など，低活性の触媒を用いて触媒層を作製する場合，触媒層が厚いため，IR 損だけでなく，電極触媒層内のイオン伝導に伴う抵抗過電圧も存在する。そのため，触媒層の厚みの大きい電極については，このプロトコルに従って過電圧を分離すると，差し引いた際に残った過電圧は必ずしも濃度過電圧のみではないと考えられる。

7. 電流遮断法（カレントインタラプション法）

上記の過電圧分離方法において，電池の電極反応に伴う過電圧を発電特性から評価するために，端子間電圧に IR 損を足した IR-free 電圧を計算した。また，過電圧を直接測定する際も，活性化過電圧や濃度過電圧のように電極反応に伴う過電圧と IR 損とを分離して評価する。そのための方法の一つに，電流遮断法（カレントインタラプション法）がある。これは，IR 損と過電圧を時間応答性の違いにより分離する方法である。抵抗成分が電流を止めたり，流し始めたりすると即座に応答するのに対して，化学反応に伴う成分は緩やかに変化する。このような反応過程を最も簡単に等価回路で表すと，図 **5** に示すような，電解質の抵抗を表す抵抗 R_{b}と， 電極反応を表す界面抵抗 R_{C}と界面容量 C_{d}との並列回路とを直列に接続した回路となる。電流を遮断すると，図 **6** に示すように，R_{b}に相当する電圧降下が即座に生じ，その後緩やかに R_{c}に相当する電圧降下が生じる。

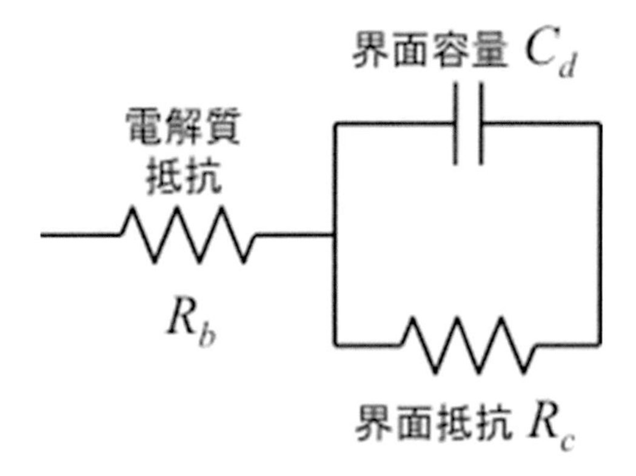

図 5　電極反応の等価回路

カレントインタラプション法は，図 7 に示すような装置を用い，定常で流している電流を遮断し，その際の電圧変化をオシロスコープで観測することで分離を行う測定法である。電流の遮断は，回路内にリレーを設置して遮断する場合と，パルスジェネレーターのような装置で連続的な電流矩形波を発生させる場合がある。いずれの場合も，電流をなるべく鋭く変化させることが，過電圧の正確な測定に必要である。また，分離して得られた IR 損と過電圧が I-V 測定で観測されている分極と一致していることを確認することも重要である。

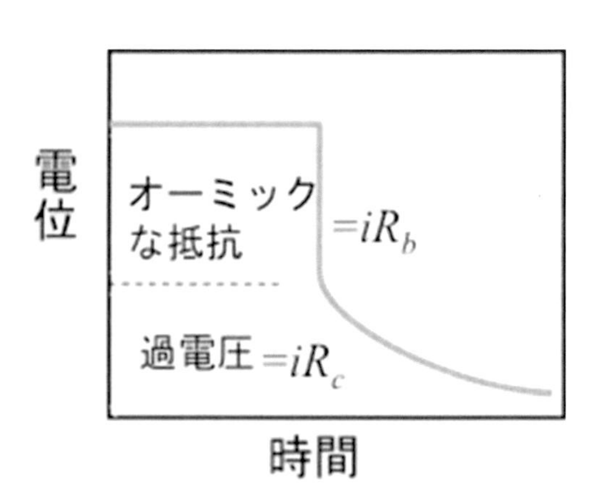

図 6　電流遮断法における電位の過渡応答の模式図

8. 電気化学インピーダンス法

これまでに述べたように，電池の発電特性は，原因の異なる過電圧が合わさった状態で端子間の電圧が降下するが，これを周波数応答性の違いから分離するのに用いられるのが，交流インピーダンス法または電気化学インピーダンス分光法(EIS: Electrochemical Impedance Spectroscopy)と呼ばれる測定法である。EIS は，非定常測定に分類される測定法で，交流信号の周波数を変化させることで，対象の電気化学インピーダンスの測定を行う[18]。EIS は，現在では通常図 **8** に示すような，周波数応答解析装置(FRA: Frequency Response Analyzer)と呼ばれる自動的に周波数を掃引する計測器とポテンショスタット／ガルバノスタットを組み合わせて，コンピュータで制御することで行う。

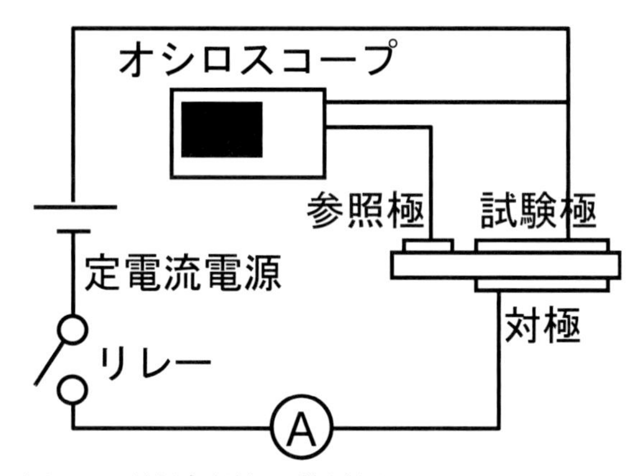

図 7　電流遮断法の装置図

EIS を用いて時定数の異なる緩和過程をもつ対象を測定すると，それぞれの過程を分離して測定することができる。ここでも，反応過程を電流遮断法の説明で示した図 **5** のような，反応過程を電解質の抵抗を表す抵抗 R_b と， 電極反応を表す界面抵抗 R_C と界面容量 C_d との並列回路とを直列に接続した等価回路について考える。交流においてもオームの法則は成り立ち，インピーダンスZは交流電圧 $V_{ac}(t)$と交流電流 $I_{ac}(t)$を用いて，

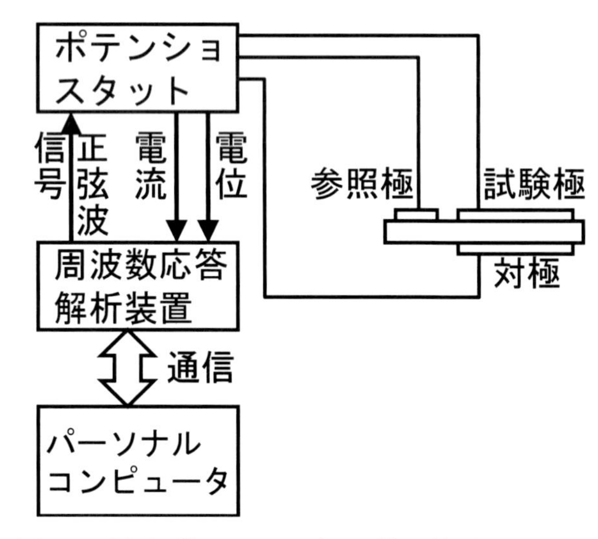

図 8　電気化学インピーダンス法の装置図

$$Z = V_{ac}(t)/I_{ac}(t) \tag{6}$$

と表される。Z は複素数で表され，j を虚数単位として，レジスタンス R の抵抗，キャパシタンス C のコンデンサー，インダクタンス L のコイルのインピーダンスはそれぞれ，$Z=R$, $Z=1/j\omega C$, $Z=\omega L$ である。ここで ω は周波数 f を用いて $2\pi f$ である。交流回路において Z は，直流回路の抵抗と同じよう扱うことができ，Z_1 と Z_2 の直列回路の合成インピーダンスは $Z=Z_1+Z_2$，並列回路の合成インピーダンスは $1/Z=1/Z_1+1/Z_2$ であるため，図 **5** の回路の合成インピーダンスは

$$Z = R_b + \frac{1}{1/R_c + 1/\left(1/j\omega C_d\right)} = R_b + \frac{R_c}{1 + j\omega R_c C_d} \tag{7}$$

と表される。

この等価回路のインピーダンスを複素平面に表したものを図 **9** に示す。このように複素平面上にインピーダンスをプロットしたものをナイキスト線図と呼ぶ。電極反応についてのナイキスト線図の場合，円弧が第四象限に現れるため，通常虚数軸はマイナスが上になるように表示する。また，円弧の形状を認識しやすいように，実数軸と虚数軸が方眼となるようにする。ナイキスト線図では周波数の情報がわからないが，この回路においては高周波数の極限が左に低周波数の極限が右になる。ナイキスト線図に対して，周波数 f の対数を横軸に，インピーダンスの振幅 $|Z|$ と位相差 θ をプロットしたものをボード線図と呼ぶ。

二つの素過程が直列に存在し，それぞれが抵抗とコンデンサーの並列回路として表されるとすると，全体のインピーダンスは図 **10** に示すような等価回路として表される。このときのナイキスト線図は，図 **5** に示すように二つの時定数の大小関係によって変化する。時定数が大きく異なる場合，二つの円弧として観察されるが，時定数が近

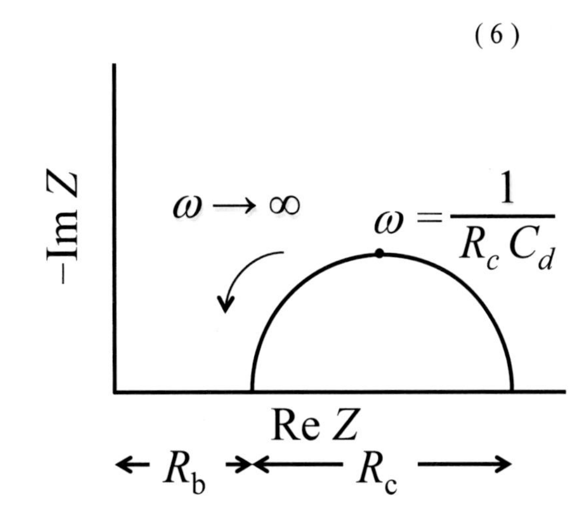

図 9　図 5 の等価回路のナイキスト線図

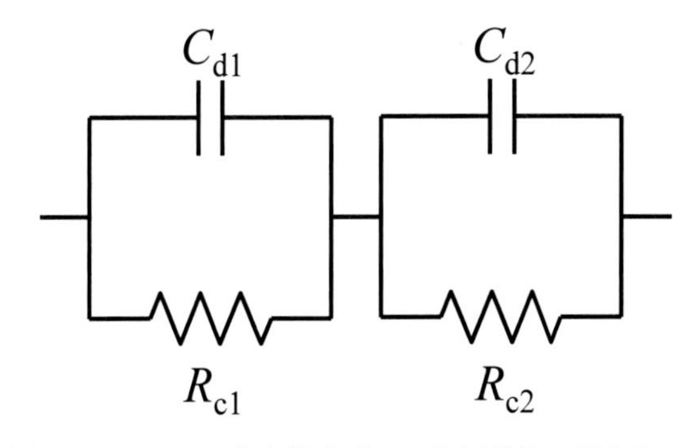

図 10　２つの時定数を含む反応過程の等価回路

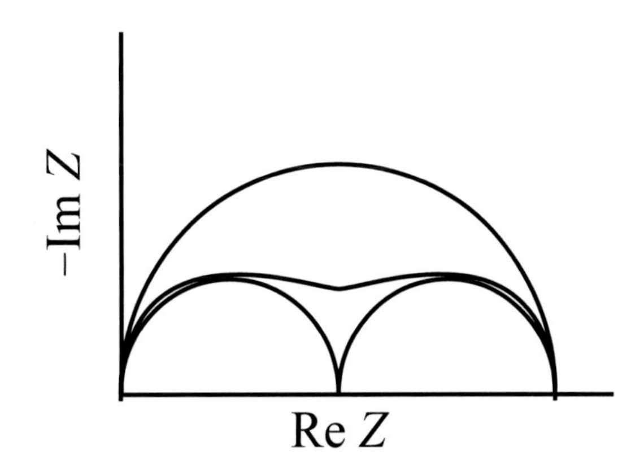

図 11　図６の等価回路のナイキスト線図

くなると円弧の境界領域が虚数軸方向に大きくなり，時定数が同一の場合，一つの円弧として観察される。

このように電池における電極反応は，回路を直列，並列に組み合わせて等価回路として表すことができる。電極表面の素反応に起因するインピーダンスはファラデーインピーダンスと呼ばれ，電流（電圧）依存性があり，また，場合によっては時間依存性やヒステリシスを示す場合もある。

9. EISを用いた電極反応の解析例

活性の高い電極の場合，6. で示したような手順で過電圧の分離を行うとIR-freeの過電圧を活性化過電圧と濃度過電圧に分けることができる。しかし，DMFCのアノード[16]や，PEFCの非白金カソード[17]など反応抵抗の大きな電極では，IR損で表されない抵抗過電圧が観察される。これらの電極では，活性化過電圧が大きいため，MEAを作製するために比較的多量の触媒を使用し，厚さ方向に反応場の分布がある触媒層を用いる。このとき，電極触媒層中で，イオン伝導と電極反応とが同時進行現象となり，単純には分離ができない。

筆者らは，それぞれの過電圧の分極依存性が異なる場合，インピーダンスを分離して得られた各過電圧の抵抗成分を分極した電圧に対してプロットすることでより詳細な電極反応の解析ができることを報告している[16]。DMFCについて測定したインピーダンスの分極依存性を図 **12** に示す。このようにインピーダンスの円弧は，印加電圧の増加とともに小さくなる。これを図 **13** に示す等価回路を用いてフィッティングを行って得られたシミュレーション結果も図 **12** にプロットしてある。ここで，R_{HF} は高周波数域の過程の界面抵抗，R_{LF1} と R_{LF2} は低周波数域の過程の界面抵抗である。また，CPEは定相要素（Constant Phase Element）であり，電気二重層容量が周波数に対して依存性を示す場合に用いられる。各界面抵抗 R の分極依存性を図 **14** に示す。

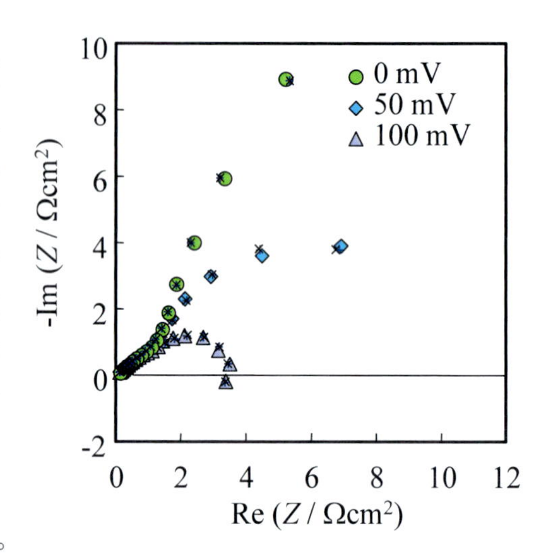

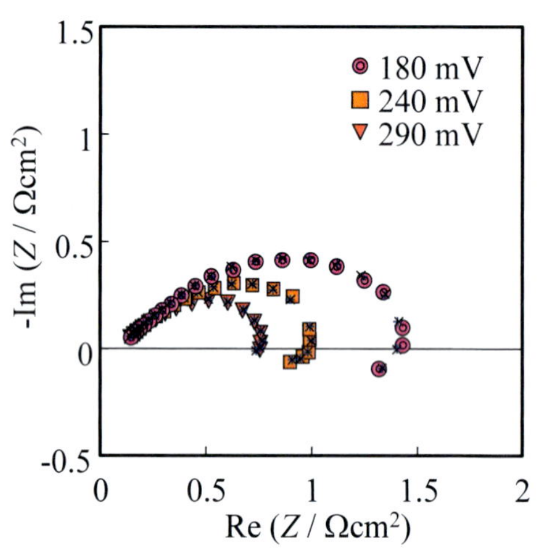

図 12　インピーダンスの分極依存性

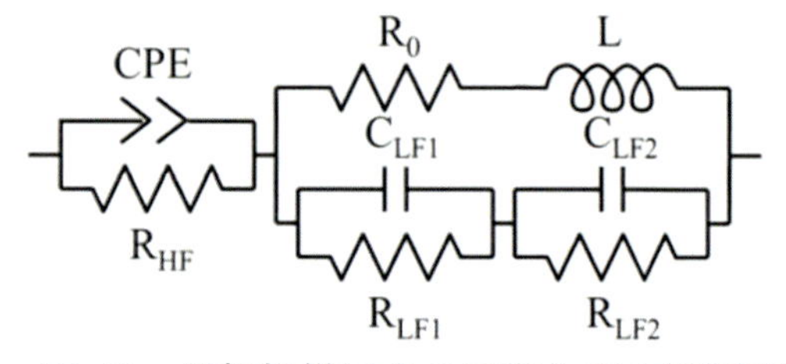

図 13　電極触媒層中の反応を表す等価回路

図からわかるように，R_{LF2}は分極が大きくなるとともに小さくなるが，R_{LF1}とR_{HF}は分極に対する依存性が小さい。このことから，R_{LF2}は電気化学反応に関与する過程を表す界面抵抗であり，R_{LF1}と R_{HF}は電極中のイオン伝導に関与する過程であることが示唆される。このようなインピーダンスの分離を触媒担持量の異なるMEAについて行った。反応に関与する界面抵抗の逆数R_{LF2}^{-1}と担持量の関係を図 **15** に示す。触媒量との相関が高いことから，この過程が反応に関与していることが確認された。また，触媒を増やすことでこの過程が促進されることがわかる。次に，R_{HF}と触媒層厚さの関係を図 **16** に示す。厚みの増加により抵抗が大きくなっていることから触媒層中のイオン伝導に関与していることがわかる。これらのことから，触媒担持量を増やすと，活性化過電圧は減少するが，電極層厚さ方向の抵抗過電圧が増加することが定量的に明らかになった。

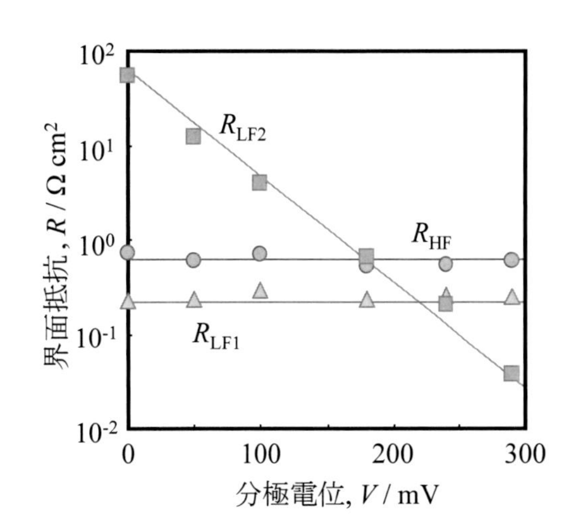

図 14　等価回路で分離した時定数の異なる抵抗の分極依存性

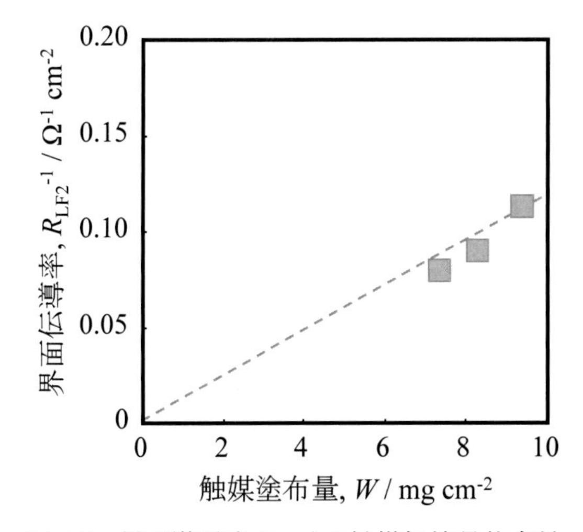

図 15　界面導電率R_{LF2}^{-1}の触媒担持量依存性

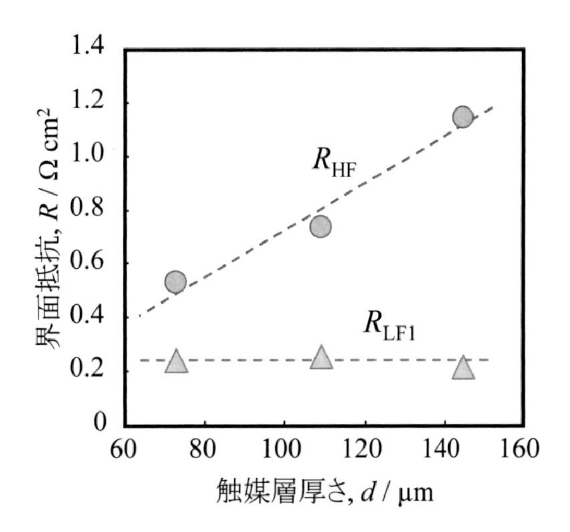

図 16　界面抵抗R_{HF}の触媒層厚さ依存性

謝辞

本研究の一部は新エネルギー・産業技術総合開発機構（NEDO）の「固体高分子形燃料電池利用高度化技術開発事業／普及拡大化基盤技術開発／カソード高機能化に資する相界面設計」の委託を受けて実施されたものである。また，本稿の実験結果は，信州大学の元学生蒲谷悠平氏の修士論文の一部である。ここに謝意を表する。

参考文献

---

[1] 喜多英明, 魚崎浩平, 「電気化学の基礎」, 技報堂出版 (1983).
[2] 玉虫伶太, 「電気化学 (第２版)」, 東京化学同人 (1991).
[3] 玉虫伶太, 高橋勝緒, 「エッセンシャル電気化学」, 東京化学同人 (2000).
[4] 大堺利行, 加納健司, 「桑畑進, ベーシック電気化学」, 化学同人 (2000).
[5] 渡辺正, 金村聖志, 益田秀樹, 渡邉正義, 「基礎化学コース 電気化学」, 丸善 (2001).
[6] 藤嶋昭, 相澤益男, 井上徹, 「電気化学測定法 上巻」, 技法堂出版 (1984).
[7] 電気化学会編「電気化学測定マニュアル　基礎編」丸善 (2002).
[8] 電気化学会編「電気化学測定マニュアル　応用編」丸善 (2002).
[9] 高須芳雄, 吉武優, 石原達己編「燃料電池の解析手法」化学同人 (2005).
[10] 燃料電池実用化推進協議会,「固体高分子方燃料電池の目標・研究開発課題と評価方法の提案」(2011) fccj.jp/pdf/23_01_kt.pdf
[11] 新エネルギー・産業技術総合開発機構(NEDO)「セル評価解析プロトコル」(2012) www.nedo.go.jp/content/100537904.pdf
[12] 内田裕之, 渡辺政廣, *Electrochemistry*, **75**, 489-493 (2007).
[13] 五百蔵勉, 安田和明, *Electrochemistry*, **77**, 263-268 (2009).
[14] 岡島武義, *Electrochemistry*, **81**, 717-724 (2013).
[15] M. Lee, M. Uchida, H. Yano, D. A. Tryk, H. Uchida, M. Watanabe, *Electrochim. Acta*, **55**, 8504 (2010).
[16] H. Fukunaga, Y. Kabaya, T. Tatatsuka, K. Yamada, *ECS Trans.*,**16**, 817-824 (2008).
[17] H. Fukunaga, N. Anto, K. Kushibiki, I. Shimada, M. Osada, N. Takahashi, *ECS Trans.*, **75**, 149-154 (2017).
[18] 板垣昌幸「電気化学インピーダンス法　第２版」 丸善 (2011).

3
応用編

I 電池技術を支える電極材料と電極構造/モルフォロジーの制御

I－1　固体高分子形燃料電池（PEFC）

田巻孝敬
（東京工業大学）

はじめに

固体高分子形燃料電池(PEFC)は、プロトン伝導性の固体高分子を電解質膜に用いる燃料電池であり、現状の作動温度域は常温から 90°C 付近までである。他の燃料電池と比較して低温作動であるため、起動停止が容易で、小型化が可能という特徴があり、分散電源や自動車用の電源としての利用が期待されている。日本では、世界に先駆けて PEFC が商用化され、2009 年に家庭用燃料電池エネファーム、2014 年には燃料電池自動車の販売が開始された。このように、PEFC の研究開発は社会実証から普及へ向けた段階へ進んでいるが、本格的普及へ向けては、依然としてコストの低減や耐久性・信頼性の向上など解決すべき課題は多い。本節では、PEFC の基本性能および電極材料・電極構造について概説し、現状の PEFC の課題解決へ向けた触媒活性および耐久性の向上に関する研究を紹介する。

1. PEFC の発電特性

PEFC では、図 1a に示すように燃料として水素、酸化剤として酸素が用いられる。燃料である水素はアノードで酸化され、生成したプロトン(H^+)は固体電解質膜を通り、電子は外部回路を流れて、カソードにおいて酸素の還元反応が起こる。図 1b にアノード、カソードおよび全体の反応式を示す。

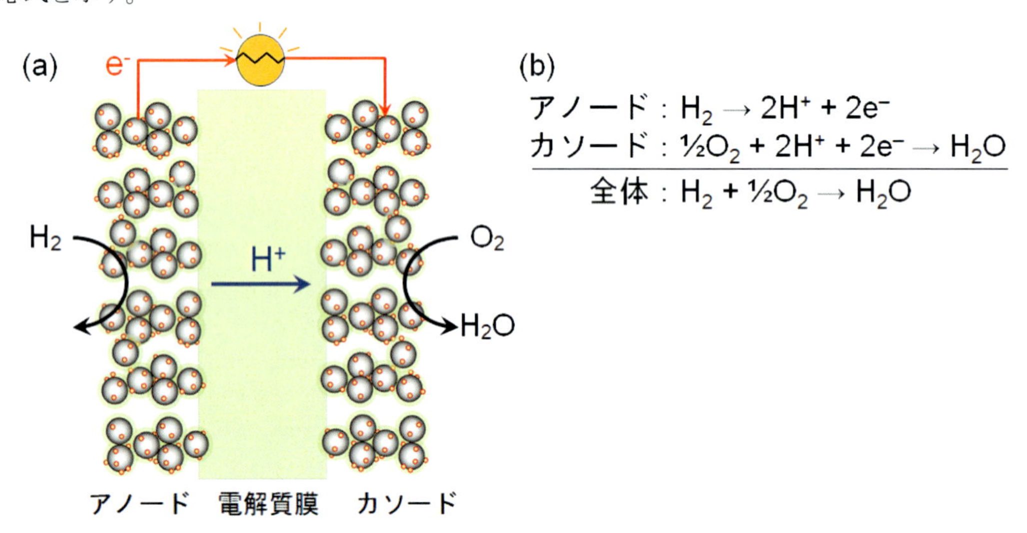

図 1　PEFC の(a)膜電極接合体(MEA)の模式図と(b)アノード、カソードおよび全体の反応式

水素と酸素を用いる場合、標準状態における理論起電力(E_0)は 1.23 V となる。しかし、実作動条件における電圧は、E_0 より低い値となる。これは、反応や物質移動に遅い過程があれば抵抗となり、仕事を取り出すにつれ(電流密度の増加に伴って)、電圧が低下するためである。E_0 からの電圧降下は、アノードおよびカソードの反応に由来する活性化過電圧、プロトン伝導に由来す

るIR損、物質拡散に由来する濃度過電圧の3つに分類される。

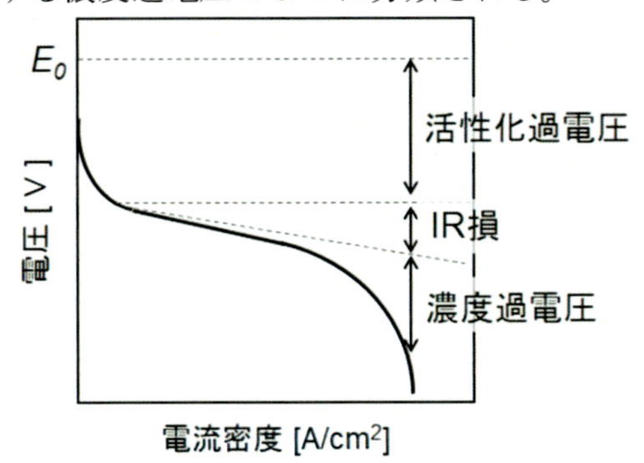

図2　PEFCの典型的な発電特性

PEFCの典型的な発電特性を図2に示す。活性化過電圧は、低電流密度領域における電圧降下の支配的な要因である。IR損は、電解質のプロトン伝導抵抗成分 R [Ω]に由来する。一般に、R は電流密度 I に依存しないので、IR損の電圧降下 $I \times R$ [V]は電流密度に比例する。濃度過電圧は、水素や酸素の供給速度に対して、反応によって消費される速度が速くなった場合に生じ、高電流密度領域における電圧降下の支配的な要因である。

すなわち、電圧降下の3つの要因のうち、活性化過電圧と濃度過電圧は、本章で扱う電極材料および電極構造と密接に関係している。PEFCでは、白金(Pt)を触媒に用いた場合のアノードでの水素の酸化反応の速度は充分に速く、また酸素に比べて水素の物質移動速度は速いため、活性化過電圧および濃度過電圧は主にカソードに由来する。したがって、次節以降では、カソードを例に解説を行う。

2. PEFCの電極材料

PEFCのカソードでは、Pt触媒上で酸素とプロトン、電子が反応する。反応が起こる三相界面の模式図を図3に示す。触媒ナノ粒子は導電性の担体に担持され、触媒表面をプロトン伝導性の電解質ポリマーが被覆している。三相界面において、電子は導電性担体、プロトンは電解質ポリマーから供給される。酸素は導電性担体の粒子間隙に形成される気相内を拡散し、電解質ポリマーへの収着(溶解)・拡散により三相界面へ供給される。PEFCの電極材料は三相界面を形成する各要素、すなわち、触媒、導電性担体、電解質ポリマーである。

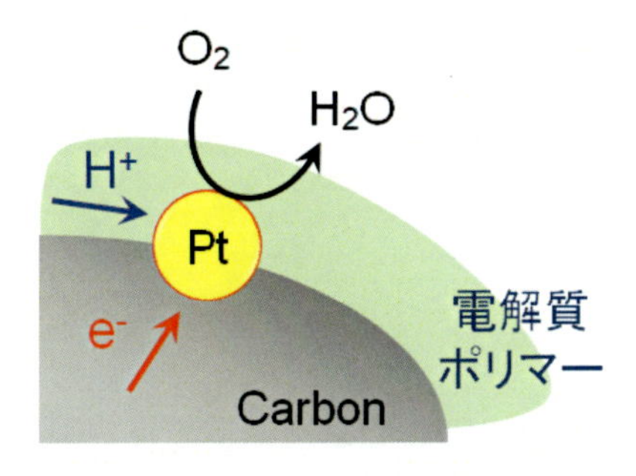

図3　PEFCのカソードにおける三相界面の模式図

触媒としては、単体の金属として酸素還元反応に対して最も高い活性を示すPt、あるいはPt合金が用いられる。高価な貴金属であるPtの使用量を抑制するためには、触媒重量あたりの活性を向上させる必要があることから、導電性担体への担持により、粒径約3 nmと高比表面積なナノ粒子の状態で用いられている。さらなる活性向上へ向けた研究動向については、4項で紹介する。また、PEFCの作動条件下では、カソードにおいて高電位の電位サイクルが印加されることとなり、Ptナノ粒子のサイズが増加するPt肥大化が起こる。Pt触媒の劣化(Pt肥大化)については、5項で解説する。

導電性の担体としては、一般的に一次粒子径が約30 nmのカーボン微粒子(カーボンブラック)が用いられている。標準的な材料である市販のPt担持カーボンブラック(Pt/C)のPtとカーボンの重量比は1:1であるが、Ptとカーボンの密度の違いから、電極体積の大半はカーボンブラックが占めており、基本的な電極構造はカーボンブラックにより形成されている。電極構造については3項で解説する。また、近年の耐久性に関する検討の結果、PEFCの起動停止の際にカーボン腐食が起こることが明らかとなっている。カーボン腐食については、Pt肥大化とともに5項で解説する。

電解質ポリマーとしては、電解質膜と同様にNafion®等のパーフルオロスルホン酸ポリマーが用いられている。現状のプロトン伝導性ポリマーは高温・低湿度下においてプロトン伝導性が減少するため、PEFCの作動温度・湿度を制限している。PEFCを高温・広湿度条件で稼働させることができるようになれば、補機を含めたシステムレベルでの簡略化が可能となることから、重要な研究対象あるが、スペースの関係で本節では詳述しない。

3. PEFCの 電極構造

PEFCでは、2項で示したようにカーボンが電極体積の大半を占めており、基本的な電極構造はカーボンブラックにより形成されている。電極構造の模式図を図4に示す。

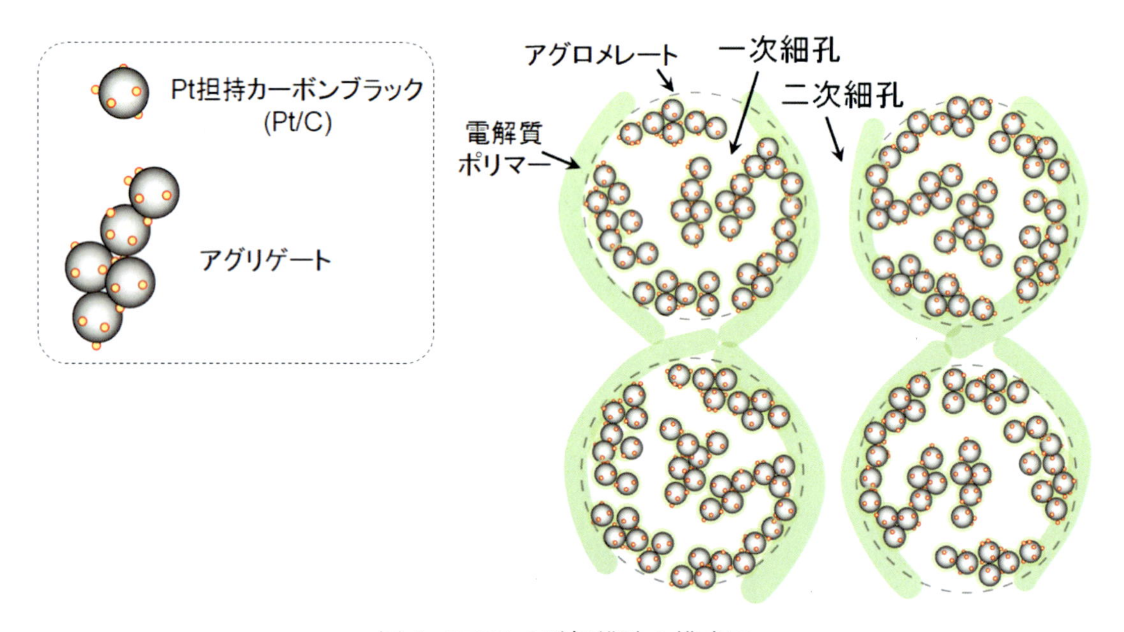

図4 PEFCの電極構造の模式図

カーボンブラックは一般に、数個の一次粒子が融着したアグリゲートを形成しており、電極内ではアグリゲートが凝集したアグロメレート構造を取っている[1]。図4に示すように、アグロメレート構造内における細孔が一次細孔とされ、一次細孔径 D はカーボンブラックの一次粒子径 d に対して、おおよそ $d < D < 2d$ の範囲にある[2]。標準的な市販 Pt/C を用いた場合の一次細孔径は 20–60 nm とされている[3]。また、アグロメレート間に形成され、一次細孔より大きく、1 μm 程度までの細孔が二次細孔とされている[2]。PEFC の電極は一般に、Pt/C と電解質ポリマーの分散液を塗布・乾燥することにより形成されるため、電極構造は材料だけでなく電極製造技術のプロセスパラメータの影響を受ける。電極製造技術については応用編Ⅱ-1 節で解説されている。

主に電極構造によって制御され、PEFC の性能に与える影響が大きい因子として、Pt の有効利用率と物質移動特性の 2 つが挙げられる。

Pt の有効利用率は、電気化学反応に関与する Pt 表面積(Electrochemical surface area: ECSA)と、電極への Pt 導入量と比表面積から計算される Pt 表面積の比で表される。一次細孔への電解質ポリマーの導入が不十分で、三相界面が形成されていない Pt が存在すると、有効利用率は低下する。Pt の有効利用率の向上は Pt 使用量の削減に直結することから、カーボン材料や電極製造プロセス[2]、カーボン表面の電解質ポリマーによる修飾[3]、電解質ポリマーのサイズ制御[4]などにより、Pt 有効利用率の向上が図られている。

物質移動特性は、図 2 に示した 3 つの過電圧のうち、高電流密度領域における濃度過電圧と関係しており、細孔径などの電極構造によって制御される。PEFC の電極における細孔径は、カーボンブラックにより形成される細孔径から、触媒・カーボン表面を被覆している電解質ポリマーのポリマー層厚みを減じた値となる。ポリマー層厚みを考慮した電極の詳細構造が細孔径および物質移動特性に与える影響[1,5]については、基本編 2-2 節で解説されている。また、Nafion®の代替材料として検討されている芳香族系炭化水素ポリマーは Nafion®に比べて膨潤度が高く酸素透過性が低いため、高湿度のガスを供給し、高電流密度で作動させる場合(反応による生成水量が多い場合)には、膨潤した芳香族系炭化水素ポリマーによる細孔閉塞によって酸素供給律速が起こり、発電性能が Nafion®より低下する[6]。さらに気相中の水蒸気圧が高くなり、飽和水蒸気圧を超えると、カソード電極あるいはガス拡散層内において水が凝縮して液水となり、ガス流路を塞ぐフラッディングが起こる。フラッディングは反応場への酸素供給を阻害することから、発電性能を劇的に低下させる。このように、PEFC の高電流密度化を図るうえでは、電極構造の制御が重要となる。

4. 触媒活性

PEFC では図 2 に示したように、カソードの酸素還元反応に由来する活性化過電圧により、低電流密度領域から発電性能が低下する。具体的には、標準状態における E_0 (1.23 V)に対して、Pt を触媒に用いた場合でも、0.1 A/cm^2 の電流密度を取り出しただけで活性化過電圧が約 0.4 V に達する[7]ことから、Pt 単体より高い酸素還元活性を示す触媒開発が求められている。また、コストや埋蔵量の観点からも、Pt 使用量の削減が求められている。本項では、酸素還元反応に対する触媒活性の向上に関する最近の研究動向を概説する。

Pt 上の酸素還元反応の機構の詳細については、酸溶液中で酸素還元反応のみを評価する半電池試験においても議論が続いているが、水由来の酸素種が Pt 表面に吸着し、酸素還元活性を抑制していることが指摘されている[8,9]。水由来の酸素種による Pt 被毒については、膜電極接合体(MEA)を用いた PEFC の実作動環境での評価においても確認されている[10]。また、Pt 上の酸素種被覆率(θ)の電位依存性を電気化学的に評価したうえで、酸素種が被覆していない Pt 表面($1-\theta$)のみが活性であるとして、電極反応の速度式(Tafel 式 : 基礎編 2-1 節参照)を修正すると、高電圧領域における発電性能をモデル計算により良好に再現できることが明らかとなっている[11]。水由来の酸素種ができるだけ形成しないようにカソードへ供給するガス湿度などの実験条件を制御して発電試験を行うと、60°C での E_0 (1.20 V)に近い 1.17 V の電圧が極低電流密度領域で得られることも示されている[12]。このように、水由来の酸素種被毒を抑制することは、高い酸素還元活性を得るうえで重要といえる。一方で、酸素が触媒表面へ全く吸着しないと酸素還元反応が進行しないため、酸素の触媒表面への吸着エネルギーには、酸素-金属間結合が強すぎず弱すぎない最適な値が存在するものと考えられる。

Pt 単体では強すぎる酸素-Pt 間結合を弱めて、酸素還元反応に適した表面を得る手法の一つとして、合金化が検討されている。酸素-金属間結合の強さと酸素還元活性の関係を表す volcano plot の例を図 5 に示す[13]。図 5 では、酸素-金属間結合の強さの指標として、触媒表面の電子構造を反映する d バンドセンターが用いられているが、d 軌道の空孔数や Pt-Pt 結合間距離[14]、密度汎関数法により計算した酸素の吸着エネルギー[15]を横軸に取った volcano plot も報告されている。なお、卑金属は酸溶液中で溶出するため、Pt-卑金属合金の活性を酸性環境下で直接測定することはできないが、表面卑金属の溶出後に熱処理することで、合金表面を Pt 数原子層が覆う Pt-skin 層が形成され、内部の合金構造による電子状態の変化を反映した表面が得られると報告されている[13]。

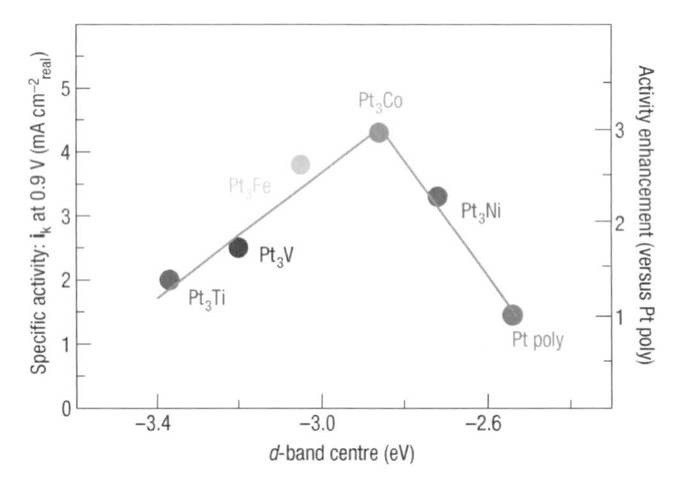

図 5 酸素還元活性と酸素-金属間結合の強さの関係(Volcano plot).

Reprinted with permission from ref [13]. Copyright 2007, Springer Nature.

Pt の酸素還元活性の向上に向けて、もう一点、考慮すべき知見を紹介する。PEFC の Pt 触媒は、2 項で示したように Pt 触媒の重量あたりの活性を向上させる必要があることから、粒径約 3 nm と高比表面積なナノ粒子の状態で用いられることが一般的である。しかし、Pt 表面積あたりの活性である表面活性での評価を行うと、Pt ナノ粒子の表面活性は Pt 平板に比べて 1 桁低いことが知られている[16,17]。Pt 平板の方が高い表面活性を示す要因について、現状では結論が得られていないが、酸素種の吸着様式の違い[16]や粒子間距離の影響[17]などが議論されている。近年では、平板で得られる高表面活性を、高表面積な材料へ展開するために、メソ構造薄膜(mesostructured thin film)を Pt 合金で形成する研究が報告されている[18]。

また、PtFe ナノ粒子同士が部分的に融着し、数珠上のネットワーク構造を取る Pt ナノ粒子連結触媒(図 6a)も、酸素還元反応に対して高い表面活性を示す[19]。PtFe ナノ粒子連結触媒は、テンプレートとなるポリマー被覆シリカ粒子上でのポリオール反応による金属ナノ粒子の生成、超臨界処理を用いた金属ナノ粒子同士の融着によるネットワーク形成、アルカリ処理によるシリカ粒子の溶出(中空化)により合成される。金属が連結しているためカーボン等の担体を用いなくても導電パスが形成され、担体フリーでも数 nm のナノ粒子構造が維持されるため高表面積となる。得られた触媒は結晶子径が約 6–7 nm、孔径が約 10 nm の中空多孔体(図 6b)であり、酸性溶液中における酸素還元反応の表面比活性は、市販 Pt/C の約 10 倍の値を示した。PtFe ナノ粒子をカーボンブラックに担持した触媒(PtFe/C)の表面比活性は、市販 Pt /C の約 3 倍であったことから、PtFe ナノ粒子連結触媒の活性向上の要因は Pt と Fe の合金化の効果だけでは説明できず、特異なナノ粒子連結構造が活性向上に寄与している可能性が示唆されている。本触媒は担体フリーであることから、カーボン腐食を加速する劣化条件に対して高耐久性を示すが、詳細については 5 項で示す。

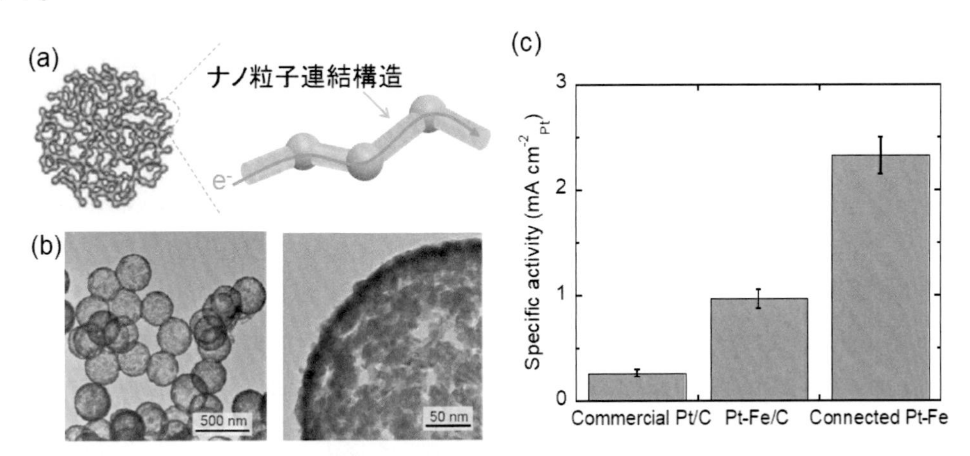

図 6 PtFe ナノ粒子連結触媒の(a)模式図と(b) TEM 像、(c) 酸素還元反応の表面比活性.

Adapted with permission from ref [19]. Copyright 2015, Royal Society of Chemistry.

5. 耐久性

PEFC の本格的普及へ向けて解決すべき大きな課題として、耐久性の向上が挙げられる。電極材料の劣化挙動としては、Pt 触媒の劣化(肥大化)と、導電担体であるカーボンの劣化(カーボン腐食)が知られている。本項では、2 つの劣化モードと加速耐久試験条件について解説したうえで、それぞれの劣化に対する耐久性向上に関する最近の研究動向を概説する。

触媒として用いられる Pt は、酸性溶液中で安定に存在する金属として知られているが、PEFC

の操作条件では電位が印加され、高電位下で Pt が酸化・溶解し、溶解した Pt イオンは低電位で金属として Pt 粒子表面へ再析出する。再析出の際に、大粒子へ析出した方がエネルギー的に有利であること(Ostwald ripening)から、Pt 粒子の肥大化が起こる。Pt の溶解・再析出は、PEFC の一般的な電圧操作範囲である 0.6–1.0 V 付近で進行する。Pt 触媒の劣化加速試験は負荷応答試験として知られており、図 7a に示す 0.6 V と 1.0 V (vs. NHE)の矩形波を 3 秒ずつ印加する電位サイクルを印加する[20,21]。電位サイクル試験前後の TEM 像(図 7b)から明らかなように、負荷応答試験後には Pt 粒子サイズが大きくなり、ECSA(電気化学表面積)が減少する[22]。

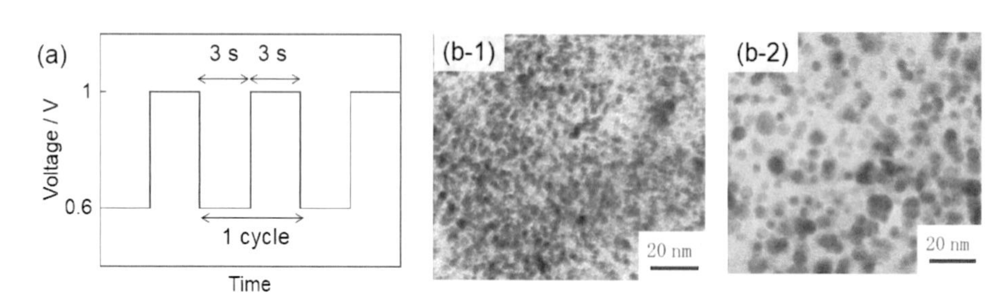

図 7 Pt 触媒の劣化加速試験(負荷応答試験)の(a)電位サイクル条件、
負荷応答試験前(b-1)、後(b-2)の TEM 像.

Adapted with permission (b) from ref [22]. Copyright 2012, The Electrochemical Society.

もう 1 つの劣化モードであるカーボン腐食は、PEFC の起動停止で起こることが知られている。例えば PEFC の停止を行う際に、水素が残存しているアノード流路に空気由来の酸素が混入すると、水素が残存している領域で生成した電子がアノード流路内の酸素が存在する領域へ移動し、アノード流路内で酸素が水になる還元反応が起こる。これに伴ってカソードの電位が 1.5 V 程度まで上昇するため、カソード内のカーボンの腐食反応(二酸化炭素へ酸化される反応)が起こる[23]。カーボン腐食によって、触媒が担体から脱離して ECSA が減少するとともに、電極触媒層厚みが大幅に減少して細孔構造が崩壊するため、発電性能が劇的に低下する。PEFC の起動停止を模擬したカーボン担体の劣化加速試験(起動停止試験)は、図 8a に示す 1.0 V と 1.5 V (vs. NHE)の間を 0.5 V/s で掃引する電位サイクルを印加する[20,21]。起動停止試験により、電極触媒層の厚みは試験前の 10 μm(図 8b-1)から 3 μm(図 8b-2)へと大幅に減少する[22]。また、TEM 画像の解析から、触媒層構造の崩壊が確認されている[24]。

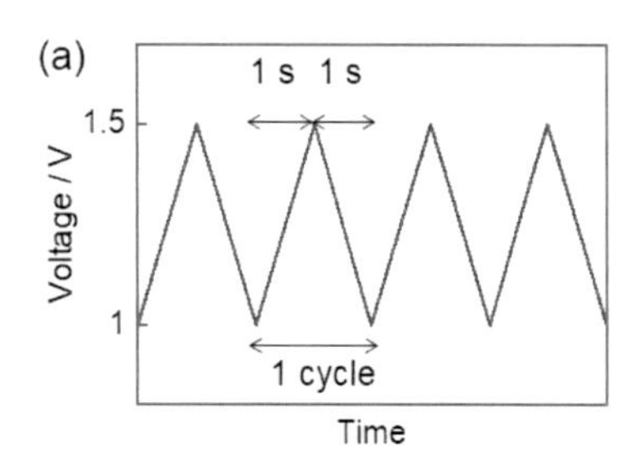

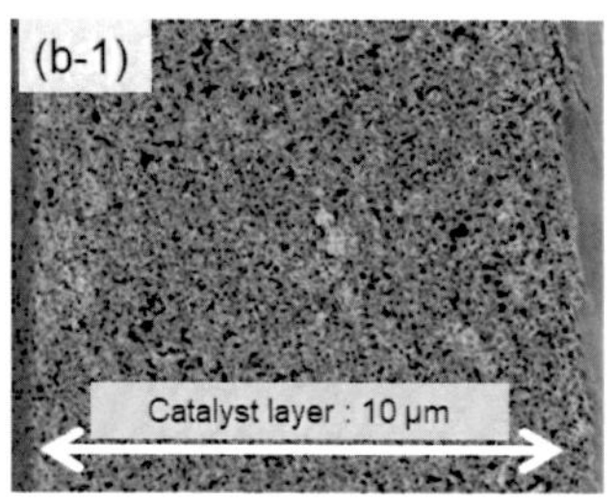

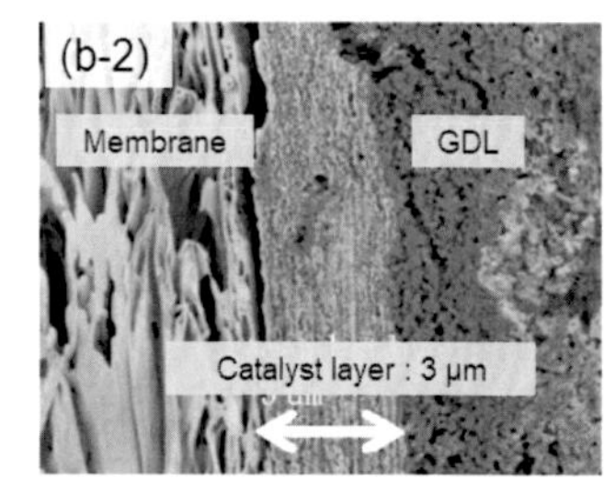

図 8 起動停止を模擬したカーボン担体の劣化加速試験(起動停止試験)の(a)電位サイクル条件、
起動停止試験前(b-1)、後(b-2)の MEA 断面 SEM 像.

Adapted with permission (b) from ref [22]. Copyright 2012, The Electrochemical Society.

Pt 触媒劣化(負荷応答試験)に対する耐久性を向上させる手法の一つとして、Pt 触媒表面のシリカ被覆が報告されている[25,26]。シリカ被覆していない系では電位サイクルに伴い ECSA が減少するのに対して、シリカ被覆により ECSA の減少が抑制されることが示されている[25,26]。また、シリカ源を変えてシリカ層の細孔径および疎水性を制御して、シリカ層中の物質移動特性も含めた見かけの触媒活性と、耐久性の両立を図る検討も行われている[26]。

また、高活性化と高耐久化の両立へ向けて、規則構造を有する合金の研究も行われている。図 9 に示すように、ランダムに原子が配列する不規則構造に対して、規則構造では異種原子がそれぞれ規則性をもって配列しており、原子の組み合わせによっては(異種・同種原子間の相互作用エネルギーに応じて)熱力学的に規則構造の方が安定化する。

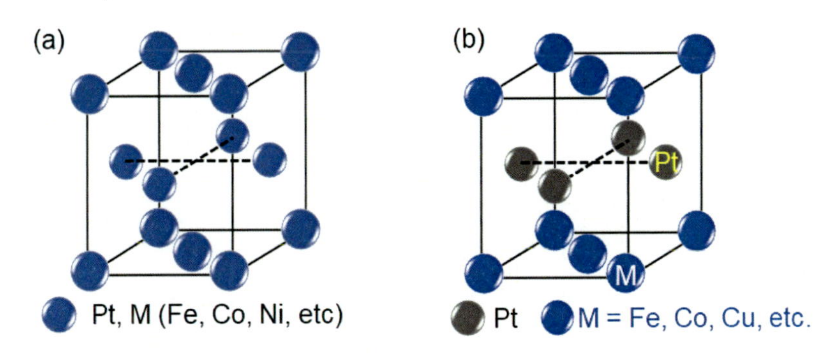

図 9 (a)不規則合金と(b)規則合金($L1_0$ 型規則構造)の模式図

規則合金は不規則合金より熱力学的に安定ではあるが、必ずしも湿式の腐食耐性(溶液中での金属の耐溶解性)が向上するわけではない[27]。ただし、PEFC の酸素還元触媒として、規則合金が不規則合金より負荷応答試験に対して高い耐久性を示すことが多くの系で報告されている[28-31]。また、規則合金に対しての計算ではないが、合金系の酸溶液中の溶解挙動について、密度汎関数法を用いたエネルギー計算の結果、Fe バルク表面に存在する Pt 層は Pt 単体よりも溶解耐性が高い(溶解電位が高電位側へシフトする)ことや、Pt_3M 合金の表面に Pt スキン層が形成されている構造では、Pt 単体より耐溶解性が高いことなどが報告されている[32]。卑金属は Pt との合金形成により耐溶解性が向上すること[28,32]とあわせて考えると、規則合金中の Pt は酸環境において耐溶解性が向上している可能性があり、今後さらなる検討が必要である。

起動停止を模擬したカーボン担体の劣化(起動停止試験)に対する耐久性向上へ向けた研究としては、グラファイト化度の高いカーボン材料の利用[33-36]や、カーボンの代替となる導電性担体の利用[37,38]などが挙げられ、市販 Pt/C 触媒よりも高い耐久性が報告されている。

抜本的にカーボン腐食の問題を解決する手法は、担体フリーでもナノ粒子の高表面積を維持でき、電極内の導電性を付与する触媒材料を開発することである。4 項で示したカーボンフリーの PtFe ナノ粒子連結触媒(図 6)は、特異な金属ナノ粒子連結構造により、これらの要件が満たされている。PtFe ナノ粒子連結触媒をカソードに用いて作製した MEA に対して、起動停止試験を行った結果を図 10 に示す。起動停止試験により、市販触媒の ECSA が大幅に減少するのに対して、PtFe ナノ粒子連結触媒では

ECSAが1万サイクルまでほとんど変化せず(図10a)、起動試験前後でほぼ同等の発電性能が得られた[19]。このように、カーボンフリーな触媒材料はカーボン腐食を加速する起動停止試験に対して極めて高い耐久性を示す。PtFeナノ粒子連結触媒は、4項で示したように表面活性も十分に高く、最近の検討の結果より合金の規則度を向上させることで、Pt 触媒の加速劣化試験である負荷応答試験に対しても高耐久性を示すことが明らかになりつつあり、高活性と高耐久性を両立した触媒材料といえる。

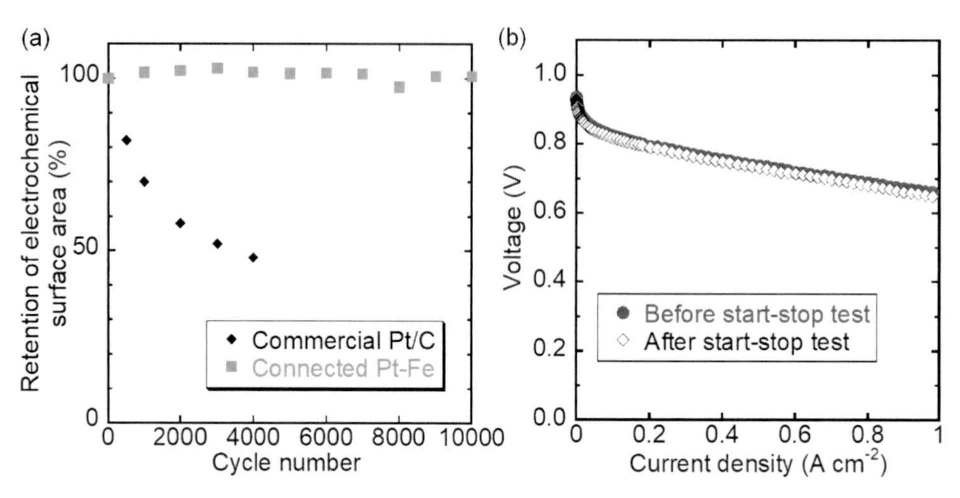

図10 PtFeナノ粒子連結触媒の起動停止試験に対する耐久性 (a)ECSAの変化と(b)試験前後の発電性能. Adapted with permission from ref [19]. Copyright 2015, Royal Society of Chemistry.

6. おわりに

PEFCの研究開発は社会実証から普及初期の段階へと移行しているが、本格的な普及へ向けて依然として解決すべき課題がある。本節ではPEFCの発電性能と電極材料・電極構造の関係、および現状のPEFCの課題解決へ向けた電極材料の研究動向を紹介した。4項、5項で示したように高活性と高耐久性を両立する電極材料が報告されつつあるが、高活性化・高耐久性化の要因については未解明な点も多い。今後、計測・計算技術も活用した機構解明により、さらなる高性能化へ向けた材料設計指針の獲得が望まれる。

本節では発電性能への影響が大きいカソードを対象にしたため、水素酸化反応を行うアノードについて言及していないが、触媒以外の基本的な電極材料や電極構造はカソードと同じである。触媒については、天然ガス改質由来の水素を燃料に用いる場合に、残存する一酸化炭素(CO)がPt表面を被毒することから、一般にCO被毒耐性の高いPtRu触媒が用いられている。

また、本節ではスペースの関係で詳述できなかったが、補機を含めたシステムレベルでの簡略化を考えるとPEFCの高温・広湿度条件下での作動へ向けた電解質材料の開発も重要な研究対象といえる。

参考文献

[1] G. Inoue and M. Kawase, *J. Power Sources*, **327**, 1-10 (2016).

[2] M. Uchida, Y. Fukuoka, Y. Sugawara, H. Ohara and A. Ohta, *J. Electrochem. Soc.*, **145**, 3708-3713

(1998).
[3] H. Mizuhata, S. Nakao, T. Yamaguchi, *J. Power Sources*, **138**, 25-30 (2004).
[4] T. Nakajima, T. Tamaki, H. Ohashi and T. Yamaguchi, *J. Electrochem. Soc.*, **160**, F129-F134 (2013).
[5] G. Inoue, K. Yokoyama, J. Ooyama, T. Terao, T. Tokunaga, N. Kubo and M. Kawase, *J. Power Sources*, **327**, 610-621 (2016).
[6] T. Nakajima, T. Tamaki, H. Ohashi and T. Yamaguchi, *J. Phys. Chem. C*, **116**, 1422-1428 (2012).
[7] M.K. Debe, *Nature*, **486**, 43-51 (2012).
[8] A. Damjanovic and V. Brusic, *Electrochim. Acta*, **12**, 615-628 (1967).
[9] J.X. Wang, N.M. Markovic and R.R. Adzic, *J. Phys. Chem. B*, **108**, 4127-4133 (2004).
[10] N. Limjeerajarus, T. Yanagimoto, T. Yamamoto, T. Ito and T. Yamaguchi, *J. Power Sources*, **185**, 217-221 (2008).
[11] N. Limjeerajarus, T. Yanagimoto, H. Ohashi, T. Ito and T. Yamaguchi, *J. Chem. Eng. Jpn.*, **42**, 771-781 (2009).
[12] H. Ishikawa, T. Tamaki, T. Ito, H. Ohashi and T. Yamaguchi, *J. Chem. Eng. Jpn.*, **43**, 623-626 (2010).
[13] V.R. Stamenkovic, B.S. Mun, M. Arenz, K.J.J. Mayrhofer, C.A. Lucas, G.F. Wang, P.N. Ross and N.M. Markovic, *Nat. Mater.*, **6**, 241-247 (2007).
[14] S. Mukerjee, S. Srinivasan, M.P. Soriaga and J. McBreen, *J. Electrochem. Soc.*, **142**, 1409-1422 (1995).
[15] J. Greeley, I.E.L. Stephens, A.S. Bondarenko, T.P. Johansson, H.A. Hansen, T.F. Jaramillo, J. Rossmeisl, I. Chorkendorff and J.K. Norskov, *Nat. Chem.*, **1**, 552-556 (2009).
[16] H.A. Gasteiger, S.S. Kocha, B. Sompalli and F.T. Wagner, *Appl. Catal. B-Environ.*, **56**, 9-35 (2005).
[17] M. Nesselberger, M. Roefzaad, R.F. Hamou, P.U. Biedermann, F.F. Schweinberger, S. Kunz, K. Schloegl, G.K.H. Wiberg, S. Ashton, U. Heiz, K.J.J. Mayrhofer and M. Arenz, *Nat. Mater.*, **12**, 919-924 (2013).
[18] D.F. van der Vliet, C. Wang, D. Tripkovic, D. Strmcnik, X.F. Zhang, M.K. Debe, R.T. Atanasoski, N.M. Markovic and V.R. Stamenkovic, *Nat. Mater.*, **11**, 1051-1058 (2012).
[19] T. Tamaki, H. Kuroki, S. Ogura, T. Fuchigami, Y. Kitamoto and T. Yamaguchi, *Energy Environ. Sci.*, **8**, 3545-3549 (2015).
[20] 新エネルギー・産業技術総合開発機構(NEDO) セル評価解析プロトコル (2012). http://www.nedo.go.jp/content/100537904.pdf (Accessed 31 August 2018)
[21] A. Ohma, K. Shinohara, A. Iiyama, T. Yoshida and A. Daimaru, *ECS Trans.*, **41**, 775-784 (2011).
[22] Y. Hashimasa, T. Shimizu, Y. Matsuda, D. Imamura and M. Akai, *ECS Trans.*, **50**, 723-732 (2012).
[23] C.A. Reiser, L. Bregoli, T.W. Patterson, J.S. Yi, J.D.L. Yang, M.L. Perry and T.D. Jarvi, *Electrochem. Solid State Lett.*, **8**, A273-A276 (2005).
[24] S. Ghosh, H. Ohashi, H. Tabata and T. Yamaguchi, *J. Power Sources*, **362**, 291-298 (2017).
[25] S. Takenaka, H. Matsumori, H. Matsune, E. Tanabe and M. Kishida, *J. Electrochem. Soc.*, **155**, B929-B936 (2008).

[26] S. Takenaka, H. Miyamoto, Y. Utsunomiya, H. Matsune and M. Kishida, J. Phys. Chem. C, 118, 774-783 (2014).

[27] 日本材料学会編「先端材料シリーズ 金属間化合物と材料」裳華房 (1995).

[28] E. Antolini, *Appl. Catal. B-Environ.*, **217**, 201-213 (2017).

[29] B. Arumugam, B.A. Kakade, T. Tamaki, M. Arao, H. Imai and T. Yamaguchi, *RSC Adv.*, **4**, 27510-27517 (2014).

[30] B. Arumugam, T. Tamaki and T. Yamaguchi, *ACS Appl. Mater. Interfaces*, **7**, 16311-16321 (2015).

[31] H. Kuroki, T. Tamaki, M. Matsumoto, M. Arao, K. Kubobuchi, H. Imai and T. Yamaguchi, *Ind. Eng. Chem. Res.*, **55**, 11458-11466 (2016).

[32] J. Greeley and J.K. Norskov, *Electrochim. Acta*, **52**, 5829-5836 (2007).

[33] M. Hara, M. Lee, C.H. Liu, B.H. Chen, Y. Yamashita, M. Uchida, H. Uchida and M. Watanabe, *Electrochim. Acta*, **70**, 171-181 (2012).

[34] X.J. Zhao, A. Hayashi, Z. Noda, K. Kimijima, I. Yagi and K. Sasaki, *Electrochim. Acta*, **97**, 33-41 (2013).

[35] O.V. Cherstiouk, A.N. Simonov, N.S. Moseva, S.V. Cherepanova, P.A. Simonov, V.I. Zaikovskii and E.R. Savinova, *Electrochim. Acta*, **55**, 8453-8460 (2010).

[36] T. Tamaki, H.L. Wang, N. Oka, I. Honma, S.H. Yoon and T. Yamaguchi, *Int. J. Hydrog. Energy*, **43**, 6406-6412 (2018).

[37] T. Ioroi, H. Senoh, S.I. Yamazaki, Z. Siroma, N. Fujiwara and K. Yasuda, *J. Electrochem. Soc.*, **155**, B321-B326 (2008).

[38] Y. Senoo, K. Taniguchi, K. Kakinuma, M. Uchida, H. Uchida, S. Deki and M. Watanabe, *Electrochem. Commun.*, **51**, 37-40 (2015).

I－２　直接メタノール形燃料電池（DMFC）

中川紳好
（群馬大学）

1. はじめに

我が国では 2014 年に、世界に先駆けて水素燃料電池自動車（FCV）MIRAI（トヨタ自動車）が市販されている。政府は水素を将来の二次エネルギーの中心とみなし、水素社会の実現に向けたロードマップが掲げられ[1]ている。FCV の普及はその一つの柱として目標値が設定され、実現に向けた取組が進められている。

FCV の普及には、同時に水素ステーションの普及が必須であるが、水素ステーションの整備費用が高いことがその普及が容易に進まない要因となっている[2]。FCV は 650 km の航続距離を確保するため、700 気圧の高圧水素を貯蔵するタンクを積んでいる。水素ステーションでは対応する高圧水素（820 気圧）をつくるため水素製造装置の他に圧縮機、蓄圧器、プレクール設備などの設備が必要となり、設備費用がかかる。これらの費用は水素の販売価格に反映され、普及の妨げになるので、設備費削減の検討[3]がなされている。そもそも、350 気圧以上への加圧では、プレクール操作の投入エネルギーを含めると、FCV は CO_2 削減に寄与しないという話もある[4]。燃料の貯蔵容器を構成要素とする移動体用やポータブル・携帯用などの燃料電池システムでは、燃料のエネルギー密度がシステムの発電容量に直に影響する。水素は最も軽い気体であり、常温常圧下での体積エネルギー密度は他の燃料に比べ著しく小さい（3 Wh/L）。このことが原因している課題である。

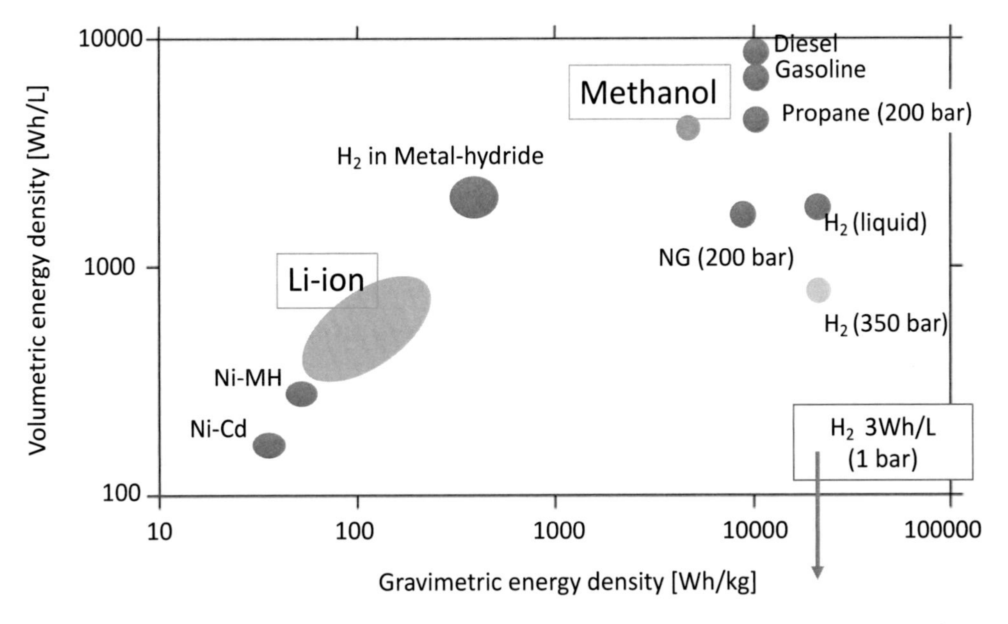

図１　種々の燃料および二次電池の重量エネルギー密度と体積エネルギー密度
（参考文献 5 の Fig. 1.6 を参考に改訂）

液体は気体に比べ体積密度が桁違いに大きいので、液体燃料を用いる燃料電池の体積エネルギー密度は気体燃料に比べて非常に大きくなる。この点が液体燃料を用いる燃料電池の大きな特長になる。さらに、液体燃料を改質することなく、電極反応の反応物質として直接利用する直接液体燃料電池は、改質反応器が不要なことでもシステム体積や重量を軽減できる。図１は種々の燃料および二次電池のエネルギー密度の比較である。液体燃料のなかでもメタノールは、最も反応性が高く、コスト的にも安価であるため、直接メタノール燃料電池（Direct Methanol Fuel Cell, DMFC）は実用に近いものとして期待され、開発が進められてきた。水素燃料に比べ、後述する問題のために出力密度は大分小さくなるが、メタノール燃料の高いエネルギー密度、小型システムが構築しやすいという点そして液体燃料の取扱いの容易さのため、それほどの大出力を求めないポータブル用途や携帯電話やノートＰＣの電源としての展開が期待され、開発が盛んに行われてきた[5)]。しかしながら、競合するリチウムイオン二次電池の性能向上もあって確たる優位性を示すことができず、未だ普及までには至っていない。

本稿では、固体高分子膜を電解質膜に用いる直接メタノール燃料電池について、燃料電池構造や使用される材料、システム構成例などを示し、技術的な課題点とそれを克服するための検討例を紹介したい。

2. DMFC の原理と構造

2.1　膜電極接合体

固体高分子膜を電解質膜に用いる DMFC の基本構造は固体高分子形水素燃料電池（PEMFC）と同じである。用いられる材料もほぼ共通している。使用する触媒やその添加量に違いがある程度といって良い。膜電極接合体（Membrane Electrode Assembly, MEA）と DMFC の発電原理の概要を図２に示す。MEA は厚さ数十～百ミクロン程度の高分子電解質膜の両面を触媒層とガス拡散

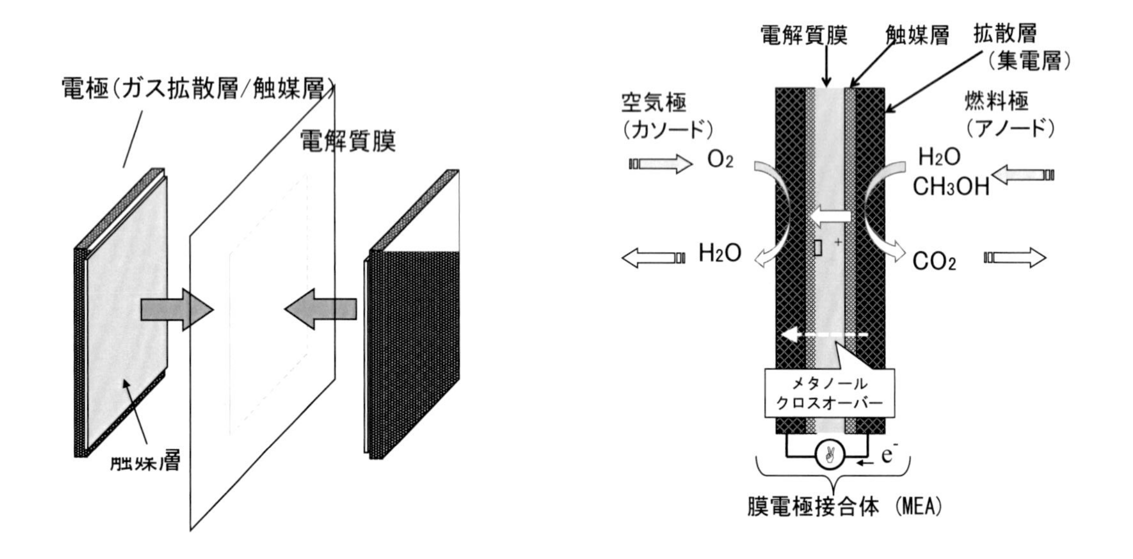

図２　固体高分子電解質膜（プロトン形）を用いる膜電極接合体（左図）と DMFC の発電原理の概要（右図）

層とから成る電極層で挟んだ、総厚さ100〜200ミクロン程度のシートである。触媒層は触媒微粒子にイオノマー（イオン導電性ポリマー）を混合･分散させた触媒インクを塗布し、乾燥させて形成した薄い多孔質層であり、その外側に触媒層の支持層としてカーボンペーパーなどの導電性の多孔質層がある。イオノマーはバインダーとしての役割の他に、触媒の反応活性点と電解質膜を繋ぐイオン導電経路の役割をも担い、触媒層での触媒利用率に関わる重要な部材である。カーボンペーパーなどの支持層は、ガス拡散層とも呼ばれる。

2.2　電極反応

Nafion などのプロトン交換膜を電解質に用いるカチオン形の場合、燃料極および空気極で起こる電極反応はそれぞれ次のようになる。

燃料極：　$CH_3OH + H_2O \rightarrow CO_2 + 6\,H^+ + 6\,e^-$　(1)

空気極：　$3/2\,O_2 + 6\,H^+ + 6\,e^- \rightarrow 3\,H_2O$　(2)

全体　：　$CH_3OH + 3/2\,O_2 \rightarrow CO_2 + 2\,H_2O$　(3)

燃料極の触媒としては、一般にPtRu合金微粒子をカーボンブラックに担持したPtRu/CやPtRuブラックが、また空気極の触媒としては一般にPt/CやPtブラックなどが用いられている。陽イオン交換膜を使うシステムでは電解質の酸性が強く、溶出の起きない貴金属系触媒が必要である。

これに対し、アニオン交換膜を電解質に用いるアルカリ形の場合では、

燃料極：　$CH_3OH + 6\,OH^- \rightarrow CO_2 + 5\,H_2O + 6\,e^-$　(4)

空気極：　$3/2\,O_2 + 3\,H_2O + 6\,e^- \rightarrow 6\,OH^-$　(5)

全体　：　$CH_3OH + 3/2\,O_2 \rightarrow CO_2 + 2\,H_2O$　(6)

となる。この場合、電極触媒にNi等の非貴金属やその酸化物も触媒としてできるようになり、またカチオン形に比べて電極反応速度が促進される[6)]。しかし、アニオン交換膜が CO_2 を吸収し、OH^-が HCO_3^-に交換して膜のイオン導電性が大きく低下する問題があり[7)]、現在はプロトン導電性電解質膜を利用するカチオン形が一般的である。

2.3　熱力学特性とセル出力

(3)式のメタノールの酸化反応から得られる電力の理論効率 ε_{th} は、反応のエンタルピー変化量 ΔH^o に対するギブス自由エネルギー変化量 ΔG^o の比率で求められる。

$$\varepsilon_{th} = \Delta G^o / \Delta H^o \qquad (7)$$

その値は0.97と計算される。

一方、実際の燃料電池での電力へのエネルギー変換効率 ε は理論効率に電圧効率 ε_V と電流効率 ε_fを掛け合わせた値となる。

$$\varepsilon = \varepsilon_{th} \cdot \varepsilon_V \cdot \varepsilon_f \qquad (8)$$

ここで、

$$\varepsilon_V = V / V_{th} \qquad (9)$$

$$\varepsilon_f = I / I_{total} \qquad (10)$$

であり、V_{th}は理論電圧（$= -\Delta G^o / nF,\ n = 6$）で、25 °C、1 atmでは1.18 Vと計算される。

電池電圧Vは燃料極および空気極のそれぞれで生じる電極過電圧(η_aおよびη_c)とセルのオーム抵抗による抵抗過電圧 η_{IR} による損失によって定まる。

$$V = V_{th} - (\eta_a + \eta_c + \eta_{IR}) \qquad (11)$$

I_{total} はメタノール消費量から計算される総電流で、電極で流れる電流 I に、以下で示すメタノールクロスオーバーの損失分 I_{loss} を加えたものとなる。

$$I_{total} = I + I_{loss} \qquad (12)$$

また、燃料電池の出力 P は次式で計算される。

$$P = I \cdot V \qquad (13)$$

3. メタノールクロスオーバー（MCO）とフラッディング

DMFC では次に示すメタノールクロスオーバー(MCO)が、電流効率、電圧効率をそれぞれ引き下げており、克服すべき第一の課題となっている。

図２の中の電解質膜はプロトン（水素イオン、H^+）の選択的透過膜であるが、実際には水やメタノールも透過してしまう。Nafion 膜などのパーフルオロスルフォン酸膜では、高分子側鎖の親水基の集合体が作る数ナノメートル程度のミクロなチャネル[8)] を通して 1)拡散、2)電気浸透、3)対流の各機構によってメタノールが透過する。燃料極に供給したメタノールが電極反応を経ずに、電解質膜を通して空気極に移動する現象はメタノールクロスオーバー（MCO）と呼ばれる。クロスオーバーしたメタノールが空気極で酸素と反応することで電流損失（I_{loss}）となり電流効率の低下をもたらす。また、燃料極で混成電位を発生し、電池電圧の低下をもたらす。電圧の損失は大きく、理論起電力の 1.18 V に対し、実際の起電力は 0.7 V 程度と、開回路時で 3 割以上の大きな電圧損失をもたらしている。MCO の主因であるイオンクラスターチャネルは、膜のプロトン導電機構も担っており、容易に解決できる問題ではない。MCO を低減する新規膜の研究開発は盛んに行われてきており[9)]、スルフォン化ポリエーテルエーテルケトン (S-PEEK) 膜などが注目されている[10)]。しかし、プロトン導電性を高く維持し、MCO を大幅に低減しつつ、安定性を備えた実用的なところまでは至っていないようで、未だに Nafion 膜などのパーフルオロスルフォン酸膜が主に用いられている。MCO を引き起こさない新規電解質膜の開発は DMFC の実用化の鍵を握る。

MCO が起きるため、電極に供給するメタノール濃度の増大と共に DMFC の起電力は低下し、電流も取れなくなる (図３)。一般に 1~2 M（mol/L）程度、つまり 3~6 wt%程度の低濃度メタノール水溶液で最大出力が得られる。図１に示したメタノ

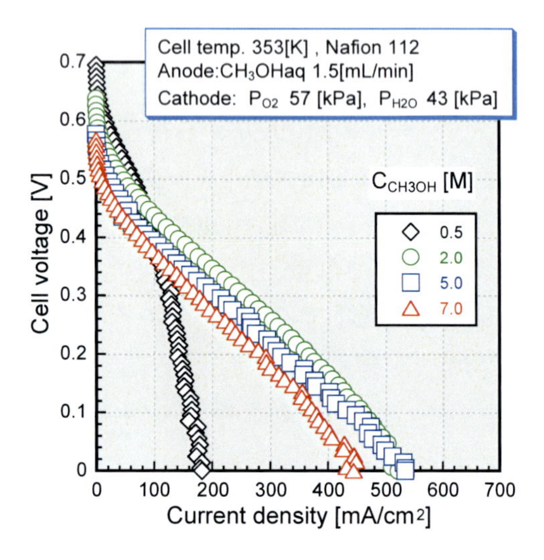

図３ DMFC の電流-電圧曲線に対するメタノール濃度の影響

ールのエネルギー密度は 100%濃度に対しての値であるので、5 wt%程度となればそのエネルギー密度は 20 分の 1 に低下し、エネルギー密度の高さは DMFC の売りにならなくなる。これに対しては、後述するように空気極で生成する水を分離回収して、高濃度メタノールを希釈する装置を組み入れるシステム的な対応や高濃度メタノールを利用しながらも低濃度供給と同様な状況を実現する燃料供給層による対応がなされている。

空気極では電極反応に伴い水が生成する。その水が多孔質電極層内で凝縮し、酸素の供給を阻害する現象をフラッディングと呼ぶ。DMFC の空気極では、電極反応に加えて MCO による水の生成も起きるため、フラッディングが起きやすく、これに対する対策も求められる。フラッディングを防ぐため、化学量論比の 10 倍以上の多量の空気を供給することが多い。

4．DMFC システム

4.1 DMFC とマイクロ燃料電池

DMFC は高温（130 °C 程度）、加圧（2~5 気圧程度）の条件下で、300 mW/cm^2 を超える実用的な出力密度を出せることが 1996 年頃に示されている[11]。このような背景のもと、一時は DMFC の自動車搭載が検討されていた[12]。しかし、触媒としての白金使用量が 10 mg/cm^2 程度と多くコスト的に合わないこと、システムが複雑なことなどから、適していないと判断されたようである。一方、改質器を必要とせず小型化が可能なこと、液体メタノールの高いエネルギー密度や取扱いの容易さという観点から、長時間駆動が望まれるノートＰＣや携帯電話の電源やその充電器など、それほど大きな出力密度を必要としない携帯機器用電源、ポータブル電源として着目されてきた[12]。「ウエアラブルもしくは簡単に持ち運べる 60 Ｖ以下、240 W 以下のＤＣ電源」の燃料電池はマイクロ燃料電池と定義されており[13]、マイクロ燃料電池、ポータブル燃料電池は

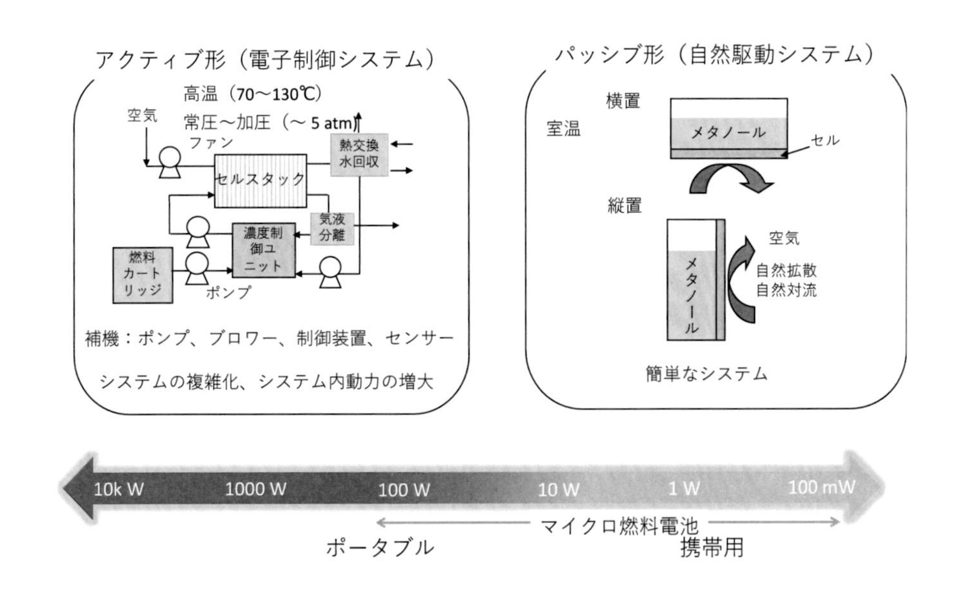

図４　アクティブ DMFC とパッシブ DMFC の比較

DMFC の代名詞になっている。

4.2 アクティブ形とパッシブ形

DMFC の基本的なシステム構成要素は、膜電極接合体から成る単セルの集合体のセルスタック、空気及び燃料の供給装置および燃料槽である。一般に、空気やメタノールの供給にはファンやブロワー、ポンプなどの補機を利用するが、5 W に満たないような出力が小さいシステムについては自然対流や拡散、液浸透といった自然駆動の機構を利用することができる。前者のシステムはアクティブ形、後者はパッシブ形と呼ばれる。

アクティブ形は補機によって流量を稼げるので、比較的大きな出力が得られるシステムであるが、システム容積の小型化には限界がある。流量制御の他にも、各種センサーを組み込んでの濃度制御や温度制御など、電子制御の機構が組み込まれる。

図５にプリンタの電源として設計された、定格出力 20 W アクティブ型 DMFC のシステムフロー[14]の例を示す。送液ポンプ、空気供給のためのブロワーを制御回路で電子的に制御して運転する仕組みになっている。ここでは、メタノール濃度 54%の水溶液を使用燃料としてタンクに供給する。空気極から排出される水を分離回収し、回収した水を用いて循環タンクで希釈して、低濃度メタノールを燃料電池に送るようになっている。また、放熱のためのラジエターが付けられている。

DMFC の現状の発電効率は 30%程度であり、消費される燃料のエネルギーの 70%が熱として放出される。排熱の利用がない場合、放熱の問題が伴う。

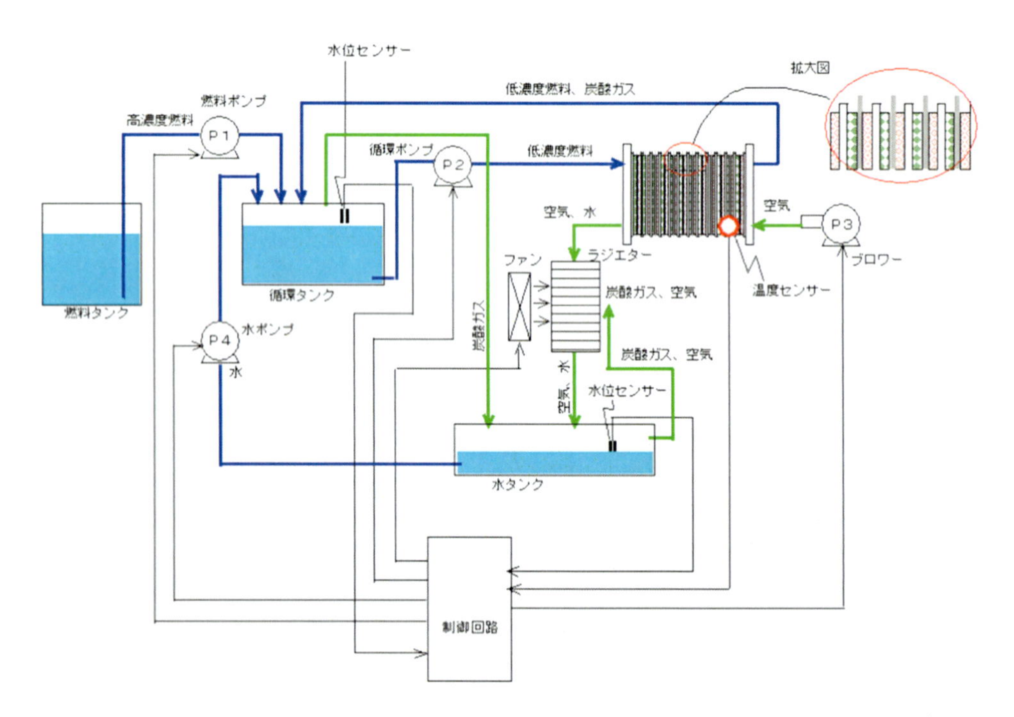

図５　アクティブ DMFC（プリンタ電源用、20 W 定格）のシステムフロー図の例[14]

パッシブ形は、補機を使わないことから非常にシンプルなシステムとなり、小型化に有利なシステムである。一般にこのシステムではMCOやフラッディングへの対応は、次項で示すような電池の内部機構や材料特性で対応することが必要となる。

出力増大と出力安定性の観点から、実用的には完全なパッシブ形ではなく、一部に補機を用いるセミパッシブのシステムとなることが多い。また、安全のための燃料ストップバルブや電圧昇圧のための DC/DC コンバータなどを組み入れることが必要となる[15]。回路の制御に電力が必要なことから、多くの場合、蓄電を担うリチウムイオン電池等とのハイブリッドシステムになる。

5. 高濃度メタノール利用のための燃料供給層

パッシブ形 DMFC で高濃度メタノールを利用する技術として、我々が提案している燃料供給層を紹介したい。濃度 100%の高濃度メタノールの利用をパッシブ形で実現する方法である。それは図 6 に示すように、薄い多孔質板を燃料極の外側に 1mm 程度の隙間を空けて配置するというシンプルな構造である[16]。燃料極で生成した二酸化炭素ガスが隙間を埋め、ガス層となって液体高濃度メタノールの MEA への接触を防ぐ。メタノールはガス層を蒸気として拡散し、燃料極に供給される。いわば自然駆動でメタノールの蒸気供給を実現する仕組みである。多孔質板とガス層とから成る燃料供給層では、主に層の厚さや空隙率、細孔径などの構造パラメータでメタノールの透過フラックスが決まる。燃料極電極反応を限界電流に近づけ、メタノール供給律速に近づけることで、燃料極側の電解質膜表面のメタノール濃度を下げ、これによって MCO を抑えるという原理になる。

図 7 は、厚さ 2 mm の多孔質炭素板(PCP)を用いた燃料供給層を備えたパッシブ DMFC における MCO の測定例[17]を示している。PCP の燃料供給層によって MCO が 1/10 に減少している。

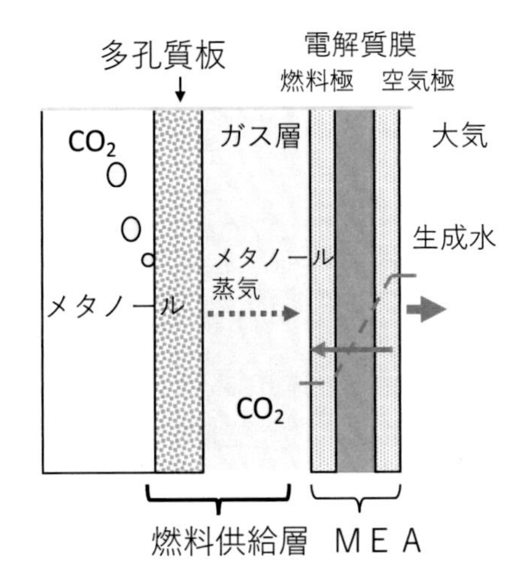

図 6 多孔質板を用いた燃料供給層とそこでの物質移動の概要

同図には電解質膜を通しての水のフラックスをも示しているが、PCP を備えた方では水は空気極から燃料極に逆拡散していることが分かる。

燃料極では (1) 式に示すように、反応物質としてメタノールと水が量論比 1:1 で必要となる。高濃度メタノールを利用する場合、燃料極への水の供給は、空気極で生成した水が電解質膜を通して拡散移動することで満たされる。燃料供給層を具備する DMFC では複雑な希釈システムを使わずに 100%高濃度メタノールを利用できるという点と、空気極から水が燃料極に拡散し、反応に使われるので、空気極でのフラッディングは起きにくくなるという二つの大きなアドバンテージを持つ。

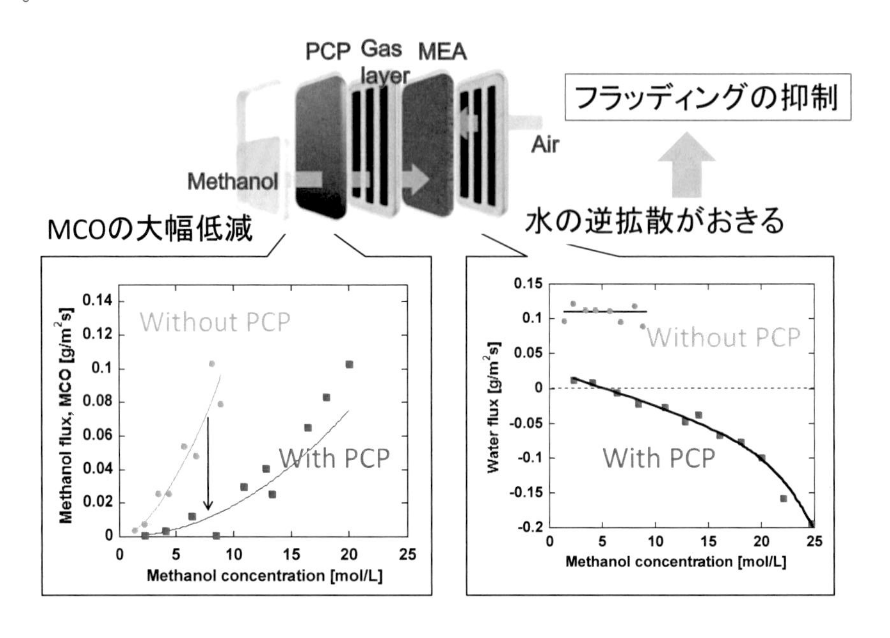

図７　多孔質炭素板(PCP)を用いた燃料供給層を具備したパッシブ DMFC におけるメタノール及び水の移動状況

図８は、図６の燃料供給層を組み入れた単セル８個の連結スタックから成る、100%濃度のメタノールの利用を特徴とした２W出力のパッシブ形 DMFC のプロトタイプである。100%濃度のメタノールを利用していることから、燃料の容量ベースで計算したエネルギー密度は約 800 Wh/L（システム容量ベースで 300 Wh/L）と比較的高い値が実証された[18]。

より大きな出力と安定した動作特性を得ることを目的に、空気供給に補機を用いたセミパッシブ形の単セルやスタックも構築されている[19]（図９）。これらでは燃料の高濃度メタノール液の供給速度は小さく、補機を用いずとも供給可能である。通常の DMFC ではフラッディングを防止するため、空気供給量を量論比の 30 倍もの大流量を供給することが多いのに対し、燃料供給層を備える DMFC では量論比の３倍程度（通常使われる空気流量の 1/10 程度）の流量で運転できる利点が生まれる。低濃度のメタノール水溶液を利用する DMFC と比較して、同程度の出力と効率とを達成しつつ、空気および燃料の供給のための補機動力を大きく低減できるシステム構築が可能であることが実験的に確認されている[19]。

Cooperative development with Chemix Corp. Ltd.

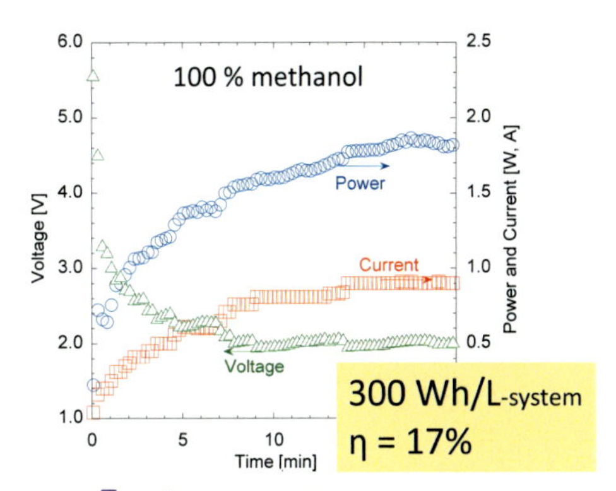

Dimensions

Number of cell : 8
Active area : 66 cm²
(8.25 cm²/single cell)
Fuel reservoir : 160 mL
Total volume : 430 mL

Features

- 100 % methanol use
- Single fuel reservoir for 8 cells
- Complete passive type
- 2 W power output

図８　高濃度メタノールを利用するパッシブ DMFC スタック（プロトタイプ）

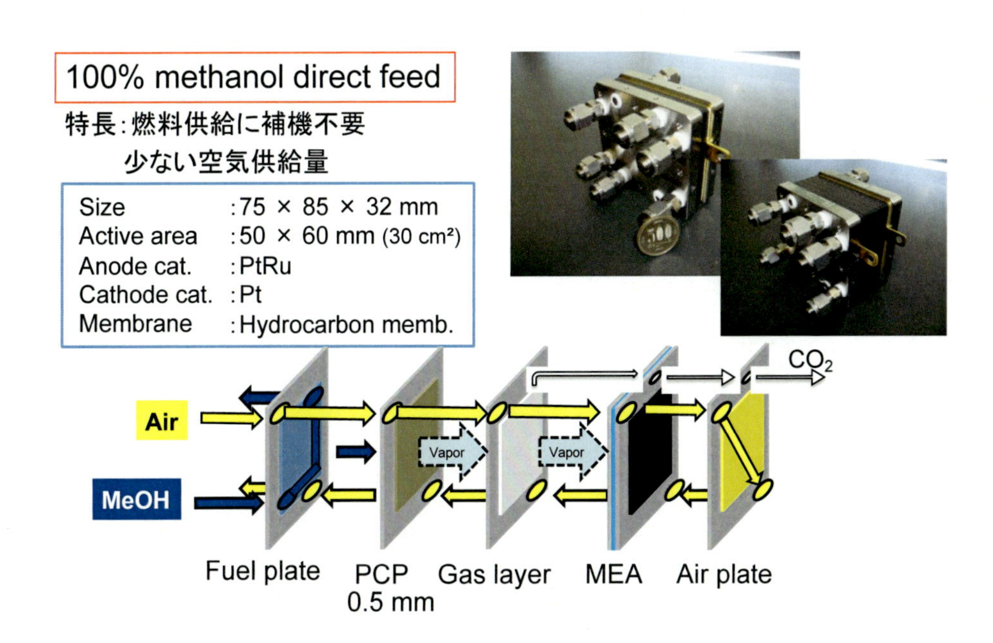

図９　高濃度メタノールを利用するセミパッシブ形 DMFC 単セルおよびスタック

6. 高出力化のための電極触媒の検討

DMFC の課題として MCO の次にあげられるのが電極反応の遅さである。特に燃料極でのメタノールの電極酸化反応の交換電流密度は現状の PtRu 触媒の場合でも水素の反応に比べて、10^{-5} ～10^{-6} も小さく[5] 大きな過電圧をもたらしている。

表 1　Pt or PtRu 使用量とポータブル燃料電池出力密度

	燃料	燃料極 [mg cm^{-2}]	空気極 [mg cm^{-2}]	出力密度* [mW cm^{-2}]
PEFC	H_2	~ 0.1	0.3 ~ 0.5	200 ~ 300
DMFC	CH_3OH	2 ~ 5	1 ~ 3	30 ~ 100

*@ 1 atm, air

表 1 は著者が纏めた水素燃料電池と DMFC の出力密度と触媒として使用される貴金属量の概要である。DMFC では一般に、燃料極には数ナノメートルサイズの PtRu 合金微粒子をカーボンブラックに担持した PtRu/C が、空気極には Pt/C が広く用いられている。パッシブ形 DMFC では貴金属使用量は多くなる傾向があり、担持されていない単身の PtRu ブラック触媒や Pt ブラックが用いられることもある。水素燃料電池に比べ、Pt 等の貴金属使用量は 10 倍以上使用しながら、得られる出力は数分の一といったところが現状である。このような低い出力密度は DMFC の実用を困難にしている要因である。現状の二～三倍の出力密度が達成できれば、実用的な出力密度で、高いエネルギー密度を利点として、様々な用途に適用できる可能性が出てくる。そこで、電極反応速度を上げ、出力密度を上げる目的で、新たな高活性電極触媒の調整の研究が盛んに行われている。

6.1 燃料極反応機構と触媒

Pt 触媒表面でのメタノールの酸化反応は、1) メタノールの吸着、2) 吸着メタノールからの脱水素、3) 吸着 CO の CO_2 への酸化の順で進行し、3) が律速段階になる。3) は Pt 上の吸着 OH との反応により進行する[20]。

Pt に対する CO の吸着力は強く、容易には酸化しない。Pt に第二元素として Ru を加えた PtRu 合金では、Ru に吸着した OH が白金上に吸着した CO の酸化を促進するという二元機能機構[21] や Ru の添加による電子的相互作用によって CO の吸着力が弱まるといったリガンド効果[22] によって、メタノール酸化活性が向上すると考えられている。更なる高活性を狙い Pt をベースにした三元系触媒も検討されており、有望なものとして PtRuMo, PtRuW, PtRuCo などが PtRu を凌ぐものとして報告されている[23]。また、金属触媒に対して MoO_3, WO_3, TiO_2 などの金属酸化物の添加が CO 被毒耐性を発揮するとした報告[24] が多くある。そこでは Pt と金属酸化物との相互作用が効いているという解釈がなされている。いずれにしろ、プロトン導電性電解質膜を用いる DMFC では、活性とその安定性の面から Pt の他に有効な触媒は見当たらない状況にある。貴金属である白金の使用はコスト面での課題をもたらすので、使用量を少なくすることが求められる。

6.2 担体効果の利用

Pt や PtRu などの貴金属触媒では反応場となる表面積を大きくするため、2~3 nm 程度の微粒子にし、比表面積を高くして利用される。また、その微粒子状態を安定に維持するためにカーボンブラックなどの担体に担持して利用されることが多い。

従来、一部の遷移金属酸化物の担体に Pt などの金属微粒子が担持されたとき、触媒活性が増大する場合があることが知られており、担体と Pt 微粒子との間の相互作用によって起きる効果とされている。Pt のこの様な担体効果を利用して、触媒活性を更に増大し、Pt 等の貴金属の使用量を減らす試みがある。

Pt/TiO_2 や Pt/CeO_2 の系では、電子的相互作用により Pt に吸着した CO などの吸着力が弱まること[25]、また H や CO の吸着物が Pt から担体へスピルオーバーすること[26]が指摘されている。更に TiO_2 や CeO_2 は Pt 表面への酸素種の供給源となり吸着物の酸化反応を促進すること[27]などが知られている。我々はこれらの相互作用を燃料電池触媒で積極的に利用することを検討している[28,29]。電極触媒としてこれらを利用するには TiO_2 や CeO_2 の導電性の低さがネックになる。電極反応に利用するには、反応活性点で生じる電子を集めることで電流になるからである。そこで、TiO_2 や CeO_2 の微粒子をカーボンナノファイバーに埋め込んだ、TiO_2 含有カーボンナノファイバー（TiO_2 embedded carbon nanofiber, TECNF）や CeO_2 含有カーボンナノファイバー（CeO_2 embedded carbon nanofiber, CECNF）を担体として用いた PtRu/TECNF[28]、PtRu/CECNF[29] を提案している。

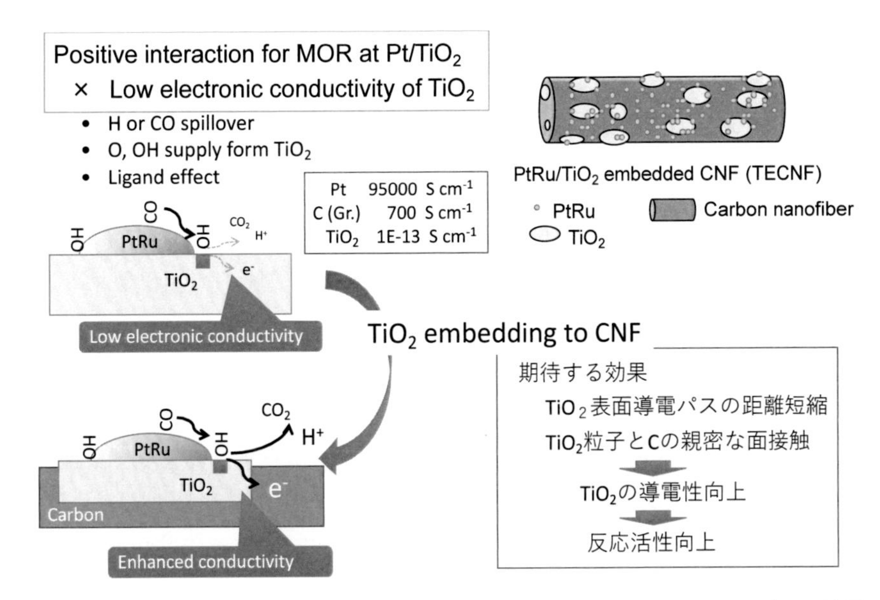

図１０ PtRu/TECNF の概要と想定される相互作用と TiO_2 粒子の包埋効果

図１０は TECNF の模式図を示している。ナノファイバー表面に露出した酸化物微粒子とその上に担持された PtRu 微粒子との間で相互作用が発現し、カーボンナノファイバーに埋め込まれ

ることで酸化物微粒子上の導電距離を短くなり、また微粒子とカーボンとの緊密な接触によって導電性が補われ、相互作用の発現が促進されると考えられる。

ポリアクリロニトリルを炭素の前駆体とし、TiO_2 ナノ粒子を混合して静電紡糸を施し、炭化することで、直径 300~500 nm 径の TECNF を調整し、化学還元法で PtRu を担持して PtRu/TECNF を調整した。メタノール水溶液中で行った PtRu/TECNF と PtRu/C のサイクリックボルタンメトリの比較を図１１に示した。TECNF, CECNF を担体にしたものでは、市販触媒よりも大幅に活性が増大し、PtRu/TECNF では燃料極の代表的な電位としての 0.7 V vs NHE で PtRu/C の３倍程度と高い質量活性（貴金属質量当たりのメタノール酸化反応の電流密度）が得られている。触媒活性の長期安定性についての評価が必要であるが、高活性な触媒として有望と考えている。

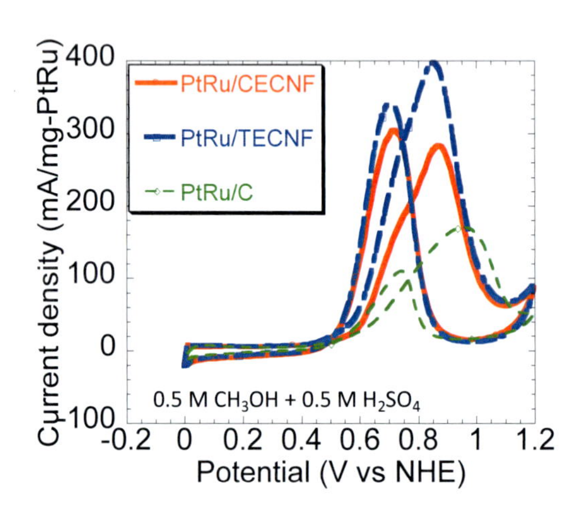

図１１ PtRu/TECNF および PtRu/CECNF 触媒のメタノール酸化反応活性

6.3 触媒層構造

電極触媒はカーボンペーパなどの多孔質電極と高分子電解質膜との間に数十ミクロン程度の厚さの触媒層として導入される。触媒層は触媒本体そしてイオノマー成分の混合からなる多孔質層で、電子伝導相（触媒および担体）、イオン伝導相（イオノマー）、物質移動相（空隙）の３相が接する三層界面にある触媒が有効に働く。三相それぞれで電子移動、イオン移動、物質をスムースに行う必要がある。触媒層の性能には触媒層構成部材の分散度や接触抵抗、空隙率などが関係する。触媒層はナノサイズの触媒粒子が利用されるので、ナノスケールでの分散･凝集性や構造を制御することが重要になる。しかし、それらの制御は一般に容易ではなく、十分な検討が行われていない領域である。

著者らは PtRu/TECNF を触媒層に導入して DMFC を構築し、市販の PtRu/C との比較を行った。直径数百ミクロン、長さ数ミクロンのナノファイバー状の PtRu/TECNF 触媒では、比較的空隙率が高く、厚い触媒層となった。PtRu/TECNF を用いた DMFC では 1 mg/cm^2 の Pt の使用量で、170 mW/cm^2 を超える高い出力を得ている[30]。過電圧解析の結果、高出力の主な要因は、物質移動特性に優れた空隙率の高い触媒層による物質移動抵抗の低減が大きい。PtRu の利用率が 70%程度と低いことから、利用率を上げることで更なる出力密度の増大が期待できる。

Wan らは、薄い(厚さ 27.5 μm)電解質膜(Nafion XL）を用い、通常の白金使用量と常圧の空気を使って 90 °C で 320 mW/cm^2 の水素燃料電池並みの高い出力密度が得られることを報告している[31]。DMFC としては他に例を見ない高い出力密度である。使用している触媒は PtRu（2.3 mg/cm^2）/C、Pt（1.5 mg/cm^2）/C と一般的であり、また他の運転条件も通常の範囲である。注目すべきは、一般的な PtRu/C 触媒を用いて、そのような大出力を出す触媒層が構築されている点である。

触媒材料の開発に関する研究は非常に多くあるが、触媒およびイオノマーを分散した触媒層の構造の最適化については十分な検討がなされていない。最適な触媒層構造の理解とそれを実現するための触媒層を含む MEA の作製法には、研究の余地が残されている。

7. DMFC 開発の状況

DMFC は携帯機器充電器やポータブル用途でいくつか商品化がなされてきた。出力のメガワットベースでの世界の出荷量は、2007 年度の 0.3 MWから 2011 年度の 1.3 MWまで年々増加していった[32]。2009 年には東芝が携帯機器充電器「Dynario」を 3000 台の限定販売ながら上市している。この頃までは携帯機器充電器などの携帯用、ノートＰＣ用等としての需用を見込んで多くの企業が開発に関わっていたが、コストや性能の面でリチウムイオン二次電池に対する優位性を発揮できず[15]、市場に受け入れられるまでに至らなかった。開発から撤退する企業が増え、その後の DMFC の出荷量は現在まで毎年 0.2～0.3 MW程度のままで伸びていない[32]。2017 年度の PEMFC（固体高分子形水素燃料電池）の世界の出荷量は 486.8 MW[32] なので、DMFC の出荷量の規模の小ささが分かる。

現在はドイツの SFC Energy 社が 500 W以下のポータブルシステムを販売している[33]。これらシステムは無電源エリアで使用する電子機器用の電源などとして利用されている。軍需用途としても出荷されているようである。近年国内では、数百W～数ｋWクラスの比較的大型の DMFC システムが、旅客機用補助電源[34]、非常用電源装置[35]、携帯電話基地局用電源[36] として検討・開発されている。これらの DMFC では、通常の白金使用量と常圧の空気を使って 130 mW/cm^2 を超える高い出力密度を達成している[31]。旅客機用途では排熱を給湯に利用するシステムとなっており、熱利用も含めたエネルギー変換効率は 80%以上と高い[37]。

現在 IoT や AI 技術の進展と共に、これらを利用した各種サービスロボットの開発が進められている。将来、人間の傍でいろんな手助けを行ってくれるロボットには、独立した電源がもとめられる。充電不要、液の継ぎ足しだけでの長時間駆動、静粛性、クリーン排ガス、高効率の DMFC の特長はこのようなロボットの電源にマッチする。DMFC の出力密度が向上すれば、このような用途が見えてくるに違いない。

8. おわりに

DMFC の原理と課題および現状の開発状況について、著者らの検討を含め、述べてきた。DMFC

はメタノールの高いエネルギー密度や小型システムが可能となる点など、魅力的であるが、依然としてMCOや遅い反応速度の課題が十分には解決されておらず出力密度の増大と、発電効率の向上が必要な状況にある。現状では液体燃料の取り扱いやすさ、長時間駆動などのアドバンテージが重視される非常用電源や補助電源など用途は限られているが、出力密度と効率向上が進めば、用途は様々に拡大することが予想される。MCOを大きく減らした新たな電解質膜の開発や高活性な電極触媒の開発が引き続き望まれると共に、それら材料を活かすための触媒層、電極層のミクロ構造に対する理解と適した層構造の調整法の検討も重要と考えられる。

参考文献

[1] 日本における燃料電池の開発, Fuel Cell RD & D in Japan 2016, FCDIC, pp. 2-6.

[2] 高田泰,「増えない水素ステーション、燃料電池車の普及、水素社会の実現に大きな壁」, https://enechange.jp/articles/hydrogen-station

[3] 山村敏行, 70 MPa 水素ステーション関連技術の開発状況, 材料と環境, 63, 483－490 (2014)

[4] 御堀直嗣,「日産、究極のエコカーFCVをやめるって…なぜ？」https://www.yomiuri.co.jp/fukayomi/ichiran/20180706-OYT8T50008.html

[5] C. Lamy, J.M. Leger, S. Srinivasan, Direct methanol fuel cells: From a twentieth century electrochemist's dream to a twenty-first century emerging technology, Modern aspects of electrochemistry No. 34, ed. by J. O'M. Bockris, B.E. Conway, and R.E. White, Kluwer Academic / Plenum Publishers. ISBN 0-306-46462-4

[6] Electrocatalysis of Direct Methanol Fuel Cells, Ed. by H. Liu and J. Zhang, Wiley-VCH Verlag GmbH & Co. KGaA. Weinheim, ISBN:978-3-527-32377-7

[7] 柳裕之, 福田憲二, アルカリ膜形燃料電池(AMFC)用電解質材料の開発と発電性能、水素エネルギーシステム, 35 (2010)9-14

[8] T. D. Gierke, G. E. Munn, F. C. Wilson, *J. Poly. Sci.* 19 (1981)1687-1704.

[9] K. Dutta, P. Kumar, S. Das, P.P. Kundu, *Polymer reviews* 54 (2014) 1-32.

[10] A. Iulianelli, a. Basile, *Int. Hydrogen Energy* 37 (2012) 15241-15255.

[11] X. Ren, M. S. Wilson and S. Gottesfeld, *J. Eletrochem. Soc.* 143 (1996) L12-L15.

[12] R. Dillon, S. Srinivasan, A.S. Aricò, V. Antonucci, *J. Power Sources* 127 (2004) 112–126.

[13] 上野文雄、マイクロ燃料電池開発の最新動向、電学誌　126 (2006) 76-79.

[14] 田中 正治, 木村 興利, 臼井 祐馬, 阿部 俊一, 伊藤 雄二, ダイレクトエタノール燃料電池の開発、Ricoh Technical Report No. 34 (2008) 42-53.

[15] 長谷部裕之、日本における燃料電池開発の歴史, FCDIC, pp. 81-89.

[16] N. Nakagawa et al., DMFC with a Fuel Transport Layer Using a Porous Carbon Plate for Neat Methanol Use, pp. 51-96, Direct Methanol Fuel Cells Applications, Performance and Technology, Ed. By R. Hernandez and C. Dunning, NOVA science publishers, New York, 2017.

[17] M.A. Abdelkareem, N. Nakagawa, *J. Power Sources* 162 (2006) 114-123.

[18] T. Tsujiguchi, M. A. Abdelkareem, T. Kudo, N. Nakagawa, T. Shimizu, M. Matsuda, *J. Power*

Sources 195 (2010) 5975-5979.
[19] N. Nakagawa, T. Tsujiguchi, S. Sakurai, R. Aoki, *J. Power Source*s 219 (2012) 325-332.
[20] A. S. Arico, S. Srinivasan, V. Antonucci, *Fuel Cells* 1 (2001) 133-161.
[21] M. Watanabe, S. Motoo, *J. Electroanal. Chem.* 60 (1975) 267-273.
[22] H. Igarashi, et al., *Phys. Chem. Chem. Phys*. 3 (2001) 306-314.
[23] C. Lamy, A. Lima, V. LeRhun, F. Deline, C. Coutanceau, J.-M. Legar, *J. Power Sources* 105 (2002) 283-296.
[24] T. Ioroi, T. Akita, S. Yamazaki, S.-I. Z. Simora, N. Fujiwara, K. Yasuda, *Electrochim Acta* 52 (2006)491-498.
[25] M. Hepel, I. Dela, T. Hepel, J. Luo, C.J. Zhong, *Electrochim. Acta* 52 (2007) 5529-5547.
[26] S.J. Yoo, K.-S. Lee, Y.-H. Cho, S.-K. Kim, T.-H. Lim, Y.-E. Sung, *Electrocatalysis* 2 (2011) 297-306.
[27] H. Songa, X. Qiu, X. Li, F. Li, W. Zhub, L. Chen, *J. Power Sources* 170 (2007) 50-54.
[28] Y. Ito, T. Takeuchi, T. Tsujiguchi, M.A. Abdelkareem, N. Nakagawa, *J. Power Sources*, 242 (2013) 280-288.
[29] H. Kunitomo, H. Ishitobi, N. Nakagawa, *J. Power Sources* 297 (2015) 400-407.
[30] Y. Tsukagoshi, H. Ishitobi, N. Nakagawa, *Carbon Resources Conversion* 1 (2018) 61-72.
[31] Wan N., *J. Power Sources* 354 (2017) 167-171.
[32] Fuel Cell Industry review 2017, http://www.fuelcellindustryreview.com/, The Fuel Cell Today Industry Review 2011, http://www.fuelcelltoday.com/analysis/industry-review/2011/the-industry-review-2011
[33] https://www.sfc.com/en/company/technologie/
[34] https://www.kankyo-business.jp/news/000986.php
[35] https://www.mgc.co.jp/products/nc/dmfc/model.html
[36] http://www.newenergy-news.com/?p=12957
[37] 大橋和正、次世代の電源を担うダイレクトメタノール型燃料電池の実用化開発、フジクラ技報、 123 号（2012） 108-111.

Ⅰ－３　固体酸化物形燃料電池（SOFC）

菊地　隆司・南　辰志
（東京大学）

1. はじめに

固体酸化物形燃料電池（Solid Oxide Fuel Cell）は、電解質にイットリア安定化ジルコニア（Yttria Stabilized Zirconia: YSZ）などの固体電解質を用いており、酸化物イオンがイオンキャリアとなるため、燃料電池の中でも最も作動温度が高い（Table 1)。このため、発電効率が高く、電極の触媒として白金などの貴金属を用いなくてもよいことが特長として挙げられる。高温作動のため燃料適応性が高く、一酸化炭素を燃料として使用できるほか、メタンなどの炭化水素燃料を直接装置内に導入して内部改質発電が可能であるという利点もある。SOFC の排熱は十分高温であるので、ガスタービンやスチームタービンと複合化し、さらに高い発電効率を達成できる[1)]。日本では高温型の家庭用のエネファームとして 2011 年に市販が開始され、より規模の大きな分散型電源や火力代替大規模発電としての研究開発も進んでいる。また、発電とは逆モードの作動である電解セルとしての応用も、余剰電力の利用による平準化や再生可能エネルギーの出力変動緩和と利用拡大に向けて、電気エネルギーを化学物質として貯蔵する検討が進んでいる[2)]。一方で SOFC は高温作動のため、電池構成材料の耐熱性や高温での構成物質間の化学的安定性が要求される、起動停止に時間がかかる、といった問題があるため、発電温度の低温化が望まれている。しかし、SOFC の低温作動化にはいくつかの課題がある。低温で作動させると電解質のオーム抵抗が大きくなるのでオーム損失が増大することに加え、アノードとカソードの両電極において、非オーミックな電圧損失、すなわち過電圧が増大する。この非オーミック過電圧には電極上での反応に起因する反応過電圧、物質の拡散に起因する濃度過電圧がある。このため十分な性能を維持しながら作動温度を低下させるためには、まず抵抗の小さい電解質を用いることが重要であり、アノードとカソードにおいて、非オーミック過電圧、中でも温度が低いほど大きくなる反応過電圧を小さくすることが重要である。本章では、SOFC 燃料極の性能向上と耐久性向上にむけた低 Ni 化の検討について紹介する。

Table 1　燃料電池の種類と特徴

種類	アルカリ形 (AFC)	固体高分子形 (PEFC)	りん酸形 (PAFC)	溶融炭酸塩形 (MCFC)	固体酸化物形 (SOFC)
電解質	KOH 水溶液	イオン交換膜	りん酸	Li・K 炭酸塩	セラミック
作動温度	50-150°C	80-120°C	190-200°C	600-700°C	700-1000°C
電荷担体	OH^-	H^+	H^+	CO_3^{2-}	O^{2-}
燃料	純水素	水素		水素、一酸化炭素	
発電効率	70%	33-44%	39-46%	44-66%	44-72%

2.　固体酸化物形燃料電池の構成と燃料極設計

2.1　固体電解質

SOFC の電解質としては主に YSZ (Yttria Stabilized Zirconia) が用いられている。これは SOFC の作動条件で YSZ が高い酸化物イオン伝導性を示し、電子伝導性が十分低く、高温の酸化雰囲気と還元雰囲気の両方で安定で、緻密な薄膜を形成できるためである[3]。電解質の電子伝導性が高いと、燃料極で生成した電子の一部が外部回路に流れずに電解質を通って空気極に移動し、内部短絡が起きた状態になるため性能が低下してしまう。また燃料極側の水素と空気極側の酸素が透過して直接混合するのを防ぎ、燃料極－空気極間の化学ポテンシャル差を保つため、電解質は緻密で、かつ十分な強度をもたなければならない。したがって、強度を持つためにある程度の厚みが必要であり、従来は 100～200 μm の電解質が用いられてきたため、オーム抵抗による大きな過電圧が生じることは避けられなかった。これに対し、de Souza ら[4]は 10 μm の厚さの YSZ 電解質をコロイド法により作製し、電解質によるオーミック過電圧を大幅に減少させ、この電解質を用いて 800℃において 800 mW/cm^2 で 700 時間以上発電しても性能の劣化は検出されなかったと報告している。ただし、このように薄い電解質を用いた場合、電解質の破損のリスクが増大するので、さまざまな要因で生じうる電解質への機械的な負荷の低減を考える必要がある。オーム抵抗を下げる手段として YSZ よりも酸素イオン伝導度の高い材料、例えば CeO_2 系の電解質を適用することも考えられているが、燃料極雰囲気の還元性雰囲気では、電子伝導性が発現し問題となるため、電解質上に電子伝導性の極めて小さい YSZ 層[5]や BCS ($BaCe_{1-x}Sm_xO_{3-\alpha}$) 層[6]を設けるなどの対処がされている。また 600℃以下での作動を目的として、ランタンシリケート系[7]や酸化ビスマス系[8]の電解質の開発や、プロトン伝導体のバリウムジルコネート系やバリウムセレート系の電解質の開発[9] が進んでいる。

2.2　空気極

SOFC の空気極は気相の酸素が電子と反応して酸化物イオンになる場であるため、酸素が吸着しやすく、酸素イオン伝導度が良いことが必要であり、また電子伝導性も必要である。そのほか、高温酸化雰囲気下で安定であることや、多孔体であることなどの性質も必要である。そのため SOFC の空気極には一般的にペロブスカイト型酸化物である LSM ($La_{1-x}Sr_xMnO_{3-\sigma}$) や LSCF($La_{1-x}Sr_xCo_{1-y}Fe_yO_{3-\delta}$) が用いられている。

2.3　燃料極

SOFC の燃料極触媒には、Pt や Cu、Co、Ni などの金属、還元雰囲気でも安定で電子伝導性を示す複合酸化物などが検討されてきたが、主に Ni が使われている。これは水素の酸化反応の金属触媒としては Ni が最も優れており[10,11]、また炭化水素水蒸気改質反応の触媒[12,13]としても作用しうること、高い電子伝導度、YSZ 電解質との安定性、豊富な資源量という理由からである[14]。しかし Ni などの金属を単味で用いると、水素、Ni、電解質が接し、燃料極反応が起こる反応場である三相界面（Triple-Phase Boundary: TPB）が小さくなり、燃料の酸化反応が起こりにくくなるため、反応過電圧が増大する。さらに、電解質と燃料極の熱膨張係数の不一致も問題となる。そこでSOFCの燃料極触媒にNiを用いる場合には、Ni-YSZというサーメットの形で用いられている。サーメットとは、NiOとYSZの粒子を焼結し、水素で還元したものである。サーメットとすることで、燃料極に多孔質性をもたせることができ、TPBが拡大するため反応過電圧が低減できる。また多孔質であるため、燃料ガスの電極内拡散に起因する濃度過電圧の低減が期待できる。Ni-YSZサーメットはそのNi比により性能が異なる。還元後のNiの体積比が30%以下では電子伝導性が急激に減少することが知られており(Fig. 1) [15]、オーム抵抗増大による発電性能の低下から、燃料極として用いるには不適切である。一方で、Niの含有量が多いとNiのシンタリング（凝集）がおこりやすくなり、反応場となる三相界面が減少し反応過電圧が増大する。Jiangら[17]はNi/3mol% Y_2O_3-ZrO_2 (Ni/Y-TZP)を燃料極として使用した際に、Niの体積比が70 vol%のほうが80 vol%のときよりも過電圧が低くなったと報告している。これはY-TZP粒子によりNiの粒子成長が抑えられ、反応場が増大したためと考えられている。

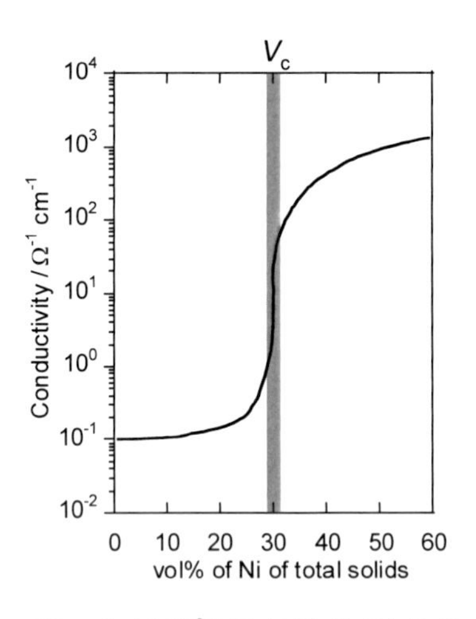

Fig. 1 1000℃におけるNi-ZrO_2サーメットのNi体積比による伝導度の変化 ([16]をもとに作成)

Kawadaら[18,19]はNiOとYSZを混合した粉末の仮焼成温度、またそれを用いて燃料極を作製する際の焼成温度を変化させ、燃料極の過電圧に及ぼす影響について評価した。その結果、燃料極の焼成温度が1600 K以下もしくは粉末の仮焼成温度以下では過電圧が増大した。また仮焼成を行わないと過電圧が大きくなることが示唆された。 高い仮焼成温度および焼成温度により、YSZ粒子のシンタリングによる酸化物イオン伝導度の向上やNi同士の良好な接触による電子伝導経路が得られたためと考えられる。

van Berkelら[20]はYSZとNiの粒径による燃料極性能への影響を調べた。仮焼成温度、焼成温度を変化させることによりYSZとNiの粒径を制御し、燃料極の三相界面長を調べた結果、YSZとNiの粒径の比が大きいほど三相界面長が長くなり、アノードの過電圧が減少したとしている。

Itohら[21]は、YSZ自体の粒径の比も過電圧に影響を与えることを報告している。YSZ粉末として平均粒径が 27 μm の粗粒子と平均粒径が 0.6 μm の微粒子を用い、それらの比を変えたNi-YSZサーメットを作製しその伝導率の評価を行った。YSZ微粒子はYSZ粗粒子同士をつなぐ役割をし、NiOの還元やNiのシンタリングによる体積変化に耐える強固な骨格をつくり、またYSZ粗粒子の割合が大きいほど、Ni粒子同士の接触が増え、電子伝導性が大きくなったと報告している。

さらにYSZよりも電子伝導性、イオン伝導性の高いSDC (Samaria Doped Ceria) などの混合伝導体[22]をYSZの代わりに用いると過電圧が減少したという報告がなされている[23,24]。これはFig. 2にみられるように、SDC中にH^+が溶解できるため、このH^+がSDC表面に移動してO^{2-}との反応が起こることが示唆されており、反応場が三相界面だけでなく三相界面近傍のSDC表面にまで拡大する。これにより反応過電圧の低減が期待できる。

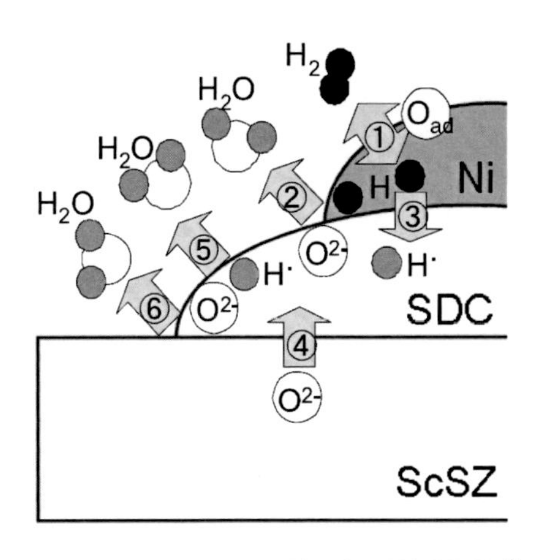

①formation of dissociated hydrogen

$H_2(g) + O_{ad} \Leftrightarrow H_2O(g)$

$H_2O(g) + O_{ad} \Leftrightarrow 2OH_{ad}$

$2OH_{ad} \Leftrightarrow 2O_{ad} + 2H(\text{in Ni})$

②electrochemical oxidation of dissociated hydrogen at gas/Ni/SDC

$2H + O^{2-}(\text{in SDC}) \Leftrightarrow H_2O + 2e^-$

③dissolution of hydrogen into SDC as proton

$H(\text{in Ni}) \Leftrightarrow H^{\cdot}(\text{in SDC}) + e^-$

④oxide ion transport from ScSZ to SDC

$O^{2-}(\text{in ScSZ}) \Leftrightarrow O^{2-}(\text{in SDC})$

⑤electrochemical oxidation of proton on SDC surface

$2H^{\cdot}(\text{in SDC}) + O^{2-}(\text{in SDC}) \Leftrightarrow H_2O$

⑥electrochemical oxidation of proton at gas/SDC/ScSZ

$2H^{\cdot}(\text{in SDC}) + O^{2-}(\text{in ScSZ}) \Leftrightarrow H_2O$

Fig. 2　Ni-SDC サーメットの燃料極における反応過程の概略図[23)]

2.4 燃料極の課題

Ni は水素の電気化学的酸化反応の触媒活性が最も高く、貴金属に比べて安価であることから従来から SOFC 燃料極に使用されてきた。Ni は、三相界面近傍の反応場としての役割に加え、電子伝導経路としての役割も担っているため、サーメット中の固体のうち、体積比で 50%程度、Ni が使われてきた。一方で、燃料極では Ni 由来の様々な問題が起こりうる。高温で用いられることから、(a)Ni 粒子の凝集に伴う反応場の減少、(b)燃料極—電解質間の熱膨張係数の違いに伴う電解質にかかる応力の発生[25)]、(c)酸化還元に伴う燃料極の体積変化により電解質にかかる応力の発生[26)]が挙げられ、実際に酸化還元に伴い Fig. 3 に見られるような電解質の破損が起こりうる。また燃料として水素ではなく、炭化水素燃料 (e.g. CH_4) を直接用いる際、Ni は(d)炭素析出しやすいこと[27)]、そして(e)炭化水素燃料中に微量に含まれている硫黄種 (e.g. H_2S) により被毒されること[28)]による燃料極の劣化が問題となる。これらの問題に対して、例えば(a)Ni の凝集に関しては Fukui ら[29)]は Ni 粒子を YSZ の微粒子で覆ってから電極を作製することにより、Ni のシンタリングが抑制されたことを報告している。また、(d)の炭素析出に関して、Kim ら[27)]は炭素—炭素結合の活性に乏しい Cu を Ni と合金化させることにより炭素析出を抑制した。(e)硫黄被毒に関しては Tang ら[30)]は Ni-YSZ に硫黄耐性を持たせるために、CeO_2 のコーティングを行った。このように Ni に由来する各課題に対して対策が検討されているが、前述の方策はいずれも製造プロセスにおいて工程が増えるため、大量に燃料極材料を製造する方法としては適さないと判断せざるを得ない。そこでこれら Ni により引き起こされる問題を一挙に解決するために、燃料極の Ni 量を減らすことが重要であると考えられる[31)]。

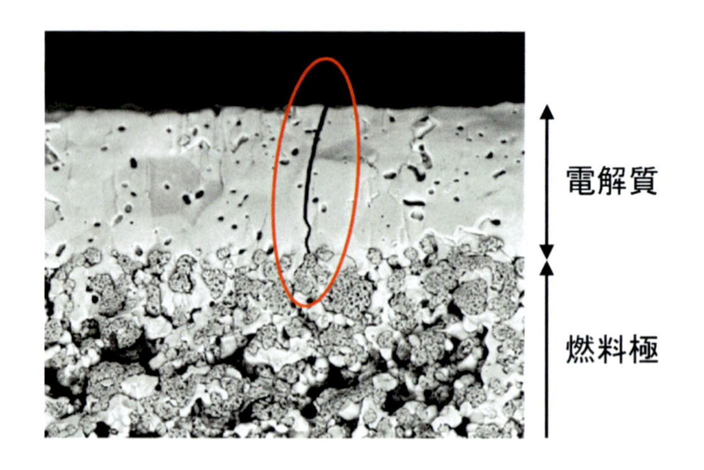

Fig. 3 半電池における酸化還元サイクルに伴う電解質破壊の断面図

しかし低 Ni 量の燃料極では、Ni 不足に伴って反応場が減少し反応過電圧が増大する。さらに Ni は燃料極中の電子伝導経路の役割も担っているので、低 Ni 比では電子伝導経路の減少に伴いオーム抵抗が増大する。前述の Fig. 1 で見られるように、Ni 量が 30 vol%付近で電子伝導性が急減する。このため低 Ni 比では発電性能の低下が避けられず、長期安定性を期待して低 Ni 比の燃料極とするためには、低 Ni 比でも性能を十分維持する必要がある。特に Fig. 1 でみられるパーコレーション曲線のしきい値 V_c 以下の Ni 体積比では、オーム抵抗が増大するため性能の向上は困難であると考えられる。そこでこのしきい値 V_c を低 Ni 濃度側に移行させることで、反応場を確保し、かつオーム抵抗が低い燃料極の創製を検討した。

2.5　パーコレーション理論

パーコレーション理論とは、ある系内に絶縁体と伝導体が分散しているときに、伝導体が系内でどのように繋がっているか、その伝導体の分散状態が系の性質にどう反映されるかを対象とする理論である。伝導体が繋がってできた集団はクラスターと呼ばれ、このクラスターが系内を連なっていれば伝導性が現れ、連なっていなければ伝導性が現れないと考える。系内の伝導体の比率が大きければ伝導性が現れるが、その比率を徐々に下げていくと、あるしきい値 V_c より小さくなったところで、クラスターが系内で連ならなくなるため、伝導性が著しく低下する。このような伝導率の変化と伝導体の体積比率との関係は、Fig. 1 のような S 字の曲線を描くことが知られている。

ここで、パーコレーションにおいて V_c を低減する方法は、大別して２つ存在する。一つはファイバーのような高アスペクト比の体を用いることである [32]。しかし、SOFC 燃料極中の Ni や YSZ などの粒子は球形に近いのでこれを応用することは難しい。もう一つの方法は絶縁体と伝導体の粒径の比（$R_{insulator}/R_{conductor}$）を大きくすることである [33]。$R_{insulator} \fallingdotseq R_{conductor}$ の場合は“ランダムな (random)”、$R_{insulator} >> R_{conductor}$ の場合は “偏析した (segregated)” 状態であるといい、伝導体の体積分率 V について $V < V_c$ なら“孤立した (isolated)”、$V > V_c$ なら“連続な (continuous)” 状態であるという。低 Ni 濃度の燃料極として望まれるのは、Fig. 4 中のⅣのような偏析した連続な状態である。ここで、$R_{insulator}/R_{conductor}$ と V_c の関係を知ることは、適切な低 Ni 比の燃料極を設計する上で非常に重要である。いくつかのモデルを用いたシミュレーションにより、$R_{insulator}/R_{conductor}$ と V_c の関係が報告されている[34, 35, 36]。He らは Monte Carlo 法を用いたシミュレーション[37]により、Fig. 5 のように格子内にランダムに球形の絶縁体と伝導体を充填し、格子の一つの側面から反対側の側面まで伝導体がつながっている確率を求めることで、V_c を算出した。その結果を Fig. 6 に示す。$R_{insulator}/R_{conductor}$ が大きくなるにつれ、V_c が減少するといった結果が得られた。また、Johner ら[35]や Kim ら[36]はこのモデルとは異なるモデルを用いて V_c を算出したが、同様に $R_{insulator}/R_{conductor}$ が大きくなるにつれ、V_c が減少するといった結果を得ている。また、実際に実験によりパーコレーションのしきい値を求めた報告がある。Kusy ら[38, 39]は絶縁体である PVC (Polyvinyl chloride)粒子と伝導体である Cu 粒子を混合し、抵抗値の測定から混合体の伝導度を求めた。PVC の粒度分布は、150-180 μm が 20%、75-150 μm が 70%、< 75 μm が 10%で、Cu は< 5 μm である。実験では分散が不十分といった要因から緩やかな伝導度曲線が得られることが多い[40]が、比較的シャープな曲線が得られ、一般的なパーコレーションのしきい値よりもはるかに小さい V_c = 3~4%が得られた。これは $R_{insulator}/R_{conductor}$ が非常に大きく、伝導体が偏析していたためである。

このように $R_{insulator}/R_{conductor}$ を増大することでしきい値を低減することは、SOFC 燃料極においても可能であると考えられる。なおこの場合、オーム抵抗に寄与するのは電子伝導性なので、伝導体は Ni であり、絶縁体は YSZ であるとする。YSZ の代わりに混合伝導体の SDC を用いる場合も、SDC の電子伝導性は Ni の電子伝導性に比べると数桁小さいので、絶縁体として扱うこととする。

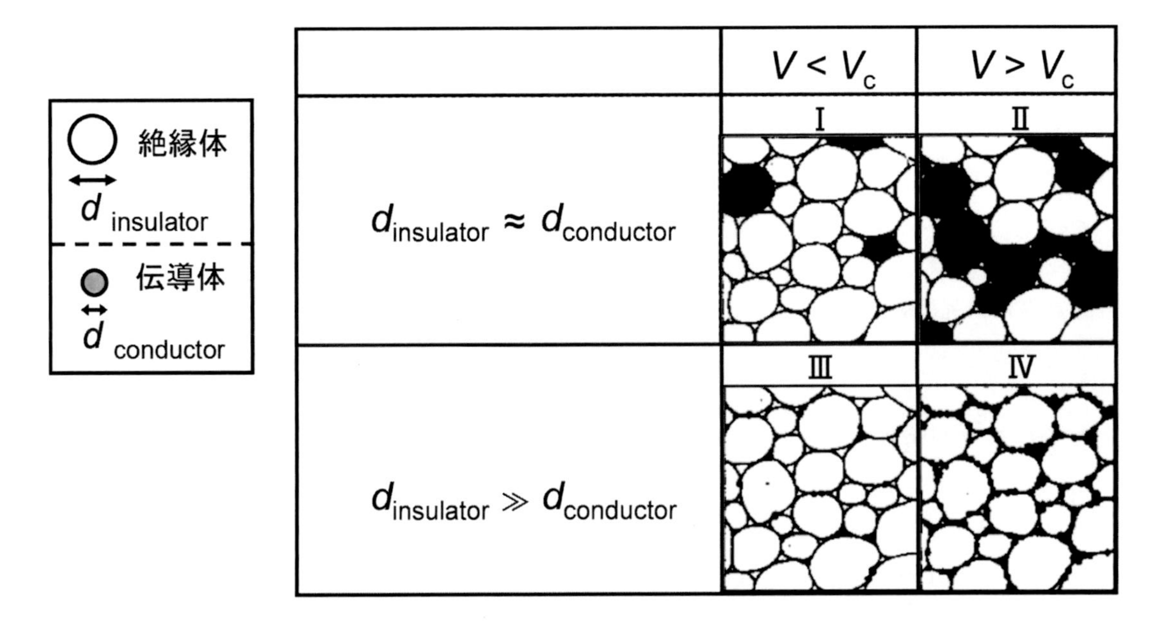

Fig. 4 絶縁体と伝導体の粒径比および伝導体の体積比率によるミクロ構造の違い[36]

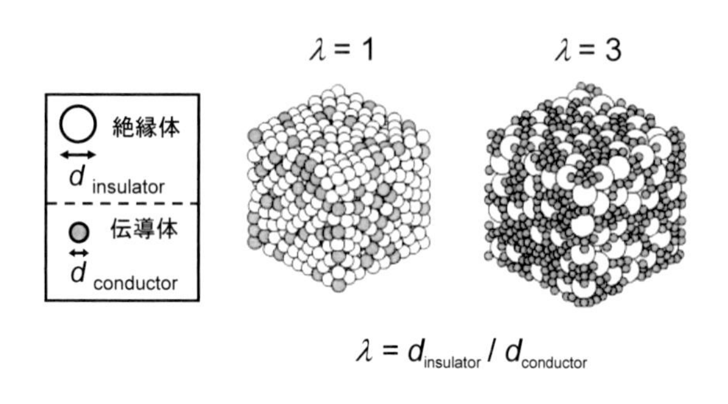

Fig. 5　格子内に絶縁体粒子および伝導体粒子をランダムに充填した図（文献 [37] をもとに作成）

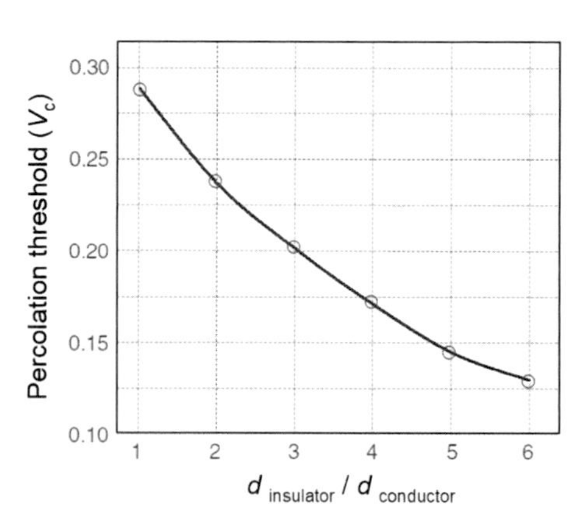

Fig. 6　シミュレーションにより求めたパーコレーションしきい値 V_c の粒径比による変化 [37]

3. SOFC 燃料極の Ni 量の低減：混合伝導体と粒径制御による性能向上

前述の SOFC 燃料極の課題に対して、SOFC 燃料極に Ni と混合伝導体のサーメットを用い、Ni 量を減らすことで、熱的に安定でかつ過電圧の低い電極構造を提案し、長期安定な電極構造を作製することを目的とした取り組みについて紹介する。これまでの当グループの研究で、燃料極に混合伝導体である SDC ($Ce_{0.8}Sm_{0.2}O_{2\text{-}\delta}$) を用いた場合、Ni を体積比で 40%程度まで減らしても燃料極での反応が十分に起こり、良い発電特性を示したが、それ以下の Ni 比ではオーム抵抗の増大により発電性能が低下することを報告している。この性能低下の原因となる過電圧の中でも、オーム抵抗が支配的であることを報告した。そこで低 Ni 比に伴うオーム抵抗の増大を抑制することを目的とし、混合伝導体を用いることによりその電子伝導性によりオーム抵抗増大を抑制すること、また混合伝導体の粒径の制御によってオーム抵抗を低減することを試みた。粒径比については含浸法などにより微小な Ni を用いて粒径比を変えた研究は報告されているが、このような手法で調製された Ni 粒子は酸化物との相互作用が強く、粉体混合により調製する燃料極とは異なる特徴を示すと考えられる。また、粒径比を大きくするために微小な Ni を用いた場合は、シンタリングによって性能が低下する可能性がより高くなり、長期的な安定性の面からは不利であると考えられる。一方で、YSZ や SDC を大きくすることによってオーム抵抗を低減することを試みた研究は報告されておらず、長期安定性の面では Ni を小さくする場合よりも優れていると考えられる。

4.　混合伝導体の粒径を制御した SOFC 燃料極の作製および発電試験

4.1　電極材料および発電セルの作製

電極材料として、燃料極には Ni-SDC、空気極には $La_{0.6}Sr_{0.4}MnO_{3\text{-}\delta}$ (LSM)をそれぞれ以下のように調製した。SDC ($Ce_{1\text{-}x}Sm_xO_{2\text{-}x/2}$)は共沈法を用いて、次のように調製した（Fig. 7）。$Ce(NO_3)_3$・$6H_2O$（和光純薬）と $Sm(NO_3)_3$・$6H_2O$（和光純薬）に純水を加え Ce : Sm = 1-x : x の 0.2M (Ce＋Sm) 硝酸溶液を作製した。次に $H_2C_2O_4$・$2H_2O$（和光純薬）に純水を加え、0.2M シュウ酸溶液

とした後、NH_3 aq（和光純薬）を滴下し pH を 7.0 に調製した。このシュウ酸溶液に、かくはんしながら、上で作製した硝酸溶液を滴下し、白色沈殿を得た。この白色沈殿を含む溶液を一晩かくはんした後、減圧濾過し、100℃の乾燥機で一晩乾燥させた。得られた白色粉末を空気中 500℃で 2 時間焼成したのち、1000℃で 2 時間焼成することで、SDC 粉末を得た。得られた SDC 粉末は、NiO と混合する前にあらかじめ所定の温度で 5 時間焼成し、粒径を制御した。

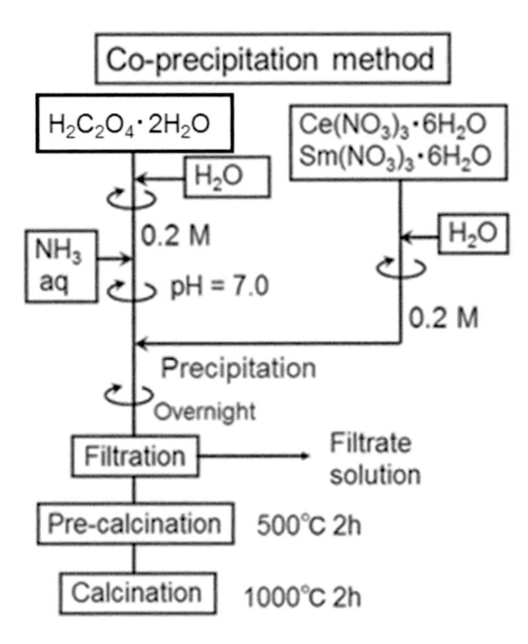

Fig. 7　共沈法を用いた SDC の調製

LSM は次のように調製した。$(CH_3COO)_3$ La・$1.5H_2O$（和光純薬）、$(CH_3COO)_2$ Sr・$0.5H_2O$（和光純薬）、$(CH_3COO)_2$ Mn・$4H_2O$（和光純薬）を所定の割合になるように秤量し混合した。これに純水を加えて溶解させ、ホットスターラー上で約 100℃に加熱しながら水分を蒸発させた。その後 120℃の乾燥機で一晩乾燥させた。得られた白色粉末をボールミルで 24 時間混合粉砕した後、空気中 900℃で 5 時間焼成した。これにより、黒色の LSM 粉末を得た。

発電セルは次のように作製した。電解質には市販の YSZ 円盤（8 mol%Y_2O_3、厚み: 500 μm、直径 20 mm 東ソー製）を用いた。燃料極の調製には、NiO（和光純薬）の粉末と、前述の SDC 粉末、もしくは市販の YSZ 粉末（TZ-8YSZ、8 mol%Y_2O_3 含有、東ソー製）を用いた。還元後に Ni の体積比が所定の比になるようにそれぞれ秤量し、ボールミルにて 24 時間混合後、空気中 1300℃で 5 時間仮焼成し、ポリエチレングリコール（平均分子量 600）（和光純薬）を加えて乳鉢で混合しペースト状にした。これをスクリーン印刷法により YSZ 電解質上に直径 6 mm の円状に塗布し、空気中 1400℃で 5 時間焼成することで燃料極を作製した。空気極の調製には、調製した LSM を乳鉢で粉砕した後、ポリエチレングリコール（平均分子量 600）（和光純薬）を加えて混合しペースト状にし、スクリーン印刷法により、作製した燃料極と反対側の YSZ 電解質上に直径 6 mm の円状に塗布し、空気中 1150℃で 5 時間焼成することで空気極とした。空気極作製後の YSZ 電解質の周りに Pt 線（φ0.2 mm ニラコ）を巻きつけ、Pt ペースト（U-3401、エヌイーケムキャット）を数ヶ所に塗布して固定し、空気中 900℃で 2 時間焼成することで参照極とした。

4.2 発電実験

装置のセル部分の概略図を Fig. 8 に示す。作製したセルを図のように設置し、パイレックスガラスのリング（φ20mm、厚さ 1 mm）でセルとアルミナチューブの間をシールした。集電体には正方形の白金メッシュ（100 メッシュ、ニラコ社製）を用いた。各集電体にはそれぞれ 2 本の Pt 線（φ0.2 mm、ニラコ）を溶接し、さらにこの先を Pt 線（φ0.5 mm、ニラコ）に溶接し装置外部の端子に接続した。また、参照極の Pt 線も Pt 線（φ0.5 mm、ニラコ）に溶接して装置外部の端子に接続し、各測定を行った。発電試験前の処理として、200℃/h の昇温速度で加熱し 1000℃に達してから、燃料極側に H_2 と N_2 をそれぞれ 50 ml min^{-1} で 30 分間供給し、その後に H_2 100 ml min^{-1} に切り替えてさらに 30 分間保持することで燃料極の NiO を還元した。この後、空気極側に O_2 を 100 ml min^{-1} で供給し、アノードガスを 3% H_2O の加湿ガスとし、定常になり開回路電圧 (OCV) が安定するまで約 1 時間保持した後、IV 測定、及び交流インピーダンス測定を行った。

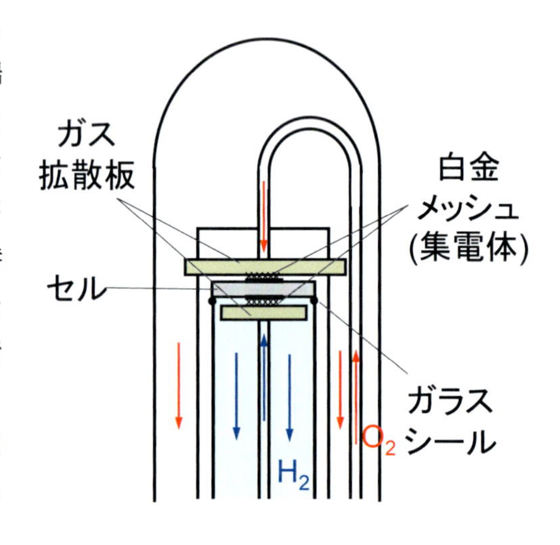

Fig. 8 発電装置図

IV 測定には VersaSTAT 3 (Princeton Applied Research 社製) を用い、Cyclic Staircase Voltammetry により測定を行った。電圧を開回路電圧 (OCV) から 0.5V 程度まで徐々に下げ、その状態で 2~3 分維持し、その後 OCV まで徐々に上げるという過程において電流値を測定した。交流インピーダンス測定は VersaSTAT 3 を用い、測定は開回路電圧 (OCV) にておこなった。印加電圧は 10 mV、測定周波数は 10^5 Hz ～10^{-1} Hz 前後でおこない、4 端子法を用いた。IV 測定による通電後にインピーダンス測定をおこない、その測定結果を用いてインピーダンスの解析を行った。

4.3 等価回路を用いたフィッティング

交流インピーダンス法を用いて、各電極反応過程に伴う抵抗値を分離できる。Nyquist プロット上の円弧の数から予測される過程に対応する等価回路を組み、フィッティングを行った。これにより各過程に伴う抵抗値を算出した。今回用いた等価回路の一例を Fig. 9 に示す。ここで、R と CPE の並列回路が一つの過程を表している。このうち R がその過程に伴う抵抗値を表している。なお、今回フィッティングで L と R の並列回路を 1 つもしくは 2 つ用いることがあった。これは測定機器のリード線等に起因していると考えられ、これらリード線由来のインピーダンスを除去するために、L と R の並列回路をフィッティングに用いて解析をおこなった。

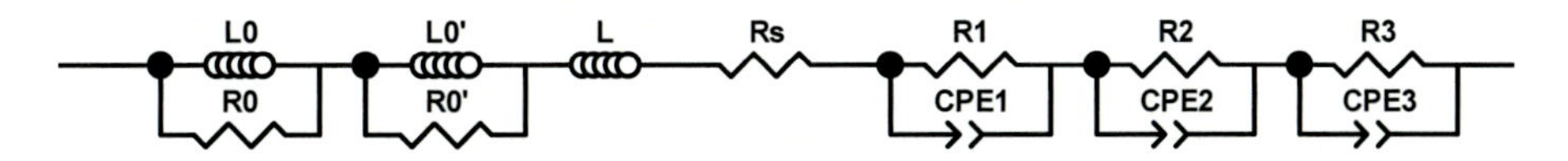

Fig. 9　インピーダンスのフィッティングに用いた等価回路の例

なお、Ni-SDC 燃料極のインピーダンス結果について Fig. 9 のような等価回路を用いてフィッティングをおこなった際、特性周波数が数 100 Hz の過程 1、10 Hz 程度の過程 2、0.5 Hz 程度の過程 3 に分離でき、過程 1 が SDC へのプロトンの溶解、過程 2 が水素の電気化学的反応、過程 3 が細孔中のガス拡散に起因していると示唆されることを、これまでの研究で報告している (Fig. 10)。

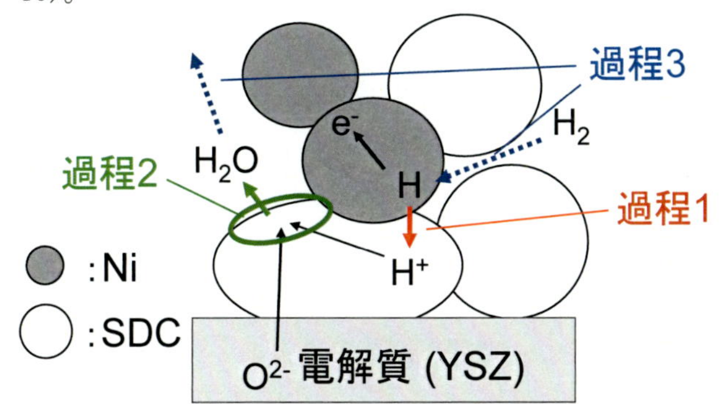

Fig. 10　燃料極反応の各反応過程の模式図

5.　混合伝導体の粒径を制御した燃料極を用いた SOFC の発電結果および粒径による発電性能の変化に関する考察

5.1　焼成温度による SDC および YSZ の粒径の制御

空気中 1000℃で 2 時間焼成した SDC 粉末をさらに 1300℃、1400℃、1500℃、または 1600℃で 5 時間焼成し、粒成長させた。粒子同士で凝集しておらず単独で存在している粒子を 200 個以上 SEM で観察し、その面積相当径の平均値をとることで、平均粒径とした。XRD パターンから求めた結晶子径とあわせて Table 2 に示す。ここで、YSZ についても 1300℃、1400℃、または 1500℃で 5 時間焼成した試料についても同様に結晶子径、面積相当径の平均粒径を求めた。これらの SDC と YSZ の平均粒径を Fig. 11 に示す。SDC、YSZ ともに焼成温度が高いほど粒径が増大することがわかる。

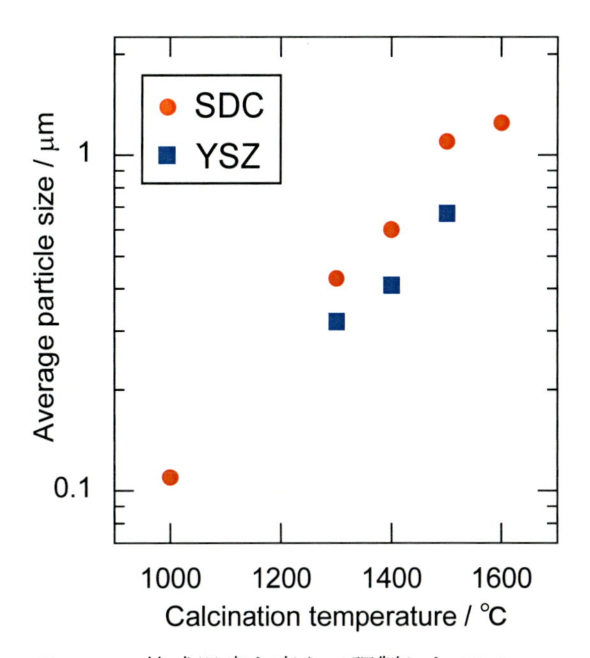

Fig. 11　焼成温度を変えて調製した SDC 、YSZ の粒子径

Table 2　焼成温度の異なる SDC の結晶子径および平均粒径

Calcination temperature / ℃	Crystallite size* / nm	Average particle size** / μm
1000	43	0.11
1300	53	0.43
1400	54	0.60
1500	55	1.1
1600	52	1.3

* XRDパターンよりScherrer式を用いて算出
** SEM像で200個以上の粒子を観察し、その面積相当径の平均値より算出

5.2　Ni-SDC 燃料極

焼成温度を変えて調製した粒径の異なる SDC を用いた Ni-SDC 燃料極を作製し、発電特性の評価として IV 測定および交流インピーダンス測定をおこなった。またこの際、燃料極中の Ni 体積比も変化させて燃料極を作製した。なお Ni 体積比は、還元後のサーメット中の Ni の体積比のこととし、NiO は全て完全に還元され、SDC は還元されないとして、ペースト作製時の NiO と SDC の質量から算出した。なお、燃料極調製の過程で Ni 量が変化しないことを、蛍光 X 線分析により確認した。

5.2.1　Ni 比による影響

まず、燃料極中の Ni 比を 44 vol%Ni から 30、25、20 vol%Ni と減らした際のセルの性能の評価をおこなった。焼成温度が 1300℃（平均粒径 0.43 μm）および 1500℃（平均粒径 1.1 μm）の SDC を燃料極に用いて、発電温度 1000℃で比較したところ、SDC の平均粒径に関わらず、Ni 量を低減することで IV 曲線が左下にシフトし、発電性能が低下した。ただし、44 vol%Ni から 30 vol%Ni まで Ni 比を低減したときの性能低下には差がみられ、SDC 粒径の大きい方が性能低下の度合いが小さかった。

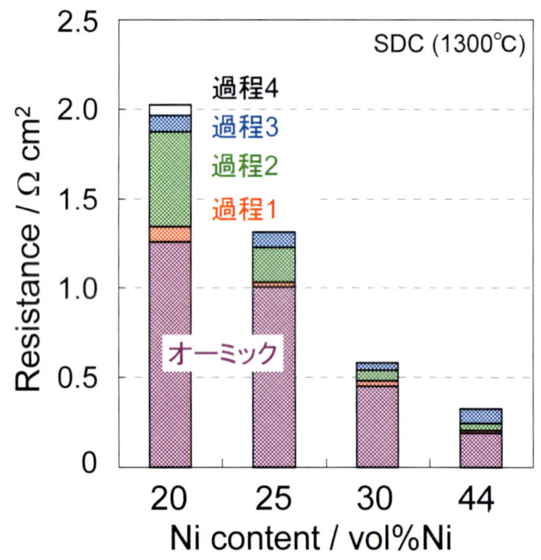

Fig. 12　1300℃焼成 SDC（平均粒径 0.43 μm）を用いた Ni-SDC 燃料極における Ni 量と各過程の抵抗値（発電温度：1000℃）

次に、インピーダンスの結果について、等価回路のフィッティングから各過電圧成分に分離した結果を、SDC の焼成温度が 1300℃および 1500℃の場合について、Fig. 12 および Fig. 13 にそれぞれ示す。なお、20, 25 vol%Ni のインピーダンスにおいては、4.3 に示した等価回路よりも過程の数が 1 つ多い等価回路を用いてフィッティングをおこなった。この新たな過程を過程 4

としており、この特性周波数は 10^4-10^3 Hz であるが、電極反応過程についての帰属はおこなっていない。Ni 比が小さくなるほど、過程 2 の水素の酸化反応、およびオーム抵抗に伴う過電圧が増加した。過程 2 による反応過電圧の増大は、三相界面が主に水素の酸化反応の反応場としての役割を担っており、Ni 比の低減により反応場が減少したためであると説明できる。そしてオーミック過電圧の増大は、Ni が燃料極中の電子伝導経路としての役割を担っているため、低 Ni 比により電子伝導経路が減少したためと説明できる。また、過程 3 の細孔中のガス拡散については Ni 比によって変化しなかったが、これは燃料極の多孔質構造が Ni ではなく SDC によって形成されているためだと考えられる。いずれの Ni 比においても、過電圧のうちオーミック過電圧が支配的であり、低 Ni 比の燃料極の性能向上において、燃料極のオーム抵抗を低減することが非常に重要であることが示された。

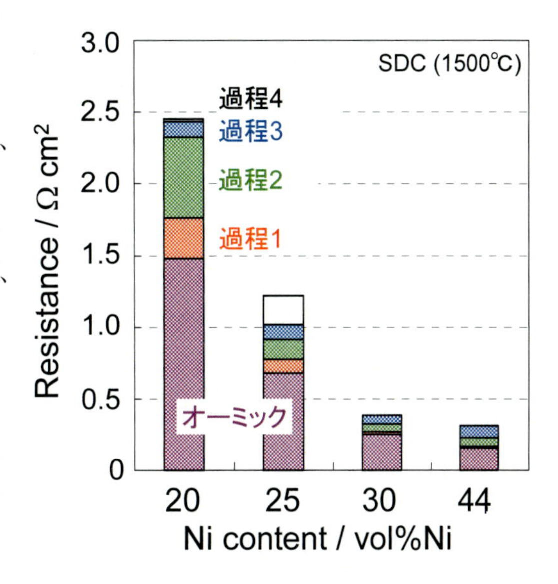

Fig. 13　1500℃焼成 SDC（平均粒径 1.1 μm）を用いた Ni-SDC 燃料極における Ni 量と各過程の抵抗値（発電温度：1000℃）

5.2.2　SDC 粒径（焼成温度）による影響

SDC 粒径の影響を、30 vol%Ni の Ni-SDC 燃料極において検討した。IV 特性において、SDC 粒径が大きい、つまりより高温で焼成した場合に発電特性が向上した。5.2.1 と同様にインピーダンスの解析をおこない、各過程の抵抗値に分離した結果を Fig. 14 に示す。焼成温度が高くなり SDC の粒径が増大するにつれて、オーム抵抗が低減した。次に、オーム抵抗に着目し、各燃料極のオーム抵抗値の逆数をとることで伝導度 σ と同様の単位を持つ形とし、その対数を Ni 比に対してプロットしたところ、Fig. 1 に示すような S 字カーブを示し、Ni 量が 25-30 vol%で伝導度が急減した。なお、対数の引数 R_{ohm} は以下の式を用いて計算した。R_{s} はインピーダンス結果のフィッティングにより求めたオーム抵抗値、A は電極面積を表す。

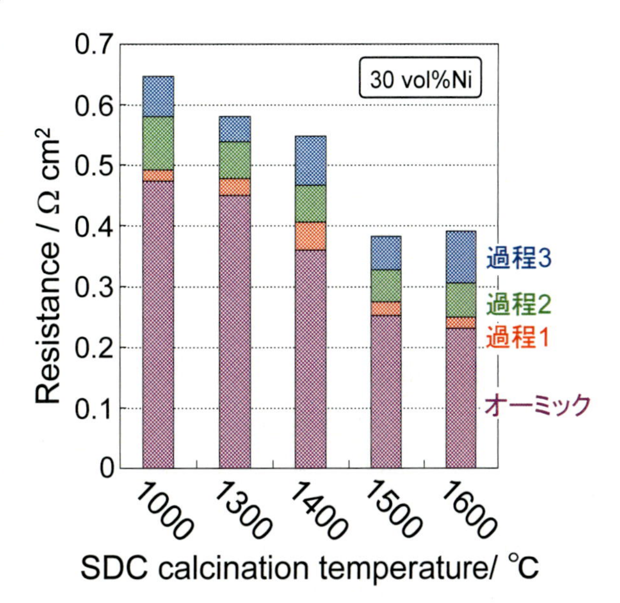

Fig. 14　種々の焼成温度で調製した SDC を用いた 30vol%Ni-SDC 燃料極における各過程の抵抗値（発電温度：1000℃）

$$R_{ohm}^{-1} = \frac{1}{R_s A} \quad [\Omega\ cm^{-2}]$$

このことから Ni-SDC 燃料極において、パーコレーションのしきい値は Ni 量が 25-30 vol%であると予想され、また、SDC の仮焼成温度が高いほど伝導度が向上しており、SDC の焼成温度が 1300℃から 1500℃の間で大きな伝導度の向上が見られた。ここで、焼成温度 1300℃と 1500℃の SDC を用いた燃料極に着目し、Fig. 1 のようなパーコレーション曲線の予想を描いたところ、Fig. 15 のようになった。高温で焼成した粒径の大きな SDC を用いることで、パーコレーションの曲線が低 Ni 比側へシフトしたことがわかる。Ni 量が 20 vol%においては SDC の粒径の違いによってほとんど抵抗値に差は無かった。これは Ni 量が 20 vol%よりもさらに低 Ni 比へと減らしていくことによって、最終的に SDC の粒径に関わらず SDC のみの伝導度、すなわち Ni が含まれない 0 vol%の伝導度に収束すると考えられるためである。一方でしきい値付近である 25-30 vol%の Ni 量においては、大幅な伝導度の上昇、すなわち抵抗値の減少が見られ、性能の向上に大きく寄与した。このように SDC の粒径増大に伴うパーコレーションのしきい値を低 Ni 比側へシフトさせることで、しきい値付近でのオーム抵抗を大幅に低減できた。なお、同粒径の SDC と YSZ を用いた燃料極を Ni 量 30 vol%で調製し、インピーダンス測定から燃料極各反応過程の過電圧を分離し比較したところ、SDC の電子伝導性よりも粒径増大による効果が、オーム抵抗の低減につながっていることが示唆された。

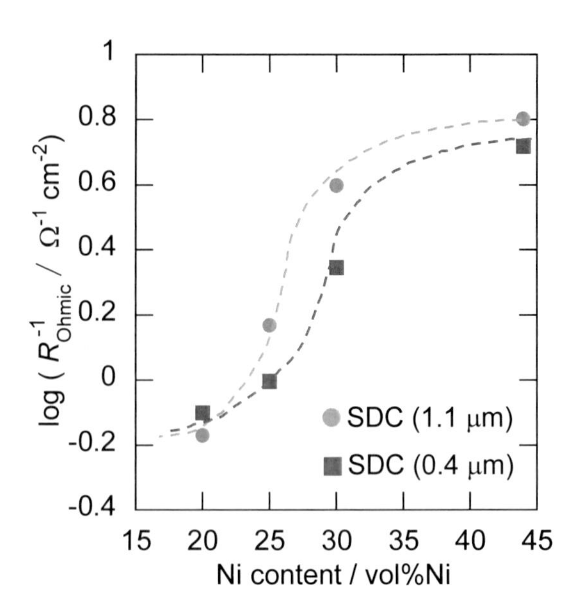

Fig. 15　Ni 体積比の変化と SDC 焼成温度の変化にともなうオーム抵抗の変化（発電温度：1000℃）

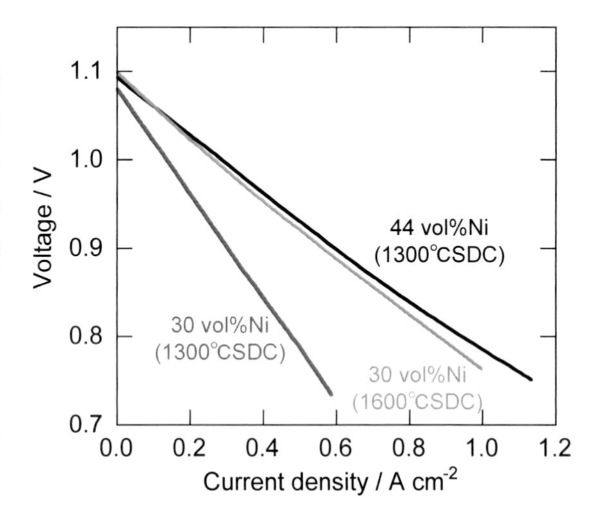

Fig. 16　1300℃焼成 SDC を用いた Ni-SDC（44 vol%Ni および 30 vol%Ni）と 1600℃焼成 SDC を用いた Ni-SDC（30vol%Ni）を燃料極とした場合の IV 曲線（発電温度：1000℃）

Fig. 16 に 44 vol%Ni で SDC の焼成温度が 1300℃の Ni-SDC 燃料極、30 vol%Ni で SDC の焼成温度が 1300℃および 1600℃（平均粒径 1.3 μm）の燃料極をそれぞれ用いた際の IV 曲線を示す。SDC 焼成温度が 1300℃の燃料極では、Ni 量を 44 vol%から 30 vol%に低減することで大幅に性能

が低下したが、焼成温度が1600℃のSDCを燃料極に用いることにより、発電性能が44 vol%Niのものと同程度にまで向上できた。SDC 粉末の粒径制御により、オーム抵抗を低減させ性能の向上ができることは、従来の燃料極においても同様の方法で性能を向上させられる可能性を示すだけでなく、性能を維持した低Ni量の長期安定な燃料極作製の可能性を示すといえる。

6. まとめ

SOFCは発電効率が高く、排熱利用も含めた総合効率は95%を超える家庭用定置型が実用化されている。現在、より発電規模の大きなSOFCや、スチームタービンおよびガスタービンと複合した大型発電装置としてのSOFCの開発が進行中である。多様な燃料を用いることができ、発電効率が高いSOFCは、CO_2排出量を削減しエネルギー資源有効利用を可能とする発電装置として、一層の普及が期待される。このために、燃料改質システムの簡略化や燃料電池本体の低温作動化による、製造コストの低減や耐久性の向上が検討されている。SOFCの構成要素である、燃料極、電解質、および空気極の材料開発による耐久性の向上と低温特性の向上の取り組みとともに、電極構造の制御による性能向上も、これらの課題解決につながる方法である。ここでは燃料極サーメット材料の粒径制御による燃料極構造の制御で、Ni 量を減らしても発電性能を維持する電極の開発を行った。粒径制御による低Ni化の検討結果を以下にまとめる。

- SDC の焼成温度を高くすることで粒径が増大し、これらを用いて燃料極を作製すると、オーム抵抗が低減した。SDC と Ni の粒径比の増大により、パーコレーション曲線が低Ni比側へシフトしたためと考えられる。
- 同程度の粒径のSDC と YSZ を用いた燃料極を比較し、Ni 量が30 vol%ではSDCの電子伝導性よりも粒径増大による効果が、オーム抵抗の低減につながっていることが示唆された。
- 粒子径の大きいSDCを用いたNi量が30 vol%のNi-SDC燃料極は、Ni量44 vol%の通常の SDC 燃料極と同程度の発電性能を示した。このように発電性能を向上させた低Ni比の燃料極を用いることにより長期安定性の向上が見込まれる。

参考文献

1) 菊地隆司、*触媒*、57 (2015) 136.
2) M. Götz, J. Lefebvre, F. Mörs, A. McDaniel Koch, F. Graf, S. Bajohr, R. Reimert, T. Kolb, *Renewable Energy*, 85 (2016) 1371.
3) N.Q. Minh, *J. Am. Ceram. Soc.* 76 (1993) 563
4) S. de Souza, S.J. Visco, L.C. De Jonghe, *J. Electrochem. Soc.* 144 (1997) L35.
5) A. Martinez-Amesti, A. Larranaga, L.M. Rodriguez-Martinez, M.L.No, J.L. Pizarro, A. Laresgoiti, M.I. Arriortua, *J. Electrochem. Soc.* 156 (2009) B856.
6) D. Hirabayashi, A. Tomita, S. Teranishi, T. Hibino, M. Sano, *Solid State Ionics* 176 (2005) 881.
7) A. Mineshige, H. Hayakawa, T. Nishimoto, A. Heguri, T. Yazawa, Y. Takayama, Y. Kagoshima, H. Takano, S. Takeda, J. Matsui, *Solid State Ionics* 319 (2017) 223.

8) K. Shitara, T. Moriasa, A. Sumitani, A. Seko, H. Hayashi, Y. Koyama, R. Huang, D.L. Han, H. Moriwake, I. Tanaka, *Chem. Mater.* 29 (2017) 3763.
9) E. Fabbri, D. Pergolesi, E. Traversa, *Chem. Soc. Rev.* 39 (2010) 4355.
10) T. Setoguchi, K. Okamoto, K. Eguchi, H. Arai, *J. Electrochem. Soc.* 139 (1992) 2875.
11) J. Rossmeisl, W.G.. Bessler, *Solid State Ionics* 178 (2008) 1694.
12) T. Takeguchi, Y. Kani, T. Yano, R. Kikuchi, K. Eguchi, K. Tsujimoto, Y. Uchida, A. Ueno, K. Omoshiki, M. Aizawa, *J. Power Sources* 112 (2002) 588.
13) R. Kikuchi, N. Koashi, T. Matsui, K. Eguchi, T. Norby, *J. Alloys Compds.* 409-412 (2006) 622.
14) S.P. Jiang, S. Zhang, Y.D. Zhen, W. Wang, *J. Am. Ceram. Soc.* 88 (2005) 1779.
15) D.W. Dees, T.D. Claar, T.E. Easler, D.C. Fee, F.C. Mrazek, *J. Electrochem. Soc.* 134 (1987) 2141
16) T. Kawada, N. Sakai, H. Yokokawa, M. Dokiya, *J. Electrochem. Soc.* 137 (1990) 3042.
17) S.P. Jiang, S.P.S. Badwal, *Solid State Ionics* 123 (1999) 209.
18) T. Kawada, N. Sakai, H. Yokokawa, M. Dokiya, M. Mori, T. Iwata, *Solid State Ionics* 40/41 (1990) 402.
19) T. Kawada, N. Sakai, H. Yokokawa, M. Dokiya, *J. Electrochem. Soc.* 137 (1990) 3042.
20) F.P.F. van Berkel, F.H. van Heuveln, J.P.P. Huijsmans, *Solid State Ionics* 72 (1994) 240.
21) H. Itoh, T. Yamamoto, M. Mori, T. Horita, N. Sakai, H. Yokokawa, M. Dokiya 144 (1997) 641.
22) K. Eguchi, *J. Alloys Compds.* 250 (1997) 486.
23) H. Kishimoto, K. Yamaji, T. Horita, Y. Xiong, M.E. Brito, M. Yoshinaga, H. Yokokawa, *Electrochemistry* 77 (2009) 190
24) R. Kikuchi, T. Okamoto, K. Akamatsu, T. Sugawara, S. Nakao, *ECS Trans*. 35 (2011) 1707.
25) Z. Wang, M. Mori, T. Itoh, *J. Fuel Cell Sci. Technol.* 9 (2012) 021004
26) J. Malzbender, E. Wessel, R.W. Steinbrech, *Solid State Ionics* 176 (2005) 2201.
27) H. Kim, C. Liu, W.L. Worrell, J.M. Vohs, R.J. Gorte, *J. Electrochem. Soc.* 149 (2002) A247.
28) S. Zha, Z. Chen, M. Liu, *J. Electrochem. Soc.* 154 (2007) B201.
29) T. Fukui, S. Ohara, M. Naito, K. Nogi, *J. Power Sources* 110 (2002) 91.
30) L. Tang, M. Salamon, M. R. De Guire, *Sci. Adv. Mater.* 2 (2010) 79.
31) J.P. Ouweltjes, M. van Tuel, M. Sillessen, G. Rietveld, *Fuel Cells* 09 (2009) 873.
32) N. Ueda, M. Taya, *J. Appl. Phys.* 60 (1986) 459.
33) R.P. Kusy, *J. Appl. Phys.* 48 (1977) 5301.
34) D. He, N.N. Ekere, *J. Phys. D* 37 (2004) 1848.
35) N. Johner, C. Grimaldi, T. Maeder, P. Ryser, *Phys. Rev. E* 79 (2009) 020104.
36) W.J. Kim, M. Taya, K. Yamada, N. Kamiya, *J. Appl. Phys.* 83 (1998) 2593.
37) D. He, N.N. Ekere, L. Cai, *Phys. Rev. E* 60 (1999)7098
38) R.P. Kusy, D.T. Turner, *Nature (London)* 229 (1971) 58.
39) R.P. Kusy, R.D. Corneliussen, *Polym. Eng. Sci.* 15 (1975) 107.
40) F. Buecche, *J. Appl. Phys.* 43 (1972) 4837.

Ⅰ－４　リチウムイオン電池(LIB)

谷口　泉
（東京工業大学）

はじめに

リチウムイオン二次電池は、1991年にソニーが実用化して以来、その大きな重量および体積エネルギー密度から、携帯電話をはじめとする小型電子機器用の電源として我々の身の回りに急速に普及してきた二次電池である。最近では、太陽光や風力発電により得られるクリーンエネルギーの安定供給、また、それらを含めたスマートグリッドシステムやスマートシティーを構築するための定置型大型蓄電池として、更には電気自動車に搭載する蓄電池としても注目されている。しかしながら、これら大型電力貯蔵用電源としてリチウムイオン二次電池が世の中に普及するには、資源確保の問題が少なく、安全で長寿命でさらに高容量な電極材料の開発が求められている。この状況は全固体リチウム二次電池においても同様である。本稿では、リチウムイオン二次電池の構成、作動原理、これまで研究開発されてきた主な正極材料について解説し、電池の更なる高性能化のための電極材料の形態制御について筆者がこれまでに得られた結果を簡潔に紹介する。

1.　リチウムイオン二次電池の構成と電極構造

1.1　リチウムイオン二次電池の構成

電池は、正極、負極、セパレータ、電解液、これらを入れる容器から構成され、正極および負極は、主に電池反応に直接関わって電力を発生させる電極活物質からなっている。商品化されているリチウムイオン二次電池では、正極には正極活物質としてリチウムと遷移金属からなる酸化物（例えば、コバルト酸リチウム、$LiCoO_2$）、負極には負極活物質として層状炭素系材料（グラファイト）、セパレータとしてポリオレフィンの多孔性薄膜が用いられる。電解液は、ヘキサフルオロリン酸リチウム($LiPF_6$)などの支持電解質をエチレンカーボネート（EC)と炭酸ジメチル（DMC）を混合した有機溶媒に溶解させたものなどが用いられている。正極活物質に$LiCoO_2$、負極活物質に層状炭素系材料を用いたリチウムイオン二次電池の概略を**図 1** に示す。この場合、この電池の充放電時に起こる電気化学反応は、次式となる。

正極　$: LiCoO_2 \underset{\text{Charge}}{\overset{\text{Discharge}}{\longleftrightarrow}} Li_{1-x}CoO_2 + xLi^{+1} + xe^-$　(1)

負極　$: 6C + xLi^{+1} + xe^- \underset{\text{Charge}}{\overset{\text{Discharge}}{\longleftrightarrow}} Li_{1-x}C_6$　(2)

全反応　$: LiCoO_2 + 6C \underset{\text{Charge}}{\overset{\text{Discharge}}{\longleftrightarrow}} Li_{1-x}CoO_2 + Li_xC_6$　(3)

1.2　電極構造とその作製プロセス

電極は、電池活物質、結着剤（例えばポリフッ化ビニリデン、PVDF）、導電助剤（アセチレンブラック、ケッチンブラック等）を有機溶媒（N-メチル-2-ピロリドン、NMP）に分散させてスラリー溶液を調製し、これを集電体(正極では Al 箔)に塗布し、その後乾燥して溶媒を除去し、プレスすることで作製される。電池の重量当たりのエネルギー密度を考えると、出来るだけ多くの活物質を電極内に充填したいところだが、電極活物質の電子導電性の問題から導電助剤を添加する必要がある。また、結着剤は電極と集電体との接着を維持するためのものであり電子導電性はないので、添加量は少なくしたいところである。通常、コインセルを用いた電池性能評価では活物質、導電助剤、結着剤の重量基準の割合は、80 : 10 : 10 程度である。

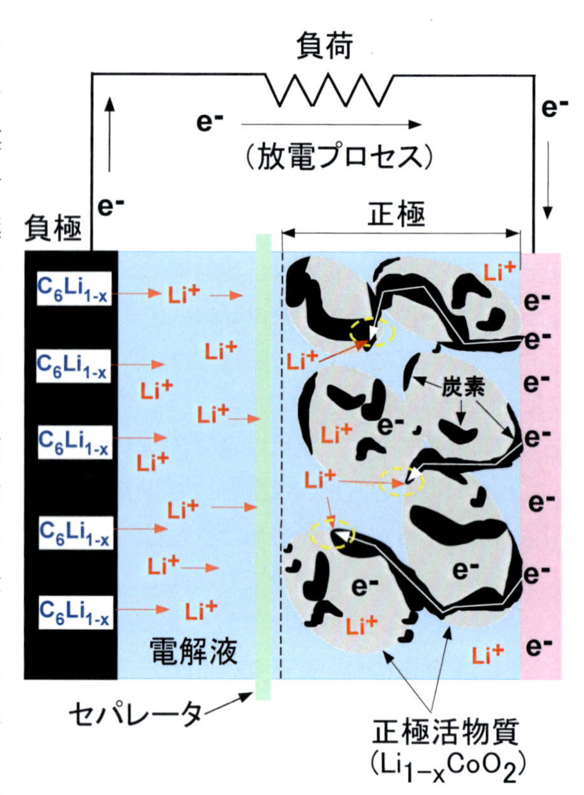

図 1　リチウムイオン二次電池の構成

リチウムイオン二次電池では、充放電の際にこの電極内を Li イオンと電子が移動する。両者の移動を簡潔に説明すると、放電プロセスでは**図 1** に示したように、Li がインターカレーションされた炭素負極から電子を放出して Li イオンとなり溶媒和を形成する。これに対して、正極と電解液との界面では Li イオンが脱溶媒和し電極内を拡散する。その一方で、電子は負極から正極に外部回路を通して移動し、電極内を拡散してきた Li イオンと出会う。これにより、Li イオンは電子を受け取り活物質内の結晶格子内に収まる。充電時は、この逆の現象が起きる。従って、電極の性能は、電池活物質の電子およびイオン導電性と、電極内の Li イオンと電子の導電パス形成により大きく影響を受け、電池の性能向上にとって電極活物質の形態制御および電極構造制御が重要となる。なお、電池内での Li イオンと電子の移動の詳細についてはリチウム二次電池に関する成書[1,2]を参照されたい。

2. 正極活物質とその合成法

2.1　正極活物質

リチウムイオン二次電池の正極活物質には、前述したように開発当初から層状岩塩型構造の $LiCoO_2$[3]が用いられており、現在でも主流の材料である。しかしながら、$LiCoO_2$ に用いられているコバルトはレアメタルと呼ばれる金属であり、埋蔵量が少なく生産地が偏在していることから、コストおよび資源確保に問題がある。さらに、この材料は 180℃程度の高温になると熱分解し酸素を放出するという熱安定性にも問題がある。こうした背景から、コバルトを用いない代替材料の研究開発がこれまで行われてきた。その主な材料とその特徴を**表 1** に示す。この表から明らかなように、

表1　リチウムイオン二次電池の主な正極活物質

化学式	$LiCoO_2$	$LiNiO_2$	$LiMn_2O_4$	$LiFePO_4$	$LiMnPO_4$
結晶構造	層状岩塩構造	層状岩塩構造	スピネル構造	オリビン構造	オリビン構造
作動電位 (V)	3.6～3.8	3.5～3.6	3.8～3.9	3.2～3.4	4.0～4.1
理論容量 (mAh g^{-1})	274	274	148	170	171
実用量 (mAh g^{-1})	120～130	180～190	110～120	150～160	150～160
熱安定性	不安定	不安定	安定	安定	安定
材料コスト ($ kg^{-1})	60	30	2	-	-
過電圧特性	不安定	不安定	安定	安定	安定

リチウムイオンをインターカレーションできる材料は、リチウムと遷移金属からなる化合物で層状岩塩型構造、スピネル型構造およびオリビン型構造を有する材料に限定される。ニッケル酸リチウム($LiNiO_2$)[4]は $LiCoO_2$ と同じ層状岩塩型の結晶構造を有し理論容量も $LiCoO_2$ と同じであるが、実容量が 180～190 mAh g^{-1} と大きいため $LiCoO_2$ に代わる材料として期待された。しかしながら、$LiCoO_2$ と同様に高温で熱分解し酸素を放出するという問題がある。スピネル型構造を有するマンガン酸リチウム($LiMn_2O_4$)[5]は、資源が豊富で安価なマンガンを用いていること、$LiCoO_2$ や $LiNiO_2$ よりも熱分解温度が高く熱安定性に優れていることから、$LiCoO_2$ に代わる正極材料として注目されてきた。しかしながら、この材料は理論容量が 148 mAh g^{-1} と若干低いこと、リチウム脱離時の構造の不安定さや Jahn-Teller 効果等の要因で特に高温でのサイクル特性が良くないという問題がある。この解決方法としては、Li を過剰にすることや Mn の一部を Co、Al、 Cr、 Fe、Mg 等で置換することで構造を安定化させる試みがなされ、その効果[6-9]も明らかにされているが、合成法によりその効果は異なっている。オリビン構造を有するリン酸鉄リチウム($LiFePO_4$)[10]およびリン酸マンガンリチウム($LiMnPO_4$)[10]は、遷移金属として鉄やマンガンを用いることから電池の低コスト化が期待でき、資源確保にも問題がなく、特に注目されている材料である。また、これらの材料はリンが酸素と強固に結合していることから熱安定性にも優れ、理論容量も約 170 mAh g^{-1} と比較的大きい。しかしながら、この材料の大きな問題は、電子導電性が他の正極活物質（$LiCoO_2$:10^{-3} S cm^{-1}、$LiMn_2O_4$:10^{-5} S cm^{-1}）に比べ極めて低い（$LiFePO_4$:10^{-9} S cm^{-1}、$LiMnPO_4$<10^{-11} S cm^{-1}）[11-13]ということである。従って、これらの材料を電極活物質として用いるには、他の金属のドーピングなどによる材料自体の電子導電性を向上させることは勿論であるが、導電性物質との複合化により電極内での導電パスを構築することも解決策の一つである。従って、電極活物質の導電性の問題を解決する上で、その合成法が重要となる。

2. 2　正極活物質の合成法

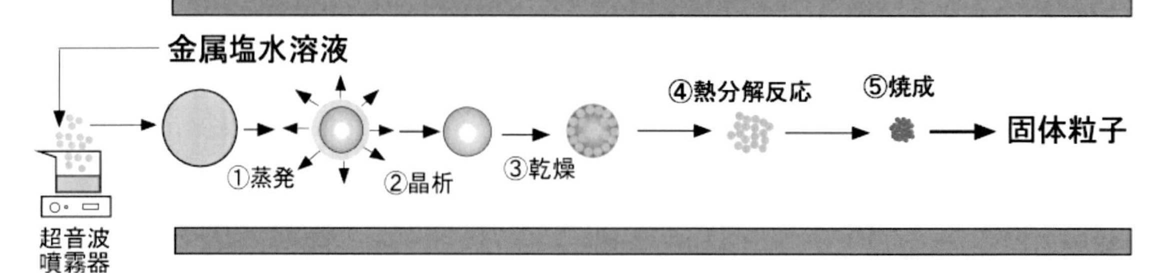

図2　噴霧熱分解法における液滴－粒子転換プロセス

正極活物質の主な合成法としては、固相反応法、ゾルゲル法、共沈法、水熱法、噴霧熱分解法などがある。これらの合成法の中で、均一な組成の固体微粒子を短時間で合成できる噴霧熱分解法は、電極活物質の合成において有効な合成法である。この方法では、原料となる金属塩を目的物質の量論比で蒸留水に溶解させ、これを超音波噴霧器や二流体ノズルを用いて数ミクロンから数十ミクロン程度の微小液滴にし、高温の反応器に導入する。**図2**に示すように、反応器に導入された微小液滴は、その表面から溶媒が蒸発し、溶質の析出或いは沈殿（晶析）、乾燥、熱分解を経て固体粒子となるが、物質によっては熱分解後、焼結を経て結晶化した固体粒子となる場合もある。この合成法では、数秒～数十秒程度の反応時間で固体粒子が得られるため、微細な一次粒子が凝集した比較的粒子径のそろった球状ナノ構造粒子の合成が可能である。また、数ミクロンから数十ミクロンの微小液滴が反応場となるため、得られる固体粒子内の組成も均一であり、原料溶液と同一の組成の固体粒子が得られる。このため材料の組成制御も容易である。さらに、合成した材料に熱処理が必要な場合でも、組成が均一であるため固相反応法に比べはるかに短い熱処理時間で目的物質を得ることができる。このような点から、噴霧熱分解法は、異種金属置換型スピネル($LiM_xMn_{2-x}O_4$、M=Co、 Al、 Fe、 Cr)や $LiMPO_4$(M=Fe、Mn)などの多元系の微細なセラミックス微粒子の合成において有効な合成法の一つと考えられる。

3.　電極構造制御/モルフォロジーの制御

3.1 リチウムマンガンスピネル正極活物質のモルフォロジーの制御

$LiMn_2O_4$ は $LiCoO_2$ に変わる正極活物質としてこれまで活発に研究されてきた材料である。この材料は、充放電電位が約 4 V で、理論容量が 148 mAh g^{-1} であるため、当時、高出力を実現する正極活物質として注目されていたが、サイクル特性に問題があった。この問題に対して、Li ら[8]、および Song ら[9]は固相反応法を用いて、Mn の一部を Co、 Ni、 Cr、 Al で置換した $LiM_xMn_{2-x}O_4$(M=Co、 Ni、 Cr、 Al)を合成し、これらの金属をドープすることで、サイクル特性が改善されることを明らかにした。また、Taniguchi ら[14]、Taniguchi[15]は、噴霧熱分解法を用いてこれらの材料の合成を試み、**図3**に示すように、約 100 nm 未満の 1 次粒子が凝集した 1 μm 程度の球状ナノ構造粒子を合成できることを明らかにした。なお、金属置換により粒子の表面が滑らかになり、内部構造が疎から密に変化しているのは、原料溶液（pH≒2）中に含まれる Mn と Al、Cr、Co イオンの加水分解反応による水酸化物としての沈殿の過程が異なるためだと考えられる。Mn イオンの場合では、比較的高い pH（室温では 8 程度）でこの反応が起きるため、図2の液滴か

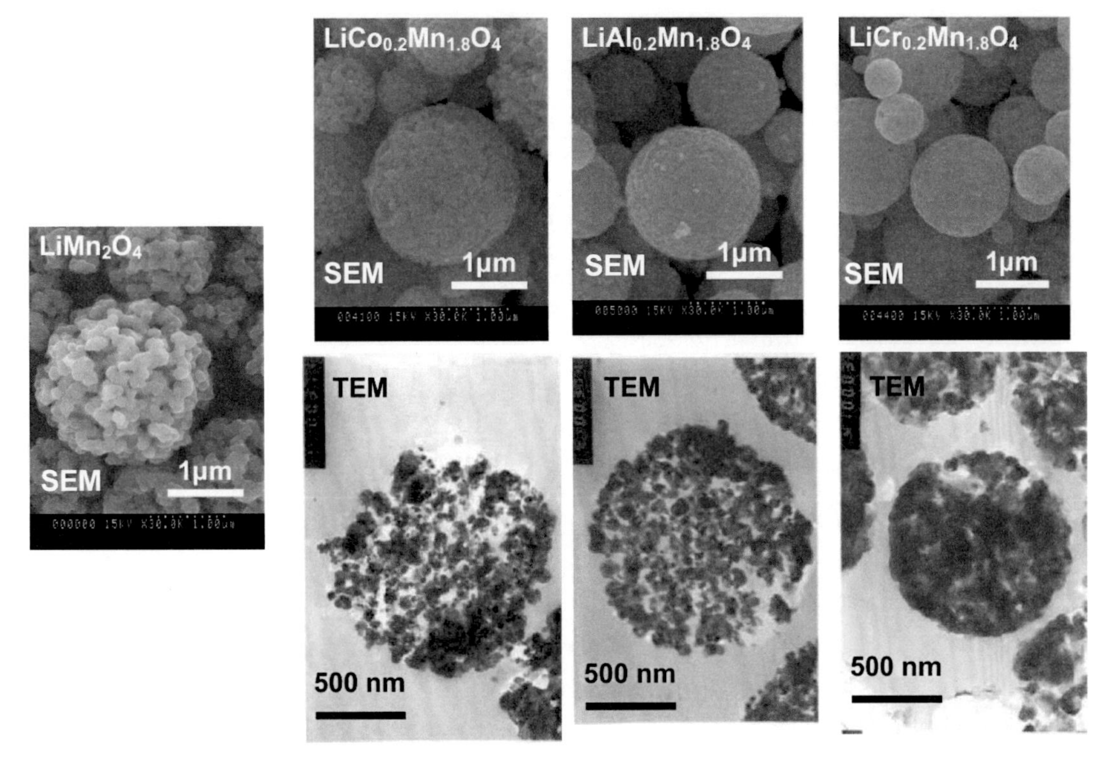

図 3　噴霧熱分解法により合成された $LiM_{0.2}Mn_{1.8}O_4$ (M=Mn,Co,Al,Cr)の粒子形態

らの溶媒の蒸発の中期から末期にかけて Mn の水酸化物の沈殿が生成し、一次粒子の成長が起きるので SEM 像で見られるような粒子形態となったと考えられる。これに対して、Cr は比較的低い pH（室温では 5 程度）で加水分解反応が起きるため、液滴からの溶媒の蒸発の初期で沈殿が起き、小さい一次粒子が生成し、それが凝集して図 2 の焼成のプロセスで粒成長し、最終的に TEM 像で見られる密な構造の粒子が得られたと考えられる。置換した材料の中で $LiAl_xMn_{2-x}O_4(0\leqq x\leqq 0.2)$ に注目

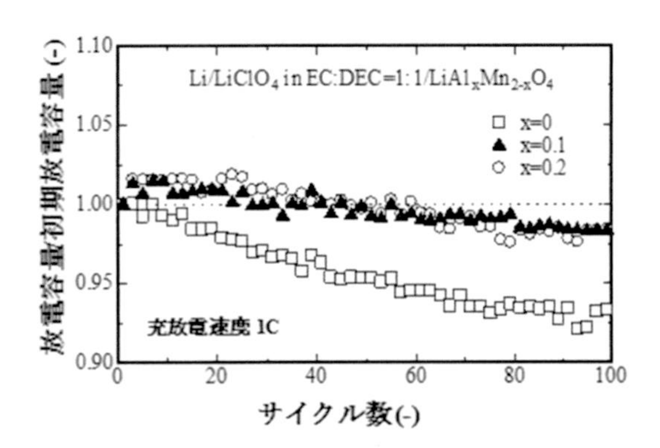

図 4　$LiAl_xMn_{2-x}O_4$ 正極活物質のサイクル特性

してみると、**図 4** に示すように、噴霧熱分解法で合成した $LiMn_2O_4$ の 100 サイクル後の容量劣化は初期放電容量に対して 7%であるのに対して、 Mn の一部を Al で置換することにより 1%以下となった。また、固相反応法で合成した $LiMn_2O_4$ は電池として作動しなかった高速充放電条件(5C 以上)におい、噴霧熱分解法で合成した $LiMn_2O_4$ は作動する正極活物質であった。また、Mn の一部を Al で置換することで一次粒子径がより小さくなるため、**図 5** に示したように、さらに高速充放電特性を改善することができた。これらの結果は、噴霧熱分解法により組成が均一で微細でかつ結晶性の良い一次粒子が凝集したナノ構造のリチウ

ムマンガンスピネルを合成できたことによるものである。

粉体のハンドリングおよび充てん密度の観点からすると微粒子は好ましくない。特に、ナノ粒子になってしまうとハンドリングが厄介である。しかしながら、電気自動車やプラグインハイブリッド自動車などに搭載される二次電池のように、高速充放電操作が要求される場合、結晶性に優れた数十ナノメートルの一次粒子が凝集したナノ構造マイクロ粒子が電極材料として求められる。前節で紹介したように、医療用超音波噴霧器を用いた噴霧熱分解法により、100 nm 以下の一次粒子が凝集した球状ナノ構造粒子(粒子径:1μm 程度)の合成が可能である。しかしながら、合成の際に二流体ノズル等の工業用の噴霧器を用いて 10μm 程度の比較的大きな粒子の合成を試みると、大概は中空粒子となってしまう。このような問題を解決するために、最近、Taniguchi ら[16]は、噴霧熱分解法と噴霧乾燥法を組み合わせた粉体合成法を用いて $LiMn_2O_4$ ナノ構造球状マイクロ粒子の合成を行った。合成は、まず、硝酸リチウムと硝酸マンガン 6 水和物を目的物質の量論比で蒸留水に溶解させ、これを 800℃に設定した反応器内に工業用噴霧器を用いて噴霧した。その結果、1～10μm 程度の $LiMn_2O_4$ 粒子を合成することができた。しかしながら、合成した粒子の内部構造を TEM で観察すると、2μm 以下の粒子は中実粒子であるが、5μm 以上になると殆どが中空粒子[16]であった。そこで、この材料を、ボールミルを用いて湿式粉砕してスラリー溶液を調製し、これを再び高温反応器内に噴霧した。さらに、得られた試料を 750℃で 1 時間、焼成を行うことで、結晶性に優れた $LiMn_2O_4$ 球状マイクロ粒子を得ることができた。合成条件を最適化して得られた試料の粒子径分布とそのリチウム二次電池特性をそれぞれ、**図 6**、**図 7** に示す。合成された試料の幾何平均径は 5μm であり、その内部構造は細かい一次粒子が凝集した多孔質構造である。この材料のリチウム二次電池特性は、室温において 100 サイクル後の容量劣化は初期容量に対して 14%、

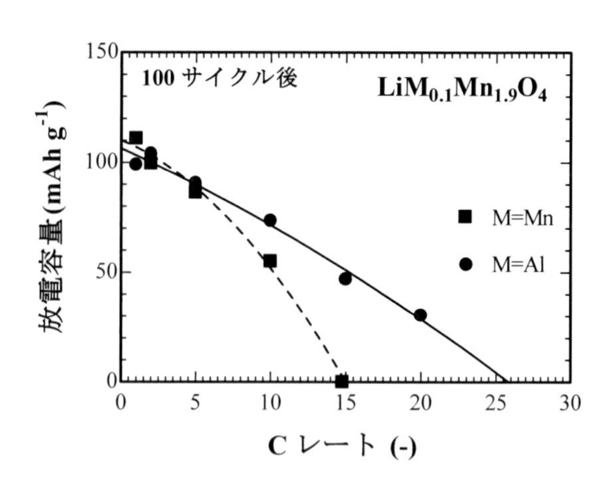

図 5　$LiAl_xMn_{2-x}O_4$ 正極活物質のレート特性

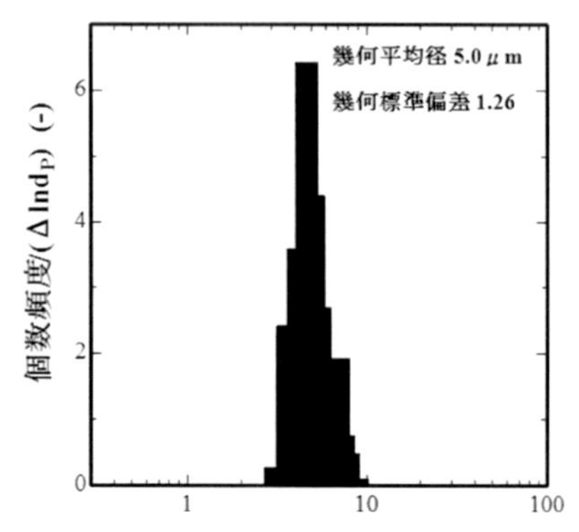

図 6　噴霧熱分解法-噴霧乾燥法により合成した $LiMn_2O_4$ の粒子径分布

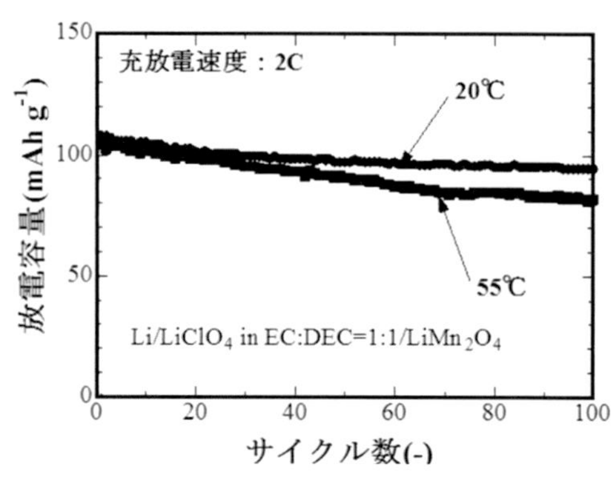

図 7　噴霧熱分解法-噴霧乾燥法により合成した $LiMn_2O_4$ のサイクル特性

55℃において 100 サイクル後の容量劣化は、初期容量に対して 22%であった。また、高速充放電特性も図 5 で示した $LiMn_2O_4$とほぼ同等[16]であった。

3. 2 オリビン型正極活物質の形態制御

オリビン型正極活物質は組成式で$LiMPO_4$と表され、Mの部分にはマンガン、鉄、あるいはコバルトなどの遷移金属が含まれる。この材料のリチウム二次電池正極材料への応用は、1997 年に Padhi ら[10]によって最初に報告された。この材料は電池電位が比較的高いが、電子導電性が著しく低い[11-13]という問題を抱えている。このことは、電極材料として用いる際に電極反応の速度を制限してしまうという問題につながり、オリビン型リン酸塩の実用化を妨げている。しかしながら、最近、噴霧熱分解法[17]、あるいは噴霧熱分解法と遊星ボールミルを組み合わせた合成法[18]によりこの問題を解決できることが報告されている。以下では、その成果を紹介する。

$LiMn_2O_4$ の場合は噴霧熱分解法を用いることで球状のナノ構造粒子が合成できたが、リン酸塩化合物の場合、金属リン酸塩が沈殿しやすいという性質から噴霧熱分解法のみでは $LiFePO_4$ のナノ構造粒子を合成することはできない。また、原料塩の反応性の問題から、噴霧熱分解で得られた試料を、その後二次焼成する必要があった。

Konarova & Taniguchi[17]は、原料溶液を 500℃で噴霧熱分解し、得られた前駆体を 600℃で 4 時間、3%水素を含む窒素ガス雰囲気で二次焼成することで、単相のオリビン構造を有する $LiFePO_4$ を合成した。しかしながら、この材料は、粒子径が数 μm 程度と大きく、結果的に 0.1C における初期放電容量も 100 mAh g^{-1}(理論容量の 59%)と低いものであった。そこで、原料溶液にカーボン源としてクエン酸を添加し、これを噴霧熱分解し、その後焼成することで $LiFePO_4$ とカーボンの複合体を合成した。その材料のリチウム二次電池特性を調べたところ、**図 8** に示したように、初期放電容量はカーボン残量が増加するに伴い最初急激に増加し、その後緩やかに減少した。この結果から、$LiFePO_4$ を用いた正極の電気化学特性を向上させるには、カーボンの添加が有効であることが明らかである。しかしながら、この合成法では**図 9** に示すように、合成した材料の粒子径は数ミクロン程度である。また、

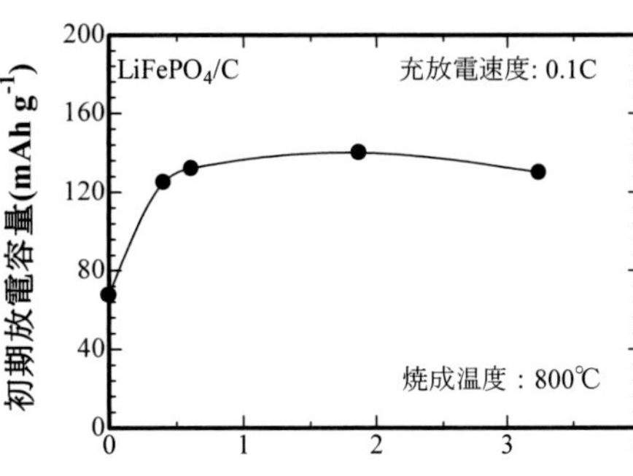

図8　$LiFePO_4/C$ の炭素含有量と初期放電容量の関係

(a) Carbon content：0.87 wt%

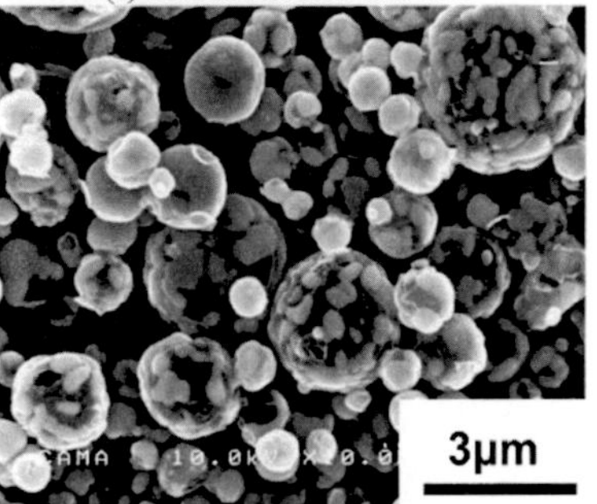

(b) Carbon content：1.87 wt%

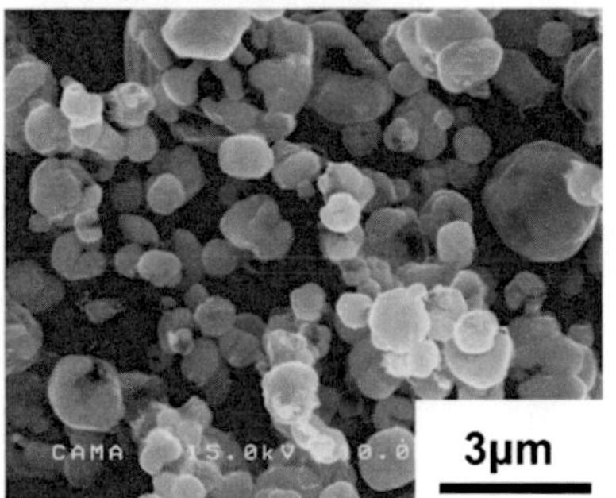

(c) Carbon content：3.27 wt%

図9　噴霧熱分解法で合成された $LiFePO_4/C$ の粒子形態

合成した材料の高速充放電特性を調べると、**図 10** に示したように、最適化された条件で合成した試料において、0.1C で初期放電容量が 140 mAh g^{-1}（理論容量の 82%）であったのに対して 5C では 84 mAh g^{-1} まで減少し、高速充放電特性に問題があることが明らかとなった。

そこで、Konarova & Taniguchi[18]は、低温噴霧熱分解法（500℃）でまず、目的物質（$LiFePO_4$）の前駆体を合成し、これを、遊星ボールミルを用いて湿式で細かく粉砕するとともに、粉砕時にアセチレンブラックを添加して炭素との複合体材料を合成し、その後 3%水素を含む窒素ガス雰囲気で、600℃、4 時間焼成することで、結晶性に優れた $LiFePO_4$ とアセチレンブラックの複合体の合成に成功した。

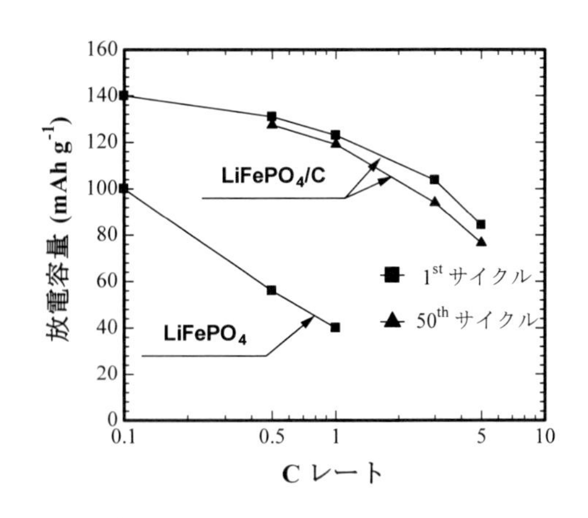

図10　噴霧熱分解法で合成された $LiFePO_4$/C のレート特性

図 11 に合成条件を最適化して得られた $LiFePO_4$ とカーボンの複合体材料の TEM 画像および粒子径分布を示す。図から明らかなように、50～200 nm 程度の $LiFePO_4$ 微粒子の表面に約 10 nm 以下のカーボン層が形成されたナノ構造・ナノ複合体材料が合成できていることが確認できる。

図 11 に示した材料の高速充放電特性を**図 12** に、サイクル特性を**図 13** に示す。合成した材料は、0.1C の条件で 165 mAh g^{-1} の初期放電容量を示した。これは、理論容量の 97%に相当するものである。さらに、60C の充放電条件においても 75 mAh g^{-1} の初期放電容量を示し、高速充放電特性に優れた材料であることが明らかである。また、1C～60C の何れの充放電条件においても、100 サイクル後の放電容量が、初期放電容量と同じ値を示している。

これらの結果より、低温噴霧熱分解法により $LiFePO_4$ 前駆体を合成し、これを、ボールミルを用いて湿式粉砕するとともにアセチレンブラックとの複合化を行い、その後、二次焼成することで、極めて電池特性に優れた $LiFePO_4$ 正極活物質の合成が可能であることを明らかにした。

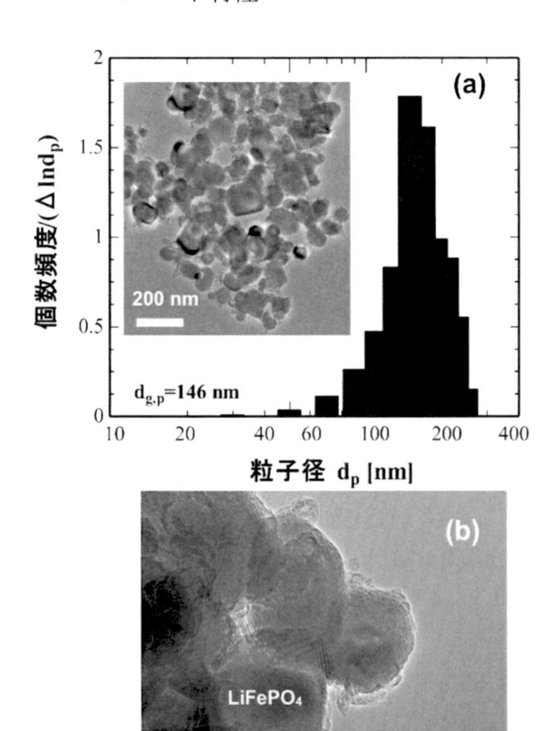

図 11　$LiFePO_4$/C 複合体材料の形態

$LiMnPO_4$ は $LiFePO_4$ とほぼ同じ理論容量(171 mAh g^{-1})であるが、作動電位が $LiFePO_4$ よりも約 0.7 V 高い。このため、この正極材料を用いることでより高出力な二次電池の開発が可能になり、電池の高

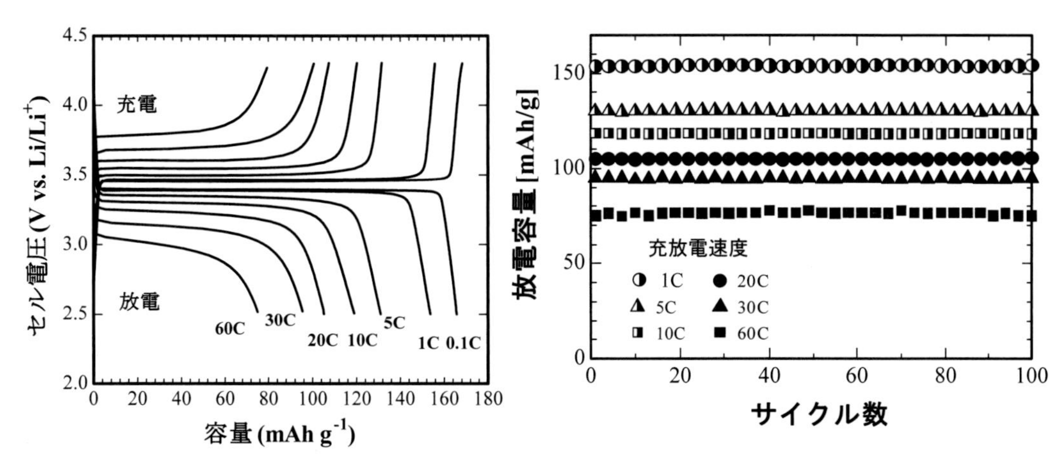

図 12　$LiFePO_4$/C 複合体のレート特性　　図 13　$LiFePO_4$/C 複合体のサイクル特性

出力化にとって魅力的な材料である。しかしながら、この材料は電子導電性が $LiFePO_4$ よりもさらに低く、実用化に向けてこの問題を解決する必要がある。

Doan & Taniguchi[19]は、低温噴霧熱分解法と湿式ボールミルを用いた新規合成法により、電池性能に優れた $LiMnPO_4$ の合成に成功した。彼らの合成法では、原料溶液を 300℃で噴霧熱分解して得られた前駆体を、遊星ボールミルを用いて湿式で粉砕するとともに、この粉砕操作においてアセチレンブラックを添加してアセチレンブラックとの複合体を作製し、その後、3% 水素が含まれる窒素雰囲気で 500℃、4 時間、焼成することで目的物質を合成した。合成した材料の性状・形態は、**図 14** に示すように、100 nm 以下の一次粒子が凝集したナノ構造粒子であり、その表面にはカーボンが被覆されている。この材料の室温における初期サイクルの充放電曲線、サイクル特性、高速充放電特性をそれぞれ、**図 15**、**図 16**、**図 17** に示す。合成した材料は、0.05C で 147 mAh g^{-1}、0.1C で 145 mAh g^{-1}、1C で 123 mAh g^{-1} の初期放電容量を示すとともに、3 種類の充電条件においても良好なサイクル特性およびレート特性を示した。また、Bakenov & Taniguchi[20,21]は、Mn の一部を Mg でドープすることや複合化

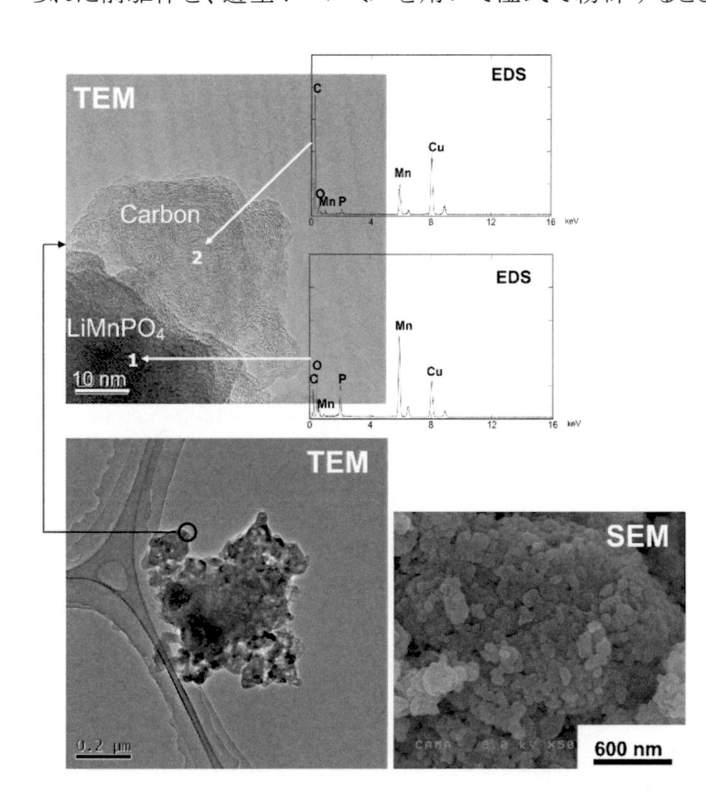

図 14　$LiMnPO_4$/C ナノ構造・ナノ複合体粒子

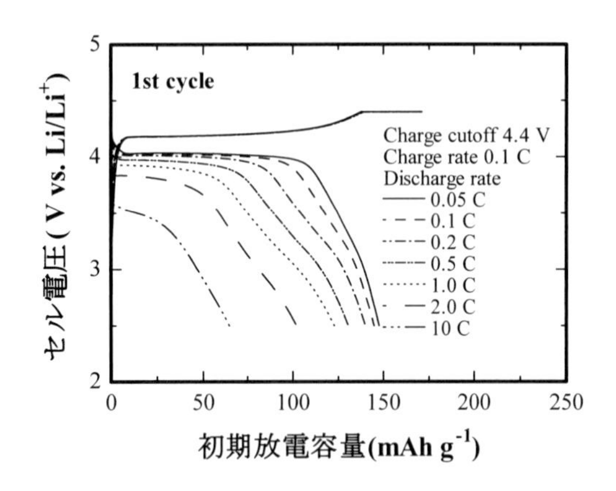

図 15　LiMnPO4/C ナノ構造･ナノ複合体の充放電曲線

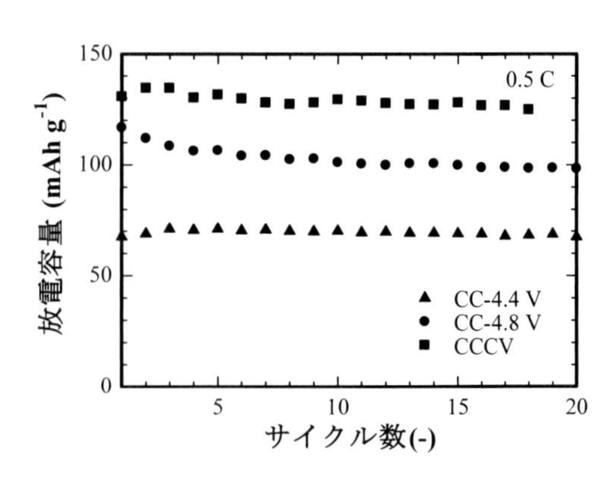

図 16　LiMnPO4/C ナノ構造･ナノ複合体のサイクル特性

するカーボンとしてケッチンブラックを用いることで、電池特性をさらに改善できることを報告している。特に高比表面積を有するケッチンブラックを用いた場合、理論容量の 97%の放電容量を得る事が出来たと報告している。さらに、高容量次世代正極活物質として期待されている Li_2MSiO_4（M＝Fe, Mn）[22,23]や $Li_2FeP_2O_7$[23]においても、前述した合成法により電池特性が改善できることが、報告されている。

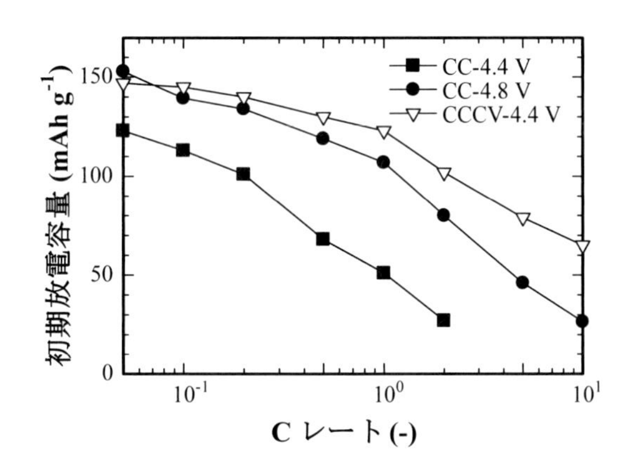

図 17　LiMnPO4/C ナノ構造･ナノ複合体のレート特性

電子およびイオン導電性の低いオリビン構造を有する正極材料の電池特性の改善として、これまで、固相反応法、ゾルゲル法、水熱合成法など様々な合成法が提案されてきたが、それらはバッチプロセスであったり、高温での焼成時間が長い場合や組成の制御が困難であるなどの問題を抱えている。これに対して、今回開発した合成プロセスは、前駆体を噴霧熱分解法で合成することで、組成の均一な目的物質の多結晶体をその後の導電性物質との複合化に用いることができるため、焼成時間を大幅に短縮できることや目的物質の表面に効率よく導電性物質をコーティングすることが出来ることで、従来の方法よりも優位性がある。なお、合成された材料は、最終的にほぼ理論容量に匹敵する放電容量を示し、高速充放電特性にも優れた材料であった。

おわりに

噴霧熱分解法、噴霧熱分解法と噴霧乾燥法を組み合わせた粉体合成法、さらには噴霧熱分解法と遊星ボールミル粉砕法を組み合わせた粉体合成法は、ナノ構造･ナノ複合体材料の合成に有効であることを紹介した。特に、噴霧熱分解法と遊星ボールミル粉砕法を組み合わせた粉体合成法は電子導電性の低い正極活物質の問題を解決する合成法である。これまで開発されてきた正極材料($LiCoO_2$、 $LiNiO_2$、$LiMn_2O_4$ 等)は、結局、今振り返ると比較的電子導電性の高い材料であり、今後次世代正極材料として期待される材料は、これまでのような高い電子導電性を有していることはあまり期待できない。そうなると、今後、材料のナノ構造化・ナノ複合化の技術が益々重要になってくると予想される。今回紹介した粉体合成法が次世代蓄電池開発の一助となることを期待したい。

引用文献

[1] X. Yuan, H. Liu and J. Zhang, Lithium-ion Batteries, CRC Press, Boca Raton (2012).

[2] 小久見善八編「リチウム二次電池」オーム社(2008).

[3] K. Mizushima, P. C. Jones, P. J. Wiseman and J. B. Goodenough, *Mater. Res. Bull.*, **15**, 783-789(1980).

[4] J. R. Dahn, U. Von Sacken, M. W. Juzkow and H. Al-Janaby, *J. Electrochem. Soc.*, **138**, 2207-2211(1991).

[5] J. M. Tarascon, E. Wang, F. K. Shokoohi, W. R. McKinnon and S. Colson, *J. Electrochem. Soc.*, **138**, 2859-2864(1991).

[6] J. M. Tarascon, W. R. McKinnon, F. Coowar, T. N. Bowmer, G. Amatucci and D. Guyomard, *J. Electrochem. Soc.*, **141**, 1421-1431(1994).

[7] R. J. Gummow, A. de Kock and M. M. Thackeray, *Solid State Ionics*, **69**, 59-67(1994).

[8] G. Li, H. Ikuta, T. Uchida and M. Wakihara, *J. Electrochem. Soc.*, **143**, 178-182(1996).

[9] D. Song, H. Ikuta, T. Uchida and M. Wakihara, *Solid State Ionics*, **117**,151-156(1999).

[10] A. K. Padhi, K. S. Nanjundaswamy and J. B. Goodenough, *J. Electrochem. Soc.*,**144**,1188-1194(1997).

[11] S. -Y. Chung, J. T. Bloking and Y. M. Chiang, *Nature Mater.*, **2**,123-128(2002).

[12] C. Delacourt, L. Laffont, R. Bouchet, C. Wurm, J.-B. Leriche, M. Morcrette, J.-M. Tarascon and C. Masquelier, *J. Electrochem. Soc.*, **152**, A913-A921(2005).

[13] K. Rissouli, K. Benkhouja, J. R. Ramos-Barrado and C. Julien, *Mater. Sci. Eng.*, **B98**, 185-189(2003).

[14] I. Taniguchi, D. Song and M. Wakihara, *J. Power Sources*, **109**, 333-339(2002).

[15] I. Taniguchi, *Mater. Chem. Phys.*, **92**,172-179(2005).

[16] I. Taniguchi, N. Fukuda and M. Konarova, *Powder Technol.*,**181**, 228-236 (2008).

[17] M. Konarova and I. Taniguchi, *Mater. Res. Bull.*, **43**, 3305-3317(2008).

[18] M. Konarova and I. Taniguchi, *J. Power Sources*, **195**, 3661-3667(2010).

[19] T. N. L. Doan and I. Taniguchi, *J. Power Sources*, **196**, 1399-1408(2011).

[20] Z. Bakenov and I. Taniguchi, *J. Electrochem. Soc.*,**157**, A430-A436(2010).

[21] Z. Bakenov and I. Taniguchi, *J. Power Sources*, **195**, 7445-7451(2010).

[22] B. Shao and I. Taniguchi, *J. Power Sources*, **199**, 278-286(2012).

[23] B. Shao, Y. Abe and I. Taniguchi, *Powder Technol.*, **235**, 1-8 (2013).

[24] H. Nagano, I. Taniguchi, *J. Power Sources*, **298**,280-285(2015).

II 燃料電池/二次電池の製造技術（電極製造技術を中心として）

II－１　塗布技術の基礎と電極構造形成

山村　方人
（九州工業大学）

１．精密塗布技術

塗布は、基材上の空気を液体で置換する操作である。特に液体薄膜を基材上に形成させる場合には、液膜塗布またはウェットコーティングと呼ばれる。液膜塗布は光学フィルム、機能紙、包装印刷、感光体ドラム、積層セラミックコンデンサ、カラー鋼板など様々な製品の製造に広く用いられる基盤技術の一つであり、電池製造においてもその役割は大きい。リチウムイオン電池の電極形成工程では、導電性粒子が高濃度分散したスラリーが、矩形状またはストライプ状のパターンとして基板表面に塗布される。また耐熱性を付与するため、セパレータへアルミナ粒子を含むセラミックスラリーが塗布される。前者ではスロットダイ塗布が、後者ではグラビア塗布がそれぞれ用いられる例が多い。また電極構造の形成には、液膜形成に続く乾燥工程がしばしば大きな影響を与える。例えば燃料電池空気極の乾燥過程では、導電性粒子が互いに接合した導電経路、粒子表面のアイオノマー層によるプロトン伝導経路、粒子間の間隙による酸素拡散経路、反応で生じる液体水の排出経路が同時に形成される。これらの経路を適切に形成するには、乾燥に伴う局所的な成分分布の時間発展を理解することが重要である。

Roll-to-roll 方式の液膜塗布プロセスは一般に、混合分散、基材の巻出し・表面処理・搬送・巻き取り、塗布、乾燥硬化、貼合、切断等の各工程からなる（図１）。このうち分散工程では粒子凝集が、塗布工程では縦筋、横段、空気同伴などの塗布欠陥が、乾燥工程では表面凹凸、端部の厚膜化、成分偏析、応力発達、き裂進展などの乾燥欠陥が、それぞれ生じる場合がある。高濃度粒子分散液の塗布では、高いせん断応力が作用することで流体が力学的に不安定となり、塗布欠陥が生じやすい。塗布膜厚が増加するとより高速まで安定塗布が可能となるが、一方で乾燥工程における端部の厚膜化や成分偏析が生じやすい。

以下ではスロットダイ塗布の基本的特徴と、乾燥の基礎、乾燥過程におけるき裂形成抑制の考え方についてそれぞれ述べる。

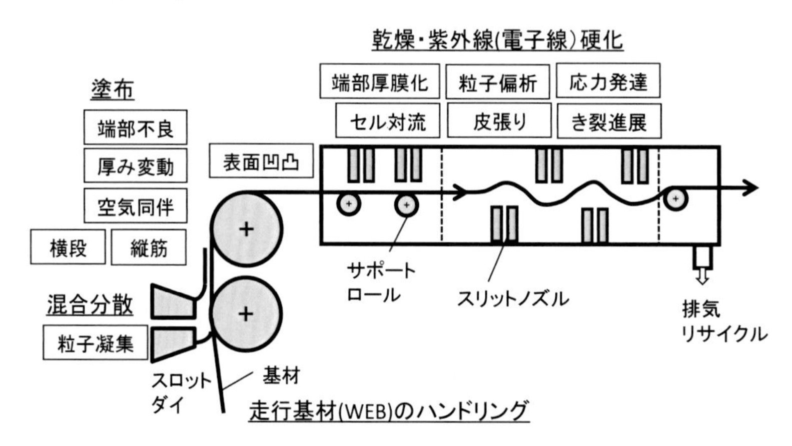

図１　Roll-to-roll 塗布プロセスと塗布乾燥欠陥

２．スロットダイ塗布

２．１　仕組みと特徴

スロットダイ塗布では、キャビティ中央部または側部から供給された液体が，スリット流路から押し出され，一定速度で走行する基材とダイリップとの間にビード(bead)と呼ばれる液溜まりを形成する。高粘度液の高速塗布時においてビードを力学的に安定に保つため、ダイ上流に減圧室が設けられることもある（図２a）。ダイリップと基材の間隙をコーティングギャップと呼ぶ（図２b）。スロットダイ塗布における塗布膜厚は、単位塗布幅当りの流量 q と基材速度 U を用いて q/U で与えられ、液物性やコーティングギャップには依存しない。供給液の全量が塗布膜となるこの塗布方式を、一般に前計量塗布という。スロットダイ塗布の他にカーテン塗布、スライド塗布が前計量塗布に属する。

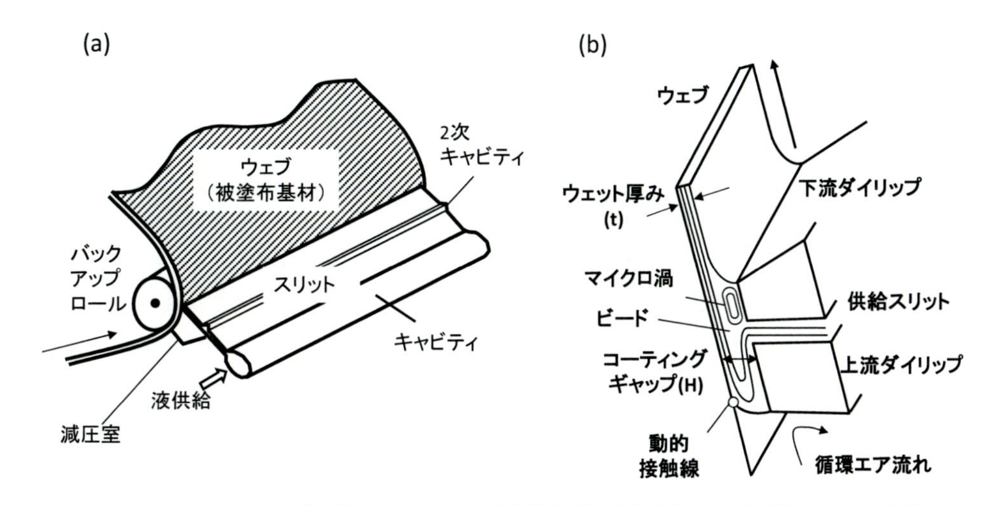

図２　スロットダイ塗布における(a)装置構成と(b)ビード付近の拡大図

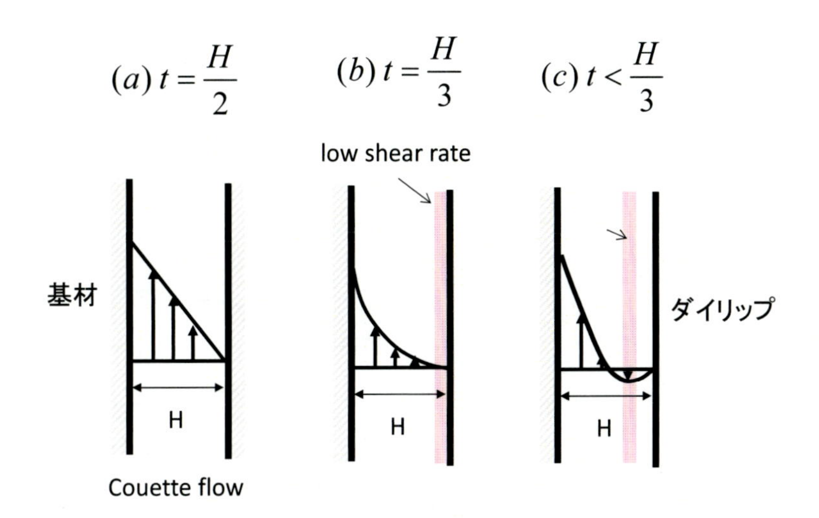

図３　スロットダイ塗布におけるビード内の基本流れ

スロットダイ塗布におけるビード内の流れは、塗布膜厚（t）とコーティングギャップ（H）の比によって変わる。簡単のため、走行基材とダイリップの表面が互いに平行なビード内におけるニュートン流体の流れを考えよう。厚み t が H/2 に等しい場合、ビード内の速度分布は直線であり、せん断速度は厚み方向に均一となる（図３a)。この流れをクエット流れという。基材速度を一定に保ったまま供給流量を減少させると、塗布膜厚が低下し、ビード内の速度分布は理論的に２次曲線となる。塗布膜厚が t＝H/3 に達すると、ダイリップ表面における速度勾配すなわちせん断速度はゼロとなる（図３b)。さらに塗布膜厚が低下すると、ダイリップ近傍では逆流が生じる（図３c)。このときビード内に形成される循環渦内で凝集成長した分散粒子が、塗布膜へ同伴されると、異物欠陥となる場合がある。

２．２　塗布厚みの均一性

幅方向に厚みが均一な塗布膜を得るには、ダイ先端からの吐出流量（q）が幅方向位置によらず一定でなければならない。それには１）キャビティ内の流体圧が幅方向に均一であること、及び、２）スリット流路幅が均一であることが求められる。

前者を満たす条件は、キャビティ内の流れにおける慣性力と粘性力の比、すなわちレイノルズ数によって異なる[1)-3)]。キャビティ端部から液体を供給した場合を考えよう（図４a)。供給流量が十分に小さく、流体の慣性力が粘性力に比べて無視小である場合、キャビティ壁面で作用する粘性抵抗によって流体圧が流れ方向に減少するので、キャビティ端部では供給口近傍に比べ塗布膜は薄くなる。逆に慣性力が粘性力に比べて十分大きな高流量では、流れ方向の平均速さの２乗に比例して動圧が増大する結果として、端部近傍での膜厚が厚くなる（図４b)。図には示さないが、キャビティ流れに対し直交方向に液を供給する場合には、供給口近傍の圧力が局所的に増加しウェット膜厚が厚くなる[4)]。これらの場合、流量均一化のためスリット流路内に２次キャビティが設けられることもある。

キャビティ内の圧力が一定であっても、スリットの流路幅が不均一であると、ダイ先端からの吐出流量は一定にならない。スリット内の流れを平行平板間の層流として考えると、流量 q はスリット流路幅の３乗に比例することが理論的に導かれる。スリット幅が設計値 100 µm に対し ±2 µm の加工誤差を有すると、ダイ先端における流量すなわち塗布膜厚の偏差は $1.02^3-1=0.061$ (6.1%)となる。光学フィルム等では 1%以下の厚み偏差が求められることも多いので、スロットダイ作成では精密な機械加工が重要である。

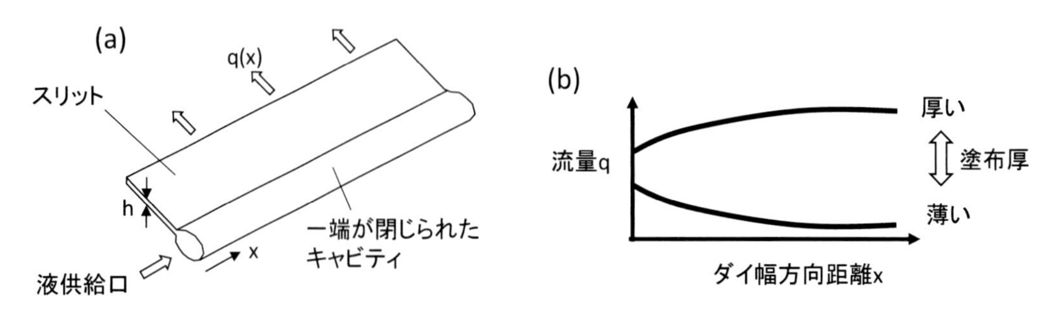

図４ (a)ダイへの液の供給・吐出と(b)膜厚不均一

2．3　外乱存在下での塗布厚みの変動

現実の塗布プロセスではコーティングギャップ、供給液流量、基材速度，減圧室内圧等の時間変動が少なからず存在する。例えば基材を介してスロットダイの反対側に偏心したバックアップロールがあると、ロールの回転と同周期でコーティングギャップが変動する。この変動に応答してビード内の圧力場が変化すると、塗布膜厚が周期的な増減を示す場合がある。外乱に対する時間応答を理解することは、スロットダイを適切に設計操作する上で重要である。

正弦波で表される外乱を入力として与え、出力の振幅や位相から系の特性を解析する手法を周波数応答と呼ぶ。例えばコーティングギャップの基準値を H_0、最大変動量を H_m とすると、ギャップの時間変動は $H(t) = H_0 + H_m \sin(\omega t)$ で表される。ここでωは変動の周波数である。この外乱を与えた場合についてスロットダイ内部の流れ場を異なる時刻で求めると、塗布膜厚(t)の時間変動が得られる。出力値である膜厚変動は一般に、入力であるギャップ変動に比べある遅れを持って現れる（図５a)。外乱がない場合の基準膜厚を t_0、膜厚の最大変動量を t_m とすると、外乱に対する膜厚の感度は $\alpha = (t_m/t_0)/(H_m/H_0)$ で定義される増幅係数（α）で評価できる。定常状態で操作されるスロットダイ塗布では、塗布膜厚はコーティングギャップに依存しないので $\alpha=0$ となる。ギャップ変動が緩慢でその周波数の低いとき、流れは定常状態と変わらず、膜厚はほとんど変動しない。またギャップ変動が非常に速い場合も、流れがこの変動に追従できないので、増幅係数は低くなる。これに対して変動周波数がある範囲にあるとき、増幅係数が１以上となる場合がある。スロットダイ塗布の周波数応答 [5)]によれば、周波数 ω =1000Hz の場合、増幅係数は $\alpha=4$ となる。すなわち 1%のギャップ変動（H_m/H_0=0.01）に対して、膜厚変動量は 4%（t_m/t_0=4×0.01=0.04）と大きくなる。

こうした外乱に対する応答はダイ形状に依存する。上流側ダイリップ先端がより基材に近いものを underbite（図５b)、逆に下流側先端がより基材に近いものを overbite（図４c）と呼ぶと、300Hz 以上の高周波数領域では overbite 形状の方が低い増幅係数を示し、より外乱に強い。これは下流側に比べより広い上流側コーティングが、ギャップ変動による圧力分布の変化を緩和するためである。これに対し周波数 10～300Hz の外乱があるときは、underbite 形状の増幅係数は overbite 形状のそれより低く、均一塗布に優れている。最近では、せん断速度の増加に伴ってせん断粘度が低下する shear-thinning 流体についても、同様の周波数応答解析が行われている [6)]。

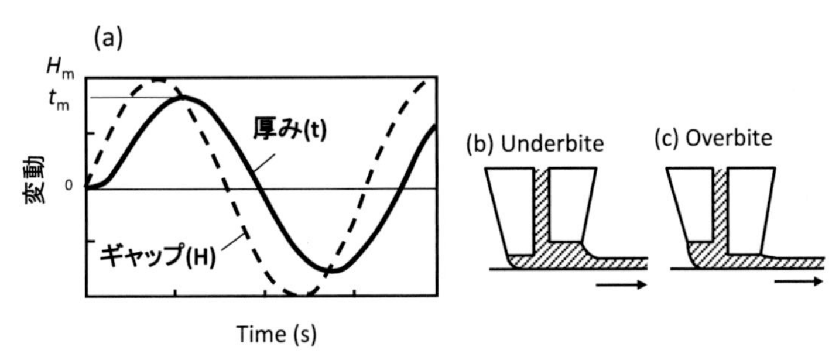

図５　(a)コーティングギャップの周期的変動に対する厚み応答と
(b)(c)側面から見たダイの Underbite/Overbite 形状 [5)]

2．4　コーティングウィンドウ

スロットダイ塗布流れの安定性は、ダイへの供給流量、基材速度、コーティングギャップ、液物性、減圧室内の圧力などに依存する。これらの操作変数またはその組み合わせから２つを選び、それぞれを縦軸横軸にとると、塗布流れが安定で均一塗布が可能な領域と、流れが不安定となり塗布欠陥が生じる領域とを区分整理できる。このうち前者は、図中のある閉じた領域（窓）で示されることから、コーティングウィンドウと呼ばれる。例として、コーティングギャップ（H）とウェット膜厚（t）の比と、大気圧に対する減圧室内の圧力の差を変数とした場合のコーティングウィンドウを図６に示す。前述のように、H/t = 0.5 はビード内がクエット流れとなる条件を示す。膜厚が過剰に厚いと、上流側の気液界面（メニスカス）が減圧室へ引き寄せられて、液垂れ（leakage）欠陥を生じる。コーティングギャップを保ったまま流量すなわち塗布膜厚を減少させると、ある臨界厚み以下でこの液垂れ欠陥は消える。ところが更に塗布膜厚が薄くなると、上流側メニスカスと走行基材との交線である動的接触線が下流側へと移動し、やがて上流・下流側のメニスカスが合一して塗布膜表面が不均一となる。幅方向に広がるビードが部分的に崩壊することから、この塗布欠陥は bead break と呼ばれる。bead break の発生を抑制するには、上流側を減圧することで、上流側コーティングギャップを液で満たし安定なビードを形成すればよい。

また塗布膜厚がある臨界値以下となると、未塗布部（dry lane）が生じ基材走行方向に沿った周期的スジ模様が形成されることがある。この塗布欠陥は low-flow limit(LFL)と呼ばれる。２次元定常数値解析[7]によれば、LFL の発生臨界条件は理論的に $\mu U/\sigma = 1.8/\left(H/t-1\right)^{3/2}$ で与えられ、大気圧に対する減圧室内の圧力の差には依存しない。ここで μ は液粘度、U は基材速度、σ は表面張力である。LFL の発生要因は、下流側メニスカスの不安定性であり、bread break とは物理的に異なる。コーティングギャップが一定の条件で塗布膜厚 t を減少させると、下流側メニスカスが大きく湾曲してダイ内部へと侵入する。しかし幾何学的条件から、メニスカスの曲率半径は(H－t)/2 よりも小さく成り得ない。曲率半径がこの臨界値よりも小さくなるような厚みでは、メニスカスはその形状を保つことができず、３次元的に変形して dry lane を生じる。なお粘性力に比べて慣性力が支配的となると、基材速度が高くても LFL が生じない条件が存在することが報告されている。詳しくは原報を参照されたい[7]。

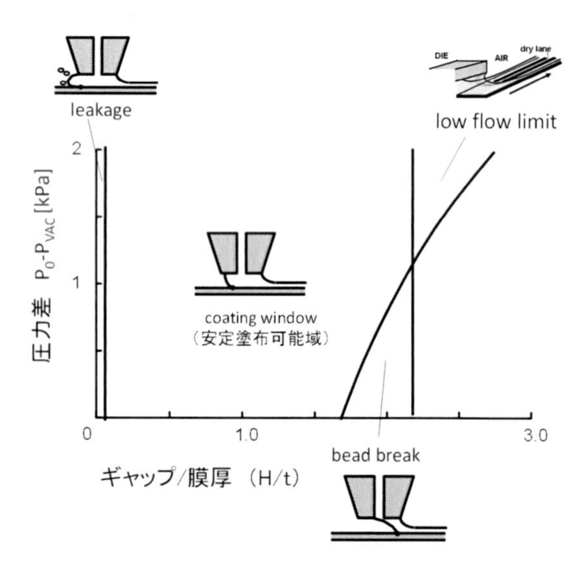

図６　コーティングウィンドウの例

２．５　分散粒子のせん断誘起拡散

塗布液中の粒子濃度が高い場合、粒子－粒子間の強い相互作用によって、せん断速度の高い領域から低い領域へ向かう粒子移動が生じる。これをせん断誘起拡散（shear-induced diffusion）という。例えば粒子分散液がスリット内を流れている場合を考えよう。流体速度はスリット中心軸上で最も高く、速度分布は中心軸に対して対称である。すなわちせん断速度の絶対値は、中心軸上においてゼロであり、スリット壁面上で最も高い。高せん断流れ場における粒子間の衝突頻度は、低せん断流れのそれに比べ高いので、粒子はせん断速度勾配に沿った方向、すなわち、スリット壁面から中心軸へ向かって拡散移動する。この場合、塗布前の混合工程によって粒子が均一分散されていても、分散液がスリット内を通過する間に流れに直交する方向へのせん断誘起拡散が生じ、粒子濃度はスリット中心軸で最も高くなる。

スロットダイ塗布において、スリットを通過した分散液は次いでビード内を流れる。ビード内の流れがクエット流れであればせん断速度は一定であるので、せん断誘起拡散は生じず、スリット内で形成された粒子濃度分布がビード内で保たれる。すなわち基板表面に原点を取った厚み方向座標をy、コーティングギャップをHとすると、ギャップ内の粒子濃度はy=H/2近傍で最も高くなる。

例えば粒子半径4 μmの非ブラウン球形粒子が平均体積分率59 %で分散した液体をスロットダイに供給すると、塗布膜厚とコーティングギャップの比 t/H に応じて異なる粒子濃度分布が生じる[8)]。塗布膜厚tがH/2に等しいとき、ビード内の粒子濃度はy=H/2近傍で極大値を示す（図7a)。これは２．１節で述べたように、ニュートン流体であればt/H＝0.5のときビード内はクエット流れとなるので、スリット内で生じた粒子濃度分布がビード内で保持されるためである。一方でより薄膜である t/H = 0.37 では、中央部ではなくダイリップ壁面近傍で粒子濃度が最大となる（図7b)。これは塗布膜厚 t が H/3 に近づくと、ダイリップ表面におけるせん断速度がゼロとなり、ビード内から壁面へ向かう粒子拡散が生じるためである。なお扁平粒子の場合は、球形粒子と比べてはるかに低い粒子体積分率1 %以下でせん断粒子拡散が生じることが知られている[9)]。

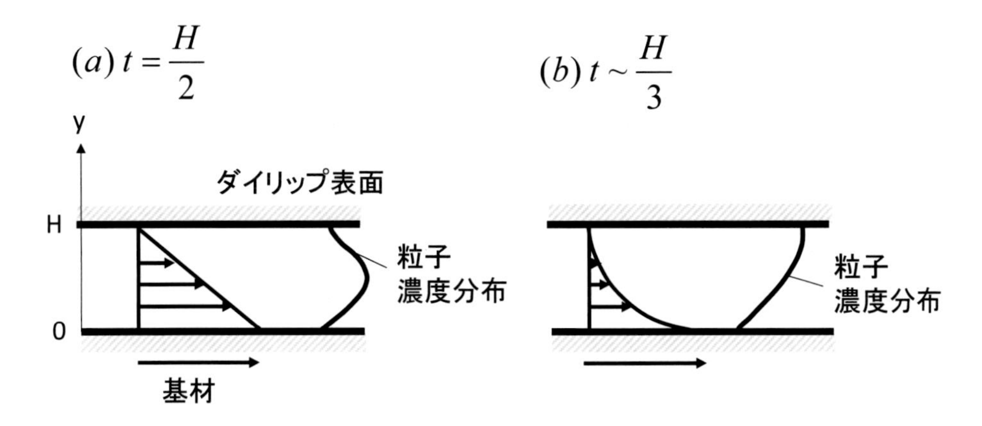

図７　コーティングギャップ内の粒子分布[8)]

２．６　パターン塗布

塗布液を基板上のある特定の領域のみに塗布する手法はパターン塗布（あるいはパッチ塗布、間欠塗布、離散塗布）と呼ばれる。電極形成では、矩形状パターンとなるようスラリーを塗布する場合も多い。パターン塗布は１）予め表面エネルギーの異なるパターンを形成させた基板全面に液体を塗布したのち、基板表面の局所的な濡れ性の違いと液体のはじき（de-wetting とも呼ばれる）現象を利用してパターンを形成する方法[10]、２）液供給の停止と開始を交互に繰り返すことで基板上に直接パターンを形成させる方法、３）液体と気泡からなるスラグ流れをスリット流路に発生させる方法[11]などに大別される。一般に１）は低粘度液に、２）は高粘度液に適している。しかし２）ではパターン形成終了時の膜厚が局所的に厚くなり、後に続く乾燥や巻き取りなどの工程に大きな影響を与えることが技術的課題の１つである。例えば下流側ビードに液が満たされた状態で、スロットダイへの液供給を停止した場合を考えよう（図８a）。停止前後で基材速度は変わらないので、下流側では停止前と同様に液体薄膜が形成されるが、ビード内の液体体積は時間と共に減少する。その結果、上流側の気液界面（メニスカス）は下流側へと移動し、やがて上流・下流側のメニスカスが液膜とダイリップ表面を結ぶ液架橋を形成する。この液架橋は trailing edge と呼ばれる（図８b）。この液架橋は時間と共に細くなり、ある時刻で破断する。破断時の trailing edge 内の液体体積が大きいほど、端部での液膜厚みは増加する。最近の数値解析[12]によれば、ダイの傾斜角 ϕ およびダイリップ表面上の静的接触角 θ_s が増加するほど trailing edge の発達を抑制され、より平滑な塗布パターンが得られる。これはいずれの場合も、気－液－固接触線がダイリップのコーナーに固定化されやすくなり、trailing edge の破断がより短時間で生じるためである。

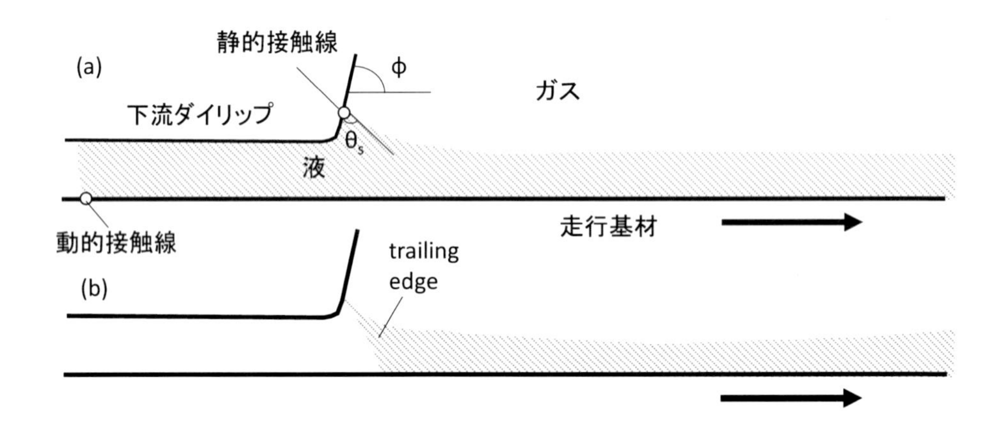

図８　スロットダイへの液供給を停止した場合の液面形状 (a)停止直後 (b)塗り終わり直前[12]

３．粒子分散系の乾燥

３． １　乾燥中に生じる諸現象

湿り材料中の液体を気体へ相転移させ、乾き材料を得る操作を乾燥と呼ぶ。ここでは電極形成を想定し、サイズの異なる大小固体粒子が均一分散した液体塗布膜の乾燥工程を考えよう。気液界面における溶媒の蒸気圧が乾燥雰囲気（気相）中のそれよりも高いとき、蒸気圧差に比例した速度で溶媒は蒸発する。両蒸気圧が等しければ気相は飽和であり、乾燥は進行しない。乾燥に伴って、気液界面が基材表面へ向かって後退する（図９a）。固形分濃度が比較的低い乾燥初期において、分散粒子や溶解高分子が蒸気圧に及ぼす影響が無視小で、且つ揮発性溶媒が単成分であるなら、この界面後退速度は時間によらずほぼ一定となる。

分散粒子には熱運動する溶媒分子がランダムに衝突するので、液中で粒子はブラウン運動を示す。ブラウン運動は粒径が小さいほど、また分散媒体の粘度が小さいほど激しい。このブラウン運動速度が界面後退速度に比べて遅ければ、界面の後退に追随できない粒子が気液界面に堆積し、粒子が充填した粒子濃厚層が液体層表面に形成される（図９b）。他方、濃厚層の下方には均一な粒子分布が保たれた底層があり、乾燥中の液体層は２層構造を示す。

アルコールと水の混合物でアルコールが優先的に蒸発すると、高沸点成分である水が気液界面に濃縮される。水の表面張力はエタノールやプロパノールのそれに比べて高いので、気液界面における表面張力は局所的に増加し、塗布膜表面と底面での組成に応じた表面張力差が厚み方向に生じる。この表面張力差がある臨界値を超えると、液膜は力学的に不安定となり、面内に多数の渦が配列したセル状対流が発生する。この対流はマランゴニ対流と呼ばれる。

さらに乾燥が進行すると、粒子濃縮層の下端が基材表面に達して、粒子充填層最上部部にある粒子の表面が気相中に露出する（図９c）。固体粒子表面と気液界面との交線は３相接触線と呼ばれ、この接触線において気液界面が粒子表面となす角を接触角（θ）という。粒子表面が親液性であれば$\theta<90°$であり，気液界面は基材方向に湾曲した形状となる。

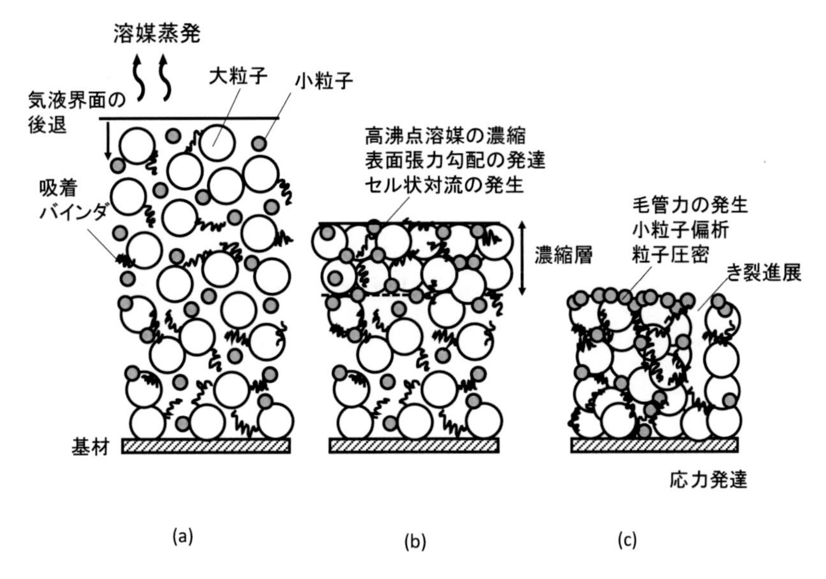

図９　サイズの異なる粒子が分散した混合溶媒高分子溶液の乾燥で生じる現象

表面張力σの液体と気体との界面がある曲率半径ｒで湾曲しているとき、界面を介して気体と液体と間にはσ／ｒで表される圧力差が生じる。これを毛管圧またはラプラス圧と呼ぶ。基材方向に湾曲した気液界面では、毛管力によって液相の圧力は気相のそれに比べて低くなるので，大気圧を基準とすると気液界面直下の液相圧は負圧となる。この負圧によって塗布膜底面から表面へ向かう圧力流れが生じると，充填層を形成する大粒子間の空隙を通って小粒子が移動し、小粒子は優先的に膜表面に偏析し逆に基材表面近傍におけるその濃度は相対的に低くなる [13)-14)]。リチウムイオン電池負極のように小粒子がラテックス粒子の場合、基材近傍での濃度低下は電極との密着強度の減少に繋がるため一般に望ましくない。小粒子の大きさが空隙サイズよりも大きければ，空隙を通過することができないので，小粒子偏析は生じにくい [15)]。

乾燥過程における粒子分散膜内では応力が発達する。まず粒子を含まない濃厚高分子溶液が弾性的に振る舞う場合を考えよう。拘束なく空間内におかれた均質な高分子溶液が乾燥に伴って収縮するとき、生じる歪みは等方的である。これに対して固体基材上に塗布された液体の乾燥では、端部は固定されておりその位置は乾燥中に変化しない。すなわち液体は厚み方向には収縮するが基板表面に沿った方向には収縮しないので、歪みは非等方的となる。等方的に収縮した場合との歪み差は端部では小さく、中央部では大きくなるので、結果的に端部から中央部へ向かう力が生じる。次に、粒子表面に接触線を有する粒子分散液を考えよう。接触線に働く表面張力を、基材に沿った水平方向とそれに垂直な方向に分けて、各粒子に作用する力の合力を考えれば、液膜全体に作用する水平方向、垂直方向の力が求められる。気液界面が基材に対し平行なら、個々の粒子に作用する水平方向の力は釣り合っており、正味の合力はゼロである。これに対して液端部における気液界面が基材に対して右に傾斜している場合、水平方向の力の大きさは左右で異なり、左向きの力がより強く作用するので、全体として液膜端部から中央へ向かって働く力が生まれる。これらの力はき裂進展、電極剥離、基材反りといった欠陥の要因となる。

湾曲した気液界面は、乾燥進行と共に粒子充填層内を基材側へ後退する。界面が通過した塗布膜上部を乾き領域、界面と基材との間を湿り領域と呼ぶ。乾き領域では、蒸発した溶媒蒸気は，粒子間細孔内を拡散したのち，充填層表面から乾燥炉内の気流へ移動する。一般に細孔内の気体拡散は気流中のそれに比べて遅いので，乾き領域が形成し始めると溶媒の乾燥速度は低下する。一方で湿り領域では、van der Waals 力、静電反発力、表面に吸着した高分子鎖間の立体反発力、浸透圧差による枯渇引力などの多様な力が、隣接粒子間に作用する。乾燥後の粒子充填状態を予測するには、これらの力の時間発展を把握することが求められる。乾燥中には粒子間距離、粒子表面近傍における電荷、粒子表面における高分子鎖の吸着状態などが複雑に変化するので、その動的過程を追跡することは一般に難しいが、最近では粒子分散系乾燥を対象とした数値解析ツールの開発も盛んに進められている [16)]。

３．２　擬共沸

異種溶媒の混合物が乾燥するとき、一方の成分が優先的に蒸発し他方の成分が液中に濃縮される場合と、両成分が組成を変えることなく共に蒸発する場合がある。後者は擬共沸(Quasi-azeotropic)と呼ばれる。Thurner & Schlünder [17)] らによれば、液中の拡散抵抗を無視できる２成分混合溶媒系では擬共沸組成は次式で与えられる。

$$\frac{r_2}{r_1}=\left(-1+\frac{1}{x_1}\right)\frac{M_2}{M_1}.$$

ここで r_j [kg/(m²s)]は単位面積、単位時間当たりの成分 j(= 1,2)の乾燥速度、M_j は成分 j の分子量、x_1 は成分１のモル分率である。

例として、エタノール―水混合物を 40℃で乾燥させる場合のエタノール質量分率と両成分の乾燥速度の比の関係を図１０に示す。図中の実線は上式から得られる擬共沸組成である。図中の白色で示される領域ではエタノールが優先的に蒸発し、乾燥する混合物中に水が濃縮される。斜線部では逆に、エタノールが濃縮される。塗布液のエタノール質量分率が 90 wt%の場合、乾燥速度比は約 0.2 であり、エタノールの乾燥速度は水に比べて約５倍速い。この組成の液を絶乾空気中で乾燥させた場合について液中の平均組成の時間変化を求めると、点Aから点Bへ向かう軌跡が得られる。すなわち乾燥が進むにつれて液中のエタノール濃度は増加する。乾燥速度の比が１以上、すなわち水の乾燥速度がエタノールのそれよりも高い場合には、乾燥によって液中にエタノールが濃縮されることは理解しやすい。しかし点Aから点Bでの乾燥軌跡上では、エタノールの乾燥速度が水より高いにも関わらずエタノールが濃縮されることに注意しなければならない。これは乾燥開始時のエタノール濃度が高く且つ水の乾燥速度がゼロではないため、エタノールの乾燥が速く進行しても水分が先に液中から乾燥除去されることに対応する。

一方、湿潤空気中で乾燥させた場合の組成変化は、点Cから点Dに向かう軌跡で表される。湿潤空気は水蒸気を多く含み、気液界面と気相中の蒸気圧差が小さいため、水の乾燥速度が絶乾空気中に比べて遅くなる。従ってエタノールが優先的に蒸発し、液中に水が濃縮される。

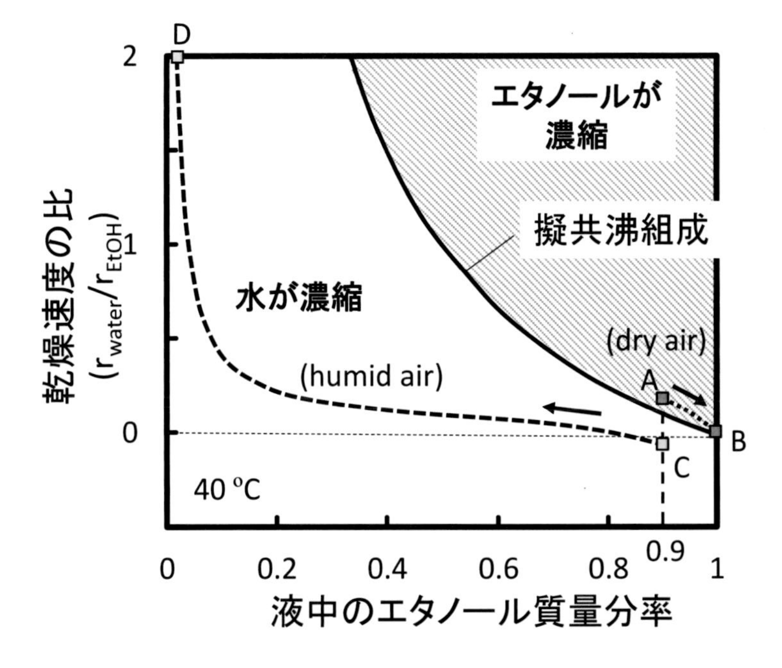

図１０　エタノール水溶液の擬共沸組成と乾燥経路

水分濃度が増加すると、水の蒸気圧および乾燥速度は共に増加するので、乾燥軌跡は図の左上へ向かう曲線となる。様々な初期組成に対して同様の軌跡を描けば、水またはエタノールそれぞれが濃縮される２つの領域に区分される。両領域の境界が擬共沸組成である。なお液と蒸気の組成が等しくなる組成は共沸（Azeotropic）組成と呼ばれるが、擬共沸組成と共沸組成は必ずしも一致しない。

３．３　き裂抑制の考え方

き裂（クラック）の形成は、乾燥中における応力発達に起因する。基材が柔軟な場合には、引張応力によって基材端部が上向きに変形する反り（カール）欠陥が生じる。基材の剛性が高い場合には基材は変形しない代わりに、き裂が膜内に進展することで応力緩和が生じる。３．２で述べたように粒子分散系では毛管力が応力の起源の一つであるから、クラックを抑制するには毛管圧力を低下させればよい。

き裂抑制のいくつかの考え方を図１１に示す。毛管力は表面張力に比例するので、液表面温度の上昇や、より低い表面張力を持つ第２溶媒の添加などによって表面張力を低下させると、乾燥中の応力発達は低減される。しかし表面張力の低い有機溶媒は一般に高い蒸気圧を示すので、塗布液に添加された第２溶媒が乾燥中に優先的に蒸発してしまうことがある。この場合、き裂進展が生じる乾燥終期には表面張力の高い主溶媒のみが残存し、溶媒添加による表面張力の低減効果は失われてしまう。従って、表面張力の高い溶媒を選択的に液中から除去するような乾燥条件を、上述の擬共沸組成を指標として選択することが重要である。

毛管力は気液界面の曲率半径に反比例する。粒子径の増加 [18]、ナノチューブ等の非球形粒子の添加 [19]、溶媒と非相溶な第２溶媒の添加によるキャピラリーサスペンションの形成 [20]は、いずれも隣接粒子間の形成される気液界面の曲率半径を増加させるので、応力低減に有効である。

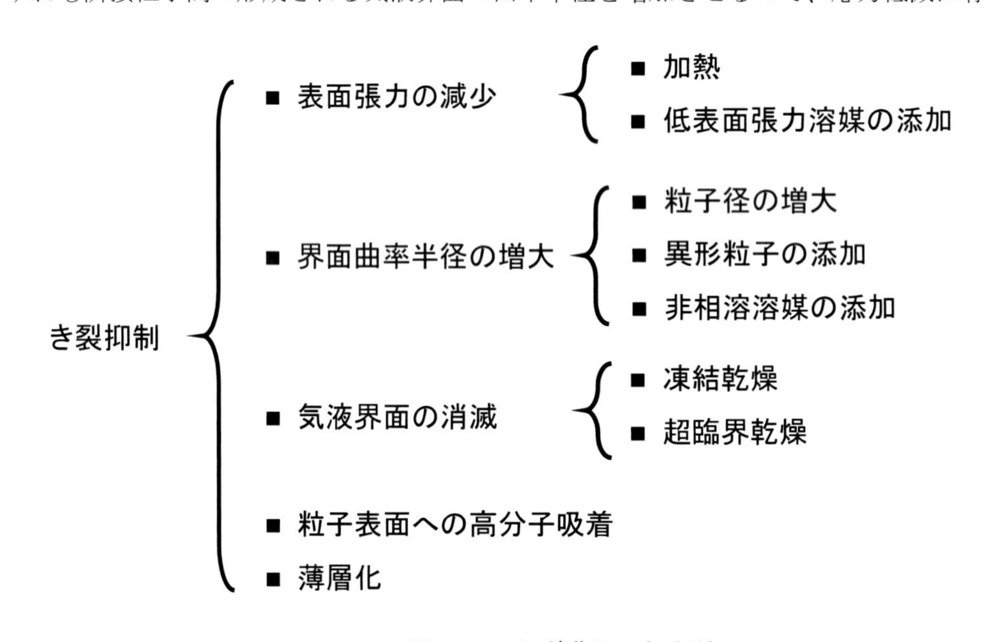

図１１　き裂進展の抑制法

気液界面が存在しなければ毛管力に起因する引張応力は生じない。凍結乾燥と超臨界乾燥は、いずれも気液界面を介さずに溶媒を乾燥させる手法である。凍結乾燥は、液体から固体、及び、固体から気体への相転移を利用する乾燥法であり、液体を冷却凍結させたのち減圧し、低圧条件で溶媒成分を昇華させる。ただし溶媒が水の場合、その昇華熱は蒸発潜熱に比べて大きいので、凍結乾燥は熱風乾燥より大きな熱エネルギーを必要とする。超臨界乾燥は、溶媒の臨界温度、臨界圧力よりも高温、高圧な超臨界状態を利用する手法である。超臨界状態にある物質は超臨界流体と呼ばれ、液体と気体の中間的な特性を持つので、密度分布がブロードとなり、明確な気液界面は形成されない。

粒子分散膜の乾燥膜厚がある臨界値以上になると、き裂は自発的に進展する。き裂進展の下限膜厚は臨界クラック厚み(critical cracking thickness, CCT)と呼ばれ、き裂進展のしやすさの指標として用いられる。古典的Griffith理論に従えば、き裂形成により解放される弾性エネルギーと、新たな界面が生じることによって増加する界面エネルギーの和は、ある臨界き裂長さで極大値を持つ。系のエネルギーが減少するためには、臨界長さより小さなき裂は自発的に閉塞し、逆に臨界値より大きなき裂は進展しなければならない。臨界クラック厚みは、この臨界長さを厚みに読み替えたものである。臨界クラック厚みを実験的に簡便に得るには、わずかに傾斜させた基材の上に粒子分散液を塗布し、乾燥後の膜表面を顕微鏡等で観察することで、き裂が存在する領域と存在しない領域との境界における乾燥厚みを測定すればよい。

測定例として、エタノール水溶液中に粒径60nmの二酸化チタン粒子を分散させた場合における臨界クラック厚みの実測値を、異なる初期エタノール質量分率に対して図１２に示す。初期エタノール質量分率が 0.7 以下の領域では CCT は組成によらず一定であり、且つ水を分散媒とした場合の値にほぼ等しい。これは乾燥中にエタノールが優先的に蒸発し、き裂生成時に膜内に残留している溶媒のほとんどは水であったと考えると定性的に説明できる。初期エタノール質量分率が臨界濃度約 0.75 を超えると、エタノール濃度の増加と共に CCT は急激に増加し、やがて一定値に漸近する。絶乾空気中の 50℃における前述の擬共沸組成を求めると約 0.73 であり、上の臨界濃度にほぼ一致する。すなわち臨界濃度以上のエタノール濃度では、エタノールが液中で濃縮されるために乾燥終期まで表面張力が低く保たれ、結果的にき裂進展が抑制される。

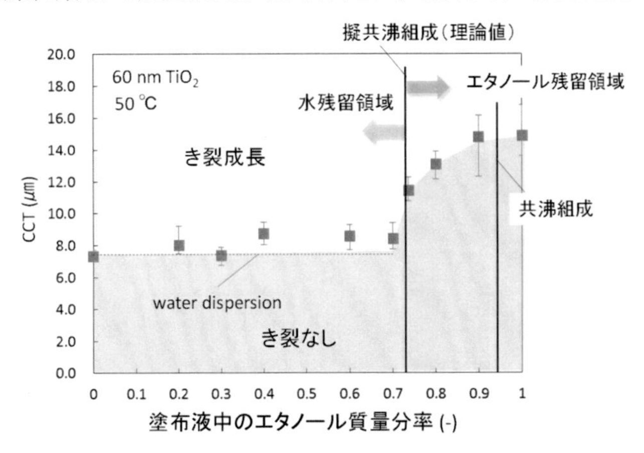

図１２　擬共沸組成を有するエタノールー水混合粒子分散液の臨界クラック厚み

４．今後の展望

塗布の視点から見た電極形成技術は１)高い分散粒子濃度、２)高精度パターン塗布への要求、３）乾燥膜に求められる輸送特性の多さ（導電・プロトン伝導・ガス拡散・液体水輸送など）などに大きな特徴がある。１）２）に関して、粘度が水の千倍以上の液体をウェット膜厚１ミクロン以下で高精度塗布する技術は、電池に限らず幅広い塗布製品の製造における共通課題であり、今後の新しい展開が強く望まれる。例えばテンションウェブスロットダイ塗布技術は、バックアップロールを用いずに基材の張力と流体圧とのバランスによってコーティングギャップを制御する塗布方法であり、高粘度薄膜塗布に優れた方式としてその理論解析が近年盛んに進められている[21]。３）については、試行錯誤に頼らない塗布乾燥プロセス設計手法の体系化が求められる。そのためには、望ましい電極構造を一つ定めそれを実現するプロセス条件を探索する手法に加えて、求められる構造とプロセス条件を輸送特性毎に整理した上で、それらをできる限り同時に満たすような装置・システム設計も重要となる。

一方で電池製造技術では４)同時多層塗布技術の適用、５)異方性膜の形成プロセス、６)Roll-to-roll(R2R)工程と非 R2R 工程のプロセスシステム工学に基づいた最適組み合わせなどについては、これまであまり注目されていないように思われる。例えば磁気テープの製造に活用されている同時２層スロットダイ塗布技術を、２．５で述べた流れ場を利用した厚み方向の粒子濃度制御や、３．１で述べた乾燥過程における粒子偏析などと組み合わせることで、幅方向には均一で厚み方向にのみ傾斜構造を有する新たな粒子膜形成技術の発展に繋がる可能性がある。

他にも、熱風乾燥と赤外線乾燥のハイブリッド化、異種溶媒混合による乾燥高速化、強度の低い多孔質基材への精密高速塗布技術、乾燥炉への部分的蒸気導入による膜構造の制御、熱風を利用しない凝縮乾燥技術[22]の適用などが、検討技術課題として挙げられる。

塗布技術研究は歴史的に化学工学者がその中心を担っており、我が国では化学工学会材料・界面部会が、アメリカでは米国化学工学会(AIChE)から分離した国際塗布技術学会(ISCST, International Society of Coating Science and Technology)、ヨーロッパでは欧州塗布会議（ECS、European Coating Symposium）が、それぞれこの分野の学術会合を継続的に開催している。いずれの会合においても、電極構造形成に関する発表が増加しており、プロセスと材料の両面から電池技術を検討する機運が高まっている。

参考文献

[1] W.K. Leonard; *Polymer Engineering and Science*, 25, 570-576 (1985)

[2] S.J. Weinstein, and K.J. Ruschak; *AIChE Journal*, 42, 2401-2414 (1996)

[3] K.-Y. Lee, and T.-J. Liu; *Polymer Engineering and Science*, 29, 1066-1075 (1989)

[4] S.-H. Wen, and T.-J. Liu; *Polymer Engineering and Science*, 34, 827 (1994)

[5] O.J. Romero, and M.S. Carvalho; *Chemical Engineering Science*, 63, 2161-2173 (2008)

[6] Semi Lee, and Jaewook Nam; *Journal of Coatings Technology and Research*, 14 (5) 981–990 (2017)

[7] M.S. Carvalho and H.S. Kheshgi; *AIChE Journal*, 46, 1907-1917 (2000)

[8] D. M. Campana, L.D. Valdez Silva, and M. S. Carvalho; *AIChE Journal* 63, 1122-1131　(2017)

[9] R. Rusconi, and H. A. Stone; *Physical Review Letters* 101, 254502 (2008)

[10] C. L. Bower, E. A. Simister, E. Bonnist, K. Paul, N. Pightling, and T. D. Blake; *AIChE Journal* 53, 1644-1657 (2007)

[11] A.B. Wang, I.C. Lin, Y.H.Wang, and C.K.Lee; Micro patch coating device and method, US patent 7,824,736 (2010)

[12] D. Maza, and M. S. Carvalho; *Journal of Coatings Technology and Research*, 14, 1003-1013 (2017)

[13] H. Luo, C. M. Cardinal, L. E. Scriven and L. F. Francis; *Langmuir*, 24, 5552-5561 (2008)

[14] S. Lim, K. Ahn, and M. Yamamura; *Langmuir*, 29, 8233-8244 (2013)

[15] T. Tashima, and M. Yamamura; *Journal of Coatings Technology and Research*, 14, 965–970 (2017)

[16] SNAP 研究会（http://nanotech.t.u-tokyo.ac.jp/）

[17] F. Thurner, and E.U. Schlünder; *Chemical Engineering Processing*, **20**, 9-25 (1986)

[18] K.B. Singh, and M.S. Tirumkudulu; *Physical Review Letters*, 98, 218302-1-4 (2007)

[19] J. Qiao, J. Adams, and D. Johannsmann; *Langmuir*, 28, 8674-8680 (2012)

[20] M. Schneider, J. Maurath, S.B. Fischer, M. Weis, N. Willenbacher, and E. Koos, *ACS Appl Mater Interfaces*. 9, 11095-11105 (2017)

[21] J. Nam, and M.S. Carvalho; *Chemical Engineering Science* 65, 3957–3971 (2010)

[22] G. Huelsman and B. Kolb, U.S. Patent (1997) No.5,694,701

II－２　生産技術：電極形成への応用（1）：LIB 編
－リチウムイオン電池電極工程におけるコーター技術の最新動向－

渡邉　敦
東レエンジニアリング株式会社

1．はじめに

各種コーターは様々な文献で取り上げられており，各々の特徴を活かして最適な塗工方式が産 業界において選択されている．中でもスリットダイコーターは塗液特性の変化に対する適用範 囲が極めて広く，塗工精度の追従が良いことと，従来の全面塗工に加えて部分塗工（パターン塗工）が可能であることから急速に拡がりを見せてきた．このような背景の中，昨今のエネルギー事業分野における発電や蓄電池，省エネデバイスへの期待は日々新聞紙上を賑わしている．特に，リチウムイオン電池（以下，LIB）において従来のスマートフォンやタブレット PC に代表される民生用途での需要に加え，ガソリン車やディーゼル車といった内燃機関車から電気自動車へのシフトが急激に進み始めていることからさらなる市場の拡大が見込まれている．車載用 LIB の課題として，長寿命（長サイクル特性）・高容量化，コストダウン，安全性確保があげられ産官学連携での研究開発が活発な動きを見せている．本稿で著者らはコーティングデバイスを産業界へ提供する立場から，特に車載蓄電池用途に提供するスリットダイコーティング技術の動向を乾燥技術の紹介を交えて取り上げて報告するものとする．

2．蓄電池技術

LIB の工程は，正極・負極を製作する電極工程とその電極シートを使用した電池の組み立て工程と大きく２つにわけることができる．前者の電極工程は，活物質をはじめとする合剤スラリーを製作する調合・混錬工程，そのスラリーを集電体箔に塗工して電極を製作する塗工工程，その電極の充填密度を高めるプレス工程，そして電極を電池のサイズに裁断するスリット工程がある．それら電極工程は電池性能（容量，出力特性，サイクル特性）に影響し，電極工程に使用する材料群は電池を構成する材料の総コストの内で半分近くを占めておりコストにも影響する．したがって，電極工程をいかに安定的に品質を確保するかが LIB の長年かせられた課題となっている．その電極工程のなかで重要工程といわれる塗工工程は，塗布・乾燥・基材搬送の技術要素から構成されいる．各々の技術は難解であり，現代も継続して研究開発がおこなわれている．そのような中で LIB 電極塗工工程の塗布については，スリットダイコーティングが広く用いられていることが特徴である．

3．スリットダイコーティングの特徴

各種塗布方式のなかでもスリットダイコーティングが近年の塗工業界の主流になりつつあるのは次のような特徴があるためである．

(1) 塗液，塗工基材の適応範囲が極めて広い
(2) 塗工速度，塗工膜厚の適応範囲が極めて広い

(3) 塗工精度が他の方式に比べ優れている
(4) 前計量系であり基材精度の影響を受けにくく１００%塗工が可能
(5) 塗液供給系が密閉系であるため，液の物性変化（乾燥，酸化，GEL 化）や異物の混入等の問題を回避することができ，また，環境面（対人、安全）にも優れている
(6) 国内外を問わず各研究機関（産官学）による研究が進み，界面化学，流体学が明らかになってきた
(7) 現場での塗工技術，経験が不要であり安定して塗工状態を再現することが出来る
(8) ストライプ塗工，間欠塗工，多層塗工，両面同時塗工等が比較的容易に実施できる
(9) 塗工幅方向端部に発生し易い，盛り上がりをコントロール出来る

スリットダイコーティングはロールコーターと比較すると品種替えや、その洗浄性にやや難があるものの，上述の通り多くの特徴を持った塗布方式であり特に適応範囲の広さから，LIB 電極の生産現場において今後さらに使用されていくものと考える.

ここでスリットダイコーティングにおける塗工精度に影響を与える諸因子について次に列挙する.

(1) スリットダイの基本流動解析
(2) 組立締結時および塗布時における応力変形解析
(3) スリットダイの機械加工精度
(4) 基材搬送系の走行精度
(5) バックアップロールの単体精度と回転精度
(6) 塗液供給精度
(7) 塗液の安定性（温度，粘度，表面張力，接触角，濃度，粘度ーせん断速度特性）
(8) 基材の厚さ精度，平面精度

これらの因子が全て塗工精度に影響を与える訳であるから，スリットダイコーティングと言えども塗布方式の選定のみで精度が約束されるものではない.上述(1)～(6)項はメーカー側,(7),(8)項は ユーザー側として区別されがちであるが，中でも特にスリットダイコーティング方式で着目すべきは上述 (7)項の塗液の安定性であり，装置メーカーは塗液側の性状を熟知しないと連続塗工すら要求精度を満足することは出来ないし，間欠塗工，薄膜塗工，多層塗工等の応用的塗工技術であれば尚更である.従って，調合からスリットダイコーティングは一貫したメーカーへ，もしくは前後工程の関連性を熟知したメーカーで対応した方が得策であると言える.

連続ストライプ

全幅間欠

図1 パターン塗工

4．パターン（間欠）塗工

LIB の形態が円筒型，ラミネート型そして角型により塗工工程の塗工パターンを大別すると，図１の２種類に区分できる．いずれのケースも集電体と

なる金属箔から電荷を取り出すために未塗工部（ブランク）が必要となり，従来の全面連続塗布と比較して異なった塗布技術が必要となる．連続ストライプ塗布はスリットダイコーティングにおいては比較的容易に実現することができ，留意すべき各条の塗工端での膜厚を内部流路設計により制御すれば，特に問題となる部位はなく，高速塗布も比較的容易に実現することが可能である．一方間欠塗布においては走行方向での液供給のON/OFF が必要となり，始終端での膜厚精度確保，形状安定性，高速化において著者らも長年開発を繰り返してきた．図2が間欠塗工設備の代表的原理図である．塗液タンクから精密吐出ポンプを経てスリットダイに供給される塗液は供給側バルブとタンクへの戻り側バルブのそれぞれの 2 方弁の働きによりその流体の流路が決定される．本システムでは塗工精度，形状精度の良い間欠塗工を実現するために，スリットダイ内部の圧力を常時監視し，塗布中の圧力を塗布停止時には瞬時に負圧を発生させ，かつ塗布開始時には適正圧力に瞬時に切替える手段を具備している．その数値的オーダーは近年の間欠塗工の高速化に伴い，圧力安定まで数 msec 以下が望まれるようになってきている．本業界での生産速度要求は 60m/min にまで到達している．

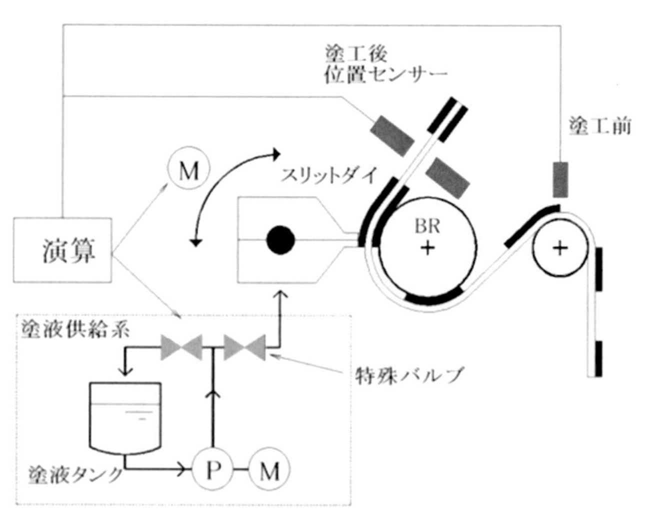

図2 間欠塗工システム

さらにこのシステムによれば，塗布開始時および塗布終了時の圧力をバルブの切替えタイミングを調整することにより内部圧力を自由に調整可能であることが最大の特徴であり，例えば塗工開始部の塗工厚みを薄くする場合は、通常同時に動作させる上記のバルブに対し、戻り側バルブの閉動作を数 msec～数 10msec 遅らせることで、塗布開始時の圧力を少し下げることが可能となり膜厚制御が可能となる．但しこれらの原理は非圧縮性流体に関して適応出来るのもであり，気体が混入した場合その圧縮／膨張により流体中における圧力伝播が緩慢となり高速圧力制御は不可能となるため，スラリー調合系からスリットダイまでの間の脱泡技術にも注力する必要がある．バルブに求められる機能としては，負圧を瞬時に発生させるための機能とその高速性であり，さらに負圧発生型バルブの反作用に伴う，吐出開始時に圧力過多にならないための工夫も必要である．また，低慣性実現のための構成部材の最適化，耐久テスト，高速制御機器と制御システムの組み合わせが重要であることは言うまでも無い．これらのことから本システムにおける間欠塗工の原理は，流路切替えと言うよりもむしろ圧力制御によって間欠塗工における高精度な厚み制御と間欠部の形状安定性を実現している．

また塗液の性状によってはスリットダイの回転待避機構を併用するケースもある．回転待避は 直線動作に比べて極めて精度よく基材との距離を制御出来るため，再現性に対して効果を発揮する．またスリットダイコーティングにおける塗布角度の設定や洗浄他のメンテナンス作業や自動ワイピング機能（回転待避と同時にスリットダイ吐出部先端を拭き取る）との共用が可能であり，しばしば併用されるケースがある．また電極板は表裏位相制御も必要となるため，表面側の塗工位置のセンシングにより位相合わせと位相誤差補正および塗工長補正が常時フィードバック可能なシステムとなっている．

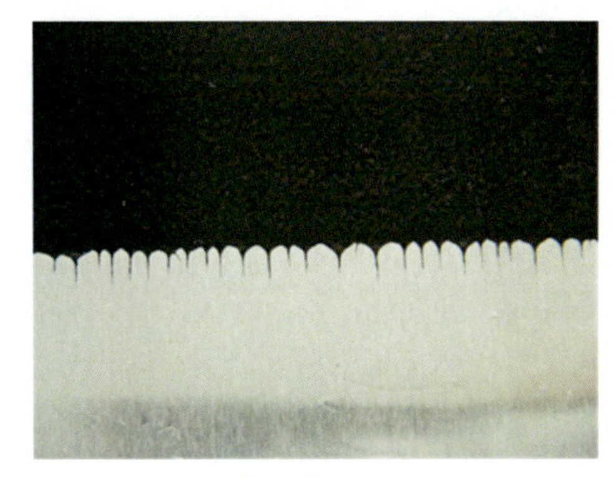

図3　間欠塗工終端部の引きずり

高速化に伴う課題として間欠塗工終端部における液の引きずり現象（図3）があり，正極において発生した際には電荷がスポット的に集中し内部短絡等の発生を誘発する危険性を伴う．発生の程度は粘度，濡れ性，曳糸性に大きく依存するが，著者らは様々なスリットダイによる塗布実験や流体シミュレーションを駆使しつつ物理挙動を捉えて具体的防止策を講じている．また，始端部においては膜厚が局所的に急激に厚くなる現象（図４）があり，次工程のプレス工程でその部分が急激に圧縮されるため最悪電極の破断の要因につながる．著者らはバルブの切り替えにおける高速性を維持しつつバルブ挙動を低慣性化することを防止策としている．

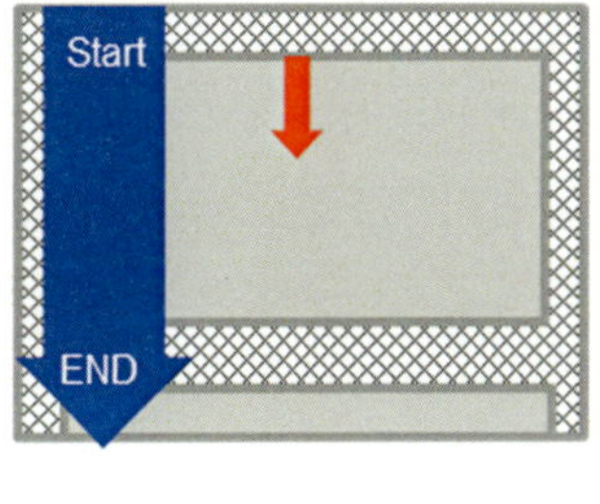

図4　間欠塗工始端部の膜厚の盛り上がり

5．薄膜塗工

蓄電池に求める性能によって各々電極仕様は構成されているわけだが，取り分け急速充放電（高出力）特性が必要な電池の塗膜厚さは薄く構成される．その電極生産においてもスリットダイコーティングが採用されているが，その厚み（塗工単位面積重量）は容量重視タイプの電極と比較して半分程度に設定されている．各種電池設計で使用する材料により差はあるが，正極で10mg/cm^2，負極で5mg/cm^2前後である．その時のスリットダイ先端と集電体箔との間隙（コーティングギャップ）はスラリーの比重，固形分，粘度及び塗布速度によって違いはあるが，おおよそ70μm～150μmの範囲で実施されている．それに加え現在はより高出力化への動きもあり，薄膜塗布の安定性を求めるニーズがある．この場合には，コーティングギャップはさらに狭くな

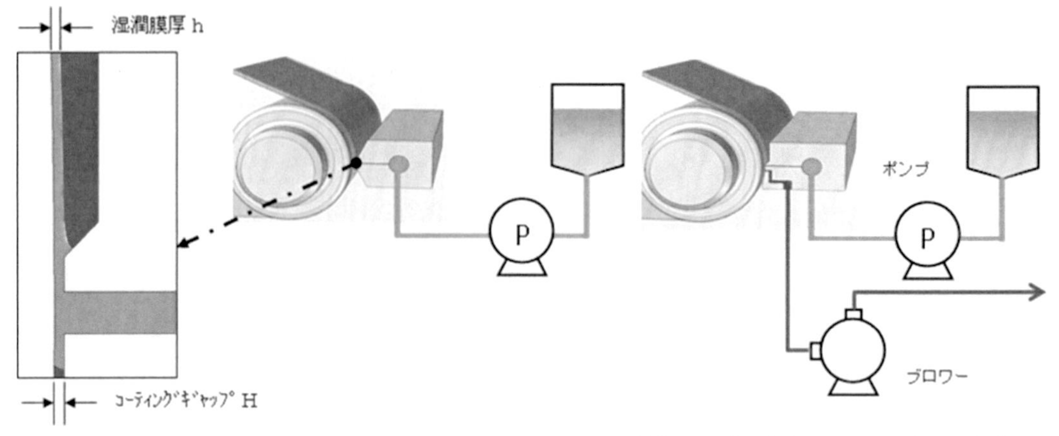

図5　スリットダイコーティングシステム図

図6　上流減圧スリットダイコーティングシステム図

り特有の問題が2点顕在する．

一点目は，図 5 のスリットダイコーティングの形態でスラリーの湿潤膜厚hに対してコーティングギャップHはほぼ一対一の関係となっている．塗布前にスラリーをグラインドゲージとスクレーパーで粒混入状態を調査した時に，設定したコーティングギャップに近い数値に粒が存在していると高頻度で塗面スジが発生する．また，使用する集電体箔の平面性，箔スリット品質不良によってはスリットダイ先端で箔が破断する恐れが高まる．

二点目は，上記に挙げた欠点を回避すべくコーティングギャップHを湿潤膜厚hに対して離していくとコーティングビードが塗面下流に移動するような不安定状態になりやすい．結果，塗布両端部における真直性がくずれて波状となったり，さらに悪化した場合には，塗布両端部膜厚が極端に厚くなり電極を巻き取ることが不可能となる．

これらの欠陥の発生を抑制するために，スラリーについて使用する材料の粒度の分級，調合工程での適正分散，そして，溶媒を加え固形分率を低く設定したり，集電体箔の品質管理等材料面から改善する方法をとっている．薄膜塗工安定性を評価するのにキャピラリー数（$Ca = \mu U / \sigma$，μ：粘度，U：塗布速度，σ：表面張力）がよく用いられるが，Ca数が小さくなるような条件（粘度：低，塗布速度：遅，表面張力：高）では比較的良好な塗面が得られやすくなる．低固形分率にすることは湿潤膜厚量が増やせて必然的に低粘度となるのでコーティングギャップを広げることができ，また，塗布速度を増やすことができる．

スラリー，集電体箔の条件を変更することなく設備アプローチからコーティングビードを安定化する方法として，コーティングビード上流部を減圧してコーティングビードの下流への移動を防止することが広く知られている．この代表的機構はコーティングビードの上流側に減圧室を設けブロワーもしくは真空ポンプによりその室内を減圧するものである．よって，減圧室内の減圧度は重要であり，特にコーティングビード直近の減圧度は塗布幅方向で均一でなければならない．そのため，減圧室内の減圧度，幅方向精度を保つために減圧室とバックアップロールのシールは重要となる．図6は著者らの取り組み例であるが，スリットダイ上流部の減圧室体積を小さくし，減圧室をコーティングビード上流直近に配置させたことを特徴としている．減圧室のクリアランスをスリットダイのスリットクリアランスと同等とすることにより塗布幅方向の減圧度の均一化を図っている．また，減圧室をコーティングビード直近にすることで特別なシール機構を必要とせずコーティングギャップによる減圧度低下影響を低く保つことができる．本システムで LIB 用スラリーで薄膜塗布を実施した場合，スラリー固形分率や塗布速度により違いはあるが同じＣａ数において上流を減圧度－3 から－5kPaG の範囲とすることによりコーティングギャップを 1.5～3 倍広くしても塗布可能なことを確認している．

６．多層塗工

スリットダイコーティングによる多層塗工の研究は随分古くより研究が進められてきている．図 7 に示すものは塗液をスリットダイの内部で合流させるタイプのシングルスリット方式によるモデルである．塗工操作範囲は液物性に大きく依存されるが，自由表面の合流部における解析手法を用いてスリットダイ内部流路形状の最適化が比較的容易となってきている．最近は角型やラミネート電池向けに安全機能を付与する目的で図 8 のように正極電極用ストライプ連続塗布において，正極活物質層の両端に沿って数 mm 程度の幅に絶縁材料スラリーの同時塗布がスリットダイ単体で行われており，多層スリットダイコーティングの応用が進んでいる．

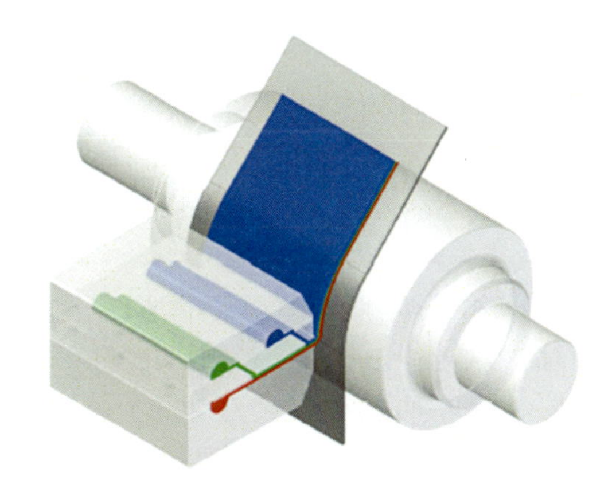
図7　多層塗工用スリットダイ

安全性付与（絶縁塗工）した電極の特徴として，活物質塗工層の厚みは 100μm 超に対して絶縁層の厚みは数 10μm となる．１つのスリットダイによって幅方向に 2 種類のスラリーを塗布するため，コーティングギャップは同一としなくてはならないし，乾燥後異なる塗工厚みとしなくてはならない．したがって，活物質層と絶縁層のスラリーの固形分は湿潤膜厚が同一化するよう配慮が必要である．また，生産（塗布）速度は同一化は必須であり，2 層のキャピラリー数パラメーターを合わせこむ必要がある．したがって，2 層のスラリーの調合は電池性能上における材料や配合の選択はもちろんのこと塗布条件への配慮が求められる．そのほかに絶縁層付き電極の必要条件に，2 層間に気泡等による未塗布部なく真直に接合することが求められる．そのためスリットダイ内部のスリットクリアランス量及び合流部の流路形状最適化が必須である．また，スリットダイからスラリー吐出後の 2 層接合不良防止については，スリットダイ先端上流からの空気随伴を防止させる形状とすることや必要に応じて上述した上流減圧

図8　絶縁塗布

機構を用いることも必要であろう．

現在，多層スリットダイコーテイングは高容量電池についても応用が始まっている．高容量化するために塗工厚みを厚くするとともに厚み方向の内部抵抗を減らすことが求められるが，その対応の一つとして上層と下層で異なる材料や配合のスラリーを同時に塗布することへ応用が進むと考えられる．

7．両面同時塗工

近年，生産性の向上を目的として表面（A 面）にスリットダイコーティングによりスラリーを塗布・乾燥後に片面塗工済みの電極の裏側（B 面）に再度塗布・乾燥を行う 2 階建ての逐次両面コーター（タンデム型コーター）が普及している．しかしながら，装置の大型化に伴う建築費・工事費・工事期間の増大，建築空間増大による空調ランニングコストの増大，集電体箔・塗工済み電極折り返しによる動線の複雑化，表裏面の乾燥履歴の差異による製品品質の問題や乾燥炉長増大化等，様々な弊害が生産性向上と引き換えとなっている．10 年ほど前より著者らは，蓄電池のコストダウンの選択肢として乾燥前に A 面・B 面を塗布する両面同時コーターを開発してきた．当初両面同時塗工設備を検討するにあたり，乾燥炉を水平に配置するか垂直に配置するかを検討する必要があったが，比較的湿潤膜厚の厚い部類に入る電池用コーターの場合は乾燥炉長が長く，一般的なケースでも 40m を超える炉長のものが多い．したがって垂直型での検討には限界があるため筆者らは水平型を基本としている．図 9 は水平乾燥方式における一般的な両面同時塗工システムである．本システムにおけるこれまでの問題点の一つとして B 面用スリットダイにおける塗工精度が取り上げられてきた．

A 面スリットダイと B 面スリットダイの配置の違いから判るように、B 面スリットダイでは

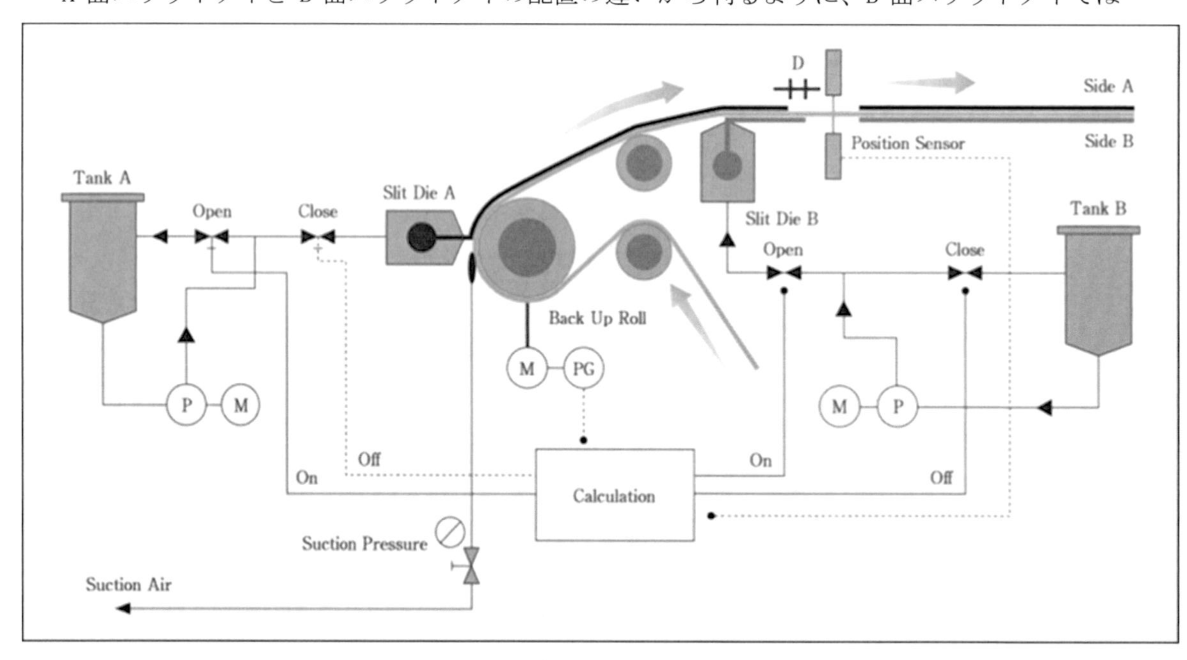

図9　両面同時塗工システム図

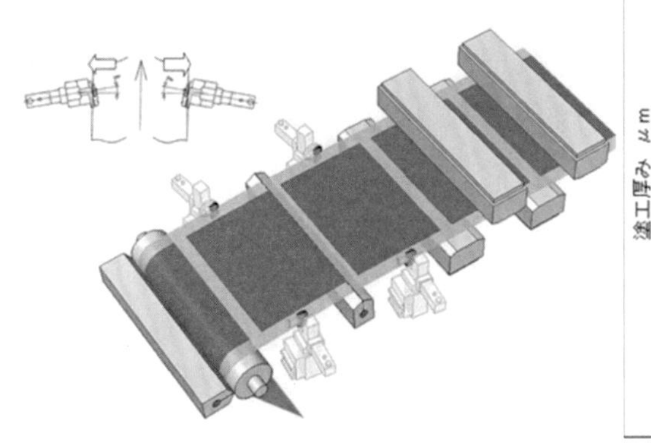

図10　把持装置設置図

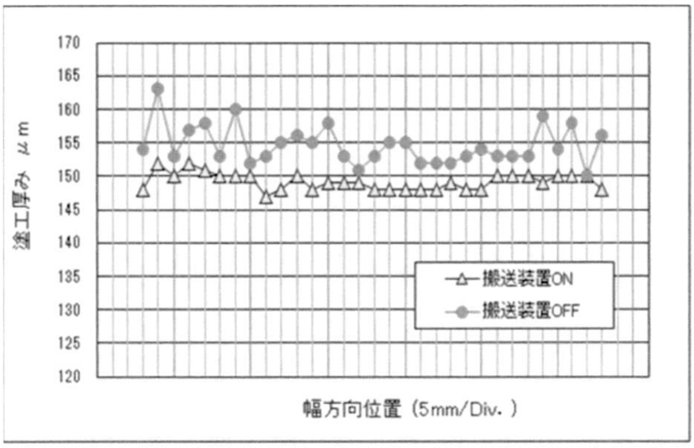

図11　両面塗工での把持装置効果

バックアップロールで基材を把持することが出来ないため，基材である集電体箔（アルミ箔、銅箔）の精度不良から塗工精度を悪化させたり，非接触乾燥炉側からの基材振動等により塗布に悪影響を及ぼしたりしてきた．また，B 面塗布点から乾燥工程中まで浮遊状態であり，基材厚み，塗布パターン，そして塗布厚みの影響により B 面塗布幅方向のコーティングビードにかかる接触圧力の不均一化がおこり塗工精度を悪化させたりもしていた．これらいずれの問題も集電体箔を搬送する際に安定して保持する機構が無いことに起因しているため，筆者らは B 面スリットダイの前後に基材を把持する機構を設けてこの問題を解決している．図 10 に適用例を紹介する．本装置では箔の両端に 15mm程度の未塗布部があれば採用が可能である．この把持装置により箔の片緩み，中弛み等の品質不良にもその影響を軽減させ，かつフローティングドライヤーからうける振動も同時に抑制することで，図 11 に示すように厚み精度を良化させることができる．現在，水平両面同時コーターの B 面塗布は A 面塗布と同等の塗工精度を確保することが可能となっており，1,000mm を超える広幅塗工にたいしても適用が進んでいる．

８．塗布自動制御

スリットダイコーティングをする時には通常図 12 のように塗布条件（塗布速度・塗布量・塗布幅）にたいして塗布システム（送液ポンプ・塗布ギャップ）を操作者によって適宜調整している．冒頭に利点を列挙したスリットダイコーティングであるが，塗布開始から塗布安定までの間に数分の立ち上げ時間を要すること，また塗布安定後でも塗液の凝集や沈降によるスリットダイ内で塗液の状態変化が外乱となり塗布不安定

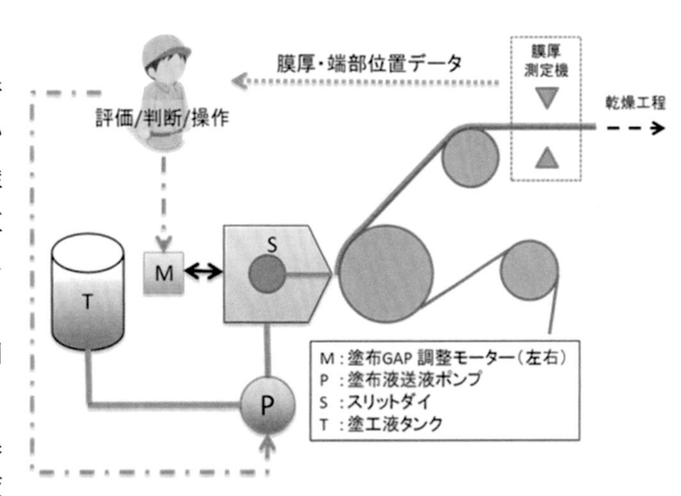

図12　通常塗布システム

となることがあり，操作者の監視や操作を誤ることで材料ロスを引き起こす要因となっていた．著者らは数年前よりスリットダイコーティング技術を応用して塗布開始から塗工品質安定までの時間短縮とその塗工品質長期安定化が可能な塗布自動制御技術（図13）の開発をおこなっているので紹介したい．

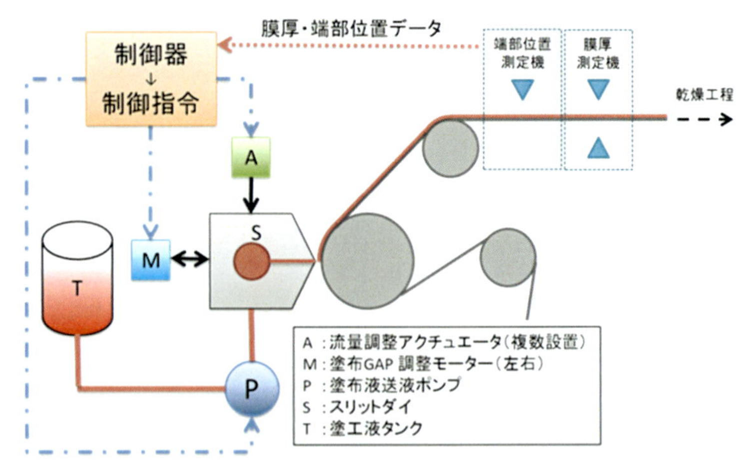

図13　塗布自動制御システム

従来の塗布自動制御は，制御対象である塗工単位面積重量（塗工量）と塗工端部位置にたいして，前者の操作端を送液ポンプ回転数とし後者を塗布ギャップとして各々分割して制御していた．しかしそれでは塗布安定までの時間を必要以上に要していた．その理由は，制御対象と操作端らは相互干渉の関係となっているためである．例えば，塗工端部位置を調整するために塗布ギャップを狭めて塗布対象物である集電体箔に近づけた場合，狙いどおり塗工端部位置を調整できるがスリットダイ先端での圧力損失の上昇で塗工量が減少してしまう．スリットダイコーティングにおける制御対象と制御端の関連性は図14に示すように複雑にからみあっている．それらの相互干渉性を理解して制御器を構成することで，塗布安定までの時短を実現する同時制御ができる．

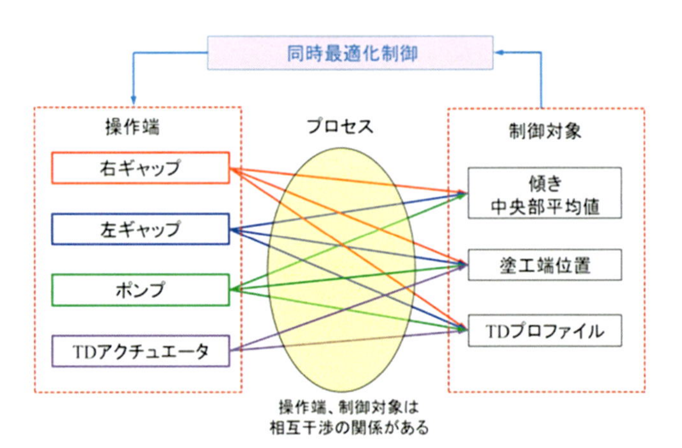

図14　塗布自動制御の操作端・制御対象

次の特徴として，塗布幅（TD）方向塗工量自動制御について紹介したい．従来の自動制御は塗布走行（MD）方向のみが対象であることが多かった．理由として，TD方向の調整方法はスリットダイ先端リップの間隙をボルトによる締め付け量で調整する方法が多く採られており，その仕組みを自動制御用にアクチュエーターに置き換えることに安定的手法が見いだせていなかった．著者らはスリットダイ先端リップの間隙調整とは異なるTD方向調整用のアクチュエーターとしている．リップ間隙調整とは異なる原理とすることで応答速度が速く，単条塗布はもちろんのこと複数条のストライプ連続塗布においてもMD・TD方向と面分布として塗工量精度調整が可能となっている．

現在は本システムを上述した両面同時塗布への適用も完了している．その一例を塗布条件表1

における結果を図 15 に示す．塗布開始時（制御前）と制御完了後の TD 方向の塗工量プロファイルの A 面を図（a）に，B 面を（b）に示している．また，それぞれの毎秒における塗工量の平均値を（c）に，毎秒における塗工量精度を（d）に示している．塗布開始時の A 面の平均塗工量は不足し，B 面の塗工量は過剰となっている．また，塗工精度は最大 4%の状態にある．本制御システムは，それらの塗布状態から制御システム使用後 1 分後で塗工精度 2%以内に到達する性能となっている．

表1　塗布自動制御テスト条件

塗工方式	両面同時塗工
塗工幅	140mm × 3条
塗工単位面積重量(Dry)	14.5mg/cm^2
集電箔	アルミ，幅：600mm，厚：20μm
塗液（スラリー）	主材：LFP系，固形分：50wt%

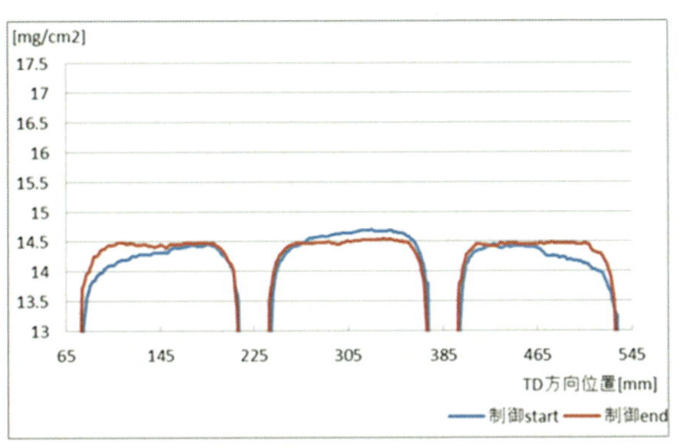

（a）塗布A面　TD方向プロファイル

（c）塗工単位面積重量平均値

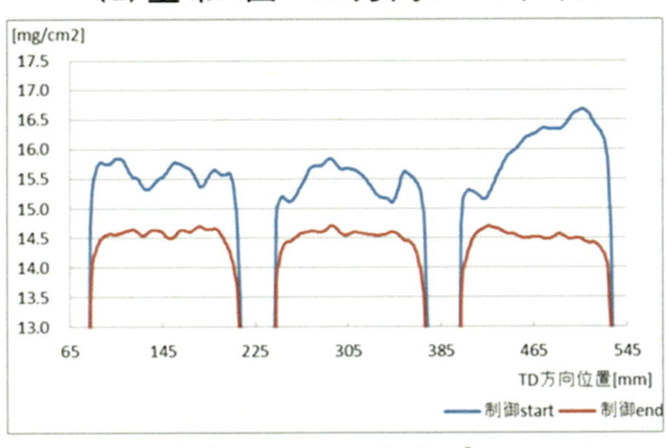

（b）塗布B面　TD方向プロファイル

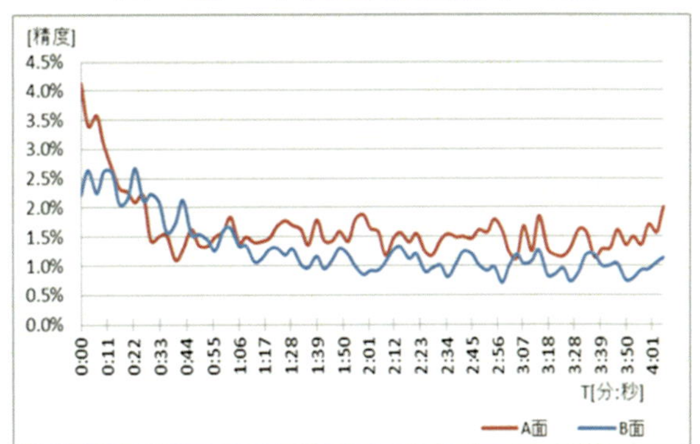

（d）TD方向プロファイル精度

図15　両面同時塗工における塗布自動制御効果

8．乾燥制御技術

塗工設備において塗液は溶媒を使用することが多く，この場合必ず乾燥工程が必要となる．LIB 電極の生産においても塗液（スラリー）は溶媒で液化しており乾燥工程を要しているが，図 16 の乾燥曲線Aのように乾燥時間を短縮させ急激に塗膜を乾燥させるとバインダーの偏析が顕著となる問題がある．スラリー固形分の構成材料として，主材である活物質，塗膜の導電性を担保するカーボンブラックをはじめとする導電助剤，それら材料を基材である集電体箔に結着させるバインダーがあり，各材料ごと異なるサイズの小粒子として溶媒内に分散状態で存在している．スラリー乾燥後に得られる塗膜構造は，図 16 の乾燥曲線 B の断面模式図のように各材料設定比率で表面から集電体箔付近にかけて均一化されていることが電池性能の観点で理想とされている．しかしながら，スラリー構成材料とその構成比率は電池の特性によって様々な組み合わせが存在し，各種電極製造特有のスラリーと乾燥条件の組み合わせを探索することが必要であるが，その作業に時間と労力を割いているのが実状である．バインダー偏析を最小化させるために乾燥時間を長くとる方策があるが生産性低下を招くことになり，生産性を確保する場合には乾燥炉長を増設する対処が必要となる．設備の生産能力を決定する上で高効率乾燥炉が必要とされ，乾燥時間短縮や乾燥方式最適化の要求も多く，コスト面でも非常に重要な装置構成要素となっている．それらの乾燥炉への要求に対して著者らは乾燥状態の予測とその結果に基づいて最適な乾燥条件を算出するシミュレーションソフトウエアを開発している．

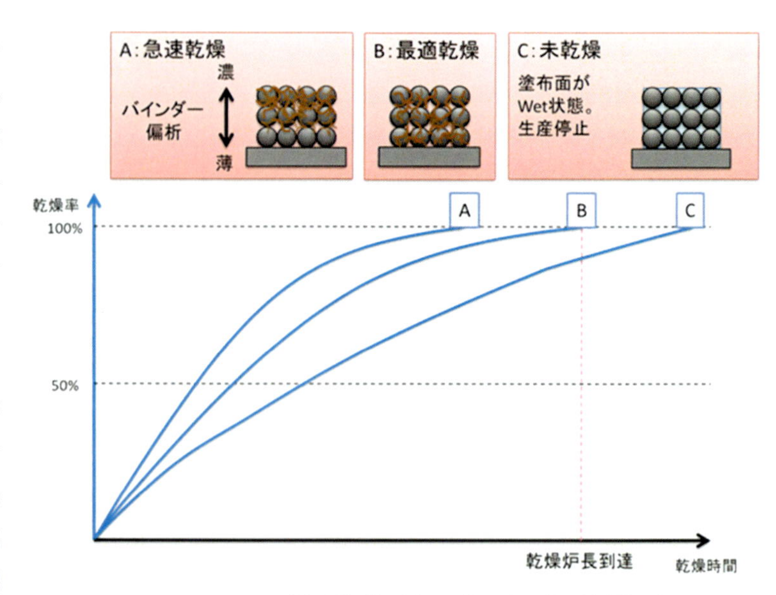

図16　乾燥曲線と想定塗膜構造

この乾燥炉シミュレーションには，図 17 のように乾燥炉構成（炉室数・ノズル数）や温度・風速条件から塗膜表面と集電体箔表面への熱伝達を取り扱う伝熱モデルと塗膜表面蒸発から塗膜内の溶媒濃度を取り扱う蒸発モデルとを連成解析するようソフトウエアを構築した．２つのモデルに基づいて炉室数，ノズル種類と数量，ノズル風速及び温度を対象とした乾燥炉条件と固形分内材料比率や固形分に対する溶媒濃度を対象とした塗膜材料条件を入力することで，乾燥炉 MD 方向での塗膜表面温度分布と塗膜溶媒濃度分布を出力

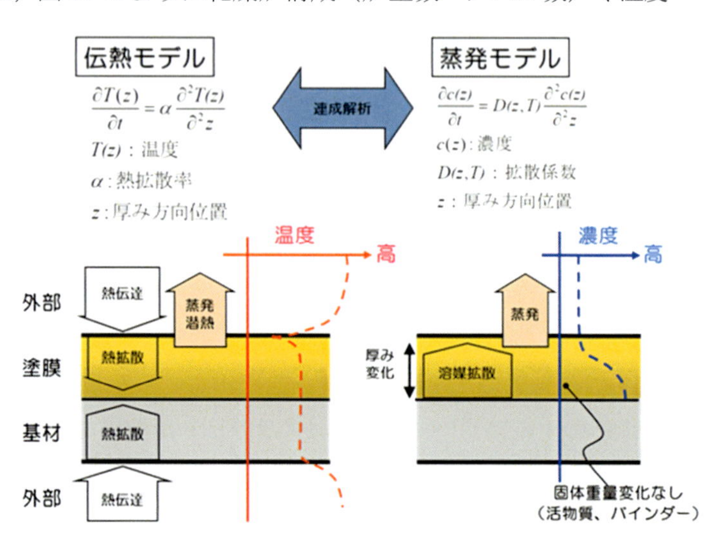

図17　乾燥シミュレーション適用モデル

する．また，その塗膜乾燥挙動のシミュレーションに加えて，塗膜深さ方向でのバインダー量の分布も計算する．シミュレーション結果が塗工設備における実現象に適合しているか確認するために，図 18 のように乾燥炉内 MD 方向に設置した放射温度計から測定した塗膜表面温度とシミュレーションから導き出した塗膜表面温度を比較してシミュレーションの入力条件を再確認するようにしている．さらにそれら算出した結果と測定結果に基づいて，対象乾燥炉条件と材料条件に対してバインダー偏析分布が最小となるように最適熱風（温度・風量）を導出するシステムとしている．その結果の一例として，図 19 は著者らが保有する塗工設備において本シミュレーションによって導出された最適乾燥条件で正極（溶媒 NMP）を対象として塗工した塗膜内のバインダー分布である．シミュレーション機能適用前と比較して適用後のほうがバインダー偏析が少ないことが確認でき，集電体箔と塗膜の密着強度を剥離試験によって確認した結果でもシミュレーション適用後塗膜のほうが高強度となっていた．現在は，正極のみならず水系負極等の様々なスラリー条件で実証テストを継続的に行っている．それらの結果によれば，正極・負極，溶媒条件によらず，伝熱モデルと蒸発モデルの連成解析を用いることで塗膜乾燥挙動予測および塗膜内バインダー偏析の良化条件を導出できることを確認している．

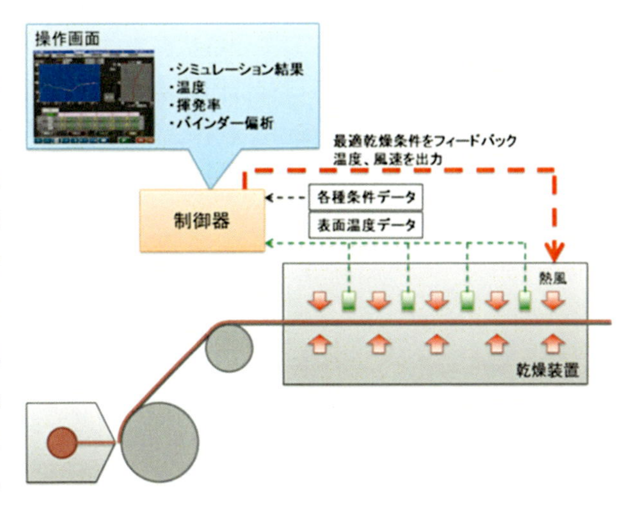

図18　乾燥制御（例）

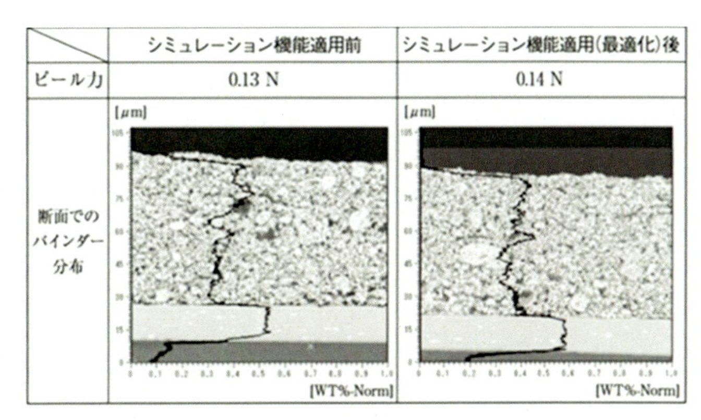

	シミュレーション機能適用前	シミュレーション機能適用(最適化)後
ピール力	0.13 N	0.14 N
断面でのバインダー分布	[μm] [WT%-Norm]	[μm] [WT%-Norm]

図19　乾燥制御の効果（例）

9．　おわりに

本稿では、車載蓄電池用途として提供するスリットダイコーティングにおける最新の動向を中 心に紹介してきた．自動車がエンジンからモーターに移り変わる大変革時代において急速に拡大している蓄電池市場でも LIB 電極製作工程ではスリットダイコーティングが採用され続けるだろうが，高速塗工技術，広幅塗工技術等生産性を重視した研究開発はこれまで以上に必要になると考える．また，電池性能向上の観点から電極界面や塗膜内電気抵抗を低下させることは現状の LIB の課題であり，多層塗布や乾燥技術がその解決の鍵となるのでないだろうか．次世代電池の呼び声も高い全固体電池についてもそれら技術は必要となるものと予測しており，産官学連携にて多くの課題を残している状況ではあるが, LIB の発明国として蓄電池分野の持続的発展を成し遂げるためにも各研究部門連携での研究開発が望まれるところである.

II－3　生産技術:電極形成への応用(2):SOFC編
－SOFCの形状・構造・材料の多様性とその製造プロセス－

松崎良雄
（東京ガス）

はじめに

本節ではＳＯＦＣの生産技術について電極を含む部分（セル）を中心に示す。ＳＯＦＣのセルは主にセラミック材料で構成されているため、その製造プロセスは基本的にはセラミックの成型、焼結プロセスが利用される。また、実用化に向けては低コストプロセスであることが必須となるためコンベンショナルな成型プロセスが中心となる。成型後の焼成プロセスにおいても焼成回数が増えるとコスト増につながるため、できるだけ焼成回数を減らす必要がある。しかしながら、ＳＯＦＣのセルは燃料極、電解質、空気極、インターコネクターといった異種材料から形成されるため、焼成回数を減らすためには異種材料を同時に焼成すること（共焼結）が求められる。このような異種材料の共焼結はセラミック積層コンデンサーの一体焼成技術などの従来のセラミック製造プロセスよりもさらに高度な技術が必要となる。

１．ＳＯＦＣセルの主な構成材料と機能

１．１．電気化学反応

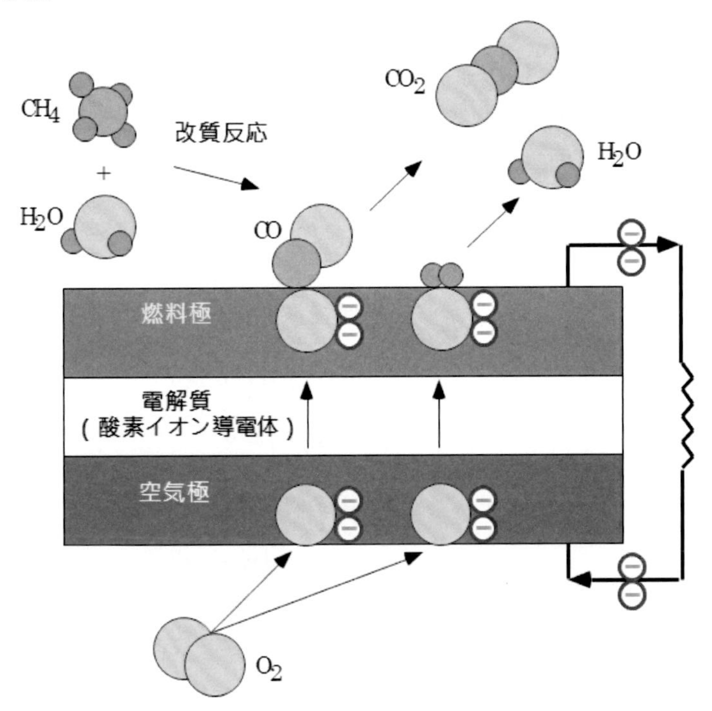

図１　ＳＯＦＣセルの電気化学反応模式図

図１にＳＯＦＣセルにおける電極反応を模式的に示す（メタン燃料）。燃料極側ではメタンの水蒸気改質反応（予備改質器あるいは電極上で反応）により生成したＣＯとH_2が、空気極側か

ら拡散してきた酸化物イオンにより電気化学的に酸化されてCO_2とH_2Oが発生する。空気極側では空気中の酸素が電極表面にかい離吸着して吸着酸素分子となり反応サイトに拡散し、反応サイトにおいてイオン化して酸化物イオンとなって電解質を通り燃料極側に拡散移動する。

１．２．主な構成材料と求められる特性

ＳＯＦＣの主な構成材料と求められる特性を表１に示す。電解質材料には主に酸化物イオン導電体の安定化ジルコニアが使用されている。低温作動化や高効率化を指向してプロトン伝導性固体酸化物の開発も進められている。電解質材料には高いイオン導電率と十分低い電子導電性が求められる。インターコネクターと同様に燃料と空気を分離する機能も電解質に求められるため緻密に形成する必要がある。一方で、電極である空気極や燃料極は気体を拡散する必要があるため、多孔質に形成される。

表１　ＳＯＦＣの主な構成材料と要求特性

<table>
<tr><th>部材</th><th>主な材料</th><th>要求特性（個別）</th><th>要求特性（共通）</th></tr>
<tr><td>電解質</td><td>・ジルコニア系
（YSZ：イットリア安定化ジルコニア）
・$LaGaO_3$系
・プロトン伝導性セラミック</td><td>・イオン導電率が高いこと
・電子導電率が低いこと
・ガス透過性がないこと
・十分な強度</td><td rowspan="4">・製造時および使用時における化学的安定性
・接触する部材間の化学的両立性
・熱膨張率の整合性
・収縮挙動の整合性
（共焼結時）</td></tr>
<tr><td>空気極</td><td>・LSM
($(La,Sr)MnO_{3+\delta}$)
・LSCF
$(La,Sr)(Fe,Co)O_{3-\delta}$</td><td>・電子導電率が高いこと
・酸素還元触媒活性
・適度なポロシティ
・微構造の安定性</td></tr>
<tr><td>燃料極</td><td>・Ni/YSZサーメット</td><td>・電子導電率が高いこと
・燃料酸化触媒活性
・適度なポロシティ
・微構造の安定性</td></tr>
<tr><td>インタコネクタ
（セパレータ）</td><td>・ドープ$LaCrO_3$
・耐熱合金</td><td>・電子導電率が高いこと
・イオン導電率が低いこと
・ガス透過性がないこと
・十分な強度
・寸法安定性</td></tr>
</table>

１．３．動作温度による分類

ＳＯＦＣは動作温度によって第１世代から第３世代のように世代分類されることも多い（表２）。第１世代と呼ばれる高温タイプは９００℃～１０００℃の温度域で動作し、中規模から大規模向けに開発されている。このタイプの電解質材料としてはとしては安定化ジルコニアが使

用される。日本では２０１７年度に三菱日立パワーシステムズ（ＭＨＰＳ）の２５０ｋＷ級システムが商品化された。

第２世代である中温タイプは７００℃～８００℃で動作する。また、第３世代ではさらに低い６００℃以下の温度で動作する。動作温度が低下すると電解質のイオン導電率も低下するため、電解質の厚みを薄くすることで内部抵抗の増加を抑制する必要がある。しかし、電解質の厚みを薄くすると電解質強度が低下するため、燃料極を支持体にしてその上に電解質の膜を形成することが典型的な構成となっている。低温化による電解質の抵抗増加を抑制する方法としては、膜厚を薄くする以外に導電性の高い電解質（非ＹＳＺ電解質）を使う方法もある。また、低温化によって電極（特に空気極）の電気化学的な反応活性も大きく低下する。そのため、第１世代で主に使用されている$LaMnO_{3+\delta}$ベースの電極のようにほぼ純粋な電子導電体（酸化物イオンを拡散しにい）材料ではなく、第２世代や第３世代では電子導電性の他に酸化物イオン導電性も部分的に有する混合導電体が空気極材料として用いられている。混合導電性を有することで電極反応場が三相界面近傍に限定されることなく電極材料表面にも広がるため、作動温度を低下させても十分な反応活性を確保することが可能となる。第２世代については、世界に先駆けて日本で家庭用システム（エネファーム type Ｓ）として商品化された。さらに第３世代では金属の支持基板が使用可能な温度域になるため金属支持（メタルサポート）によるスタック強靭化や急速起動といった特長を生かして車載用にも適用性を拡大する開発が進められている。

表２　ＳＯＦＣの動作温度による分類

	動作温度	特徴的な材料・構成	現在の開発ターゲット
第1世代	900-1000℃	・YSZ電解質	中～大規模
第2世代	700-800℃	・YSZ系電解質薄膜化/または非YSZ系電解質 ・中低温活性電極 ・主に合金インターコネクター(IC)	小(家庭用)～大規模
第3世代	600℃以下	・合金支持体 ・非YSZ電解質 ・低温活性電極	小容量(家庭用、車載用)

２．ＳＯＦＣ電極反応の課題

図２に典型的なＳＯＦＣ構造である平板形の燃料極支持セル（ＡＳＣ）に関する電極／電解質部の課題について模式的に示す。空気極側では、電極活性向上や劣化機構解明・対策による

長期安定性向上の他、合金インターコネクターから発生するクロム含有蒸気による空気極の被毒が大きな課題となる[1]。クロム被毒に強い電極を選択することや合金インターコネクター表面へのコーティングによるクロム含有蒸気圧の低減といった対策が行われている。その他の不純物による被毒対策も10年間の耐久性を確保する上で重要な課題となる。

燃料極側においては、ＡＳＣの場合１０μｍ前後の電解質を支持する支持基板として燃料極が用いられるため、空気極と比較して燃料極の厚みが厚い。そのため燃料極での物質移動(拡散)抵抗低減が重要な課題となる。さらにメタンを主成分とする都市ガスを燃料として用いるケースが多いため、メタンの改質反応に伴う反応分極や反応吸熱起因の温度分布なども課題となる。さらに改質反応で生成する水素、一酸化炭素の電気化学的酸化反応速度の違い[2]やガス中に含まれる硫黄などの不純物による被毒[3]なども課題となる。

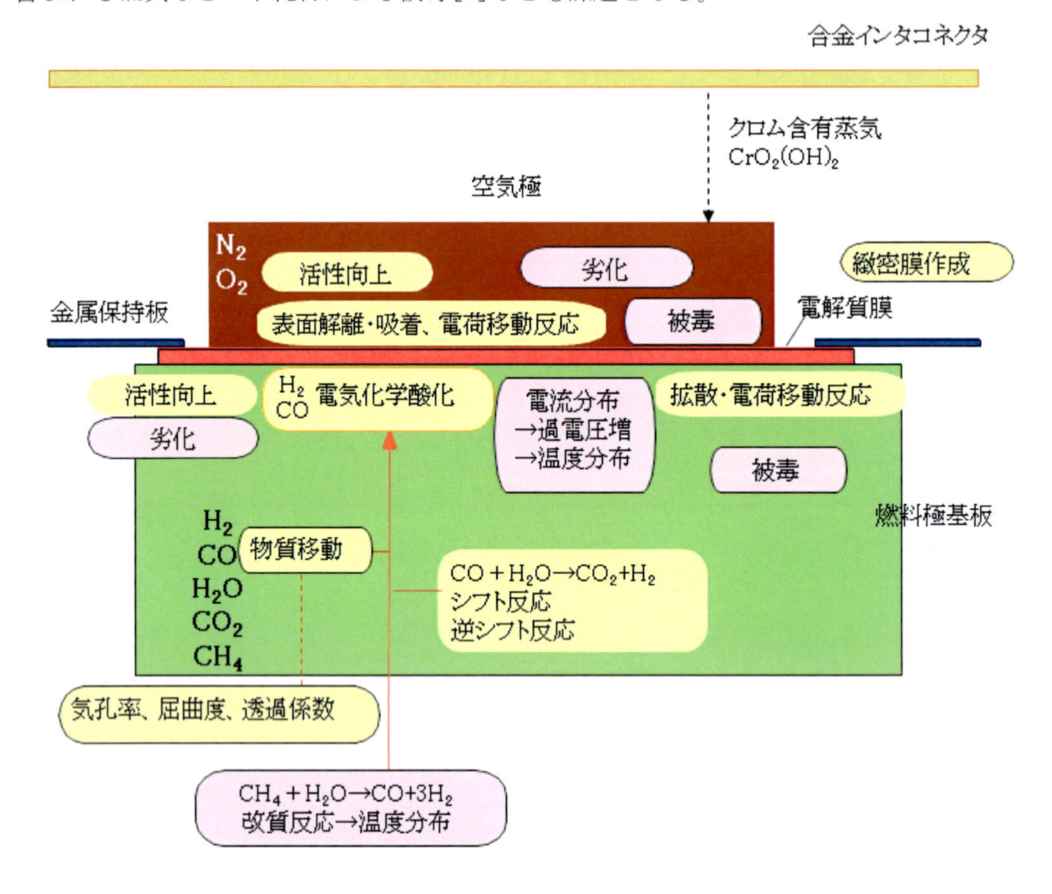

図２　燃料極支持平板形ＳＯＦＣセルの電極／電解質部の課題

３．様々なセル構造と成形法

３．１．平板形

ＳＯＦＣは主にセラミック材料で形成されるため構造の自由度が高く、様々な構造のセル・スタックが開発されている。最も単純な構造が他の燃料電池と同様の構造、すなわち平板形である（図３）。平板形は平板の単セルを平板のセパレータを介して積層した構造である。平板形ではスタック内に無駄な空間が少なく高い出力密度が得られる長所が存在するが、後述する円筒形や円筒平板形と比較して燃料と空気のクロスリークを防止するためのガスシールの難易度が高いという課題もある。

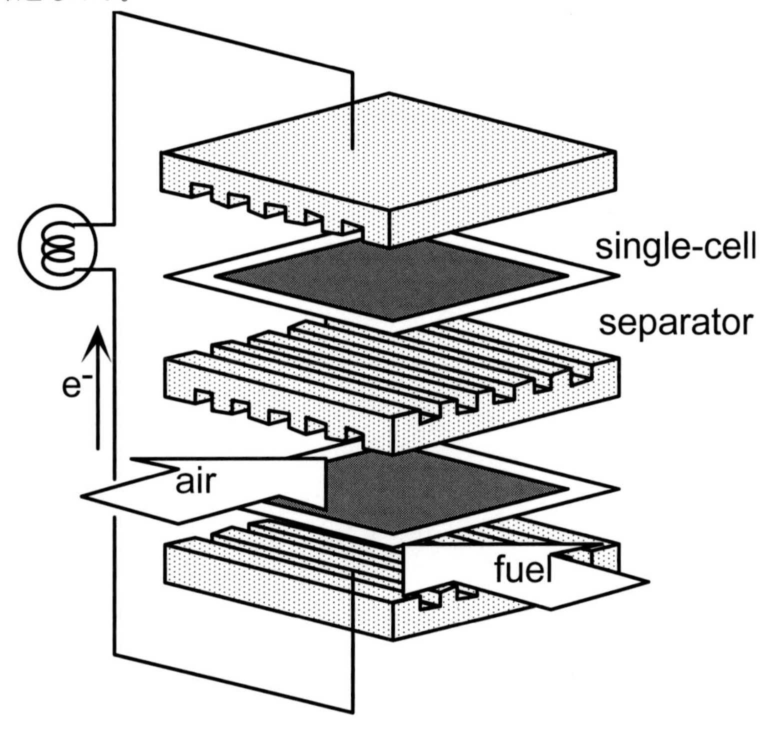

図３　平板形模式図

平板形の単セルには２つの種類が存在する。一つは電解質の厚みがある程度厚く、電解質膜が独立で存在できるタイプであり、自立膜形、あるいは電解質支持形と呼ばれる。自立膜形の単セルの場合、電解質板を成形・焼成した後にその両面に燃料極、空気極をそれぞれ塗布して焼き付ける。電解質板の成形には後述するドクターブレードなどのテープ成形法が用いられ、燃料極、空気極の塗布にはスクリーン印刷法などが用いられる。もう一つの種類が支持膜形であり、自立膜形と比較して電解質が薄いため電解質が独立して存在できず、支持体上に電解質膜を形成するタイプである。支持膜形は支持体の種類によってさらに分類される。例えば、燃料極で支持される燃料極支持形や空気極で支持される空気極支持形などがある。

３．２．円筒形

図４に円筒形の構造模式図を示す。円筒形は平板形を筒状に丸めての向かい合わせの２辺を閉じた形になっている。燃料極を内側にする場合（燃料極支持）と空気極を内側にする場合（空気極支持）とでセルの特性が変わるだけではなく、セル外部の雰囲気も異なるためシステム設計にも大きく影響する。円筒形状の内側の空間や複数本組合せた時に生じる空間などの存在のために平板形と比較すると単位体積当たりの出力密度が低くなってしまうというデメリッ

トがある。しかし、円筒の内側と外側で燃料と空気が分離されているためガスシールが容易であるというメリットや円筒形状由来の強度的なメリットも存在する。

電極については、円筒形の場合一方の電極が内側、他方が外側に存在することになるが、内側の電極は電解質を支持する役割があるため、支持体としての強度が求められ、外側電極よりも厚みが必要となる。内側の電極（支持体）の成形には押出成形法などが用いられる。円筒形に成形された支持体電極上に電解質の膜と空気極の膜が塗布・焼成される。電解質膜の塗布にはディップコーティング法やスクリーン印刷法、あるいはテープ成形した電解質グリーン膜を巻き付ける方法等が用いられ、空気極の塗布にはスクリーン印刷法等が用いられる。電極支持体と電解質膜の間に電極活性層を挟むことで電極活性を有する層と集電機能を有する支持基板とに機能分離する場合もある。

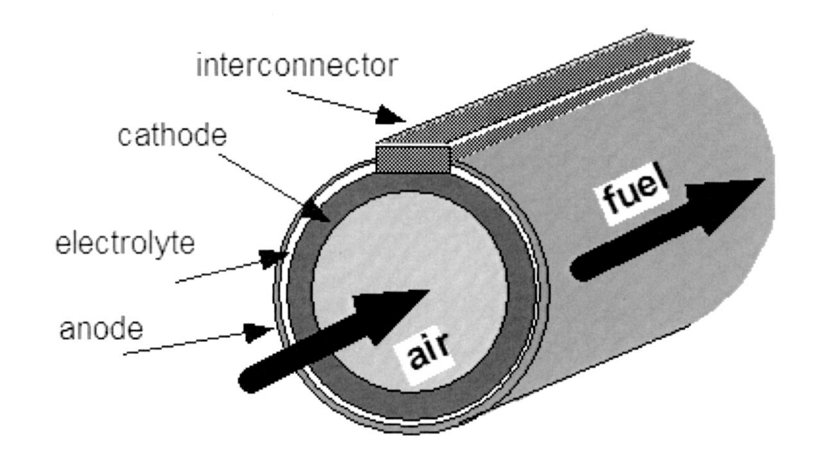

図４　円筒形模式図

３．３．円筒平板形（筒状形）

図５に円筒平板形の構造模式図を示す。円筒平板形は筒状形、あるいはフラットチューブ形とも呼ばれ、円筒形を押しつぶして扁平にした構造になっている。そのため円筒形のメリットを一部保持しつつ平板形のメリットも一部併せ持つことが可能となっている。円筒形と同様に、内側の支持体は電極で構成される。この内側電極（支持体）は電解質を支持する役割があるため、円筒形と同様に支持体としての強度が求められ、ある程度の厚みが必要となる。内側の電極（支持体）の成形には後述する押出成形法などが用いられる。円筒平板形状に成形された電極支持体上に電解質の膜と空気極の膜が塗布・焼成される。電極支持体と電解質膜の間に電極活性層を挟むことで電極活性を有する層と集電機能を有する支持基板とに機能分離する場合もある。円筒形と同様に電解質膜の塗布にはドクターブレード法等でテープ成形した電解質グリーン膜を巻き付ける方法やディップコーティング法、あるいはスクリーン印刷法等が用いられ、空気極の塗布にはスクリーン印刷法等が用いられる。電極支持体と電解質膜の間に電極活性層を挟むこともある。

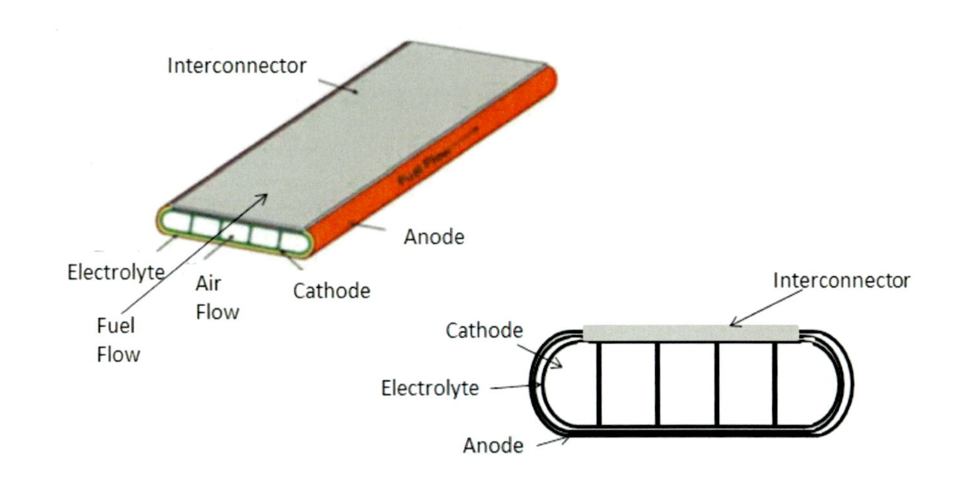

図５　平板円筒形（筒状形）模式図

３．４．横縞形

円筒形と円筒平板形には上記に加えて横縞形構造との組合せが存在する。その場合、それぞれ円筒横縞形、円筒平板横縞形（筒状横縞形）と呼ばれる。図６に円筒平板横縞形の外観模式図６（a）と点線部分で切った断面構造の上部表面の模式図６（b）を示す。図６(a)の下面にも同じ構造が存在する。横縞形では一つの絶縁支持体の上に複数のセル（燃料極／電解質／空気極）が存在し、セル間をインターコネクターを介して導電体で電気的に直列接続する。そのため、一つの支持体の上でセルの直列接合による積層構造が形成されることが大きな特徴となる。

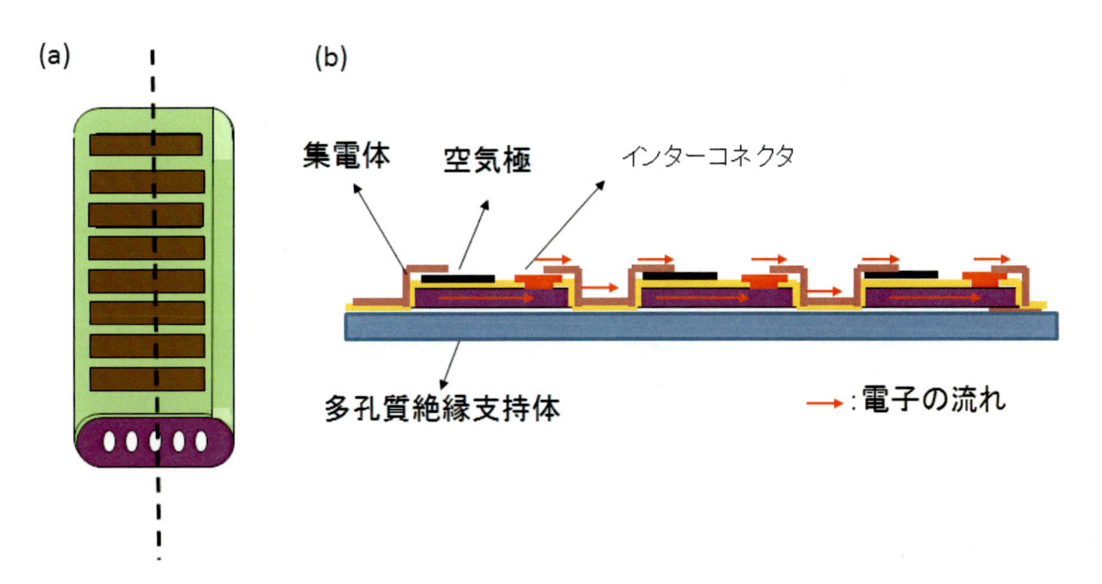

図６　横縞形（円筒平板）

横縞形では絶縁性の材料を支持基板材料として用いる必要があるため、図４、図５で示した通常の円筒形や円筒平板形の支持基板とは異なり、導電性材料である電極材料を支持基板として使用できない。そのため、横縞形では他の構造では使用しない特有の絶縁性材料が支持基板の材料となり、それが大きな体積を占めるとういう独特の材料構成も特徴となる。

４．電極の生産プロセス

ＳＯＦＣの電極は、燃料極と空気極からなり、どちらの電極も電解質およびインターコネクターと接合している。そのため、電極の製造時にはこれらの材料との良好な化学的両立性や接合性が重要である。

４．１　自立膜形（電解質支持形）

図７にY_2O_3を８ mol%ドープしたZrO_2（8YSZ）を電解質に用いた自立膜形セルの典型的な製造フローについて平板形を例にして示す。まず、100μm前後の電解質板を得るために 8YSZ の粉体をポリビニルブチラル（ＰＶＢ）などのバインダー、トリトンＸなどの界面活性剤、フタル酸ジブチルなどの可塑剤、およびエタノールなどの溶剤に混ぜてスラリーにしたものを、ドクターブレード（図８（a））などの装置でテープ状に成型する（グリーンシート）。図７では得られたグリーンシートを単独で焼成するケースを示した。焼成することで、緻密化が進みサイズが辺の長さで約２０％から３０％縮小する。電解質グリーンシートを単独ではなく、燃料極と同時に焼成する場合もある。電解質の焼成温度は1400℃程度であるため高温焼成炉が用いられる（図９（a））。ただし、図９(a)に示した箱型炉ではバッチ処理が必要となるため量産時には連続的な焼成のためのトンネル炉が用いられる。

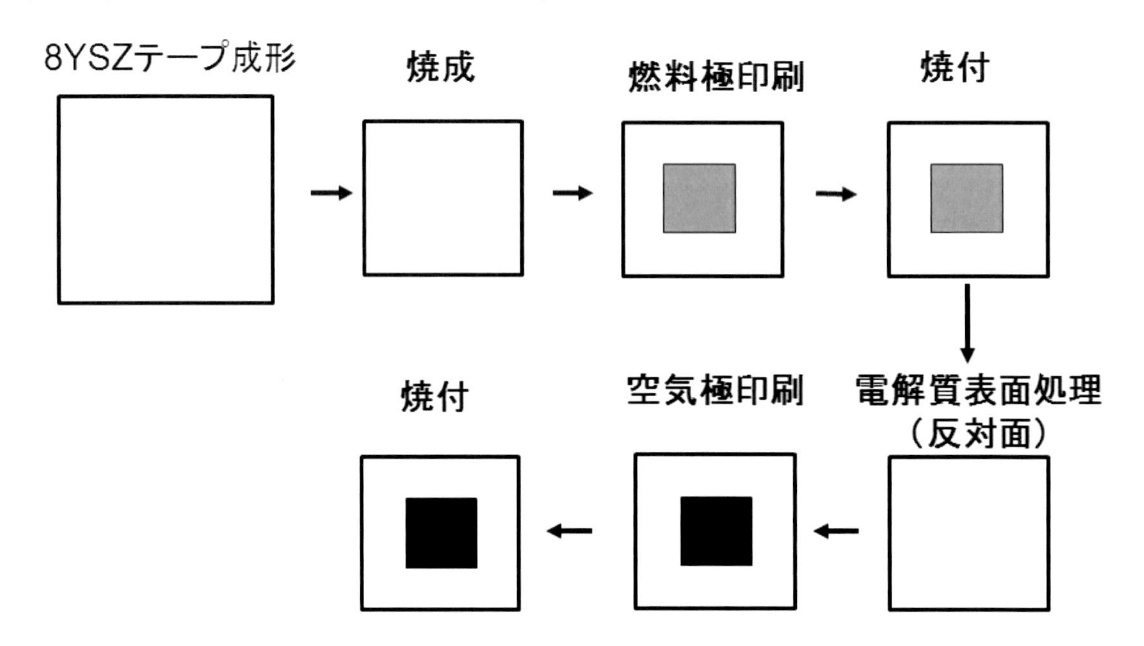

図７　自立膜形セルの製造フロー

図８　成膜装置類：(a)ドクターブレード装置、(b)スクリーン印刷機

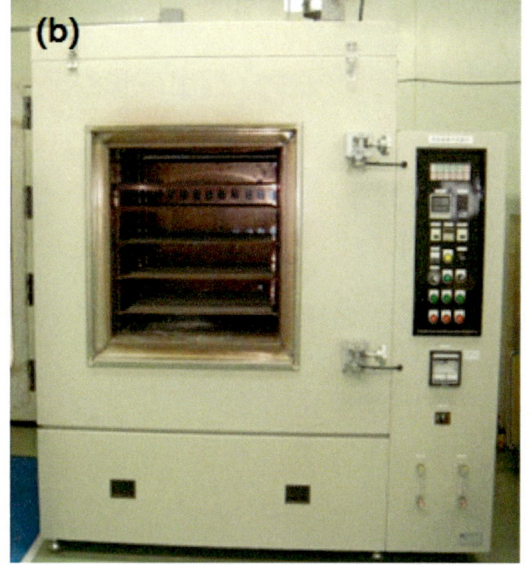

図９　焼成装置類：(a)高温焼成炉、(b)脱脂炉

次のステップである電解質上への燃料極の塗布にはスクリーン印刷法（図８（b)）などの成膜法が用いられる。電極の塗布に用いるスラリーには、簡易的にはヘキシレングリコールに電極の原材料の粉体を混ぜたものなどを用いているが、電解質のスラリーと同様な材料（バインダー、界面活性剤、可塑剤、溶剤等）で形成した電極スラリーを用いることも可能である。多孔性を制御する場合には、焼成時に消失してポアを形成する造孔剤（カーボン粉やセルロース粉など）を添加する。また、燃料極は空気極と比較して高温度（1400℃程度）での焼成が必要となるため、空気極よりも先に印刷・焼成する。

燃料極の形成後に反対面に空気極を塗布・焼成する。また、空気極材料と電解質材料の反応による劣化を防止するために電解質表面処理を行うことが多い。電解質表面処理にはＧｄやＳｍをドープした酸化セリウム（ＧＤＣ、ＳＤＣ）を表面にコートする場合が多い。ＧＤＣやＳＤＣを電解質 - 空気極界面に形成することは、クロム被毒対策にも有効である[1]。空気極の焼成は 1100℃前後で行なわれる。

４．２　燃料極支持形

図１０に燃料極支持形セルの典型的な製造フローを８ＹＳＺ電解質の平板形を例に示す。燃料極支持形では、まず燃料極原料からなる支持基板の未焼成板を作製する。プレス法で作製する場合には、燃料極の原料である酸化ニッケル（ＮｉＯ）と８ＹＳＺの粉を造孔剤（カーボン粉、セルロース粉、ポリマービーズなど）やバインダー（ポリビニルアルコールなど）と混ぜて混合し水に分散させて、スプレードライヤー装置（図１１ (a)）を用いて顆粒状に造粒したものをプレス機（図１１ (c)）を用いて成形する。

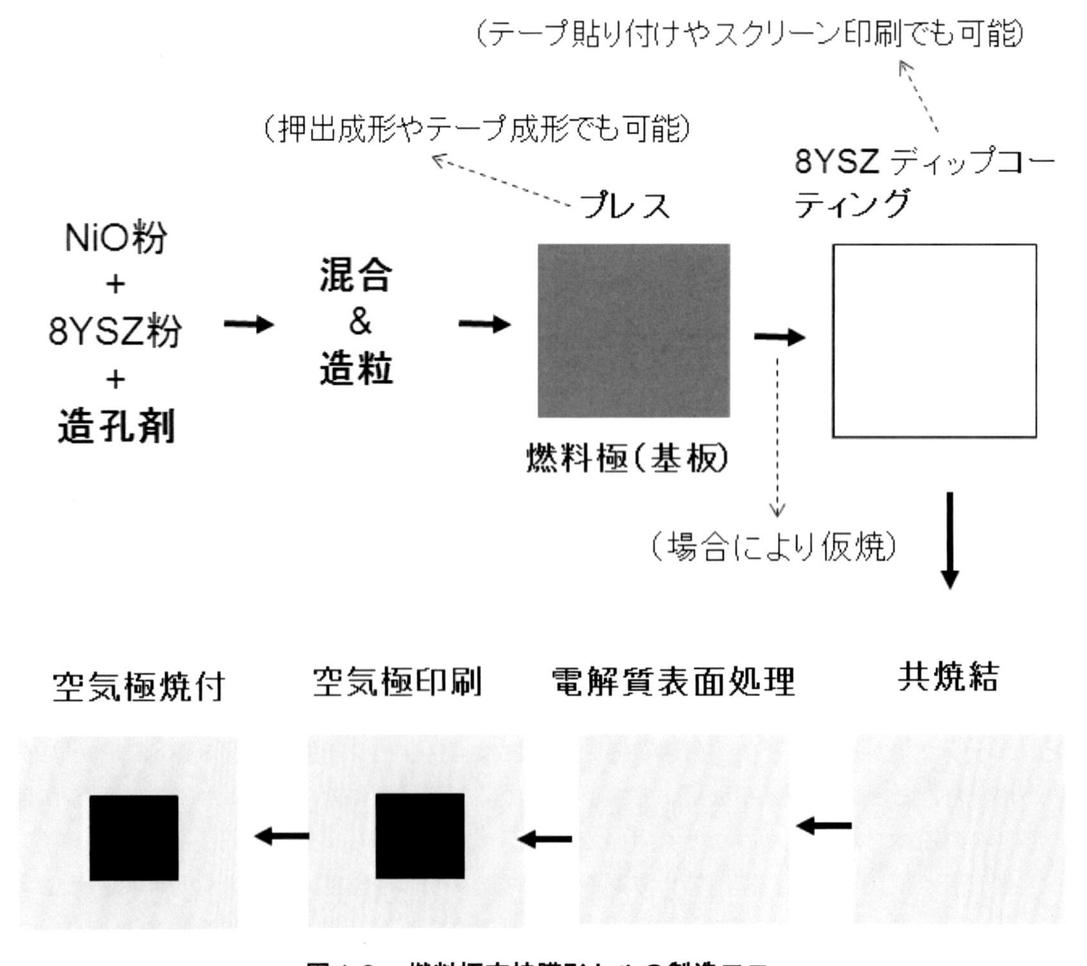

図１０　燃料極支持膜形セルの製造フロー

プレス法の代わりに押出成形法（図１１（b））が用いられる場合やテープ成形法（図８（a））で作製したシートを所定の厚みになるまで重ねる方法等が用いられる場合もある。

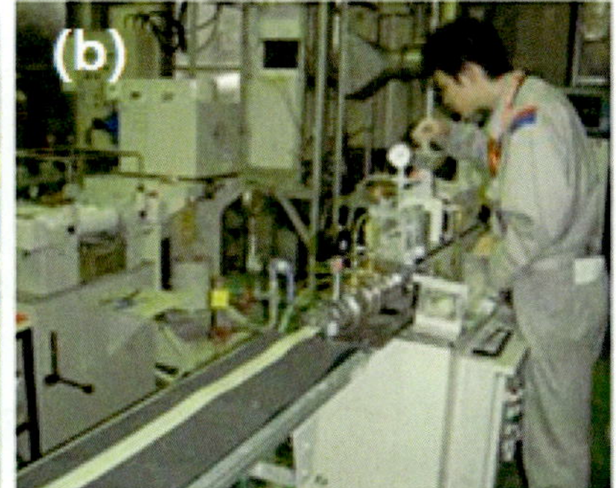

図１１　製造装置類：(a)スプレードライヤー、(b)押出成形器、(c)プレス機

次に燃料極支持基板の上に電解質膜を塗布する。電解質膜形成前に燃料極支持基板を仮焼する場合もある。電解質膜塗布にはディップコーティング法（図１２）やスクリーン印刷法（図８（b））、あるいはテープ成形（図８（a））したものを基板に張り付ける方法、などが用いられる。燃料極支持基板と電解質膜の間に電極活性層を挟む場合もある。電極支持基板のように厚みのある板を焼成する際には脱脂炉（図９（b））での脱脂工程が重要となる。電極支持体の未焼結体（グリーン体）を昇温すると、バインダーなどの有機成分が蒸発・燃焼し大量のガスが発生するため、破損を防ぐために比較的穏やかな昇温過程を必要とする。

図１２　ディップコーティング法

図１３に電極支持基板のグリーン体に電解質膜をディップコートした板を脱脂炉で脱脂した結果を示す。左の写真は脱脂過程で破壊されたもの。右の写真は破壊されず脱脂に成功したものである。脱脂工程には昇温プロファイルの最適化や脱脂炉に導入する空気あるいは窒素ガスなどの流量や流配の最適化が重要となる。

図１３　燃料極支持基板（電解質層付）の脱脂後の外観写真

脱脂後は本焼成（燃料極と電解質の共焼結）を行い、多孔質な電極支持基板上に緻密な電解質膜が形成された焼結体を得る。その後の電解質表面処理や空気極形成のプロセスは自立膜形（電解質支持形）と同様である。

４．３　横縞形

横縞形は構造が複雑であるため作製方法も様々なものが考えらえるが、円筒平板横縞形の製造フローの一例を図１４に示す。

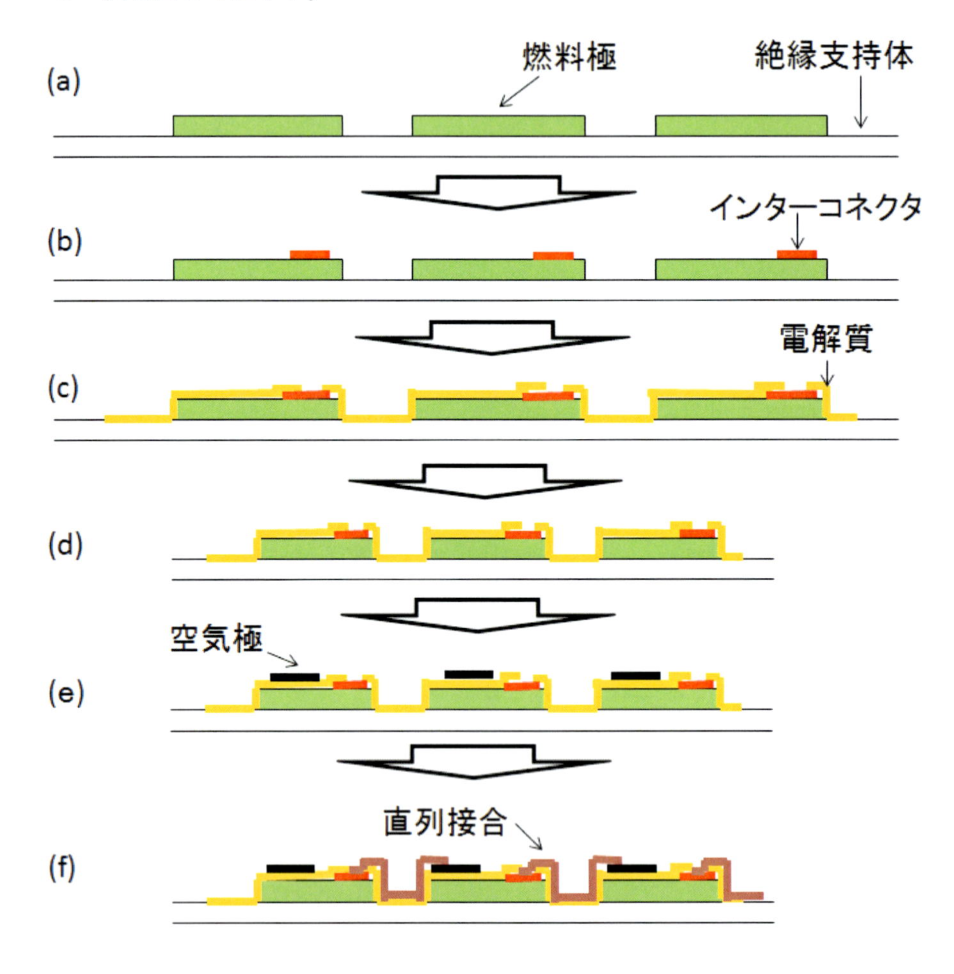

図１４　横縞形の製造フロー

図１４(a)では電気的に絶縁な支持基板表面と裏面（非表示）に燃料極の原料粉のスラリーをスクリーン印刷（図８(b)）、あるいはテープ成形（図８(a)）したシートを張り付けて、縞状に形成する。次にインターコネクターを燃料極上に同様に形成する（図１４(b)）。インターコネクターは燃料極と隣のセルの空気極を直列に接合するために必要となる。インターコネクターには燃料雰囲気（高温還元条件）でも空気雰囲気（高温酸化雰囲気）でも安定であり、十分な電気導電性を有し、かつ十分な緻密性を持つことが求められる。次に電解質原料粉のスラリー

をディップコーティング法（図１２）などで燃料極表面を含めて支持基板全体にコーティングするが、この際マスキング等の方法によってインターコネクターの表面のみ部分的に露出するようにする（図１４(c)）。その後、絶縁支持基板とその上に形成した各種材料の膜を同時に焼成する（共焼結）。図１４(d)は図１４(c)の状態から共焼結した状態を示す。焼結により収縮するためサイズが縮小する。このケースでは、絶縁支持基板、燃料極、電解質、インターコネクターの４種ものセラミック材料を共焼結するため、各材料間の収縮挙動の調整が必要であり、難易度の高い高度な技術が求められる。その後空気極を印刷・焼成（図１４(e)）した後、隣り合うセルの燃料極と空気極とをインターコネクターを介して直列に接合するための導電体（空気極材料と同じ、あるいは類似の材料）を印刷・焼成することで横縞形セルスタックが完成する（図１４(f)）。横縞形では一つの支持基板上で積層構造が完成するため、熱サイクルに強い安定なスタックが得られるメリットを有している[4]。

５. おわりに

ＳＯＦＣの製造に関する技術について、電極を含む部分（セル）を中心に示した。高度なセラミック成形・焼結技術が求められることから日本の技術力が優位性を持つ分野であり、日本での開発・商品化が世界をリードしてきた。近年、低コストと強靭性を可能にする金属材料を支持基板とするメタルサポートセルへの期待も高まり、金属支持基板と組合せた新しい電極／電解質の製造技術も求められている。

参考文献

[1] Y. Matsuzaki and I. Yasuda, *J. Electrochem. Soc.* **148**, 126-131 (2001).
[2] Y. Matsuzaki and I. Yasuda, *J. Electrochem. Soc.* **145**, 1630-1635 (2000).
[3] Y. Matsuzaki and I. Yasuda, *Solid State Ionics* **132**, 261-269 (2000).
[4] Y. Matsuzaki, K. Nakamura, T. Somekawa, K. Fujita, T. Horita, K. Yamaji, H. Kishimoto, M. Yoshikawa, T. Yamamoto, Y. Mugikura, H. Yokokawa, N. Shikazono, K. Eguchi, T. Matsui, S. Watanabe, K. Sato, T. Hashida, T. Kawada, K. Sasaki, S. Taniguchi, *ECS Trans* vol. **57**(1), 325-333 (2013).

III　低炭素・脱炭素社会に向けた電池技術

III－1 次世代エネルギー社会の超低炭素化に向けた技術的選択肢

中垣隆雄
（早稲田大学）

はじめに

様々な国内あるいは国際的要因から次世代のエネルギーシステムは大きく様変わりし、それに伴い社会も変容していくと予測される。ここでは、現在から未来のエネルギーシステムにおける燃料電池・二次電池の役割・位置づけ、規模感の把握と量的な可能性について俯瞰してみる。

メガトレンドの抽出

2015年9月に、国連サミットにおいて「持続可能な開発のための2030アジェンダ」[1]が採択され、2030年までの15年間で持続可能な開発目標（17のSustainable Development Goals：17ゴール、169のターゲット）の達成に対して努力することが約束された。17ゴールの多くがエネルギー・環境に関係し、日本としても気候変動、エネルギー、持続可能な消費と生産等の分野を中心に、国内外においてアジェンダの実施に貢献していくとの方針が政府から発表された。また、同年12月には第21回気候変動枠組条約締約国会議（COP21）にて採択されたパリ協定[2]の第2条に世界全体の平均気温の上昇を産業革命以前よりも2 ℃高い水準を十分に下回り、さらに1.5 ℃以下に抑える努力の追求、第4条には今世紀後半には人為起源の温室効果ガスの排出量と吸収源による除去量のバランスが明文化されている。日本もパリ協定を批准していることから、達成に向かった努力義務が課せられており、提出した約束草案では2030年に2013年比で−26%を達成するとの目標[3]を掲げ（Pledge）、5年ごとのGlobal Stocktakeで評価・見直し（Review）を受けることになっている。

国際エネルギー機関IEAのエネルギー技術展望2017年版[4]によると、2014年の年間の世界の一次エネルギー需要（Total Primary Energy Demand, TPED）は図1に示す通り約570 EJ、そのうち単独で調整機能のない風力、太陽光などのOther renewables（地熱等も含む）は8 EJであった。2060年の予測として、リファレンス技術シナリオ（RTS）では需要が843 EJまで増加、Other renewablesは+85 EJで約11%のシェアである。これに対し、パリ協定に明記された2 ℃以内抑制のシナリオ（2DS）では、需要が664 EJに抑えられ、Other renewablesは+165 EJ増加して26%のシェアになると報告されている。2014年の日本の一次エネルギー供給は20 EJであるから、これから世界で導入される風力・太陽光はその数倍の規模感である。これまでは経済成長とTPEDの増加に関係性が認められたが、2DSではこれらを切り離して（デカップリング）二酸化炭素強度（CO_2 Intensity、kg/kJなどの単位）を2060年までに78%引き下げる必要があると試算している。

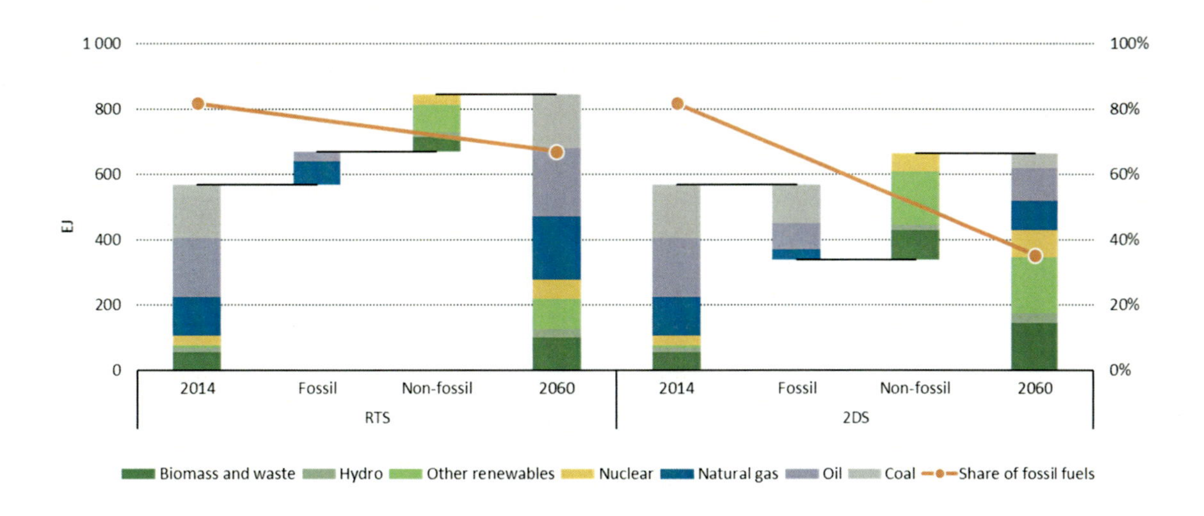

図 1　TPED の 2014 年実績と RTS・2DS による 2060 年の予測[4]

2018 年 7 月に閣議決定した第 5 次エネルギー基本計画[5]においても、政策の基本的視点である 3E+S（Energy security, Economic efficiency, Environment + Safety）と多層化・多様化した柔軟なエネルギー需給構造の構築は改訂前と変わっていない。2030 年に向けた政策対応の中では、再生可能エネルギーの「主力電源化」が掲げられた以外はほぼ第 4 次エネルギー基本計画を踏襲している。特に影響の大きい電力については図 2 に示す通り、2015 年に長期エネルギー需給見通し小委員会の資料にある 2030 年の「再エネの比率 22～24%」などの電源構成のエネルギーミックス[6]の目標と変わっていない。再エネについては 2030 年までに着実に進展しているが、課題と対策として、発電コストの低減に加え、調整力の確保が重要で広域的・柔軟な調整に対応できる系統利用ルールの策定（日本版コネクト&マネージ）や、蓄電池だけでなくネガワットやデマンドレスポンス（供給量の変動に合わせた ICT 等による需要側の能動的な負荷制御とその市場取引）などを含むカーボンフリーの調整力開発が 2030 年までに可能な項目として挙げられている[7]。設備投資が未償還、あるいは余寿命が十分に長いエネルギーインフラ・既存設備の更新には時間がかかる。また、発電端での単価は安価になりつつあるが、ストレージや調整力との連系が必須で主力化には依然システムコストが高い自然変動電源の大量導入にも時間がかかることから、12 年後の 2030 年は過渡期である。現在発表されている官主導の見通しは確度が高く、着地点の見込みとしてはほとんど変えようがないと見られる。

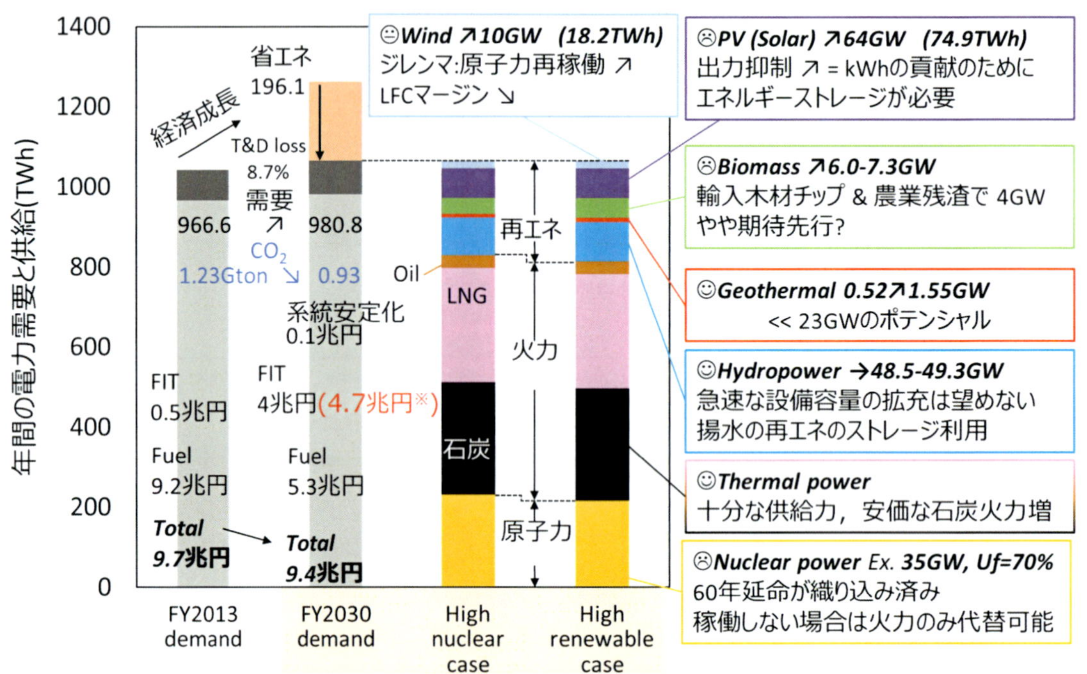

総合資源エネルギー調査会　長期エネルギー需給見通し小委員会　第8回会合資料 2015年4月28日を基に作成
※電中研報告Y16507，固定価格買取制度（FIT）による買取総額・賦課金総額の見通し（2017年版）

図 2　2030 年の電力の「エネルギーミックス」[8]

一方、2050 年とその先を見据えた超長期の方針についてもエネルギー基本計画の改訂に新規に盛り込まれた。パリ協定の約束草案として 2050 年までに 80%削減を目指すとした現在から 2030 年までの延長線にはない長期目標に対し、経済産業省にエネルギー情勢懇談会が設置された。情勢懇では世界から産官学のリーダー・有識者をゲストスピーカーとして招致して約半年で提言[9]をまとめ、第 5 次エネルギー基本計画の第 3 章の土台としたようである。その中で、図 3 に示す通り 2050 年に向けては、複雑かつ不確実性に対応すべくあらゆる選択肢を追求する「エネルギー転換・脱炭素化を目指した全方位での野心的な複線シナリオ」（2018 年 3 月 30 日エネルギー情勢懇談会参考資料[10]、論点 2-1）を採用し、目標値や優先順を情勢に合わせて柔軟に修正・決定するために、「科学的レビューメカニズム」（同論点 2-4）の構築の必要性について明記された。特にシナリオプランニングについてはシェルのニューレンズシナリオ[11]の影響を大きく受けた内容と推察される。

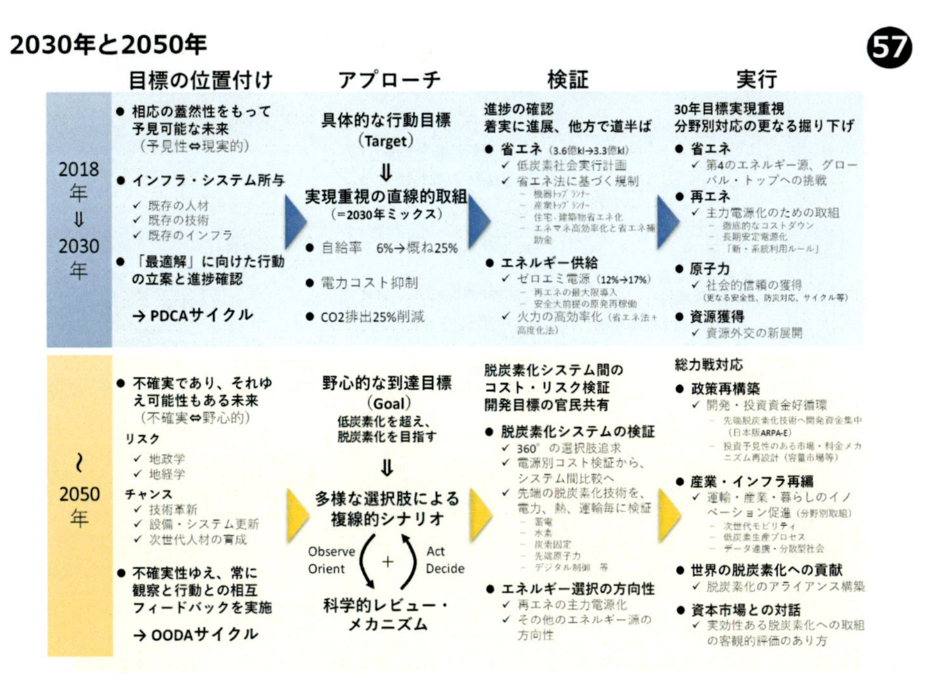

図 3　エネルギー情勢懇談会の 2050 年エネルギーシナリオの論点整理[10]

上述した国際的・国内的な方針決定から、2050 年以降も見据えたエネルギーを取り巻く大きな潮流、いわゆる「メガトレンド」を抽出すると、以下の 4 点が挙げられる。

- 一次エネルギー源の脱化石化（低炭素化）
- 再生可能エネルギーの大量導入と主力化
- 大規模集中型システムから小規模分散型システムへの移行（特に民生部門）
- 不確実性に対応できる柔軟性と多様性のあるエネルギーシステムの重視

次世代エネルギーシステムとそれとともに変容する未来社会を正確に予測することはできないが、少なくとも上記 4 点については確度の高い方向性であると言える

公的機関の公開資料に基づく水素・燃料電池・二次電池技術ロードマップの整理

エネルギーを取り巻く世界の情勢を横目で見つつ、国内のエネルギー技術開発に関する公的機関発表の資料から 2030 年をマイルストーンとして 2050 年あるいはそれ以降までのメガトレンドに沿った水素・燃料電池・二次電池に関係する技術ロードマップを整理しておく。まず、直近とも言える 2030 年の再エネ 22～24%の電源比率の達成については、総合資源エネルギー調査会・基本政策分科会が図 4 に示すような対策[12]をまとめている。その中でも特に単独で調整力のない自然変動電源に対して電力系統で取りうる対策の拡張が中心となる。

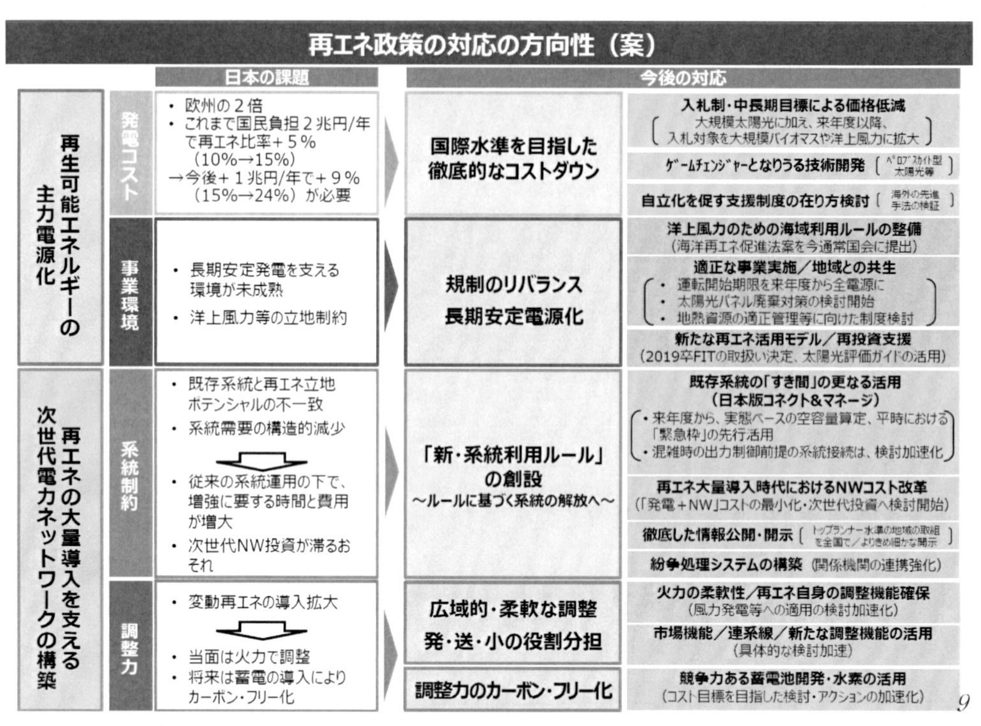

図４　再生可能エネルギー大量導入の課題と対策（総合資源エネルギー調査会・基本政策分科会まとめ）[12]

NEDO の再生可能エネルギー技術白書（第２版）にある系統サポートマップ（図 5）[13]において、蓄エネルギー技術は系統側（例えば揚水発電所や変電所蓄電池）と発電側（例えば NaS 電池を具備した風力発電システムなど）のハードウエア対策に位置づけられる。図 5 に記載の対策は全て同じ自然変動電源の大量導入における系統安定化目的であり、蓄電池には当面これらとの技術的競合がありうる。例えば系統側での蓄エネには揚水発電の群制御や可変速化などがあり、発電側の火力・水力の調整機能向上、VPP（Virtual Power Plant）・ネガワット・デマンドレスポンスによる需要制御などでも調整力を確保できる。一方、蓄電池や水素などの蓄エネルギー技術は物理的な容量や保存期間の制限がない特長があり、競合する安価な対策による自然変動電源の導入量の限界値を見定めながら、コスト競争力のある技術開発が必要となる。エネルギーシステムは複雑系であり、そのサブシステムへの要件は単独では決まらず、System of Systems の観点でそれぞれのシステムの補完・連携・競合などの関係性や制約を十分に考慮しながら、複雑なエネルギーシステムの将来設計を考える必要がある。

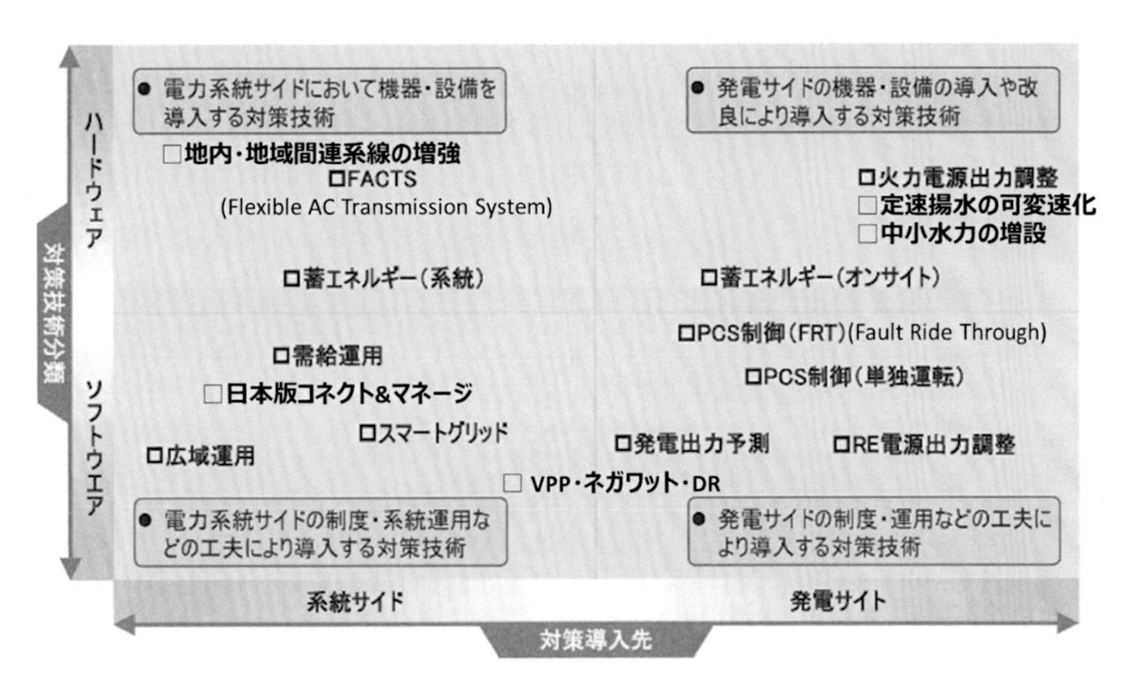

図5　系統サポートマップ（NEDO 再生可能エネルギー技術白書に一部加筆）[13]

前述のエネルギー情勢懇談会の論点整理資料に図 6[10]がある。海外の化石由来水素のキャリアとしてメタンが登場し異論もあるが、少なくとも 2050 年までには図 5 の技術の単なる延長線ではなく、自給可能な分散化した自然変動電源を中心として蓄電池あるいは水素へのストレージと直接組み合わせて利用することが想定されている。

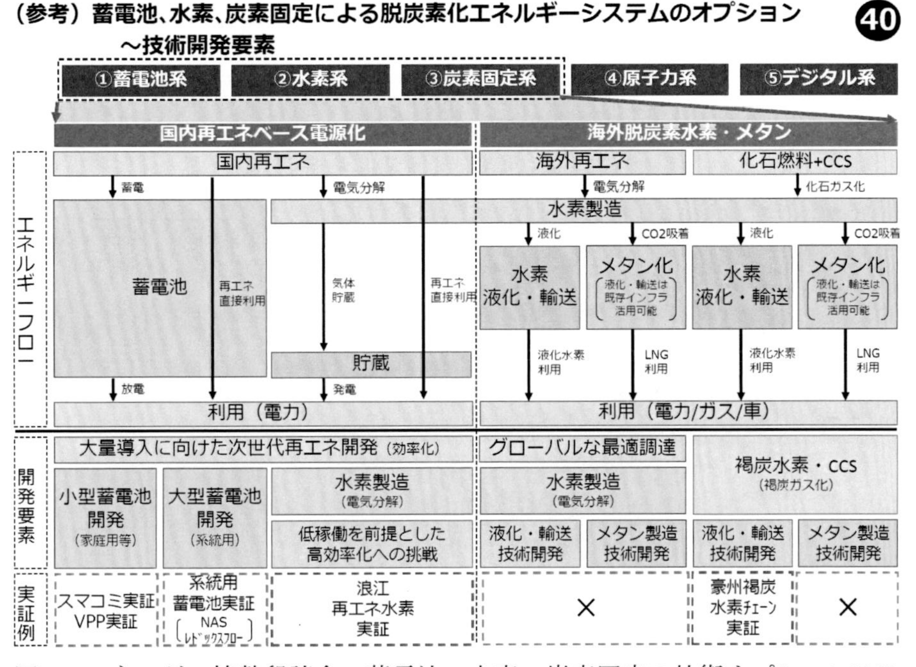

図6　エネルギー情勢懇談会の蓄電池・水素・炭素固定の技術オプション[10]

官主導の技術開発のロードマップとしては、2017 年 9 月に公開された内閣府総合科学技術・イノベーション会議のエネルギー・環境イノベーション戦略推進ワーキンググループによるロードマップ（NESTI2050）[14]がある。この中では、次世代蓄電池、水素製造貯蔵利用の 2050 年頃の普及を目指したロードマップがあり、CO_2 固定化・利用技術にも水素を用いた有機化合物の合成などが記載されている。

図 7　NESTI2050 の次世代蓄電池ロードマップ[14]

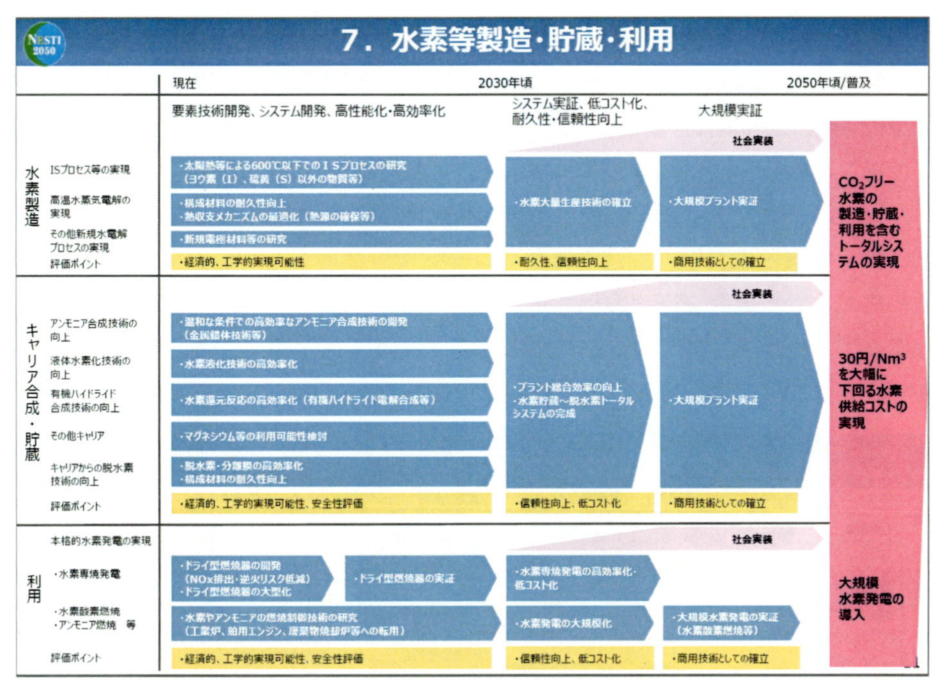

図 8　NESTI2050 の水素等製造・貯蔵・利用ロードマップ[14]

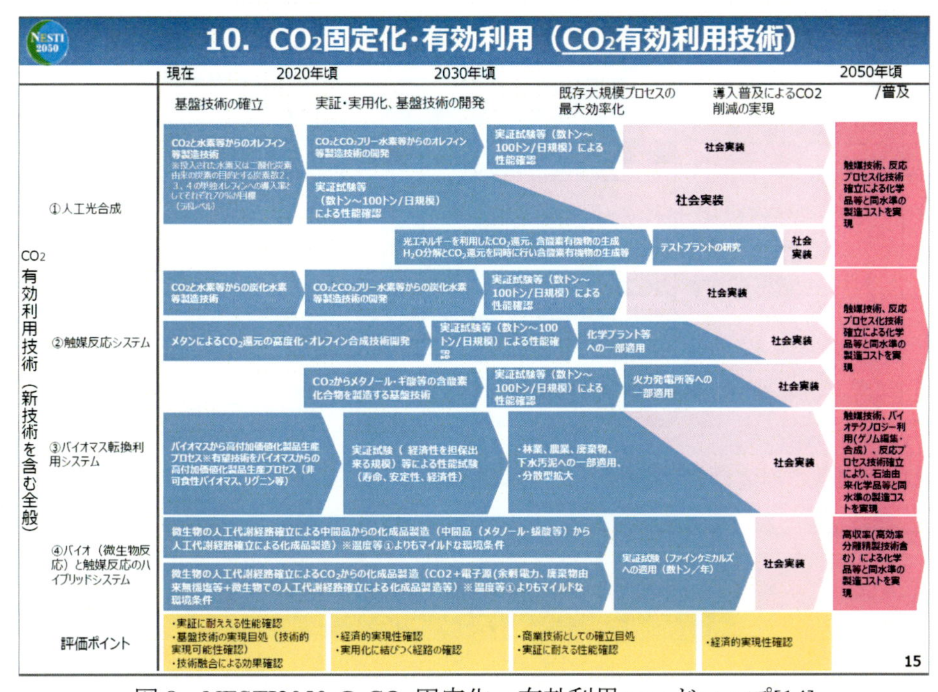

図 9　NESTI2050 の CO_2 固定化・有効利用ロードマップ[14]

※人口光合成と触媒反応システムに CO_2+水素からの有機化合物製造の記載がある。

2017 年には内閣官房再生可能エネルギー・水素等関係閣僚会議から水素基本戦略[15]が公表された。その中には、2030 年およびその先の将来の水素量、水素 Nm^3 あたりのコストに加え、利用サイドとして発電単価、輸送部門のインフラと普及台数、FC コージェネレーションシステムの普及台数の目標値の記載がある。これらの政府の各種計画や戦略の整合性や国際的競争力の観点から、2017 年度に内閣府科学技術政策担当大臣等政務三役と総合科学技術・イノベーション会議有識者議員との会合において環境エネルギー・水素戦略の政策討議が 2 回なされ、第 1 回にそれぞれの技術について Key Performance Index を列挙して比較・評価している[16]。また、複数の府省庁に跨る水素・燃料電池関連の複数のロードマップのまとめが上記会合の環境エネルギー・水素戦略の政策討議第 2 回において示された（図 10、[17]）。なお、2030 年および 2050 年の液体水素、アンモニア、メチルシクロヘキサン（MCH）の各水素キャリアによる水素コスト（円/Nm^3）評価については、図 11[18]の研究報告がある。

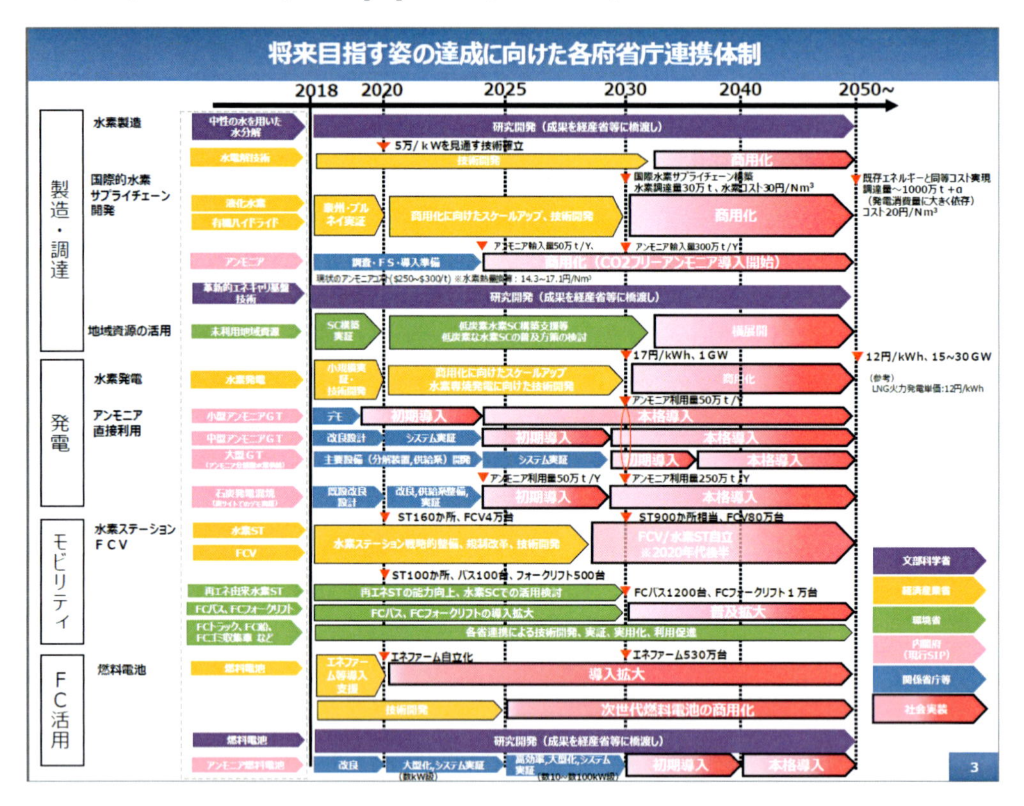

図 10　複数の府省庁に跨る水素・燃料電池関連の複数のロードマップのまとめ[17]

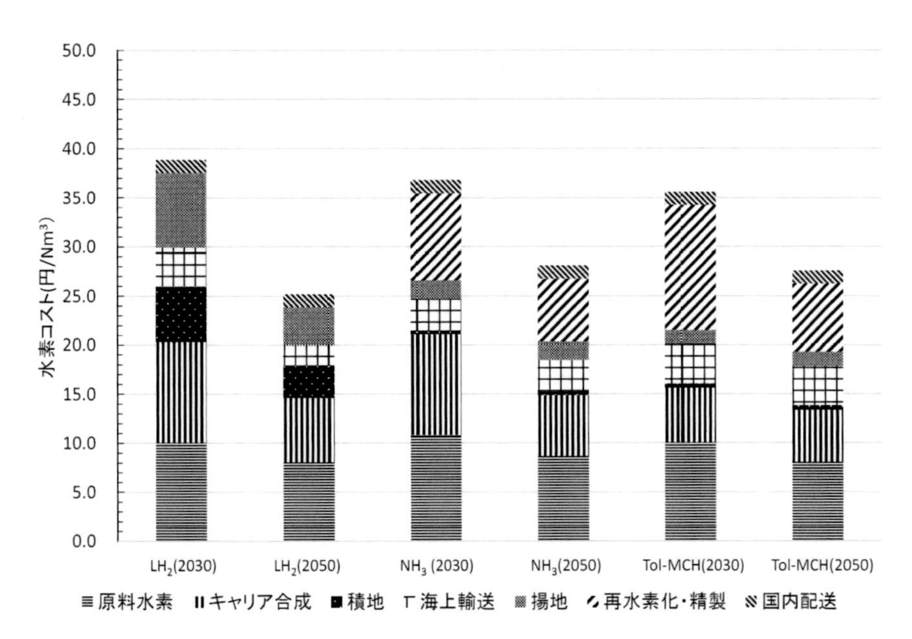

図 11　水素キャリアごとの 2030、2050 年の水素コストの試算例[18]

温室効果ガス 80%削減のリアリティ

前述の 4 つのメガトレンドを踏まえ、経済成長とエネルギー需要のデカップリングとパリ協定の約束草案にある 2050 年までに温室効果ガス 80%削減のヒントを探る。2050 年 80%削減を目標とした排出経路については各研究機関からモデル計算の定量的な算出結果が数多く公表されているが、主要な定量分析の結果については環境省の長期大幅削減に向けた基本的考え方・参考資料集[19]の P.38-45 にまとめて紹介されている。省エネルギーによる需要の削減とさらなる電化の推進は共通しており、公開の主体の背景から CCS（CO_2 Capture and Storage）や原子力などの扱いにおいて異なる点もあるが、いずれも 2030 年のインクリメンタルな技術革新の延長線上ではなく、革新的な技術とその急速な展開による社会の非連続・劇的な変化が必要不可欠な内容となっている。

2017 年 9 月 14 日に日本学術会議と化学工学会で共催された公開シンポジウム「次世代エネルギー社会の超低炭素化に向けた課題とチャレンジ　ー温室効果ガス 80%削減のフィージビリティとリアリティについて考える」では、主に電力供給に焦点を当て、温室効果ガス 80%削減のためのシナリオとして現在の大規模集中型の延長線と対極として太陽光や風力を中心とする小型分散電源の台頭の両極端を提示し、その中庸・中道に到達点があるだろうとの考え方が示された[20][21]。この考え方に従って見れば、大規模集中型の選択肢は限られており、原子力と CCS 付き火力が主役となる。CCS の貯留地と放射性廃棄物の最終処分などのバックエンドの社会的解決には困難が予測されるものの、現在の技術の延長でも可能である。しかしながら、原子力への依存度を可能な限り低減するとした第 5 次エネルギー基本計画や、メガトレンドには必ずしも合致していない。一方、太陽光や風力など国内でおいても賦存量の大きな自然変動の再生可能エネルギーの場合も技術的には可能であるが、コストターゲットを含め、スモールスタートのビジネスエコシステムの立ち上げから本格的なビジネス展開（デプロイメント）までを多発的・複線的に推し進めるため、見過ごされたシステムの組み合わせ、二次利用や最終廃棄までを通して欠けている技術やその開発支援、経済的な刺激・支援策や政策的誘導などを、散発的ではなく、コヒーレンス（整合性がとれていること）を持たせてタイミング良く展開していく必要がある[22]。
最後にマクロな視点から、ハードウエアとしてのエネルギーストレージや電力系統などの容量増強の規模感を得るため、数値を粗く見積もっておくこととする。まず、現在の太陽光発電の効率でも 1 TW の設備容量（＋必要な電力貯蔵）があれば、1000 TWh の現在の年間電力需要を賄うことが可能であり、設備の設置面積は国土の 1.8%に相当する[23]。エネルギーストレージの世界的な規模感として、エネルギー技術展望 2017 年版[4]に図 12 があり、世界で現存する揚水発電の電力貯蔵量をはるかに超える容量が必要と試算されている。

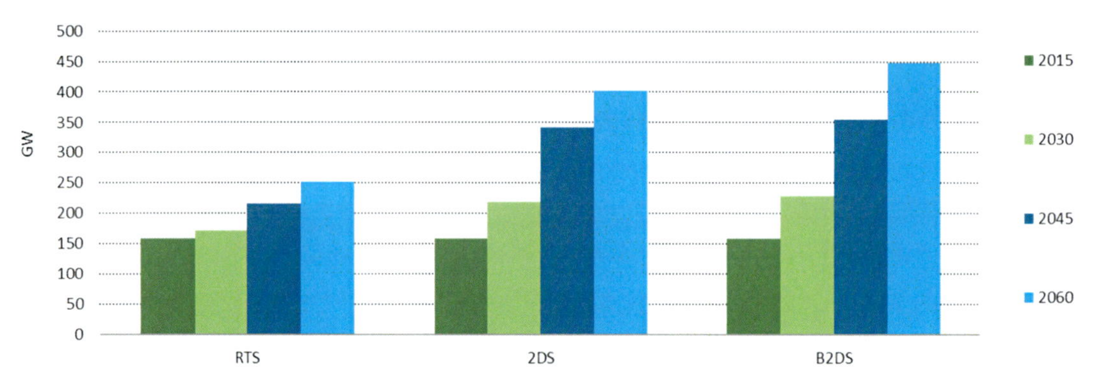

図 12　2DS および Beyond 2DS における必要なエネルギーストレージ設備容量の推移
※2015 年は 150 GW の揚水発電と 1 GW の他の貯蔵技術で構成されている。[4]

次に、2015 年度の総合エネルギー統計（詳細表）[24]を基に、需要に変化がないものとして、一次エネルギーを全て再生可能エネルギーで、効用を全て電気で発生（電化率 100%）を想定した。さらに一次エネルギーの自給率 100%（B）と不足分を CO_2 フリー水素で輸入する（A）2 ケースについて試算した。この場合、再生可能エネルギーの供給は表 1 の通りである。

表 1　ケース A および B における 1 次エネルギーの供給量

2015 年度 1 次エネルギー	A：輸入水素利用	B：自給率 100%
太陽光 0.03 EJ[24]	設備容量 133 GW＝0.54 EJ[25]	2.09 EJ[26]
水力 0.67〜0.71 EJ[24]	一次エネルギー0.7 EJ、発電は設備容量 49.3 GW＝0.35 EJ[8]	⇒同左、利用順位は水力・地熱・太陽光＋風力で調整
風力 0.04 EJ[24]	設備容量 36 GW＝0.28 EJ[25]	陸上 9.75 EJ, 洋上 19.29 EJ[26]
地熱 0.02 EJ[24]	設備容量 5.5 GW＝0.04 EJ[25]	0.59 EJ[26]

民生部門の仮定：民生部門の需要は電化が比較的容易である。家庭部門ではすでにオール電化住宅があり、熱需要は給湯・冷暖房で利用サイドでは 60 ℃以下であることがほとんどである。寒冷地にも電動ヒートポンプ（HP）が普及すると仮定した。COP（成績係数）として給湯の CO_2HP が 3.5、暖房は 6 と仮定した。また、業務に用いられている軽油およびガソリンはオフグリッド現場での動力として扱い、それぞれ熱効率 40 および 30%で電動機に代替できるとした。業務の熱供給についても 200 ℃超はジュール熱、200 ℃以下は高温 HP で供給、この場合の COP は 2 とした。
輸送部門の仮定：航空機については需要が 3 倍に伸びるとして、長距離貨物船と合わせて微細藻類によるバイオ燃料や CO_2 フリー水素による合成燃料で対応させるとした。陸上輸送は EV/FCV に置換する。車両は 4 輪車のみ考慮し、EV の伝達効率 45%、FCV の伝達効率 30%とした。内燃機関が少なくなるため潤滑油類は半減とした。鉄道も同じく、EV の伝達効率 60%、FCV の伝達効率 40%とした。合成燃料はケロシン、C:H=86:14、$C_{11}H_{22}$（ウンデセン）相当で HHV（高位発熱量）＝46.7 MJ/kg とした。CO_2 フリー水素製造の効率には 60% LHV（低位発熱量）＝5.0 kWh/Nm^3-H_2 を用いた。すなわち、1 kg の燃料合成：3.14 kg-CO_2＋0.42kg-H_2 であり、発熱反応のため熱的に自立するものとして扱った。
産業部門：表 2 の通りとした。

表 2　産業部門の仮定一覧

農林水産業 鉱業 建設業	食品・繊維 パルプ・紙 印刷・ゴム 皮革製品 プラスチック	窯業・土石	鉄鋼 非鉄金属 金属製品	化学工業	機械製造他
熱供給： ジュール熱 動力： η_{FC}=45% 蒸気 200 ℃未満 ⇒高温 HP	熱需要は全て 200 ℃未満 ⇒高温 HP	燃料消費： 200 ℃以上の熱発生用 ⇒ジュール熱 自家用蒸気： 200 ℃未満 ⇒高温 HP	鉱石還元： 合成メタンで MIDREX 下工程・金属加工加熱： ジュール熱 スクラップ： 電炉 非鉄金属： 電解精錬	コークス、ナフサ、オイルコークス、回収硫黄は非エネルギー用途 蒸気発生×1 蒸留塔×1/5： ⇒ジュール熱	石炭、コークス、ガソリン、灯油、軽油、重油、他重質油、LPG、天然ガス、都市ガス： 高温熱 ⇒ジュール熱 自家用蒸気： ⇒高温 HP
燃料 0 潤滑 0.001 ｱｽﾌｧﾙﾄ 0.06 電力 0.12 水素 0.03	燃料 0 電力 0.49	燃料 0 電力 0.32	鉄還元用の電力 1.16(水素換算で 0.7) 下工程 0.5 非鉄・金属製品 0.67	燃料 0 非エネ 1.27 電力 0.65	燃料 0 電力 0.38

200 ℃未満は高温 HP で熱発生：COP=2、ジュール熱は発熱量等価とした。数値は EJ/年。

前述の A および B に対し、非エネルギー用途の化石燃料の消費を許容し、ネガティブエミッション技術と組み合わせて実質ゼロとする（I）、および非エネルギー用途も炭素循環・合成によって供給する（II）のマトリックスで 4 ケース、さらに陸上輸送を FCV と EV の両極端で細分化し、表 3 の通り①～⑧の都合 8 ケースを計算した。

表 3　ケーススタディ一覧

Case study	I.　非エネルギー用途の化石資源の消費を許容	II.　非エネルギー用途も炭素循環・合成で供給
A：輸入水素利用	FCV①／EV②	FCV③／EV④
B：自給率 100%	FCV⑤／EV⑥	FCV⑦／EV⑧

①～⑧の計算結果を図 13(a)～(d)に示す[27]。

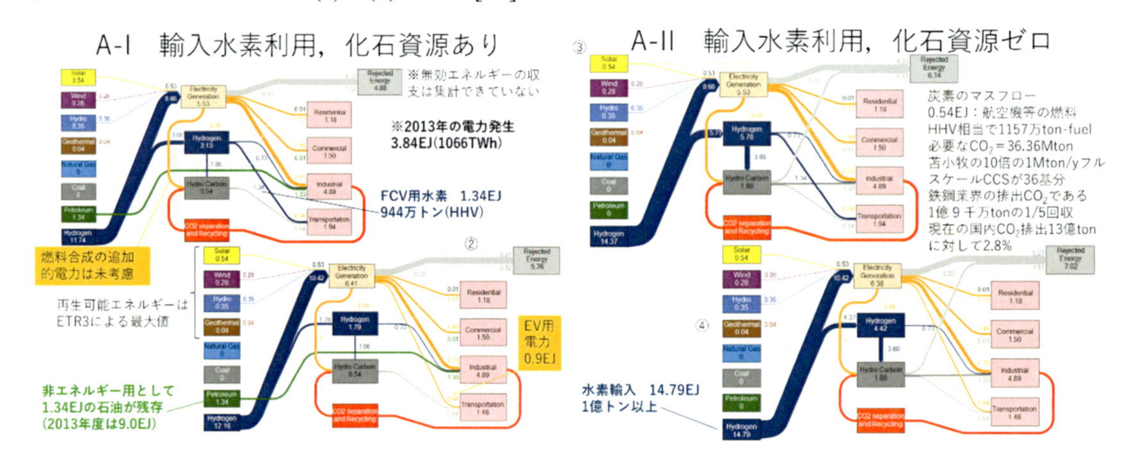

図 13(a)　A-I の計算結果　　　　(b)　A-II の計算結果

図 13(c)　B-I の計算結果　　　　(d)　B-II の計算結果

得られた結果の要点は次の通りである。

- 自給率 100%で非エネルギー用炭化水素合成＋FCV のケースで現在の年間電力の 4 倍ほど必要。
- FCV の場合、EV よりも＋1.36 EJ の電力が必要で 2 MW 風車 86000 基分に相当。風力は最大で 12 EJ 程度必要となる。
- 非エネルギー用炭化水素合成を含めると、CO_2 は年間 1 億 2658 万トン分離回収（現在の国内総排出量の 1/10)。

粗い計算で未考慮の事項は多数あるが、そのうち重要な点を列挙しておく。

- 省エネ効果やリサイクルの追加エネルギーが未定量。
- EJ/年であり、VRE（変動性の再エネ）の変動を考慮した TW（テラワット）を見ていないため、エネルギーストレージの容量の推定が未計算。
- 無効エネルギーの収支は未計算。
- 現在の電力系統の 1000 TWh/年、8 月最大 170 GW の送電用電力線容量や変電所の再構築については未考慮。
- 非エネルギー用途炭素、廃棄物のマテリアルフローは細かく見ていない。
- CO_2 分離回収/燃料合成のための追加的なエネルギーも未考慮。
- バイオマス、バイオオイルなどの量的寄与も無視した。

参考文献

[1] http://www.un.org/ga/search/view_doc.asp?symbol=A/70/L.1，2018 年 8 月アクセス

[2] https://unfccc.int/sites/default/files/english_paris_agreement.pdf，2018 年 8 月アクセス

[3] http://www4.unfccc.int/Submissions/INDC/Published%20Documents/Japan/1/20150717_Japan's%20INDC.pdf，2018 年 8 月アクセス

[4] International Energy Agency (2017), Energy Technology Perspectives 2017, OECD/IEA, Paris，(2017)

[5] http://www.enecho.meti.go.jp/category/others/basic_plan/pdf/180703.pdf，2018 年 8 月アクセス

[6] http://www.enecho.meti.go.jp/committee/council/basic_policy_subcommittee/mitoshi/pdf/report_02.pdf，2018 年 8 月アクセス

[7] http://www.meti.go.jp/report/whitepaper/data/pdf/20180522001_01.pdf，2018 年 8 月アクセス

[8] 中垣隆雄、自然変動電源の大量導入に伴う課題の整理と対策の方向性、日本学術会議公開シンポジウム、「次世代エネルギー社会の超低炭素化に向けた課題とチャレンジ」平成 29 年 9 月 14 日開催、配布資料(2017)

[9] http://www.enecho.meti.go.jp/committee/studygroup/ene_situation/pdf/report.pdf、2018 年 8 月アクセス

[10] http://www.enecho.meti.go.jp/committee/studygroup/ene_situation/008/pdf/008_006.pdf，2018 年 8 月アクセス

[11] https://www.shell.com/energy-and-innovation/the-energy-future/scenarios/new-lenses-on-the-future/_jcr_content/par/relatedtopics.stream/1519787414982/adef55be407cd1ffecb7253ff2f02fed58a650d57001489c962b552154e3250d/japanese-new-lens-scenario-brochure.pdf, 2018 年 8 月アクセス

[12] http://www.enecho.meti.go.jp/committee/council/basic_policy_subcommittee/025/pdf/025_008.pdf, 2018 年 8 月アクセス

[13] NEDO、再生可能エネルギー技術白書（第 2 版）、http://www.nedo.go.jp/content/100544824.pdf, 2018 年 8 月アクセス

[14] http://www8.cao.go.jp/cstp/nesti/honbun.pdf, 2018 年 8 月アクセス

[15] https://www.cas.go.jp/jp/seisaku/saisei_energy/pdf/hydrogen_basic_strategy.pdf, あるいは http://www.meti.go.jp/press/2017/12/20171226002/20171226002-1.pdf, 2018 年 8 月アクセス

[16] http://www8.cao.go.jp/cstp/gaiyo/yusikisha/20180118/siryo2.pdf, 2018 年 8 月アクセス

[17] http://www8.cao.go.jp/cstp/gaiyo/yusikisha/20180228-2/siryo2-3.pdf, 2018 年 8 月アクセス

[18] 水野有智、石本祐樹、酒井奨、坂田興、国際水素エネルギーキャリアチェーンの経済分析、エネルギー・資源学会論文集、Vol. 38, No. 3（2017）、pp. 11-17

[19] https://www.env.go.jp/press/y0618-22/mat01_2.pdf, 2018 年 8 月アクセス

[20] 古山通久、80%GHG 削減とその先への道筋～技術的実装可能性から考える選択肢、日本学術会議公開シンポジウム、「次世代エネルギー社会の超低炭素化に向けた課題とチャレンジ」平成 29 年 9 月 14 日開催、配布資料(2017)

[21] 古山通久、安久絵里子、「超低炭素社会に向けたイノベーションのための視点～研究戦略・ビジョン策定に関する考察、エネルギー・資源、Vol. 39, No. 4 (2018)

[22] 福島康裕、コヒーレントな技術ロードマップの作成に向けた課題、化学工学会第 50 回秋季大会 CA122　(2018)

[23] （一社）太陽光発電協会、http://www.jpea.gr.jp/pdf/t180418_1.pdf, 2018 年 8 月アクセス

[24] http://www.enecho.meti.go.jp/statistics/total_energy/results.html#headline2, 2018 年 8 月アクセス

[25] Kato, Y. et al., Energy Technology Roadmaps of Japan, Springer (2016)

[26] Koyama, M. et al., "Present Status and Points of Discussion for Future Energy Systems in Japan from the Aspects of Technology Options", JCEJ, Vol. 47, No. 7 (2014) pp. 499-513

[27] 中垣隆雄、次世代エネルギー社会検討委員会 Phase II の取組み、化学工学会第 83 年会 D113　(2018) ※松下政経塾第 35 期生　木村誠一郎氏との共同研究

III－2　新型電池

III－2－1　全固体リチウム電池

林　晃敏・作田　敦・辰巳砂　昌弘
（大阪府立大学）

はじめに

電池の構成要素に全て固体材料を用いた全固体電池は、安全性、信頼性の高い次世代蓄電池として、その実現が期待されている。現在、モバイル機器の電源から電気自動車の駆動電源まで、幅広い用途に供されているリチウムイオン電池には、電解質として $LiPF_6$ などの支持電解質を有機溶媒に溶解させた有機電解液が用いられている。この有機電解液を無機固体電解質に置き換えた全固体リチウム電池には安全性と長寿命以外にも様々なメリットがある。例えば、セル内で負極/電解質/正極を直列積層することによって省スペース化と高電圧化が両立できるだけでなく、有機電解液が使用困難な高温領域での電池作動も期待できる。本稿では、全固体リチウム電池におけるキーマテリアルである無機固体電解質の開発の現状について紹介した後、電極－電解質間の固体界面形成プロセスと全固体電池開発の進展について概説する。

1. 全固体電池の分類

全固体電池の形態には図 1 に示すように大別すると 2 種類存在する。一つは薄膜型電池、もう一つはバルク型電池である。薄膜型全固体電池は、主に気相法を用いて電極薄膜と電解質薄膜を積層することによって構成されるもので、数万サイクルの充放電を繰り返しても、ほとんど容量低下が認められず、優れたサイクル寿命を有することが知られている [1]。この結果は、無機固体電解質を用いた全固体電池が本質的に長寿命であることを示している。薄膜型電池はすでに実用化されているが、電極層の厚みが薄いため蓄えられる電気容量が小さくなることから、大型電池への適用は困

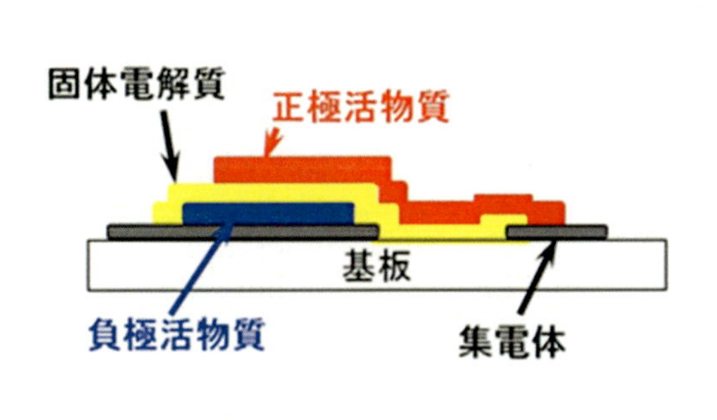

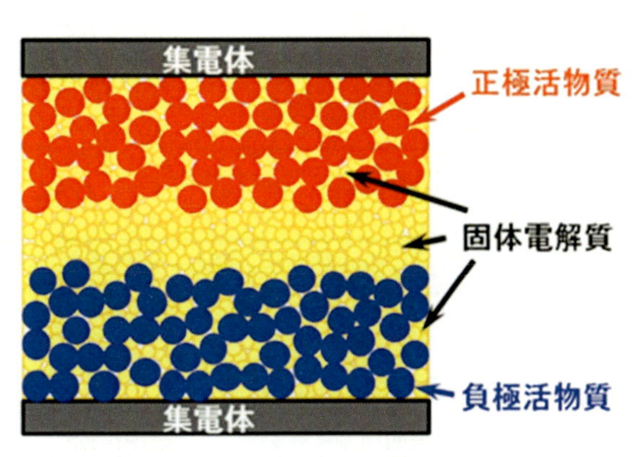

図 1 薄膜型全固体電池 (a) とバルク型全固体電池 (b) の模式図

難である。そこで高エネルギー密度を得るためには、電極活物質と固体電解質の微粒子を積層したバルク型全固体電池の開発が必要である。この全固体電池の電極層においては、活物質粒子以外に、活物質へイオンを供給するための固体電解質粒子を配合する必要がある。活物質の電子伝導性が低い場合には、炭素などの導電剤も配合する。一般的には、微粒子間の固体界面は点接触になりやすいため、活物質の利用率が制限されてしまうことや、界面における接触抵抗が大きくなることが課題として挙げられる。よって、本質的に高いイオン伝導性を示す固体電解質を用いるだけでなく、電極－電解質間の接触面積を増大することが、電池特性向上を図る上でキーポイントとなる。

2. 固体電解質の分類

無機固体電解質は、結晶とガラス（非晶質）に大別できる。ガラス電解質は、リチウムイオン濃度を高めさえすれば､高い導電率を得ることができるという特長がある。またガラスを適切な温度で熱処理することによって、イオン伝導性に優れる準安定相を析出させることができるのもガラスの利点である。このようにガラスの結晶化によって得られた材料は、ガラスセラミックス、もしくは結晶化ガラスと呼称される。

固体電解質の材料系としては、これまで硫化物材料と酸化物材料について広く研究されている。代表的な固体電解質の組成と室温導電率を表 1 に示す[2-10]。硫化物電解質においては、室温で 10^{-2} S cm^{-1} 以上のリチウムイオン伝導度を示す $Li_{10}GeP_2S_{12}$(LGPS) 結晶[3]や $Li_7P_3S_{11}$ ガラスセラミックス[5]がすでに見出されている。実用に供されている有機電解液の室温導電率は 10^{-2} S cm^{-1} オーダーであるが、電解液中ではリチウムイオンだけではなく対アニオン（例えば PF_6^-）も伝導に寄与するため、リチウムイオンの輸率は大きく見積もっても 0.5 である。よって固体電解質はすでに、有機電解液よりも高いリチウムイオン伝導度を有している状況にある。また硫化物ガラスの導電率はリチウムイオン濃度の増加に伴って増加し、例えば Li_2S-P_2S_5 二成分系においては、Li_2S が 75mol%の組成で 10^{-4} S cm^{-1} オーダーの導電率を示す[6]。一方、酸化物電解質は、硫化物電解質と比較して、大気安定性に優れることが最大の特長として挙げられる。酸化物電解質として導電率が高いと報告されているものは全て結晶であり、ペロブスカイト型 $La_{0.51}Li_{0.34}TiO_{2.94}$[7]や NASICON 型

表 1　代表的なリチウムイオン伝導性固体電解質の室温導電率

	組成	分類	室温導電率 (S cm^{-1})	参考文献
硫化物	$Li_{9.54}Si_{1.74}P_{1.44}S_{11.7}Cl_{0.3}$	結晶	2.5×10^{-2}	[2]
	$Li_{10}GeP_2S_{12}$	結晶	1.2×10^{-2}	[3]
	Li_6PS_5Cl	結晶	1.3×10^{-3}	[4]
	$70Li_2S \cdot 30P_2S_5$ ($Li_7P_3S_{11}$)	ガラスセラミックス	1.7×10^{-2}	[5]
	$75Li_2S \cdot 25P_2S_5$	ガラス	1×10^{-4}	[6]
酸化物	$La_{0.51}Li_{0.34}TiO_{2.94}$	結晶（ペロブスカイト型）	1.4×10^{-3}	[7]
	$Li_{1.3}Al_{0.3}Ti_{1.7}(PO_4)_3$	結晶（NASICON型）	7×10^{-4}	[8]
	$Li_7La_3Zr_2O_{12}$	結晶（ガーネット型）	3×10^{-4}	[9]
	$90Li_3BO_3 \cdot 10Li_2SO_4$	ガラスセラミックス	1×10^{-5}	[10]

$Li_{1.3}Al_{0.3}Ti_{1.7}(PO_4)_3$[8]、ガーネット型 $Li_7La_3Zr_2O_{12}$[9]などが挙げられる。これらはいずれも 1000℃以上の高温で焼結して緻密化することによって、室温で 10^{-4}～10^{-3} S cm^{-1} の導電率を達成しているが、硫化物電解質よりも導電率は低いのが現状である。

3. 硫化物電解質のメカノケミカル合成

一般的に高温での蒸気圧が大きい硫化物系の結晶やガラスを合成する際には、出発原料を石英アンプルに封入してから加熱処理を行う必要がある。一方、遊星型ボールミル装置などを用いて、原料混合物に対して機械的エネルギーを付与し化学反応を進行させることによっても硫化物ガラスを得ることができる。ボールミル装置は一般的に、粉末を微細化する際に用いられることが多いが、硬度の高いセラミックス製の容器とボールを用い、装置の回転数を大きくして試料に与える機械的エネルギーを増加することによって、粉砕に加えてメカノケミカル反応の生じることが知られている。この手法は、常温・常圧で行える加熱を必要としないプロセスであり、粉末状のガラスが直接得られることが特徴である。

ボールミル条件によって、得られるガラスの熱的性質に違いが生じることがある[11]。図 2 には,ボールミルの処理条件を変えて作製した $Li_7P_3S_{11}$ ガラスの示差熱分析曲線を示す。Al_2O_3 製のポット（内容積：45ml）とボール（10 mm 径×10 個）を用いた場合と、ZrO_2 製のポットとボール（4 mm 径

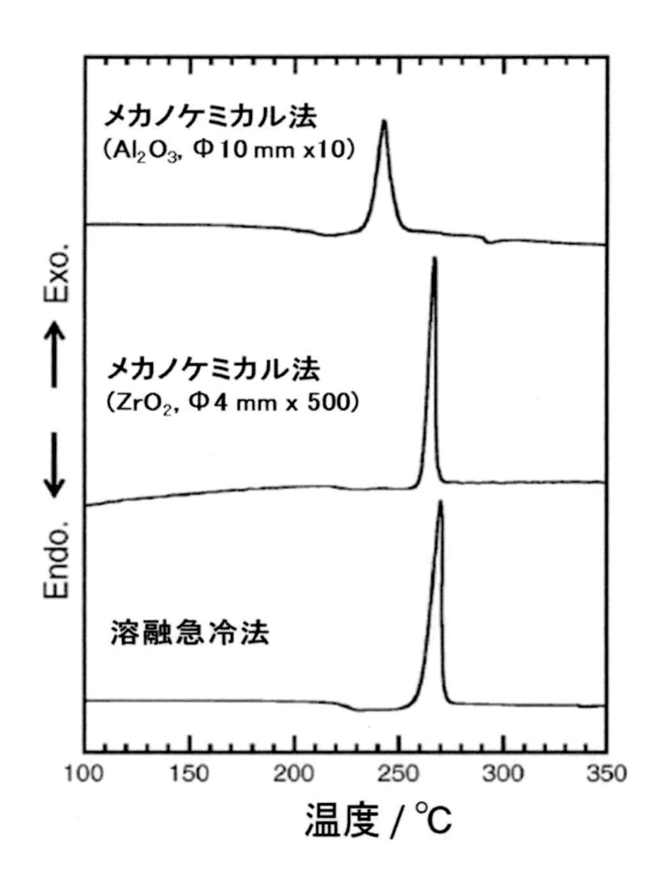

図 2 メカノケミカル法および溶融急冷法により作製した $Li_7P_3S_{11}$ ガラスの DTA 曲線

×500 個）を用いた場合で比較した。ZrO_2 ポットを用いて作製したガラスは、Al_2O_3 ポットを用いて作製したガラスに比べて、ガラス転移や結晶化に対応する熱変化が明瞭に観測され、溶融急冷法で作製したガラスに類似の DTA 曲線を示した[6]。これは ZrO_2 ポットを用いて作製したガラスが、より均質性の高いことに起因していると考えられる。また、材質として Al_2O_3 を用いた場合には、ガラス化するまでに 20 時間のメカノケミカル処理が必要であるが、材質として ZrO_2 を用いた場合には処理時間が 8 時間に短縮された。以上の結果から、ターゲットとなるガラス組成に応じて、メカノケミカル処理時のボール径や容器の材質を適切に選択することが重要である。

4. 固体電解質の導電率評価

固体電解質の導電率を評価する際には、一般的には粉末の成形体もしくは焼結体試料を作製し、その両面に集電をとるための電極を形成して、試料厚み方向の抵抗(R)を測定する。成形体に対して化学的に安定な金や白金などを蒸着もしくはスパッタ法により形成して集電をとり、交流インピーダンス法を用いて導電率を求める。成形体の導電率(σ)は、成形体の厚みと電極面積をそれぞれ L と A とすると、$\sigma = (L/A) \times 1/R$ で決定される。

導電率測定の例として、NASICON 型 $Na_3Zr_2Si_2PO_{12}$ 焼結体（相対密度 99%）の-66℃におけるナイキストプロットを図 3(a)に示す。測定時の印加電圧は 50 mV、測定周波数は 1 Hz～2×10^6 Hz であり、図中の数字は周波数を示している。10^5 Hz 付近と 10^3 Hz 付近に 2 つの円弧が確認され、10^2 Hz よりも低周波数側ではインピーダンスが急激に立ち上がる。焼結体（多結晶体）における抵抗成分を想定すると、高周波数側の円弧は粒内バルク成分(R_b)、低周波数側の円弧が粒界成分(R_{gb})、低周波数側のスパイクはイオンブロッキング電極である Au との界面における分極成分と考えられる[12]。R_b と R_{gb} を足し合わせた R_{total} が焼結体の全抵抗となる。このように交流法を用いることによって、

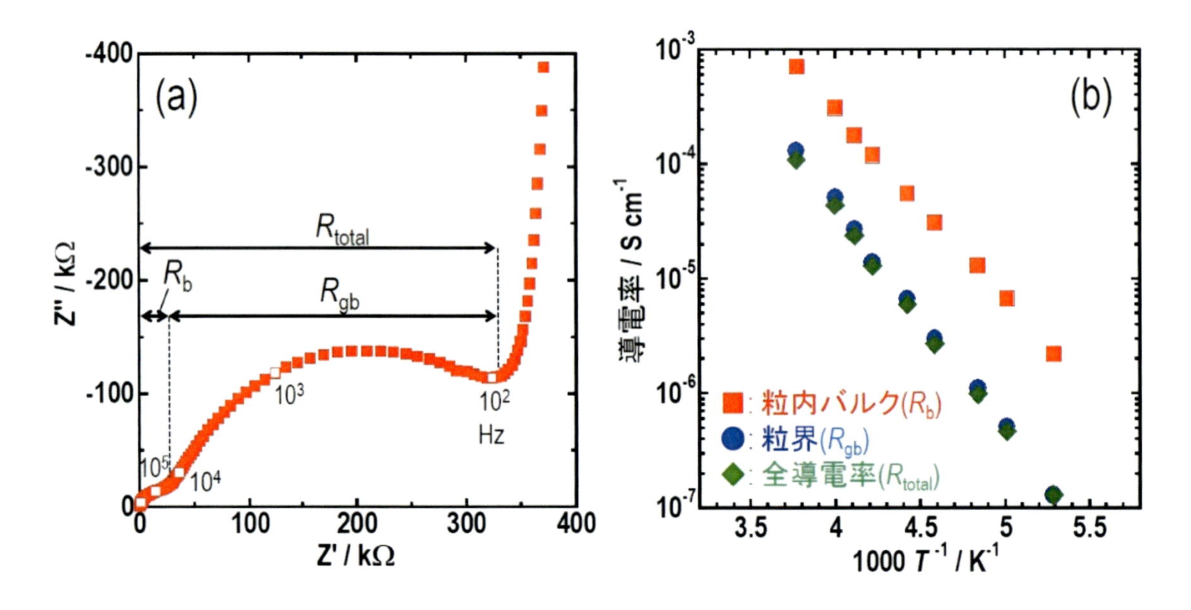

図 3 NASICON 焼結体の-66℃におけるナイキストプロット(a)およびその導電率の温度依存性(b)

焼結体全体の抵抗をバルク成分と粒界成分に区別することが可能となり、全抵抗に占めるそれぞれの成分の寄与を見積もることができる。図 3(b)には、NASICON 焼結体の R_b、R_{gb}、R_{total} から計算した導電率の温度依存性を示す。いずれの成分の導電率の温度依存性も直線関係を示すことから、Arrhenius 則($\sigma = \sigma_0 \exp(-E_a/RT)$)に従うことがわかる。直線の傾きから伝導の活性化エネルギー(E_a)を算出すると、それぞれの成分の活性化エネルギーは、31、38、37 kJ mol^{-1} となった。粒内バルク伝導に比べて粒界伝導の活性化エネルギーが大きく、固体電解質の全伝導度の活性化エネルギーが粒界伝導のそれに支配されていることが明らかになった。

5. 固体電解質の成形性

全固体電池への適用を想定した際には、固体電解質の成形性も重要なファクターとなる。図 4 には硫化物固体電解質 $80Li_2S\cdot20P_2S_5$ (a)と酸化物固体電解質 $Li_7La_3Zr_2O_{12}$ (b)の微粒子を室温でプレス成形して得られた粉末成形体破断面の走査型電子顕微鏡(SEM)像を示す。酸化物電解質(b)では粒子間の界面（粒界）が明確に観察されるのに対して、硫化物粉末(a)は室温でのプレス成形によって、焼結に近い形で粒界が減少する「常温加圧焼結」が生じている[13]。先に述べたように、粉末成形体の伝導度には、固体電解質粒子内のバルク伝導だけではなく、粒界伝導を含めた全伝導度が影響する。緻密な $Li_7La_3Zr_2O_{12}$ 焼結体の全伝導度は 10^{-4} S cm^{-1} 以上の高い値を示すが、それを粉砕して、室温プレス成形して得られた粉末成形体では粒界抵抗の寄与が大きくなり、全伝導度は大きく低下してしまう。一方、硫化物電解質の粉末成形体は 10^{-4} S cm^{-1} 以上の導電率を示しており、常温加圧焼結は粒界抵抗を低減する上で効果的である。

高温焼結が不要で、硫化物と同様に室温でのプレス成形のみで、電極活物質と良好な固体界面を形成可能な酸化物電解質として、Li_3BO_3 をベースとするガラスが挙げられる。Li_3BO_3 は融液を超急冷してもガラスを得ることが困難であるが、メカノケミカル法を用いることによってガラスが得られる[14]。また、Li_3BO_3 に Li_2SO_4 や Li_2CO_3 を添加して作製したガラスは、Li_3BO_3 と比べて、より優

図 4　硫化物電解質 $80Li_2S\cdot20P_2S_5$ (a)と酸化物電解質 $Li_7La_3Zr_2O_{12}$ (b)粉末成形体破断面の SEM 像

れた成形性を示し、室温でプレス成形することによって作製した粉末成形体の相対密度は、添加前の71%から硫化物ガラスに匹敵する90%まで増加する[15]。$90Li_3BO_3$・$10Li_2SO_4$(mol%)ガラスを熱処理すると高温相Li_3BO_3ベースの固溶体結晶と考えられる準安定相が析出し、得られたガラスセラミックスは表1にも掲載しているように1×10^{-5} S cm^{-1}の室温導電率を示す[10]。

6. 固体電解質の電位窓

固体電解質を電池へ応用する際、電位窓は重要である。電位窓は、電解質が還元分解および酸化分解を生じず、電気化学的に安定に存在しうる電位領域を示す。通常はサイクリックボルタンメトリーを用いて評価する。$Li_7P_3S_{11}$ガラスセラミック電解質のサイクリックボルタモグラムを図5に示す。本来は参照（基準）極を用いた三極式で測定を行うべきであるが、全固体セルへの参照極の設置は、固体電解質に対する手法が確立していないため、挿入図に示した二極式の全固体セル（作用極：ステンレス鋼、対極兼参照極：金属リチウム）で評価することが多い。電位範囲は-0.1～5 V、掃引速度1 mV s^{-1}で測定を行った。作用極の電位をカソード側へ掃引すると、リチウムの析出に伴う還元電流が観測された。その後アノード側へ掃引するとリチウムの溶解に伴う酸化電流が観測された後は、+5V までは電解質の分解等による明瞭な酸化電流は観測されない。よって、電解質が金属リチウムに対して速度論的にはこの電位領域において電気化学的に安定である。

しかし、金属リチウムとLi_2S-P_2S_5系ガラスの界面のX線光電子分光測定の結果、界面のごく近傍においてのみ硫化物電解質が還元されて、Li_2SやLi_3Pが形成されていることが明らかになっている[16]。これらの還元分解生成物はイオン伝導体であるが電子絶縁体であるため、還元分解の進行が抑制され、金属リチウムと電解質間の界面抵抗は、1年後においても大きな変化が見られない。還元分解生成物が被膜として界面の安定化に寄与していると考えられる。一方、4V級正極活物質と組み合わせた際には、充電時に正極－電解質界面において大きな界面抵抗が形成され、電池の出力特性に

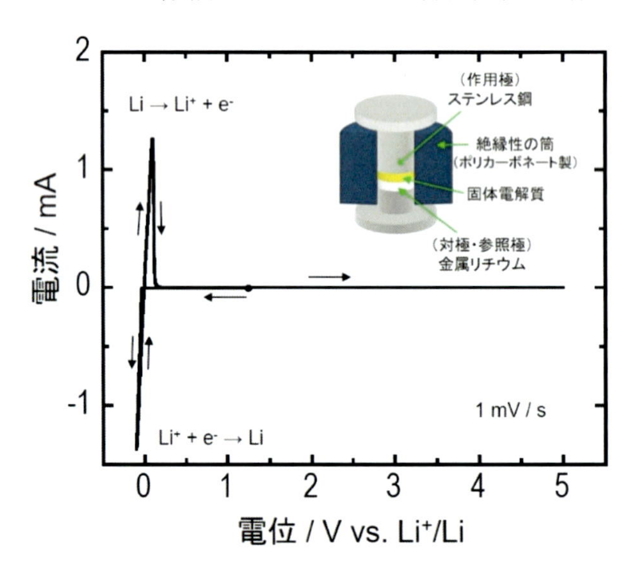

図5　$Li_7P_3S_{11}$電解質のサイクリックボルタモグラム

課題があった。しかし、正極活物質と硫化物電解質の界面へ $LiNbO_3$ などの酸化物薄膜をバッファ層として挿入することによって、電池の出力特性を大幅に改善できるという報告がなされて以来[17]、硫化物電解質を用いる際には活物質粒子への酸化物コーティングが必須となっている。よって、第一原理計算が予測するように Li_2S-P_2S_5 系電解質の熱力学的な電位窓は狭いものの[18]、実際の電池に応用する際には、電極活物質の組成や構造に依存して形成される固体界面における電解質の安定性がポイントとなるため、実際に電池を構築して電解質の本質的な電気化学安定性について調べることが肝要である。

7. 全固体電池の作製方法

電解質として一般的な有機電解液を用いる場合には、電極を電解液中に浸すだけで電極活物質と電解質の間に良好な界面が自動的に形成されるのに対し、固体電解質を用いる場合には電極と電解質の固体界面を意図的に形成する必要がある。電極部分には電極活物質粒子だけでなく、イオンを供給するための固体電解質と電子を供給するための導電助剤をそれぞれ微粒子として配合し、電極複合体（コンポジット電極）としたものを全固体セルへ供する。一例として、負極に In、固体電解質に $80Li_2S \cdot 20P_2S_5$ (mol%)ガラスセラミックス、正極に $LiCoO_2$ を用いたバルク型全固体電池の構築手法について述べる。図 6 には、試験に用いる全固体二極式セルの模式図を示す。In は非常に柔らかい金属であるため、固体電解質との界面接合が容易であることに加えて、Li と合金化して、Li_xIn ($x \leqq 1$)の組成範囲で 0.62 V vs. Li^+/Li の一定電位を示すため、モデル負極としてよく用いられる。$LiCoO_2$ と固体電解質(SE)、導電助剤としてアセチレンブラック(AB)を 40:60:6 の重量比になるように秤量し、乳鉢混合して正極複合体を得る。$LiCoO_2$ は電子伝導性を持つため、AB は必ずしも添加しなくてよいが、その場合は $LiCoO_2$ の比率を高めて $LiCoO_2$ 粒子同士の連結によって電子伝導経路を確保する必要がある（例えば、配合比 $LiCoO_2$:SE=70:30 (wt%)の正極複合体を用いる。）。また絶縁性の硫黄活物質を用いた正極複合体を得るためには、乳鉢混合では活物質－SE－AB 間の固体接触界面の形成が不十分であるため、ボールミル処理によって、粉末を微細化しながら界面形成を図る

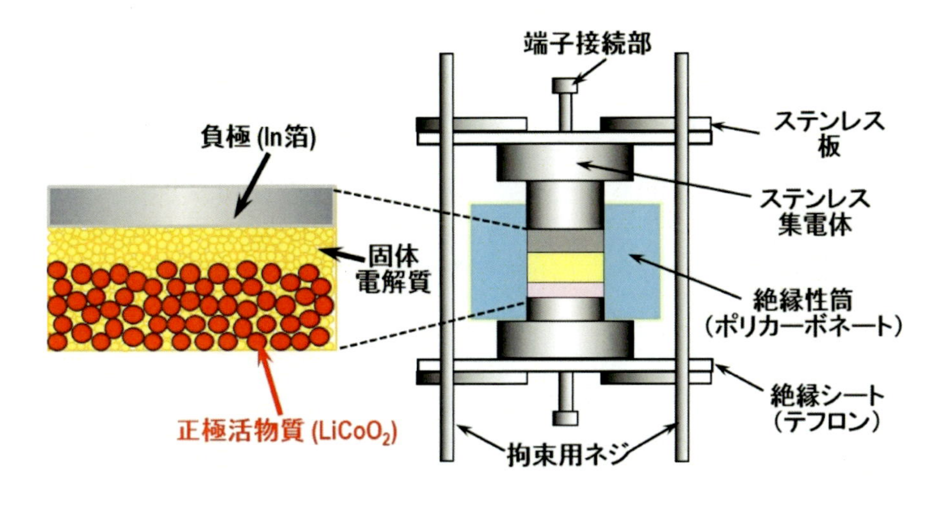

図 6　全固体二極式セルの模式図

必要がある。得られた電極複合体(10 mg)、固体電解質(80 mg)、In 箔（厚み 300 μm）をポリカーボネート製のセル（内径 10 ϕ）に順次投入してから、集電体を兼ねたステンレス製ロッドを介して 120～360 MPa で一軸プレスすることによって、正極層/固体電解質層/負極層からなる三層ペレットを作製する。リチウムを含まない正極を適用する場合には、In 箔と Li 箔を重ねてプレスすることによって得られる Li-In 合金を負極として使用する。このペレットを集電体ごとプレス器から取り外し、テフロン製の絶縁シートとステンレス板で挟み込み、ねじ止め固定することによって全固体試験セルを得る。このセルを Ar ガス雰囲気下でガラス製の筒へ封入した後、大気中、25℃に設定した恒温槽内に設置して定電流充放電測定を行う。図 7 に全固体電池(In / SE / $LiCoO_2$)の充放電曲線を示す。縦軸にセルの電圧、横軸には活物質である $LiCoO_2$ 重量あたりの充放電容量(mAh g^{-1})を示している。セルの平均放電電圧は 3.2 V（Li 基準に換算すると約 3.8 V）であり、700 サイクルの充放電を繰り返しても 110 mAh g^{-1} の容量とほぼ 100 %の充放電効率を保持することから、優れたサイクル特性を示すことがわかる。

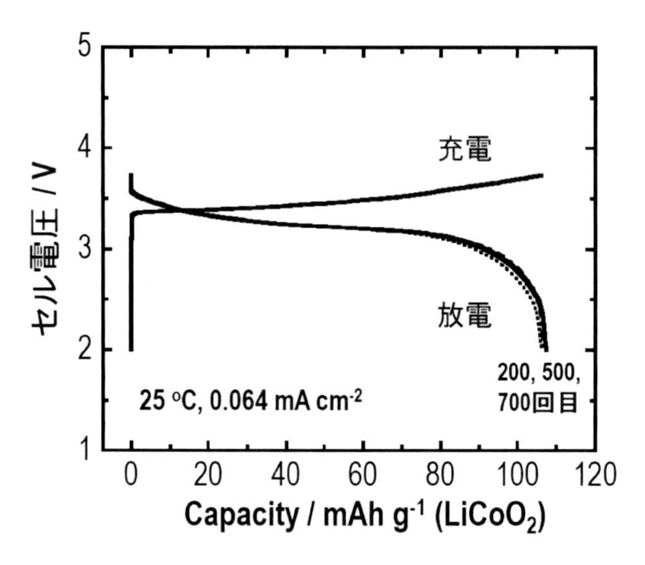

図 7　全固体セル(In / $LiCoO_2$)の定電流充放電曲線

8. 正極活物質粒子表面への硫化物電解質コーティング

全固体電池において大きな可逆容量を得るためには、電極活物質と固体電解質間の広い接触面積を得るための工夫が必要となる。例えば、活物質粒子に対して微粒化した固体電解質を混合することによって電池の可逆容量が増大すること[19]や、電極層における反応分布の形成が抑制されること[20]がわかってきている。

一方、活物質粒子上へ硫化物電解質をコーティングすることによって、密着した固体界面形成と広い接触面積の実現が期待できる。筆者らはこれまでに、気相法や液相法を用いた硫化物固体電解質の作製プロセスについて研究を行ってきた。気相法の一つであるパルスレーザ堆積法(PLD 法)を用いて、Li_2S-P_2S_5 系[21]や Li_2S-P_2S_5-GeS_2 系[22]などの硫化物薄膜の作製条件を検討した。得られたアモルファス膜を熱処理して LGPS 型結晶を析出させることによって、室温で 10^{-4}～10^{-3} S cm^{-1} 以上の導電率を示す硫化物薄膜が得られている。

また近年では、汎用性に優れる液相法を用いた硫化物電解質の合成についても報告されている[23]。例えば、テトラヒドロフラン(THF)やジメチルカーボネート、プロピオン酸エチルを用いることで、β-Li_3PS_4 結晶が合成できることが見出されている。これらの研究報告では、固液共存系（不均一系）を反応場として用いた懸濁液を経る合成方法を使用しており、電解質微粒子を大量合成する汎用プロセスとして期待できる。一方、活物質粒子上への均一な電解質コーティングを行うことを想定すると、硫化物電解質を溶媒に完全に溶解させた溶液状態を経由する均一系の液相合成が望ましい。電解質コーティングによって、電極－電解質間に理想界面が形成されるため、少ない固体電解質の使用でも活物質を十分に利用できる可能性がある。例えば、*N*-メチルホルムアミドと *n*-ヘキサンを用いて、出発原料である Li_2S と P_2S_5 から直接、電解質の前駆溶液が作製できる。またメカノケミカル法を用いて作製したアルジロダイト型 Li_6PS_5Cl がエタノールに溶解し、その後、熱処理により溶媒を留去すると、アルジロダイト結晶が再析出することがわかった。また THF とエタノールを用いて、出発原料から Li_6PS_5Br が得られ、その粉末成形体の室温導電率は 10^{-4}～10^{-3} S cm^{-1} であり、熱処理温度の増加に伴って、導電率が増加することも明らかになっている。

図 8 (a)には、PLD 法により Li_2S-P_2S_5 系固体電解質(SE)をコーティングした $LiCoO_2$(LCO)活物質粒子（LCO と SE の重量比は 92：8）、および(b)にはエタノールを用いた液相法により Li_6PS_5Br SE をコーティングした NMC 活物質粒子（NMC と SE の重量比は 90：10）から構成される正極層断面の SEM 像を示す。いずれも室温でプレス成形して得られた正極層に対して、Ar イオンミリング処理を行って得られた断面の像である。まず PLD 法を用いて粒径約 10 μm の LCO 上へ SE をコーティン

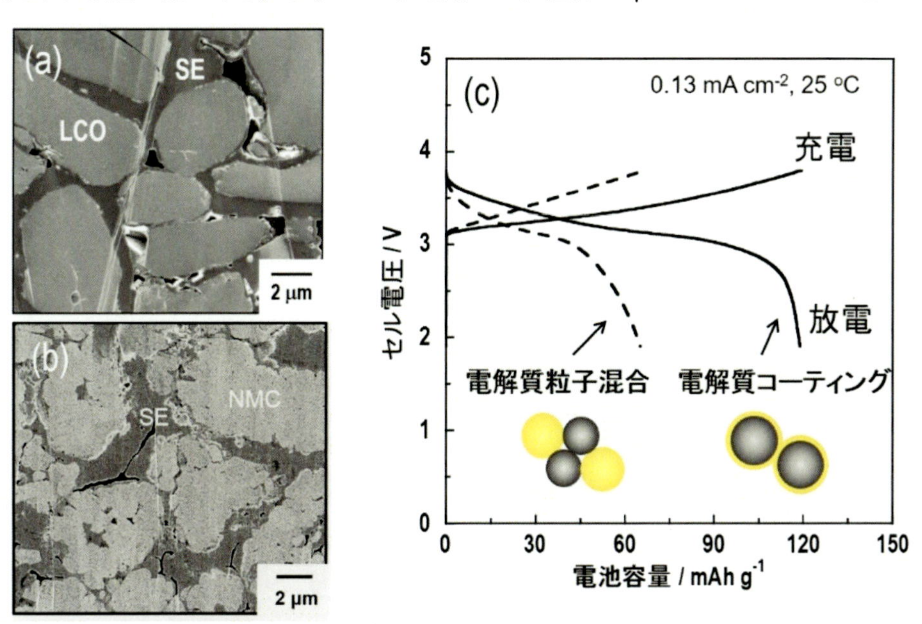

図 8　気相法(a)および液相法(b)を用いて硫化物電解質をコーティングした $LiCoO_2$ (LCO)もしくは $LiNi_{1/3}Mn_{1/3}Co_{1/3}O_2$ (NMC)のみから構成される正極層断面の SEM 像と電極(b)を正極層に用いた全固体電池の充放電特性(c)

グした場合(a)、LCO と SE は密着しており、LCO 表面に Li^+イオンの伝導経路が形成されていることがわかる。エタノールの前駆溶液を用いて SE としての Li_6PS_5Br をコートした NMC 粒子を用いた正極層(b)では、複雑な粒子形態をもつ NMC 粒子の隙間にも SE が入り込み、NMC-SE 間の広い接触面積が確保されている[23]。図 8(c)には図 8(b)の正極を用いた全固体電池の充放電曲線を示す。活物質比率を同じにして SE 粒子を添加して得られた正極複合体を用いた電池と比べて、電解質をコーティングした電池の方が大きな可逆容量が得られることがわかった。よって、SE コート活物質を用いることによって、活物質比率が 90 wt.%以上と高い電極層を用いた場合においても、高容量を示す全固体電池の構築が可能となり、全固体電池のエネルギー密度の向上が期待できる。

9. 高容量ナノコンポジット正極の作製

高容量正極活物質として期待されている硫黄および硫化リチウムは絶縁体であるため、活物質として利用するためには、活物質の微粒子化と活物質へのイオンおよび電子の伝導パスの形成が必要となる。そこで遊星型ボールミル装置を用いて、Li_2S 活物質と導電剤であるアセチレンブラック(AB)、Li_2S-P_2S_5 系固体電解質(SE)からなる混合物（Li_2S:AB:SE の重量比は 25:25:50）に対してミリング処理を行った[24]。図 9(a)にはミリングにより作製した Li_2S-AB-SE 複合体の高分解能 TEM 像、図 9(b)には①、②で示した 2 つのナノ粒子が接合した領域の EDX ライン分析結果を示す。AB の存在を示す炭素の割合と Li_2S の存在を示す硫黄の割合が①と②の界面で大きく変化することから、2 つのナノ粒子はそれぞれ AB と Li_2S と考えられ、ナノレベルで活物質と導電剤が接合していることがわかる。またリンの割合は全体にわたって変化していないことから、SE は Li_2S と AB を包み込むように全体にわたって存在していることが考えられる。以上の結果から、メカニカルミリングによって、ナノサイズの Li_2S 活物質粒子に導電剤と電解質が密着したナノ複合体の得られることがわかった。このナノ複合体を正極に用いた全固体電池は、電流密度 0.064 mA cm^{-2} において、約 600 mAh g^{-1}（Li_2S

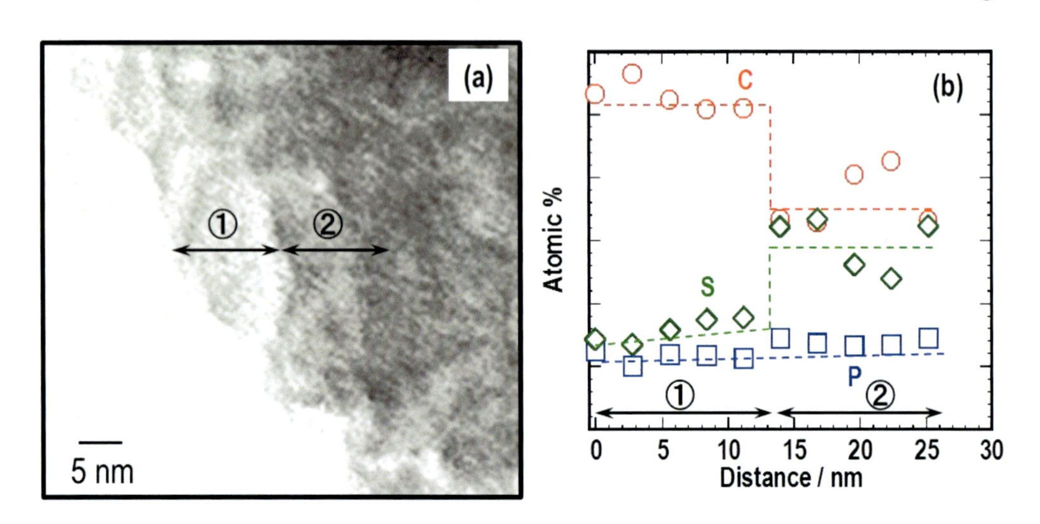

図 9 ミリングにより作製した Li_2S-AB-SE 複合体の高分解能 TEM 像(a)と EDX ライン分析(b)

重量あたりの容量）の容量を示した。この結果から、Li_2S を微粒子化しても、Li_2S の理論容量(1167 mAh g^{-1})の半分程度しか利用できていない。そこで Li_2S の低いイオン伝導度を改善することによって、Li_2S の利用率の増大を検討した[25]。Li_2S へ LiI などのハロゲン化リチウムを添加してメカノケミカル処理を行うと、逆蛍石型 Li_2S の固溶体が得られて導電率が増加した。例えば、$80Li_2S·20LiI$ (mol%)の粉末成形体は、Li_2S のそれと比較して、約 2 桁大きな 1 0^{-6} S cm^{-1} の室温導電率を示した。得られた $80Li_2S·20LiI$ と気相成長炭素繊維(VGCF)、SE を 50:10:40 の重量比で混合して正極複合体を得た。図 10 に、この正極複合体を用いた全固体電池の、室温下、2C レートにおける充放電サイクル特性を示す。ここで 1C レートとは、1 時間で活物質の理論容量を充電もしくは放電できる電流密度を指す。この電池は 2C レートで 2000 回の充放電を繰り返しても容量劣化はみられず、Li_2S 重量あたり 970 mAh g^{-1} の容量を示した。これは Li_2S の利用率 83%に相当する（1C レートでは、利用率 97%が得られている）。またクーロン効率がほぼ 100%であることから、充放電に伴って副反応等が生じず、優れた長期サイクル特性が得られたと考えられる。

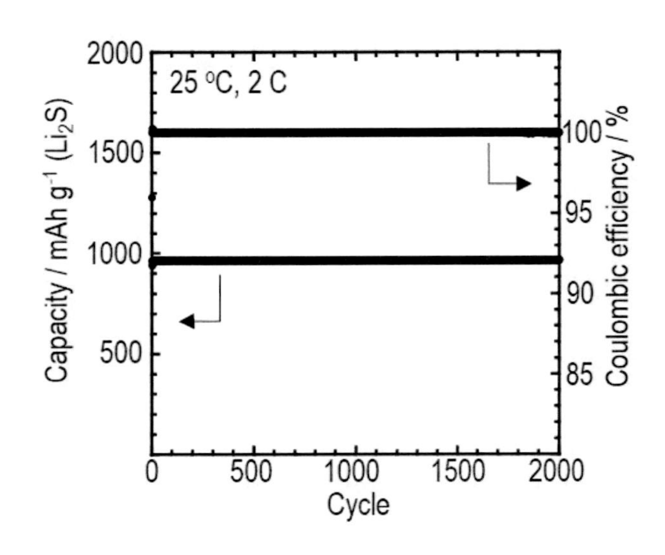

図 10　$80Li_2S·20LiI$-VGCF-SE 複合体を正極に用いた全固体電池の充放電サイクル特性

10. アモルファス高容量正極の開発

TiS_2 に代表される遷移金属硫化物結晶材料は、電子伝導性に優れ、層間への可逆なリチウムイオンおよびナトリウムイオンの挿入脱離が可能であるため、古くから正極活物質として検討されてきた。チタンに対する硫黄の割合を増加し、硫黄のレドックスを利用できれば、活物質としての高容量化が期待できる。そこで、固相反応により TiS_3 結晶(c-TiS_3)を作製し、それをメカノケミカル処理することによってアモルファス TiS_3(a-TiS_3)を得た。c-TiS_3 もしくは a-TiS_3 を正極活物質に用いた全固体電池(Li-In/TiS_3)の初期充放電曲線を図 11(a)に示す。初期放電容量はどちらの電極も TiS_3 の理論容量に近い 556 mAh g^{-1} を示した。c-TiS_3 を用いた電池は初期に大きな不可逆容量が見られ、充電容量が減少するのに対して、a-TiS_3 を用いた電池は可逆な充放電挙動を示した。またどちらの電池も 10 サイクル後においてもほぼ初期充電容量を維持しており、優れたサイクル特性を示した。図 11(b)に

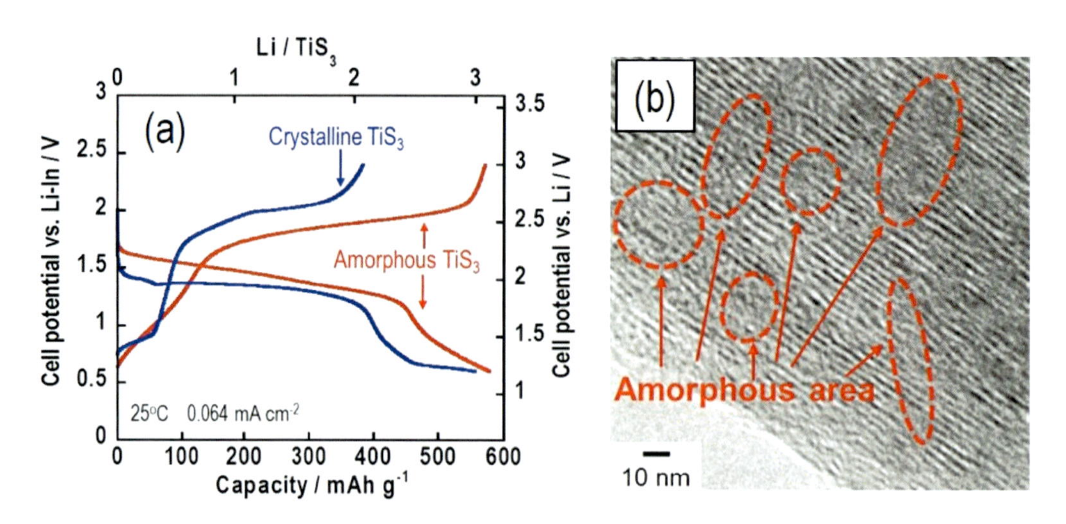

図 11　TiS_3 を正極活物質に用いた全固体電池(Li-In/TiS_3)の初期充放電曲線(a)と 10 サイクル充放電後の TiS_3 結晶の TEM 像(b)

は、10 サイクルの充放電後の *c*-TiS_3 電極の高分解能 TEM 像を示す。サイクル後の *c*-TiS_3 電極には、部分的にアモルファス領域が観察されており、結晶構造の崩壊により容量が減少したと考えられる[26]。また、S2p XPS スペクトルについても、初期の充放電において不可逆な変化を示すことがわかった[27]。一方、*a*-TiS_3 は充放電過程において、S2p XPS スペクトルが可逆に変化し、TEM 像からは 10 サイクル後においてもアモルファス構造を維持していた。以上の結果から、主に硫黄のレドックス反応によって充放電が進行する TiS_3 正極活物質については、アモルファス材料の方が優れた充放電可逆性を示すことがわかった。

成形性に優れる酸化物正極活物質として、$LiCoO_2$-Li_2SO_4 系アモルファス材料が挙げられる。六方晶 $LiCoO_2$ と Li_2SO_4 の混合物に対してメカノケミカル処理を行うと、立方晶 $LiCoO_2$ の結晶子（粒径約 5 nm）がアモルファスマトリックスに分散した材料が得られた（この材料を以降、アモルファスと呼称する）[28]。アモルファス $80LiCoO_2 \cdot 20Li_2SO_4$ (mol%)のみを正極層に用い、電解質層には $33Li_3BO_3 \cdot 33Li_2SO_4 \cdot 33Li_2CO_3$ (mol%)、負極に Li-In 合金を用いて全固体電池を構築した。図 12 には全固体電池断面（Ar イオンミリング処理面）の SEM 像と、100℃における電池の初期充放電曲線を示す。プレス成形によって、約 150 μm 厚の緻密な正極層が得られており、電解質セパレータ層とも密着した界面接合が得られていることから、作製したアモルファス正極材料が優れた成形性を有していることがわかる。全固体電池は平均放電電位が約 3.5 V vs. Li^+/Li であり、初期放電容量は約 170 mAh g^{-1} であった。立方晶 $LiCoO_2$ は電極活物質として利用できないことが報告されており[29]、アモルファス部分が活物質として機能していると考えられる。以上の結果から、典型的正極活物質である $LiCoO_2$ と低融性のオキソ酸リチウムである Li_2SO_4 を組み合わせて得られたアモルファス $80LiCoO_2 \cdot 20Li_2SO_4$ が、成形性に優れるだけでなく、電子およびリチウムイオン伝導性を示す混合伝導体であり、この材料のみを正極に用いた全固体電池が作動することがわかった。

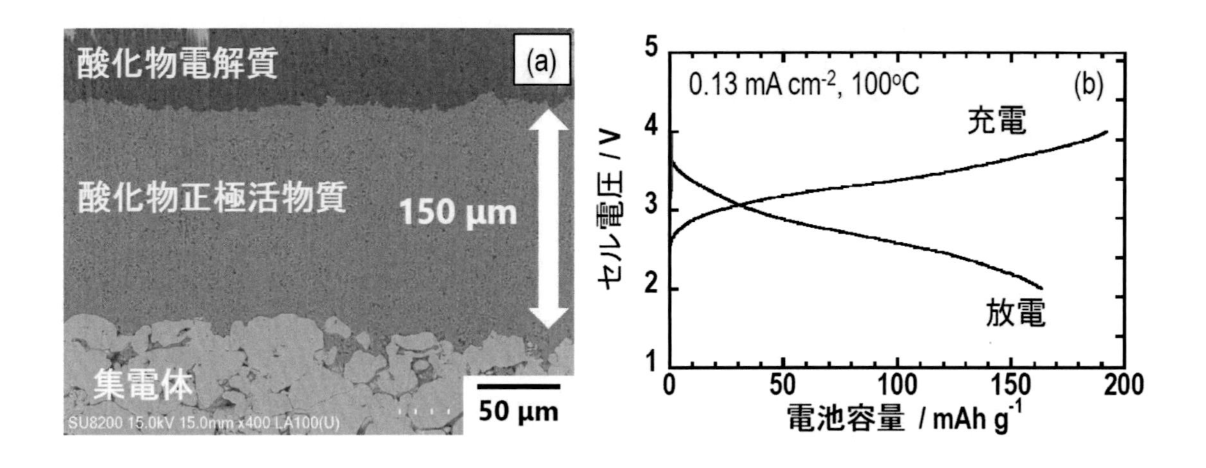

図 12　アモルファス 80LiCoO$_2$·20Li$_2$SO$_4$ (mol%)のみを正極層に用いた全固体電池の断面 SEM 像(a)と 100℃における電池の初期充放電曲線(b)

11. まとめと今後の展望

全固体リチウム電池の実現にむけた材料開発と界面構築の現状の進展について概説した。全固体リチウム電池については、導電率と成形に優れる硫化物電解質を用いた全固体電池が最初に実用に供されるものと考えられる。その後は、本質的に安定性に優れる酸化物電解質の適用がなされると共に、リチウムイオン以外のキャリアイオンを伝導種に用いる次世代蓄電池の開発が進展することが予想される。Mg^{2+}や Al^{3+}などの多価イオンを伝導キャリアとする電解質は固体中では伝導が困難であることから、現状では液体電解質での検討が進められている。全固体電池としては、資源的にもエネルギー密度的にも、Na^{+}イオンを伝導種とする全固体ナトリウム電池の開発が期待される。希少元素であり、かつ産出地が偏在しているリチウムに代わって、資源的に豊富なナトリウムを用いることによって、電池コストの大幅な低減が期待されている。ナトリウムを用いた電池といえば、負極にナトリウム、正極に硫黄を用いたナトリウム－硫黄電池(NAS 電池)が、日本で初めて実用化され、主に大規模電力貯蔵用に用いられている。この電池は 300℃程度の高温で作動させる必要があるが、この電池を全固体化・室温作動化することによって、安全性やコストの観点から住宅用分散電源としての普及が期待される。筆者らは 2012 年に、硫化物材料で最大の導電率を示す Na_3PS_4 電解質を発見し[30]、その後硫化物電解質の報告が相次いでいる。現状、Na_3SbS_4ベース材料ついては、室温で 10^{-3} S cm^{-1} の導電率を超える電解質も見出されてきている。Na_3PS_4 は Li_3PS_4 と比べると成形性に優れるというメリットもある[31]。ルイス酸性が小さいナトリウムイオンは溶媒との静電相互作用が小さく、電極界面における電荷移動の活性化障壁の小さいことが報告されている[32]が、これは固体中での伝導についても同様であり、ルイス塩基として働く硫化物マトリックスとの静電的相互作用を小さくできることから、本質的にはリチウムイオン伝導体よりも高い導電率を得られる可能性がある。実際に、NASICON やβアルミナなどの結晶性電解質においては、リチウムイオンよりもナトリウムイオン伝導体の導電率が高いことが知られている。今後の研究開発によって、高い導電率を示す硫化物電解質が見出されれば、全固体電池において、界面形成し易く、出力特性に優れた電池が実現するかもしれない。全固体電池への応用に適した新物質探索や合成プロセスについての研究が進展し、様々な全固体電池が実用化されることを期待する。

参考文献

[1] S.D. Jones *et al., Solid State Ionics*, **86-88**, 1291 (1996).

[2] Y. Kato *et al., Nat. Energy,* 16030 (2016).

[3] N. Kamaya *et al*., *Nat. Mater.*, **10**, 682 (2011).

[4] S. Boulineau *et al., Solid State Ionics*, **221**, 1 (2012).

[5] Y. Seino *et al*., *Energy Environ. Sci.*, **7**, 627 (2014).

[6] F. Mizuno *et al., Solid State Ionics*, **177**, 2721 (2006).

[7] M. Ito *et al., Solid State Ionics,* **70-71**, 203 (1994).

[8] H. Aono *et al., J. Electrochem. Soc*., **137**, 1023 (1990).

[9] R. Murugan *et al., Angew. Chem. Int. Ed*., **46**, 7778 (2007).

[10] M. Tatsumisago *et al.*, *J. Power Sources*, **270**, 603 (2014).

[11] A. Hayashi *et al.*, J. Non-Cryst. Solids, **356**, 2670 (2010).

[12] 電気化学会編, 電気化学測定マニュアル基礎編, 丸善 (2002).

[13] A. Sakuda *et al., Sci. Rep.*, **3**, 2261 (2013).

[14] A. Hayashi *et al., Phys. Chem. Glasses: Eur. J. Glass Sci. Technol. B*, **54**, 109 (2013).

[15] M. Tatsumisago *et al.*, *J. Ceram. Soc. Jpn.*, **125**, 433 (2017).

[16] A. Kato *et al.*, *Solid State Ionics*, **322,** 1 (2018).

[17] N. Ohta *et al.*, *Electrochem. Commun*. **9**, 1486 (2007).

[18] Y. Zhu *et al.*, *ACS Appl. Mater. Interfaces*, **7**, 23685 (2015).

[19] A. Sakuda *et al.*, *Solid State Ionics*, **285**, 112 (2016).

[20] M. Otoyama *et al.*, *Chem. Lett*., **45**, 810 (2016).

[21] A. Sakuda *et al.*, *J. Am. Ceram. Soc.*, **93**, 765 (2010).

[22] Y. Ito *et al.*, *J. Ceram. Soc. Jpn*. **122**, 341 (2014).

[23] 由淵想 他, *色材協会誌*, **89**, 300 (2016).

[24] M. Nagao *et al.*, *J. Power Sources*, **274**, 471 (2015).

[25] T. Hakari *et al.*, *Adv. Sustainable Syst*., 1700017 (2017).

[26] T. Matsuyama *et al.*, *J. Ceram. Soc.Jpn.*, **124**, 242 (2016).

[27] T. Matsuyama *et al.*, *J. Power Sources*, **313**, 104 (2016).

[28] K. Nagao *et al.*, *J. Power Sources,* **348**, 1 (2017).

[29] M.N. Obrovac *et al.*, *Solid State Ionics*, **112,** 9 (1998).

[30] A. Hayashi *et al.*, *Nat. Commun*., **3**, 856 (2012).

[31] M. Nose *et al., J. Mater. Chem. A*, **3**, 22061 (2015).

[32] F. Sagane *et al.*, *J. Power Sources*, **195**, 7466 (2010).

III－２－２　ナトリウムイオン電池

大久保將史・山田淳夫
（東京大学）

１．はじめに

リチウムイオン電池の駆動原理（ロッキングチェア、イオンインターカレーションなど、1-4 参照）はそのままに、キャリアイオンをナトリウムイオンに置換した電池がナトリウムイオン電池である（図 1）。リチウムイオン電池のキャリアイオンであるリチウムは地殻中の存在度が 20 mg/kg と希少で、かつ、産出国が南アフリカやチリなど一部に限られるため、例えば、再生可能エネルギーの電力変動を平準化する大型蓄電デバイスとして利用することはコストや資源量の観点から困難である。従って、地殻中に豊富に存在（20 g/kg）するナトリウムでリチウムを置換し、低コスト・省希少資源のナトリウムイオン電池を実用化することが期待される [1]。実際、日本では文部科学省が元素戦略プロジェクトの一環として‘触媒・電池の元素戦略研究拠点 (Elements Strategy Initiative for Catalysts and Batteries, ESICB)’を京都大学に 2012 年に設置し、汎用元素の電池機能化のサイエンスを軸に様々な研究開発を推進している[2]。ESICB では、ナトリウムイオン電池も重要課題の一つに挙げられている。

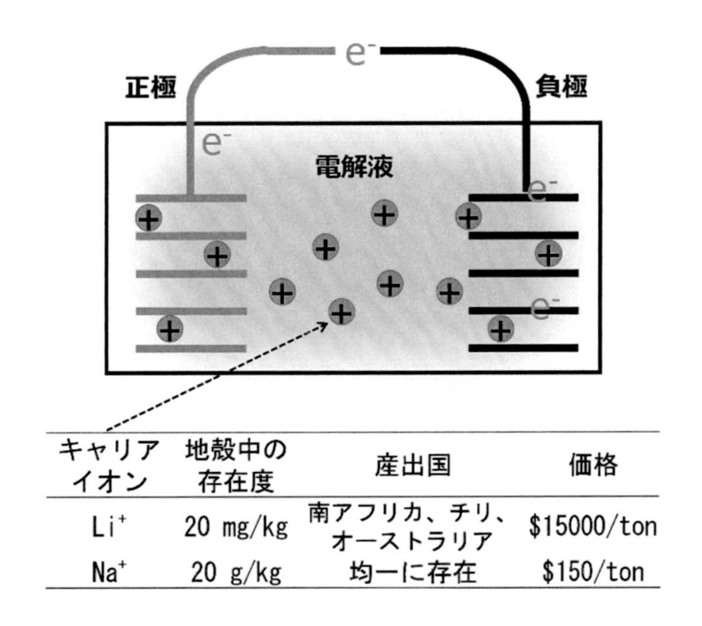

キャリアイオン	地殻中の存在度	産出国	価格
Li^+	20 mg/kg	南アフリカ、チリ、オーストラリア	$15000/ton
Na^+	20 g/kg	均一に存在	$150/ton

図 1. リチウムイオン電池とナトリウムイオン電池の比較

本項では、ナトリウムイオン電池の主要な構成部材である正極活物質、および負極活物質について現状の技術水準を説明し、その技術水準をベースにしたナトリウムイオン電池の性能やコストをリチウムイオン電池と比較することで、実用化に向けての課題について解説する。

2．正極活物質

リチウムイオン電池で使用される正極材料は、層状酸化物（例えば、$LiCoO_2$）、酸素酸塩（例えば、$LiFePO_4$）、およびスピネル酸化物（例えば、$LiMn_2O_4$）に大別される。しかし、これらのリチウムを含有した化合物をそのままナトリウムに置換してナトリウムイオン電池の正極材料として使用することは困難である。例えば、オリビン構造 $LiFePO_4$ 中の Li を Na に置換するとマリサイト構造 $NaFePO_4$ が安定相として生成し、この構造はナトリウムイオンの拡散経路を持たないため電極活性を示さない [3]。他にも、イオン半径の大きなナトリウムイオンは酸化物中の 4 面体サイトを占有できないため、スピネル構造 $LiMn_2O_4$ 中の 4 面体サイトを占有するリチウムをナトリウムで置換することができない。従って、リチウムイオン電池の正極活物質を構造そのままにナトリウムイオン電池に応用するのではなく、ナトリウムイオンに適合するホスト化合物を開発する必要がある。

例えば、安価で資源量が豊富な鉄と硫酸イオンから構成されるアルオード石型硫酸鉄ナトリウム $Na_2Fe_2(SO_4)_3$（図 2(a)）は、3.8 V vs. Na/Na^+という高い反応電圧と、100 mAh/g を超える大きな充放電容量を示すことが報告されている（図 2(d)）[4-7]。この高い電圧は、硫酸イオンの強いイオン性による誘起効果に起因すると考えられている。他に高電圧を示す活物質としては、$Na_7V_4(PO_4)P_2O_7$（3.9 V vs. Na/Na^+, 80 mAh/g）や $Na_4Co_3(PO_4)_2P_2O_7$（4.5 V vs. Na/Na^+, 95 mAh/g）などが報告されている [8,9]。

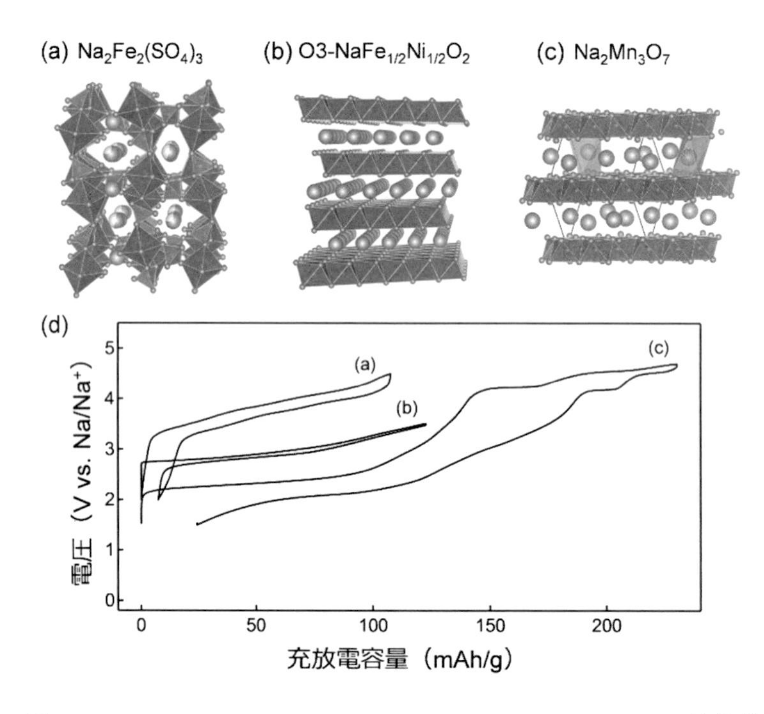

図 2. (a) $Na_2Fe_4(SO_4)_3$, (b) O3-$NaFe_{1/2}Ni_{1/2}O_2$, (c) $Na_2Mn_3O_7$ の結晶構造、(d) 各正極活物質の充放電曲線 [4,10,16]

安価な鉄を酸化還元中心として含有する層状酸化物 $LiMO_2$（M = Fe）をリチウムイオン電池正極に利用した場合、同程度のイオン半径を持つ鉄イオンとリチウムイオンがサイト交換してイオン拡散を阻害するため、電極活性が著しく低下する。一方、イオン半径が大きなナトリウムを含有する層状酸化物 $NaMO_2$（例えば、O3-$NaFe_{1/2}Ni_{1/2}O_2$, 図 2(b)）では、鉄イオンのサイト移動が生じないため安定な充放電サイクルが可能である（図 2(d)）[10]。ここで O3 とは、ナトリウムイオンが八面体サイトを占有すること、および積層構造の周期性（3 層繰り返し構造）を示している[11]。しかし、$NaMO_2$ 中の遷移金属 M の酸化還元電位は 3 V vs. Na/Na^+以下に限られ、高エネルギー密度化という観点から不十分である。この低い反応電圧は、酸化還元を担う遷移金属 M の d 軌道が酸素 $2p$ バンドと強く混成し、電子化学ポテンシャルの遷移金属依存性を抑制することに起因している。層状酸化物には、他にも P2 型と呼ばれるナトリウムイオンがプリズムサイトを占有し、積層構造が 2 層繰り返し構造になっている化合物も多数報告されているが（例えば、P2-$Na_{2/3}Mn_{1/2}Fe_{1/2}O_2$）[12]、遷移金属の反応電圧が概ね 3 V vs. Na/Na^+以下となる点は同様である。

そこで、酸化物正極の高電圧化、高容量化を目指し、近年では遷移金属だけでなく酸化物イオンの酸化還元反応を利用する正極材料（酸素レドックス材料）が着目されている[13-15]。例えば、$Na_2Mn_3O_7$（図 2(c)）は 4 V vs. Na/Na^+を超える高電圧で電位平坦部を示し、酸素 K 吸収端の軟 X 線吸収分光により 4 V 以上の電位範囲では酸化物イオンの酸化還元が生じている[16]。酸化物イオンの酸化還元と Mn の酸化還元を合わせた充放電容量は 200 mAh/g に達しており（図 2(d)）、本手法の有用性が示されている。実際、$Na_{2/3}Mg_{0.28}Mn_{0.72}O_2$ [17]、Na_2RuO_3 [18]、$Na_{1.3}Nb_{0.3}Mn_{0.4}O_2$ [19]など、多くの酸素レドックス材料が最近では報告され、酸化物イオンの酸化還元反応を利用した大きな充放電容量が得られている。

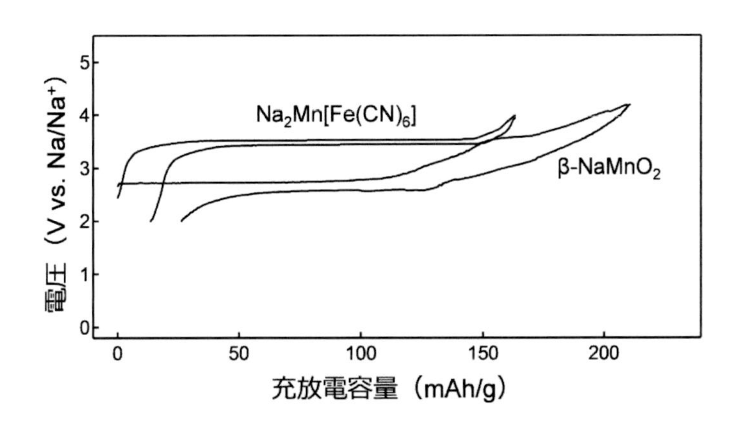

図 3. プルシアンブルー類似体 $Na_2Mn[Fe(CN)_6]$、および β-$NaMnO_2$ の充放電曲線 [21,22]

その他の正極材料として、シアノ基が遷移金属イオンを架橋したプルシアンブルー類似体が盛んに研究されており [20]、例えば、$Na_2Mn[Fe(CN)_6]$は 3.4 V vs. Na/Na^+で 150 mAh/g を示す（図 3）[21]。他にも、特殊なジグザグ層構造を持つ β-$NaMnO_2$ が 2.7 V vs. Na/Na^+で 180 mAh/g

程度の容量を示すことも報告されている（図 3）[22]。

3．負極活物質

リチウムイオン電池で使用される負極材料は黒鉛である。しかし、ナトリウムイオン電解液中で黒鉛電極の充放電を行っても有意な可逆容量は得られず（図 4)、ナトリウムイオン挿入脱離反応が殆ど生じないことが分かる。すなわち、正極材料と同様に、リチウムイオン電池の負極活物質をそのままナトリウムイオン電池に適用することはできない。充放電容量、反応電圧、可逆性、コストといった多くの要求性能を満たす負極材料が存在しなかったことが、ナトリウムイオン電池の開発を遅らせた主因の一つである。

2001 年に Dahn らはハードカーボン（難黒鉛化炭素）がナトリウムイオン電解液中で可逆な充放電容量を示すことを発見した [23]。ハードカーボンの反応電圧は平均で 0.2 V vs. Li/Li^+程度、充放電容量は 280 mAh/g 程度である（図 4)。ハードカーボンは、欠陥を多く含むグラフェン層が複雑に積層・凝集した構造を持つため、これまでに様々な微視的解析や理論計算が行われてきたものの[24-26]、ナトリウムイオン電解液中での電極反応機構は完全には解明されていない。例えば、0.1 V 以下での電位平坦部について、空孔内へのナトリウム挿入脱離、または、グラフェン層間へのイオン挿入脱離のいずれであるかは結論が出ていない [27]。しかし、Dahn らの発見以降、電解液への添加剤、電極のバインダーなどによる大幅な性能改善が特に駒場らにより精力的に行われ [28]、現在に至るナトリウムイオン電池研究の興隆に繋がっている。

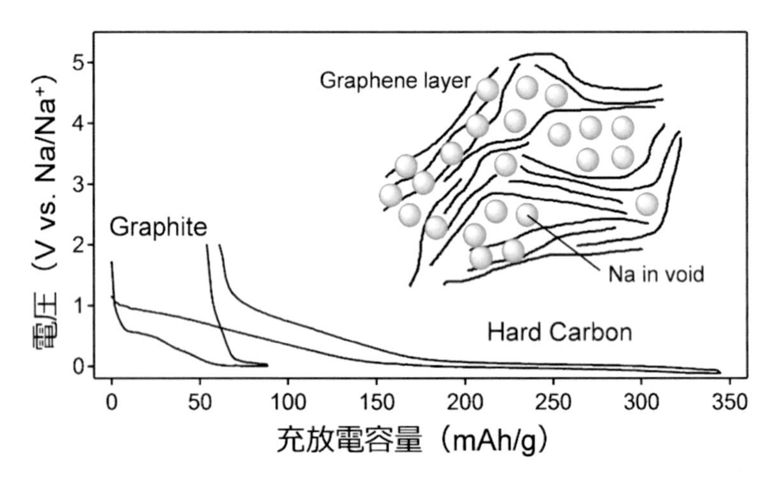

図 4. 黒鉛、およびハードカーボンのナトリウムイオン電解液中での充放電曲線 [23]

炭素材料以外のインターカレーション負極材料としては、酸化物では $Na_2Ti_3O_7$ が報告されている。$Na_2Ti_3O_7$ はジグザグ層 Ti_3O_7 の層間空間へのナトリウムイオン挿入脱離反応を 0.3 V vs. Na/Na^+で示し、その容量は 200 mAh/g（$Na_2Ti_3O_7 \leftrightarrow Na_4Ti_3O_7$）程度である [29]。酸素酸塩では、NASICON 構造の $Na_3Ti_2(PO_4)_3$ が 2.15 V vs. Na/Na^+で 90 mAh/g を示すことが報告されている

[30]。他にも、MXene（マキシン）と総称される層状チタン炭化物が平均反応電圧 1.3 V vs. Na/Na^+で 175 mAh/g 程度の充放電容量を示すことが報告されている [31,32]。

インターカレーション反応以外の負極材料として、合金化反応を示す 14 族（Si, Ge, Sn, Pb）および 15 族（P, As, Sb, Bi）が調べられている [27]。例えば、15 族元素は X → Na_3X まで合金化反応を生じ、X = P での理論容量は 2600 mAh/g という非常に大きな値となる。実際、炭素材料とナノ化した P の複合電極で 2000 mAh/g が報告されている[33]。しかし実用化のためには、リチウムイオン電池における Si の合金化反応と同様に、初期不可逆容量、電解液分解、サイクル劣化などの課題を解決する必要がある。

4．ナトリウムイオン電池

上述した現在の技術水準をベースにしたナトリウムイオン電池について、Vaalma らの BatPaC（Battery Performance and Cost、[34]）による材料費の試算結果を紹介し [35]、リチウムイオン電池に対する利点、および課題を述べる。

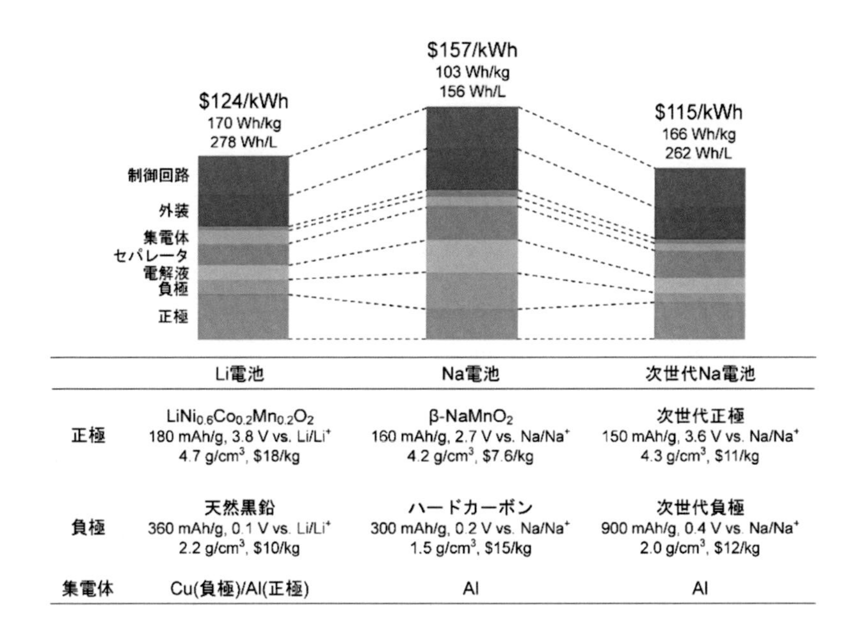

	Li電池	Na電池	次世代Na電池
正極	$LiNi_{0.6}Co_{0.2}Mn_{0.2}O_2$ 180 mAh/g, 3.8 V vs. Li/Li^+ 4.7 g/cm^3, $18/kg	β-$NaMnO_2$ 160 mAh/g, 2.7 V vs. Na/Na^+ 4.2 g/cm^3, $7.6/kg	次世代正極 150 mAh/g, 3.6 V vs. Na/Na^+ 4.3 g/cm^3, $11/kg
負極	天然黒鉛 360 mAh/g, 0.1 V vs. Li/Li^+ 2.2 g/cm^3, $10/kg	ハードカーボン 300 mAh/g, 0.2 V vs. Na/Na^+ 1.5 g/cm^3, $15/kg	次世代負極 900 mAh/g, 0.4 V vs. Na/Na^+ 2.0 g/cm^3, $12/kg
集電体	Cu(負極)/Al(正極)	Al	Al

図 5. Vaalma らの BatPaC [34]によるリチウムイオン電池、ナトリウムイオン電池、および次世代ナトリウムイオン電池の材料費、およびエネルギー密度の試算結果比較 [35]

一般的なリチウムイオン電池は、正極活物質に遷移金属酸化物を、負極活物質に黒鉛を用いて製造される。例えば、正極活物質としては、$LiMn_2O_4$（充放電容量：100 mAh/g, 充放電電圧：4 V vs. Li/Li^+, 密度：4.2 g/cm3, 価格：$10/kg）や $LiNi_{1/3}Co_{1/3}Mn_{1/3}O_2$（充放電容量：155 mAh/g, 充放電電圧：3.8 V vs. Li/Li^+, 密度：4.7 g/cm3, 価格：$20/kg）が挙げられる。Vaalma らの試算では、正極活物質に $LiNi_{0.6}Co_{0.2}Mn_{0.2}O_2$ を、負極活物質に天然黒鉛を用いたモデル電池（11.5 kWh, 7.0

kW）について、材料費は\$124/kWh、間接経費を含めた製造原価は\$240/kWh と見積もられている（図 5）。

一方、現行の技術水準でのナトリウムイオン電池として、正極活物質に β-$NaMnO_2$ を、負極活物質にハードカーボンを用いたモデル電池について試算を行うと、材料費は\$157/kWh、製造原価は\$287/kWh となり、いずれもリチウムイオン電池のコストを上回る結果となる（図 5）。この原因を分析すると、まず、リチウムをナトリウムに置換することによるコスト削減効果として、正極材料のコスト削減（\$18/kg → \$7.6/kg）を挙げることができる。また、リチウムイオン電池では負極におけるリチウムとの合金化反応を避けるために高コストな銅を集電体として使用しているのに対して、ナトリウムイオン電池では安価なアルミニウムを使用することが可能となる点もコスト削減に寄与する。しかし、ナトリウムイオン電池では黒鉛を負極材料として使用することができないため（図 4）、高コストのハードカーボンを使用する必要がある。また、ハードカーボンは密度が低いため電極膜厚が厚くなり、電池に注液する電解液量の増加、すなわち電解液コストの増加に繋がる。更に、正極材料の電圧がリチウムイオン電池の 3.8 V vs. Li/Li^+ からナトリウムイオン電池の 2.7 V vs. Na/Na^+ に低下することに伴い、より多くの電極活物質が必要となりコスト増加の一因となる。従って、Li → Na、および Cu → Al による原材料費削減の効果はあるものの、黒鉛 → ハードカーボンに伴う電解液量の増加、および正極電圧の低下による電極活物質コスト増大の効果が原材料費のコスト削減効果を大幅に上回る結果となった。すなわち、現行の技術水準でナトリウムイオン電池を製造しても、価格の観点からはリチウムイオン電池を代替する蓄電デバイスとなりえない。

そこで Vaalma らは、どのような電極材料が開発された場合、リチウムイオン電池のコストを上回るナトリウムイオン電池が製造可能になるかを試算している。その試算に基づくと、充放電容量 150 mAh/g を平均反応電圧 3.6 V vs. Na/Na^+ で示す次世代正極材料と、充放電容量 900 mAh/g を平均電圧 0.4 V vs. Na/Na^+ で示す次世代負極材料が必要である。この目標性能を満たすことで、コストをリチウムイオン電池以下に抑えつつ、体積エネルギー密度（262 Wh/L）や重量エネルギー密度（166 Wh/kg）もリチウムイオン電池（278 Wh/L, 170 Wh/kg）と同等の蓄電デバイスとなることが期待される。しかし、上述の要求水準は、既に説明した現行の正極材料、および負極材料の水準を大きく超えるものであり、今後更なる電極材料の開発が必要である。特に、反応活性中心の多様化による正極の高電圧化、合金化反応の有効活用による負極の高容量化が重要であると考えられる。

６． おわりに

本稿では、次世代電池として開発が行われているナトリウムイオン電池について、要素技術の現状を概説した後に、現行技術をベースにした Vaalma らのコスト試算結果を紹介し、今後の研究開発の方向性、電極活物質の目標性能について議論した。性能、およびコストの観点からナトリウムイオン電池がリチウムイオン電池の競合技術として見なされるためには、正極材料の高電圧化、および負極材料の高容量化が必要であり、今後の更なる研究開発が期待される。

参考文献

[1] T. M. Gur, *Energy Environ. Sci.*, (2018) DOI: 10.1039/c8ee01419a.

[2] http://www.esicb.kyoto-u.ac.jp/

[3] J. Kim, D. H. Seo, H. Kim, I. Park, J. K. Yoo, S. K. Jung, Y. U. Park, W. A. Goddard, K. Kang, *Energy Environ. Sci.*, *8*, 540-545 (2015).

[4] P. Barpanda, G. Oyama, S. Nishimura, S. C. Chung, A. Yamada, *Nat. Commun.*, *5*, 4358 (2014).

[5] J. Ming, P. Barpanda, S. Nishimura, M. Okubo, A. Yamada, *Electrochem. Commun.*, *51*, 19-22 (2015).

[6] G. Oyama, S. Nishimura, Y. Suzuki, M. Okubo, A. Yamada, *ChemElectroChem*, *2*, 1019-1023 (2015).

[7] G. Oyama, O. Pecher, K. J. Griffith, S. Nishimura, R. Pigliapochi, C. P. Grey, A. Yamada, *Chem. Mater.*, *28*, 5321-5328.

[8] S. Y. Lim, H. Kim, J. Chung, J. H. Lee, B. G. Kim, J. J. Choi, K. Y. Chung, W. Cho, S. J. Kim, W. A. Goddard, Y. Jung, J. W. Choi, *Proc. Natl. Acad. Sci. USA*, *111*, 599-604 (2014).

[9] M. Nose, H. Nakayama, K. Nobuhara, H. Yamaguchi, S. Nakanishi, H. Iba, *J. Power Sources*, *234*, 175 (2013).

[10] Y. Nanba, T. Iwao, B. Mortemard de Boisse, W. W. Zhao, E. Hosono, D. Asakura, H. Niwa, H. Kiuchi, J. Miyawaki, Y. Harada, M. Okubo, A. Yamada, *Chem. Mater.*, *28*, 1058-1065 (2016).

[11] C. Delmas, C. Fouassier, P. Hagenmuller, *Physica B & C*, *99*, 81-85 (1980).

[12] N. Yabuuchi, M. Kajiyama, J. Iwatate, H. Nishikawa, S. Hitomi, R. Okuyama, R. Usui, Y. Yamada, S. Komaba, *Nat. Mater.*, *11*, 512-517 (2012).

[13] H. Koga, L. Croguennec, M. Menetrier, K. Douhil, S. Belin, L. Bourgeois, E. Suard, F. Weil, C. Delmas, *J. Electrochem. Soc. 160*, A786-A792 (2013).

[14] M. Okubo, A. Yamada, *ACS Appl. Mater. Interfaces*, *9*, 36463-36472 (2017).

[15] G. Assat, J. M. Tarascon, *Nat. Energy*, *3*, 373-386 (2018).

[16] B. Mortemard de Boisse, S. Nishimura, E. Watanabe, L. Lander, A. Tsuchimoto, J. Kikkawa, E. Kobayashi, D. Asakura, M. Okubo, A. Yamada, *Adv. Energy Mater.*, *8*, 1800409 (2018).

[17] U. Maitra, R. A. House, J. W. Somerville, N. Tapia-Ruiz, J. G. Lozano, N. Guerrini, R. Hao, K. Luo, L. Jin, M. A. Perez-Osorio, F. Massel, D. M. Pickup, S. Ramos, X. Lu, D. E. McNally, A. V. Chadwick, F. Giustino, T. Schmitt, L. C. Duda, M. R. Roberts, P. G. Bruce, *Nat. Chem.*, *10*, 288-295 (2018).

[18] B. Mortemard de Boisse, G. D. Liu, J. T. Ma, S. Nishimura, S. C. Chung, H. Kiuchi, Y. Harada, J. Kikkawa, Y. Kobayashi, M. Okubo, A. Yamada, *Nat. Commun.*, *7*, 11397 (2016).

[19] K. Sato, M. Nakayama, A. M. Glushenkov, T. Mukai, Y. Hashimoto, K. Yamanaka, M. Yoshimura, T. Ohta, N. Yabuuchi, *Chem. Mater.*, *29*, 5043-5047 (2017).

[20] K. Hurlbutt, S. Wheeler, I. Capone, M. Pasta, *Joule*, (2018) DOI: 10.1016/j.joule.2018.07.017.

[21] J. Song, L. Wang, Y. Lu, J. Liu, B. Guo, P. Xiao, J. J. Lee, X. Q. Yang, G. Henkelman, J. B. Goodenough, *J. Am. Chem. Soc.*, *137*, 2658-2664 (2015).

[22] J. Billaud, R. J. Clement, A. R. Armstrong, J. Canales-Vazquez, P. Rozier, C. P. Grey, P. G. Bruce, *J. Am. Chem. Soc.*, *136*, 17243-17248 (2014).

[23] D. A. Stevens, J. R. Dahn, *J. Electrochem. Soc.*, *148*, A803 (2001).
[24] P. C. Tsai, S. C. Chung, S. K. Lin, A. Yamada, *J. Mater. Chem. A*, *3*, 9763-9768 (2015).
[25] B. A. Zhang, C. M. Ghimbeu, C. Laberty, C. Vix-Guterl, J. M. Tarascon, *Adv. Energy Mater.*, *6*, 1501588 (2016).
[26] C. Bommier, T. W. Surta, M. Dolgas, X. Ji, *Nanolett.*, *15*, 5888 (2015).
[27] M. A. Munoz-Marquez, D. Saurel, J. L. Gomez-Camer, M. Casas-Cabanas, E. Castillo-Martinez, T. Rojo, *Adv. Energy Mater.*, *7*, 1700463 (2017).
[28] N. Yabuuchi, K. Kubota, M. Dahbi, S. Komaba, *Chem. Rev.*, *114*, 11636-11682 (2014).
[29] P. Senguttuvan, G. Rousse, V. Seznec, J. M. Tarascon, M. R. Palacin, *Chem. Mater.*, *23*, 4109 (2011).
[30] P. Senguttuvan, G. Rousse, M. E. Arroyo y de Dompablo, H. Vezin, J. M. Tarascon, M. R. Palacin, *J. Am. Chem. Soc.*, *135*, 3897 (2013).
[31] X. Wang, S. Kajiyama, H. Iinuma, E. Hosono, S. Oro, I. Moriguchi, M. Okubo, A. Yamada, *Nat. Commun.*, *6*, 6544 (2015).
[32] S. Kajiyama, L. Szabova, K. Sodeyama, H. Iinuma, R. Morita, K. Gotoh, Y. Tateyama, M. Okubo, A. Yamada, *ACS Nano*, *10*, 3334-3341 (2016).
[33] Y. Kim, Y. Park, A. Choi, N. S. Choi, J. Kim, J. Lee, J. H. Ryu, S. M. Oh, K. T. Lee, *Adv. Mater.*, *25*, 3045 (2013).
[34] P. A. Nelson, K. G. Gallagher, I. Bloom, I., D. W. Dees, *Modeling the performance and cost of lithium-ion batteries for electric-drive vehicles*, Argonne National Laboratory, (2012).
[35] C. Vaalma, D. Buchholz, M. Weil, S. Passerini, *Nat. Rev. Mater.*, *3*, 18013 (2018).

III－２－３　レドックスフロー電池

石飛宏和
（群馬大学）

特徴と用途

レドックスフロー電池(RFB)は活物質を含む電解液をポンプで送液しながら電極へ供給し，電気化学反応させる二次電池である．電気化学反応が起こるセルと電解液を保管するタンクが独立に存在している．そのため，電池出力（セルの電極面積で調整）と電池容量（電解液の量で調整）を独立して設計することが可能である．様々な反応系（全バナジウム系，全鉄系，クロム-鉄系，チタン-マンガン系，亜鉛-セリウム系，有機化合物系など）が提案されているが，産業的にはクロスオーバー（隔膜を通じた活物質の透過）の影響が少ない全バナジウム系を中心に検討されている．これは，負極と正極で異なるイオン種を活物質として用いると，クロスオーバーによる活物質濃度の低下が電池容量に対して顕著に影響するためである．一方で，全バナジウム系であればクロスオーバーしたイオンも電気分解により活物質となるため，電解液濃度の大幅な変化は起きない．全バナジウムレドックスフロー電池（以降ではバナジウム RFB と表記）の反応式および標準電極電位（E_0 [V]）は以下のようになる．

$$VO_2^+ + 2H^+ + e^- \rightleftarrows VO^{2+} + H_2O \quad E_0 = 1.00\ \mathrm{V\ vs.\ SHE} \tag{1}$$

$$V^2 \rightleftarrows V^3 + e^- \quad E_0 = -0.26\ \mathrm{V\ vs.\ SHE} \tag{2}$$

→：放電, ←：充電

近年は太陽光や風力などの再生可能エネルギーの導入が進んでいるが，発電速度が天候に依存して非定常である点，固定価格買取制度(FIT)の補助期間が終了した発電所については変動吸収が可能な自立電源とする必要がある点が将来的な課題となる．そのための電力貯蔵装置としてレドックスフロー電池が期待されている．レドックスフロー電池は，(1) 先述した出力と容量を独立して設計することが可能な点，(2) 複数のセルから一つのタンクへ電解液を回収することにより電解液の均一化が自動的に行える点，(3) スケールアップが容易な点，(4) 起電力測定セルを設置することにより運転中に充電度を測定可能である点，(5) 水系電解液の場合は電解液が不燃性である点，などの利点があり，再生可能エネルギーの貯蔵装置として期待されている．一方で，体積エネルギー密度が低い点，コストが高い点（後述），各セルの電解液を共有しているために自己放電が起きる点，などの課題がある．特に，体積エネルギー密度が低いために携帯用二次電池としての適用は難しいと考えられている．住友電工製のレドックスフロー電池が北海道電力に導入されるなど，大型の電池は市場化に近い段階を迎えている．比較的に小型の電池についても，小規模の太陽光発電所への展開が見込まれる．

以下では普及の進むバナジウム RFB を例として説明するが，他の反応系でも基本的な考え方はほぼ同じである．ただし，全鉄系 RFB のように反応により固体析出・溶解が起きる系では電極構造の変化に注意する必要がある．

電池の構成

システム

RFB は Figure 1 に示すように，セル，タンク，配管から構成される（例としてバナジウム RFB を示したが，他の RFB でも同様の構成となる）．当初は電解槽に近い構造のセルであったが，近年では固体高分子形燃料電池に近い構造のセルへと発展してきた[1,2]．セルは電極・隔膜から成る．

電解液

バナジウム RFB では，電解液は活物質の溶解度を大きくとるために 3 M 程度の硫酸水溶液が用いられる．バナジウムの活物質の濃度は 1.0 M～1.7 M 程度に設計されることが多い．バナジウムの濃度が高すぎると，運転中に粒子（V_2O_5 など）が析出することがあるため，注意を要する．イオンの価数と呈色の関係を Figure 2 に示す．

電極

電極材料はコスト面を考慮してカーボン材料（カーボンフェルト，カーボンペーパー，カーボンクロスなど）が用いられる．カーボン材料に対しては空気酸化などの活性化処理が行われることが多い. 負極の活性点としてはフェノール型水酸基のような表面酸素官能基が考えられている[3]．反応メカニズムについては諸説あるが，例えば Figure 3 のようなメカニズムが受け入れられている．実際のバナジウムイオンは水分子もしくはアニオンにより配位されているため，バナジウムイオンが官能基に吸着する際には，錯体の配位子交換が起きる．

隔膜

隔膜には耐酸性，耐酸化性が求められる．正極液と負極液が混合すると自己放電（正極活物質と負極活物質が熱化学反応を起こすために，活物質の化学エネルギーを電流として取り出せない現象）が起こるため，隔膜としてはプロトンを選択的に透過させる固体高分子膜が用いられる．研究レベルでは Nafion 膜などが用いられる．産業的には各社にて開発した膜を用いているようである．

タンク・配管

タンク・配管については，強酸電解液への耐性が必要なため樹脂などが用いられる．セル中のパッキンには耐酸性のゴムなどが用いられる．

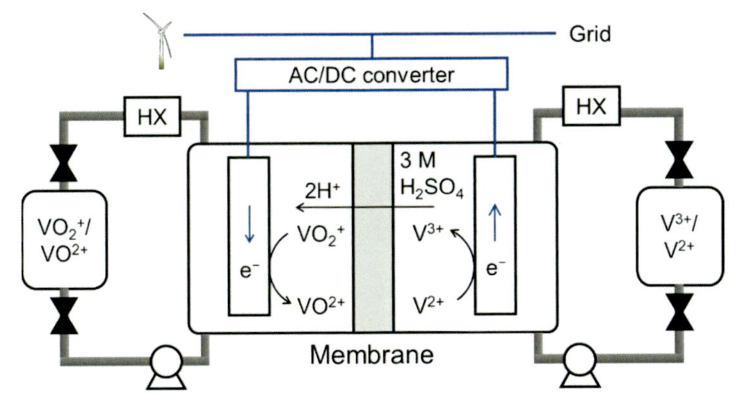

Figure 1 バナジウム RFB の構成

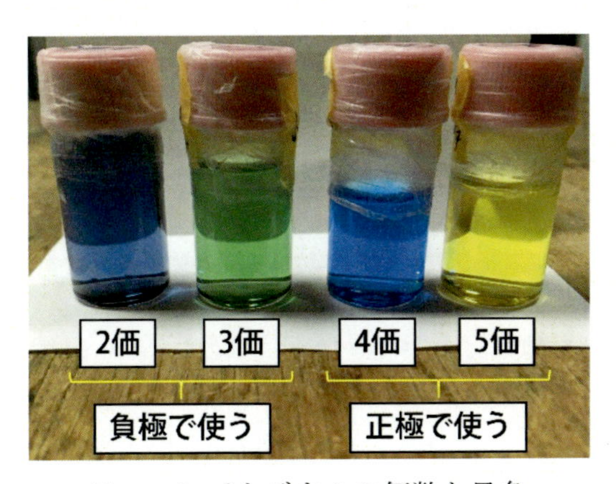

Figure 2 バナジウムの価数と呈色

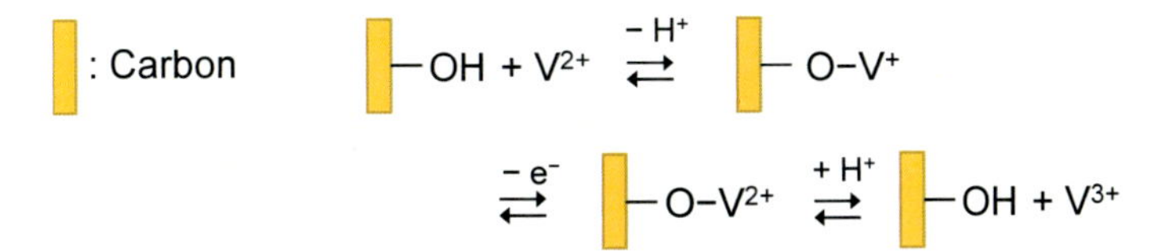

Figure 3 提唱されている負極反応メカニズム

流路

電極にカーボンペーパーやカーボンクロスを用いる場合は蛇行流路, 櫛形流路などが検討されている (Figure 4). 蛇行流路は圧力損失が比較的に低い, 一方で櫛形流路はすべての電解液が電極を透過するために電流密度が高くなる傾向がある.

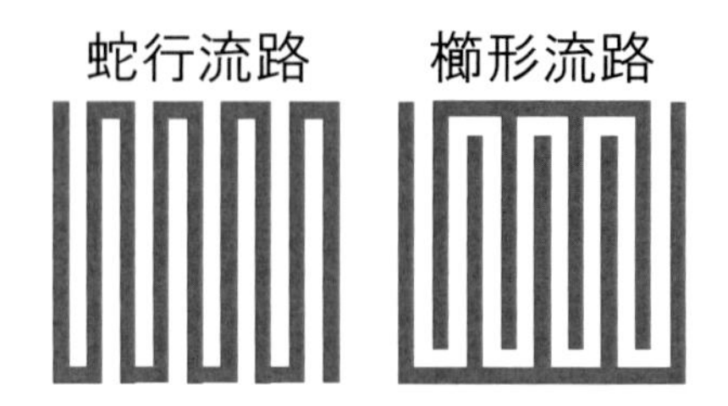

Figure 4 RFB で用いられる流路の形式

補機

補機として，電解液を送液するための耐薬品ポンプ，電圧・交直流変換を行うパワーコンディショナが必要になる．比較的に高粘度な硫酸系電解液（正極液では約 5 mPa s）を用いるため，ポンプへの負荷は大きい．

起電力

レドックスフロー電池の起電力は負極の Nernst 電位（E_{neg} [V]），膜起電力（E_{mem}, Donnan 電位と記述される場合もある），正極の Nernst 電位（E_{pos} [V]）から得られる（式(3)～(6)）．負極のバナジウムは 2 価・3 価，正極のバナジウムは 4 価・5 価であるため，電解液の電気的中性を満足するために，プロトン濃度が負極と正極で異なる．例えば，1.0 M の活物質濃度，3.0 M の硫酸水溶液の場合は負極のプロトン濃度が 1.5 M，正極のプロトン濃度が 2.5 M と計算され，50%の充電状態で約 60 mV の膜起電力が生じる．充電状態(SoC)が 50%の際の起電力は約 1.3 V である（電解質濃度などにより変動する）．

$$E_{\mathrm{neg}} = E_{0,\mathrm{neg}} + \frac{RT}{F}\ln\left(\frac{c_{\mathrm{V^{3+}}}}{c_{\mathrm{V^{2+}}}}\right) \tag{3}$$

$$E_{\mathrm{pos}} = E_{0,\mathrm{pos}} + \frac{RT}{F}\ln\left(\frac{c_{\mathrm{VO_2^+}}c^2_{\mathrm{H^+_{pos}}}}{c_{\mathrm{VO^{2+}}}}\right) \tag{4}$$

$$E_{\mathrm{mem}} = \frac{RT}{F}\ln\left(\frac{c_{\mathrm{H^+_{pos}}}}{c_{\mathrm{H^+_{neg}}}}\right) \tag{5}$$

$$U_{\mathrm{cell}} = E_{\mathrm{pos}} - E_{\mathrm{neg}} + E_{\mathrm{mem}} = E_{0,\mathrm{pos}} - E_{0,\mathrm{pos}} + \frac{RT}{F}\ln\left(\frac{c_{\mathrm{V^{2+}}}c_{\mathrm{VO_2^+}}c^3_{\mathrm{H^+_{pos}}}}{c^{3+}_{\mathrm{V}}c_{\mathrm{VO^{2+}}}c_{\mathrm{H^+_{neg}}}}\right) \tag{6}$$

ただし，添え字の 0 は標準電極電位を表す．R [J mol^{-1} K^{-1}]は気体定数，T [K]は電池温度，F [C mol^{-1}]は Faraday 定数，c [mol L^{-1}]は濃度，U_{cell} [V]は起電力を表す．濃度の添え字は各成分を示し，pos は正極濃度，neg は負極濃度を示す．

充電状態（SoC: State of charge, 0 ≤ SoC ≤ 1）は，全てのバナジウムイオンが充電状態（正極：

5 価，負極：2 価）の場合に 1 となる．バナジウムイオン濃度を用いて，以下のように表現される．

$$\mathrm{SoC} = \frac{c_{\mathrm{V}^{2+}}}{c_{\mathrm{V}^{2+}} + c_{\mathrm{V}^{3+}}} = \frac{c_{\mathrm{VO}_2^+}}{c_{\mathrm{VO}_2^+} + c_{\mathrm{VO}^{2+}}} \tag{7}$$

速度過程

電解液の流動

多孔質電極内における電解液の流動は Darcy 式・連続の式により記述される．

$$v = K\frac{\Delta P}{\mu L} \tag{8}$$

$$\rho\nabla \cdot v = 0 \tag{9}$$

v [m s^{-1}]は電解液流速，K [m^2]は液透過係数，ΔP [Pa]は圧力損失，μ [Pa s]は粘度，L [m]は通液距離，ρ [kg m^{-3}]は密度である．液透過係数は屈曲度，空隙率，ファイバー径といった電極構造に依存する．ポンプ動力を低減させるために，圧力損失が低くなるような電極設計が求められる．

活物質の物質輸送

バルクでの活物質の物質輸送は Nernst-Planck 式（拡散，電気泳動，移流）で表現される．運転条件にもよるが，移流の寄与が大きい．多孔質電極内の有効拡散係数はバルク拡散係数について Bruggeman 近似することによって算出することが多い．

$$N_i = -D_i^{\mathrm{eff}}\nabla c_i - z_i u_i c_i F\nabla\phi_{\mathrm{L}} + vc_i \tag{10}$$

$$D_i^{\mathrm{eff}} = \varepsilon^{3/2}D_i \tag{11}$$

N [mol m^{-2} s^{-1}]は物質輸送フラックス，D [m^2 s^{-1}]は拡散係数，z [–]はイオンの価数，φ [V]は電位，ε [–]は空隙率，添え字の eff は多孔質中の有効物性値，L は電解液，i は各成分（V^{2+}など）を示す．イオンの移動度 u [m^2 J^{-1} s^{-1} mol^{-1}]は以下の式から算出する．

$$u_i = \frac{D_i}{RT} \tag{12}$$

また，ファイバー表面における活物質濃度は境膜モデルを用いて算出する．境膜モデルについては，次元解析による実験式を用いる．

$$N_{\mathrm{b}} = \frac{D_j}{\delta}(c_{\mathrm{bulk}} - c_{\mathrm{S}}) = \beta(c_{\mathrm{bulk}} - c_{\mathrm{S}}) \tag{13}$$

$$\mathrm{Sh} = \frac{\delta}{d} = \mathrm{Re}^n \mathrm{Sc}^m \tag{14}$$

$$\beta = \frac{\mathrm{Sh}}{D} \tag{15}$$

N_{b} [mol m^{-2} s^{-1}]は境膜内の物質輸送フラックス，δ [m]は境膜厚さ，β [m s^{-1}]は境膜内の物質輸送係数，d [m]は代表長さ（カーボンペーパー，カーボンクロス，カーボンフェルトの場合はファイバー径）を表す．添え字の bulk はバルク，s は表面を意味する．(14)式での n と m は実験定数である．カーボンファイバー電極の境膜モデルについて，以下のような実験式が提出されている[4].

$$\beta = 1.6 \times 10^{-4}\, v^{0.4} \tag{16}$$

後述する物質輸送抵抗のほとんどは境膜内での物質輸送に起因する．そのため，放電後期（低い SoC）で活物質濃度が低下する条件では，物質輸送を促進するために電解液流速を高くすることがある（境膜厚さを小さくする）．

電気化学反応

電極表面における電気化学反応は Butler–Volmer 式（2 章参照）で表現される．電極表面の活物質濃度（c_{s}）については前述した境膜モデルにより算出する．

$$i = i_0\left[\left(\frac{c_{\mathrm{V_r}}^{\mathrm{s}}}{c_{\mathrm{V_r}}}\right)\exp\left(\frac{\alpha z F\eta}{RT}\right) - \left(\frac{c_{\mathrm{V_o}}^{\mathrm{s}}}{c_{\mathrm{V_o}}}\right)\exp\left(\frac{-(1-\alpha)zF\eta}{RT}\right)\right] \tag{17}$$

i_0 は交換電流密度であり，電極の活性が高い・電極表面積が大きいと交換電流密度も大きくなる．α [–]は移動係数で，可逆反応のため $\alpha \sim 0.5$ である．添え字の o は酸化体，r は還元体を示す．η [V]は過電圧であり，過電圧に対応するエネルギーは熱として捨てられるため，過電圧が低くなるように研究開発を行う．

プロトン輸送・活物質のクロスオーバー

充放電による電子電流に対応して，隔膜内ではプロトンの輸送が起きる．

$$N_{\mathrm{H^+}} = c_{H^+} v_{\mathrm{mem}} - \frac{F}{RT} D_{\mathrm{H^+,mem}} c_{\mathrm{H^+}} \nabla\varphi_{\mathrm{mem}} \tag{18}$$

v_{mem} は膜中の液水流速，添え字の $\mathrm{H^+}$ はプロトンに関する値を示す．

隔膜としてカチオン交換膜を使うため，バナジウムイオン（活物質）のクロスオーバーがおきる．バナジウムイオンの場合，電池内では価数によりクロスオーバーのしやすさが異なるとされている．これは，長期間の運転により正極・負極のバナジウム物質量がアンバランスになることを意味しており，電池容量の低下がおきる．V イオンの透過性については議論があるが，V^{2+}の透過性が最も大きいとされることが多い[5]．隔膜の膜厚を小さくするとオーム抵抗が小さくなる一方で，クロスオーバーが増えるというトレードオフの関係になる．

効率

電圧効率（(19)式），クーロン効率（(20)式），補機効率といった効率により評価する．電圧効率，クーロン効率，補機効率を掛け合わせたものがシステム効率となる．電圧効率は，内部抵抗（反応抵抗，物質輸送抵抗，オーム抵抗）による電圧損失により低下する．反応抵抗は電気化学反応が進みにくいために生じる内部抵抗である．反応抵抗を低減するために，空気酸化などの材料活性化が行われる．物質輸送抵抗は比較的に高電流密度の際や放電後期で活物質濃度が低下した際に，電極表面（反応場）への活物質の輸送のされにくさにより発生する内部抵抗である．オーム抵抗は隔膜・電解液中のプロトン伝導抵抗や集電板・電極中の電子伝導抵抗（接触抵抗を含む）による抵抗である．クーロン効率は充電電気量と放電電気量の比である．前述の通り，隔膜をバナジウムイオンがクロスオーバーすることにより自己放電するため，放電電気量は充電電気量よりも少なくなる．補機効率は RFB を運転するために必要な補機（ポンプ，パワーコンディショナ）が消費する電力により，損失したエネルギーを補正するための効率である．ポンプ動力については圧力損失を低下させる電極構造とすることにより，低減が可能になる．

$$\text{電圧効率}\,[-] = \frac{1/t_\mathrm{d}\int_0^{t_\mathrm{d}} V_\mathrm{d}dt}{1/t_\mathrm{c}\int_0^{t_\mathrm{c}} V_\mathrm{c}dt} \tag{19}$$

$$\text{クーロン効率}\,[-] = \frac{I_\mathrm{d}\int_0^{t_\mathrm{d}} dt}{I_\mathrm{c}\int_0^{t_\mathrm{c}} dt} \tag{20}$$

評価方法

キャラクタリゼーション

活性点として考えられている表面酸素官能基については X 線光電子分光や昇温脱離法により評価される．電極面積を直接的に測定することは難しいため，窒素吸着による比表面積測定や電気二重層容量の結果から電極面積を間接的に評価する．カーボン材料の細孔構造はパームポロメトリーなどにより評価し，カーボン材料のグラファイト化度については X 線回折分析により評価する．

活性・電池試験

新材料の活性評価については，三電極式ハーフセルを用いてサイクリックボルタンメトリーによる活性評価が行われている．

一方で，フルセルでの評価も当然重要であり，研究レベルでは固体高分子形燃料電池に類似した一単位のフルセルを用意し，電流-電圧曲線や充放電曲線を取得する．シート状材料（カーボンペーパーやカーボンクロス）の場合は複数の電極を積層して測定するが，積層数が少ないと電極面積が不足し，積層数が多いとコスト的に不利・電解液流速が低下するために物質輸送抵抗が大きくなるなどの問題があり，予備的に積層数を検討しておく必要がある．電極材料の活性化として，空気酸化を 400 °C–700 °C，1 h–45 h の範囲で行うことが多い．

コストと課題

RFB を実用化するためにはコストの低減が必須である．資源エネルギー庁によれば RFB のシステム価格は 9 万円/kWh と試算されている[6]．エネルギー貯蔵用途としては，揚水発電所に対して競争力を有する価格（例えば，2 万円/kWh）にまで価格を低下させる必要がある．RFB の電池容量と電池出力をどのように設計するかにもよるが，全体コストに対してセルスタックと電解液のコストの占める割合が大きい[7,8]．そのため，一単位のセルについて大電流化することが要求される．例えば，電極材料を従来以上に活性化して大電流化し，電池システムで使用する電極材料の量を減らす必要がある．また，隔膜として用いられる固体高分子膜もコスト要因であり，高価なフッ素含有高分子を用いない膜の開発が進められている．また，バナジウムの資源価格が比較的に高いため，電解液もコストに占める割合が高い．以前より火力発電所燃焼煤からのバナジウム分離に関する研究が進められており，今後の技術進展による電解液コストの低下が期待される[9]．

近年の研究動向

電極材料

カーボンペーパーへの熱処理（窒素雰囲気・空気雰囲気）の影響について検討され，特に負極側で空気酸化による活性化の寄与が大きいと報告された[10]．負極は正極と比較して反応速度が低いため，高効率な活性点の付与が望まれる．カーボンペーパーに対して空気酸化を行うと，活性点の付与，カーボンファイバーへの細孔形成やバインダーの除去が行われる．一方で，過剰な酸化条件では電極面積が減少し，活性点についても逐次的酸化による減少が示唆された[11]．

多孔質カーボン電極の構造（ファイバー配向性など）もイオン輸送に影響する．屈曲度（τ [–]）と空隙率（ε [–]）を含む無次元数（MacMullin 数，N_M）を用いた解析が行われている[12]．

$$D_i^{\mathrm{eff}} = \frac{D_i}{N_\mathrm{M}} \ (= \varepsilon^{\frac{3}{2}} D_i\text{: 球状粒子の充填の場合}) \tag{21}$$

$$N_\mathrm{M} = \frac{\tau^n}{\varepsilon^m} \tag{22}$$

上式における n と m は実験定数であり，Bruggeman 近似は$N_{\mathrm{M}} = \varepsilon^{-1.5}$とするものである．ファイバーがランダムに積層されるカーボンペーパーと異なり，カーボンクロスはファイバーを所定の方向に織り込んでいるため，イオン輸送や圧力損失の観点では有利とされている．また，櫛形流路をモデル化してシミュレーションを行うことにより，ファイバー表面における活物質濃度の可視化も行われている[13]．流路の直下かつ隔膜の表面付近では，電解液流速が低くなるために物質輸送が阻害され，活物質の濃度が低下することが明らかになった（Figure 5）．

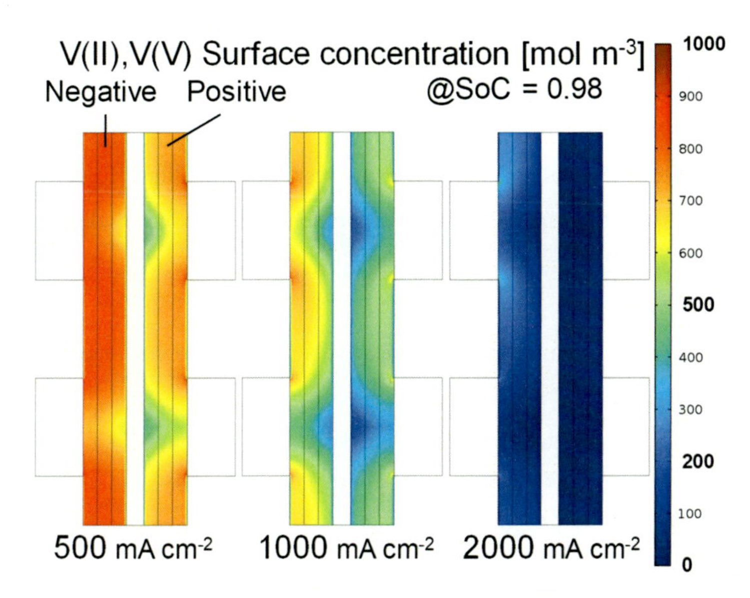

Figure 5 電極表面における活物質の濃度分布

隔膜

従来のパーフルオロスルホン酸膜では膜中のプロトン伝導とバナジウムイオンのクロスオーバーがトレードオフになる点，陽イオン交換基にバナジウムイオンが強く吸着してプロトン伝導率が下がる点などの問題がある．そのため，カチオン交換基とアニオン交換基を有するブロックコポリマー膜の開発も進められている[14]．パーフルオロスルホン酸膜（Nafion 膜）と比べてブロックコポリマー膜が低いバナジウムイオンの透過性を示す理由ついては，プロトン化したアミドキシム基とバナジウムイオンが静電反発することにより説明されている．

まとめ

再生可能エネルギーの貯蔵装置の一つとして，レドックスフロー電池が期待されている．レドックスフロー電池はポンプで電解液を送液する電池であり，電極材料の反応性，隔膜のバナジウムクロスオーバー速度，圧力損失などがシステム効率に影響する．レドックスフロー電池は一単位のセルについての大電流化が求められる．本節ではレドックスフロー電池の起電力や速度過程について基礎式を用いつつ説明した．今後も，反応・流動・物質輸送を一体的にとらえる化学工学的視点によるレドックスフロー電池の高効率化が求められる．

参考文献

[1] D.S. Aaron et al., Dramatic performance gains in vanadium redox flow batteries through modified cell architecture, *J. Power Sources*, 206 (2012) 450–453. doi:10.1016/j.jpowsour.2011.12.026.

[2] Q.H. Liu et al., High Performance Vanadium Redox Flow Batteries with Optimized Electrode Configuration and Membrane Selection, *J. Electrochem. Soc.*, 159 (2012) A1246–A1252. doi:10.1149/2.051208jes.

[3] K.J. Kim et al., A technology review of electrodes and reaction mechanisms in vanadium redox flow batteries, *J. Mater. Chem. A*. 3 (2015) 16913–16933

[4] D. Schmal et al., Mass transfer at carbon fibre electrodes, *J. Appl. Electrochem.*, 16 (1986) 422–430. doi:10.1007/BF01008853.

[5] P.A. Boettcher et al., Modeling of Ion Crossover in Vanadium Redox Flow Batteries: A Computationally-Efficient Lumped Parameter Approach for Extended Cycling, *J. Electrochem. Soc.*, 163 (2016) A5244–A5252. doi:10.1149/2.0311601jes.

[6] 資源エネルギー庁資料（http://www.meti.go.jp/committee/sougouenergy/shoene_shinene/shin_ene/keitou_wg/pdf/002_01_00.pdf）

[7] M. Zhang et al., Capital Cost Sensitivity Analysis of an All-Vanadium Redox-Flow Battery, *J. Electrochem. Soc.*, 159 (2012) A1183–A1188. doi:10.1149/2.041208jes.

[8] 佐藤縁，レドックスフロー電池の展望，*Electrochemistry*, 85 (2017) 147–150

[9] 野﨑健，佐藤縁　監修，レドックスフロー電池の開発動向，第 4 章　電解液 (2017)

[10] Shohji Tsushima et al., Investigation of Electrode Losses in All-Vanadium Redox Flow Batteries with an Interdigitated Flow Field, The ECS 232nd Meeting (National Harbor, Maryland, United States), A01-0006 (Oct 1 2017)

[11] 石飛宏和ら，「空気酸化したレドックスフロー電池材料の分析および電池特性」，化学工学会第 50 回秋季大会（鹿児島），EG116（2018 年 9 月 18 日）

[12] X.L. Zhou et al., A highly permeable and enhanced surface area carbon-cloth electrode for vanadium redox flow batteries, *J. Power Sources.*, 329 (2016) 247–254. doi:10.1016/j.jpowsour.2016.08.085.

[13] 石飛宏和ら，「レドックスフロー電池の電極における反応・輸送現象の解析」，化学工学会第 83 年会（吹田），E207（2018 年 3 月 14 日）

[14] O. Nibel et al., Bifunctional Ion-Conducting Polymer Electrolyte for the Vanadium Redox Flow Battery with High Selectivity, *J. Electrochem. Soc.*, 163 (2016) A2563–A2570. doi:10.1149/2.0441613jes.

III－２－４　固体アルカリ燃料電池用アニオン伝導膜の設計開発

宮西　将史・山口　猛央
（東京工業大学）

～安価でより自由度の高い高分子燃料電池の開発を目指して～

全固体アルカリ燃料電池(SAFC)

近年化石燃料に頼らずにエネルギーを得る目的として、太陽電池や風力発電などの普及が進み、比較的低コストで自然エネルギーが得られるようになってきている。一方で、これらのエネルギー源は気象条件などに作用されやすく安定供給が困難という問題がある。このため、得られたエネルギーを化学燃料として貯蔵し、必要な時に電力として得る燃料電池デバイスの重要性が増している。固体高分子膜を電解質膜として用いた固体高分子形燃料電池(PEFC)は、小型化、低温作動が可能であるという長所を有していることから、これまでに広く研究開発が行われている。特にナフィオン膜などのパーフルオロスルホン酸電解質膜を用いた燃料電池は、エネファームとして家庭用では約20万台が設置され、燃料電池自動車の商用化も始まった。しかし、この燃料電池は強酸性の条件下で運転するために、金属触媒の耐久性の問題から白金ベースの金属触媒しか電極触媒として使用することができない。その結果、白金系触媒と相性の良い燃料として気体の水素が用いられている。最近では、低白金化への取り組みや、水素ステーションのインフラ構築などが進められているが、コストやエネルギー密度の観点から幅広い普及に向けては多くの問題点が存在する。

そうした中で、アニオン伝導膜を電解質膜として用いた固体アルカリ燃料電池(SAFC)が近年注目を集めている [1]。電池の作動原理はPEFCとほぼ同じであるが、イオン媒体としてプロトンではなく水酸化物イオンを用いている点が異なる。この電池は多くの金属が安定に存在できるアルカリ条件で運転するため、電極触媒として様々な金属触媒を利用できるのが特徴である。多くの種類の金属触媒が使用できるため、多様な燃料を使用することが可能である。特にエネルギー密度の高い液体燃料への展開が有望視されており、これまでにも、アルコール、ヒドラジン、エチレングリコールなどの液体燃料を用いた電池が作製されている。

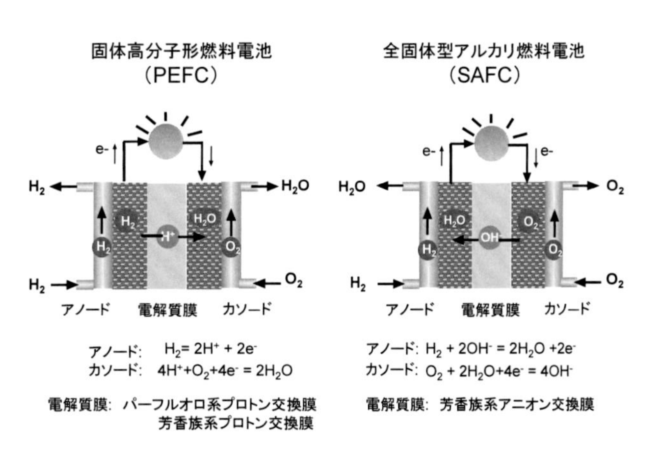

図１ 固体高分子を用いた燃料電池デバイスの概要

触媒設計や燃料の観点からは大きな可能性を秘めている一方で、イオン媒体として用いられるアニオン伝導膜は高性能の電解質膜がいまだ提案されていない。現在までに、芳香族系エンジニアリングプラスチック骨格に４級アンモニウム基などのアニオン交換基を連結させた材料が開発されている（図 2)。しかし、これまで開発されてきたアニオン交換膜はアルカリ溶液中での化学耐久性に問題があり、電解質膜が徐々に劣化してしまう。このため電池デバイスの長期的な運転が困難となっている。こうした観点から、実用に耐えうる化学的耐久性を有する膜の開発が不可欠となっている。

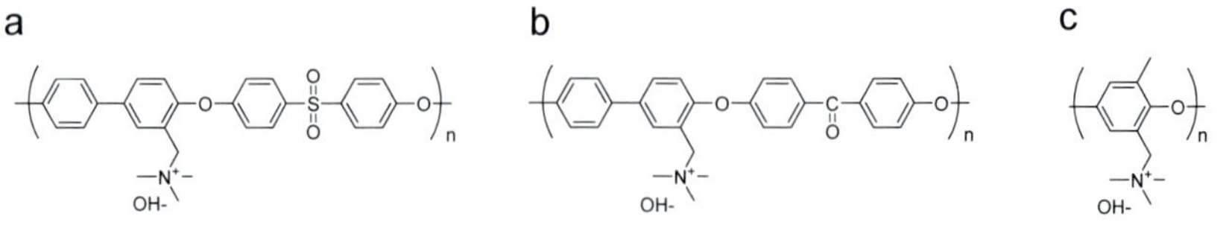

図 2　一般的なアニオン伝導膜の分子構造　a ポリエーテルスルホン b ポリエーテルケトン c ポリフェニレンオキシド系アニオン伝導膜

本項では、固体アルカリ燃料電池に用いられるアニオン交換膜の耐久性に焦点を当て、アニオン交換膜のアルカリ劣化機構の詳細や、高耐久性アニオン伝導膜の設計開発の現状、細孔フィリング膜へと展開した結果について紹介する。

アニオン伝導膜のアルカリ劣化機構

アニオン交換膜のアルカリ耐久性が低いことは古くから知られている。例えば、一般的なアニオン交換膜として用いられているポリエーテルスルホン(**PES**)系電解質膜をアルカリ水溶液に浸漬すると､電気伝導性が低下することが多くの研究結果より明らかとなっている[2]。アニオン交換膜の劣化は低濃度のアルカリ溶液中、室温では比較的緩やかであるが、高濃度のアルカリ溶液や高温下では著しく加速される。膜の電気伝導性が低下することから、イオン伝導を担うアニオン交換基がアルカリ溶液中で分解していると考えるのが妥当である。実際に 4 級アンモニウム基などのイオン官能基自身が塩基中で分解することは有機化学の世界では広く知られている。最も有名なものは、ホフマン脱離であり、β位に水素を有する 4 級アルキルアンモニウムを塩基中で加熱するとオレフィンに変化する反応である(図 3-1)。その他にも、α 水素の引き抜きにより生じるイリドを介した反応(図 3-2)、OH-イオンが直接 4 級アンモニウム基と置換する求核置換反応(図 3-3)、転位反応などを介して 4 級アンモニウム基が非イオン性の官能基へ分解することが知られている (図 3-4)。このような知見を踏まえて、アニオン交換膜の劣化は、膜中のイオン官能基がアルカリ加熱溶液中で不安定で分解するというのが従来の定説であった。そのため、アルカリ条件で高い耐久性を

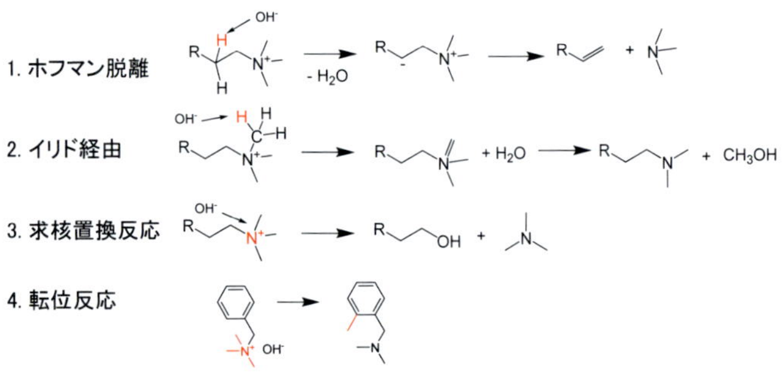

1. ホフマン脱離
2. イリド経由
3. 求核置換反応
4. 転位反応

図 3　4 級アンモニウム官能基のアルカリ分解機構

有するアニオン交換基の開発が行われている。

一方で、近年になりイオン官能基だけでなくポリマー主鎖の劣化に関する実験結果が報告されるようになった。実際にPES系のアニオン交換膜を1MのNaOH水溶液中に浸漬させると1日程度で膜がバラバラになってしまい機械強度が著しく低下していることがわかった(図4)。浸漬後の膜を再溶解させ溶液の粘度を測定すると、溶液粘度が浸漬前のものと比較して著しく低下していることも報告されている[3]。これらの実験結果から、アニオン交換基のみではなくポリマー主鎖に関しても分解が疑われる結果が得られ始めている。しかし、実際にどのような機構によりポリマーの劣化が起こっているのかについて詳細は明らかになっていない。アニオン交換膜の劣化機構を正確に理解することは、耐久性材料を設計していく上で不可欠である。誤った理解に基づく材料設計は、開発の方向性を大きく間違える可能性があるからである。

図4　PES系アニオン伝導膜の外観変化
(1M NaOH水溶液　80℃浸漬後)

モデル化合物によるアニオン伝導膜の劣化機構解析

アニオン交換膜の劣化機構に関しては、アルカリ溶液に浸漬後の高分子電解質膜の構造を二次元NMRなどにより解析した研究例がある[4]。しかし、高分子のNMRスペクトルは一般的にピーク幅が広く、分解後のポリマーの溶解性の問題などもあり分解機構の詳細を解析することは容易ではない。そこで我々は高分子アニオン交換膜のモデル低分子化合物を作製し、これらの化合物の分解を行うことで劣化機構の詳細を調べた[5]。

一般的なアニオン交換膜であるPES系電解質膜の構造を模したM1をモデル化合物として合成し、その分解機構の詳細を調べた。さらに、アニオン交換基の種類がモデル化合物の劣化に与える影響を調べるために、トリメチルアンモニウム基(M1)を、キヌクリジニウム基(M2)、ジプロピルメチルアンモニウム基(M3)に変えた化合物も合成した（図5)。いずれも、官能基自身のアルカリ耐久性としては比較的高いと考えられているものである。

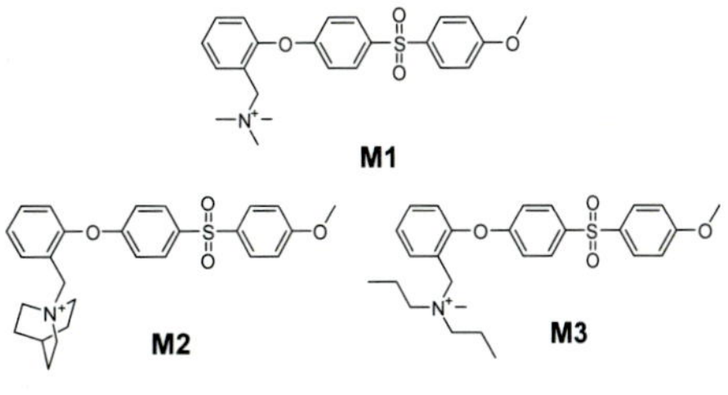

図5　異なるアニオン交換基を有する、PES系モデル低分子化合物M1-M3

M1の分解加速試験を4M NaOH水溶液中80℃で行った。加速試験後に得られた生成物をエタノール、ジクロロメタンで抽出し、溶媒を除去した後NMRスペクトルにて試験後の化合物の同定を試みた。

従来考えられてきた劣化機構に基づけば、アニオン交換基がベンジルアルコールやジメチルアミンなどの 3 級アミンに直接分解した生成物が分解生成物として得られるはずである（図 7 上)。しかし、^{1}H-NMR スペクトルを観察した所、これらの化合物に由来するピークは全く観察されなかった。一方で、芳香族部位(7.0-8.0 ppm)やメトキシ基周辺(3.5-4.0 ppm)に分解生成物に由来する新しいピークが観察されており何等かの分解が起こっていることがわかる(図 6)。詳細な解析を行った結果、新しく出現したピークは、M1 のエーテル結合の開裂に伴い生成した化合物 D1 由来であることがわかった。実際、加速分解試験後の NMR ピークパターンは分解前の M1 と D 1 のスペクトルを重ねたものとほぼ一致しており(図6)、飛行時間型質量分析（ESI-TOF-MS）でも D1 が検出された。一方でベンジルアルコールや 3 級アミンなどのアニオン交換基の分解に由来する化合物は ESI-TOF-MS でも全く検出されていない。この実験結果に基づいて図 7 下のような分解機構が提案できる [5]。まず初めに M1 のエーテル結合が加水分解により開裂し、D1 と D2 が生成する。分子内にフェノール及びベンジルアンモニウム基を両方有する D2 は非常に不安定な化合物であり、キノンメチド前駆体として知られている [6]。D2 は加熱することで即座にキノンメチドに分解する。キノンメチドは極めて強い求電子剤で単離も困難な化合物であり、即座に水などの求核剤と反応してサリチルアルコールになる [6]。D2 からサリチルアルコールへの分解は即座に起こる [6]。これは、エーテル結合が開裂するとすぐにアニオン交換基が分解することを示しており、エーテル結合の開裂に誘起されたアニオン交換基の分解と言うことができる。（図 7 下)。次に、M2 や M3 の加速分解試験を行った。得られた結果は M1 と全く同じものとなっており、アニオン交換基のみの分解に由来する化合物は ^{1}H-NMR で全く検出されなかった。一方で、分解試験後の ^{1}H-NMR ピークパターンは原料と D1 の重ね合わせとほぼ一致しており、D1 のみが分解化合物として検出された。前述で提案した分解機構を踏まえれば、分解の律速段階はエーテル結合の開裂にあり、エーテル結合開裂後は、アニオン交換基の種類とは無関係に即座にイオン官能基の分解が起こる(図 7 右下)。以上の結果から、ベンジルアルキルアンモニウム型の PES 系電解質膜においては、主鎖の安定性の方が重要であり、官能基の最適化を行っても耐久性の改善にほとんど寄与しないことがわかった。

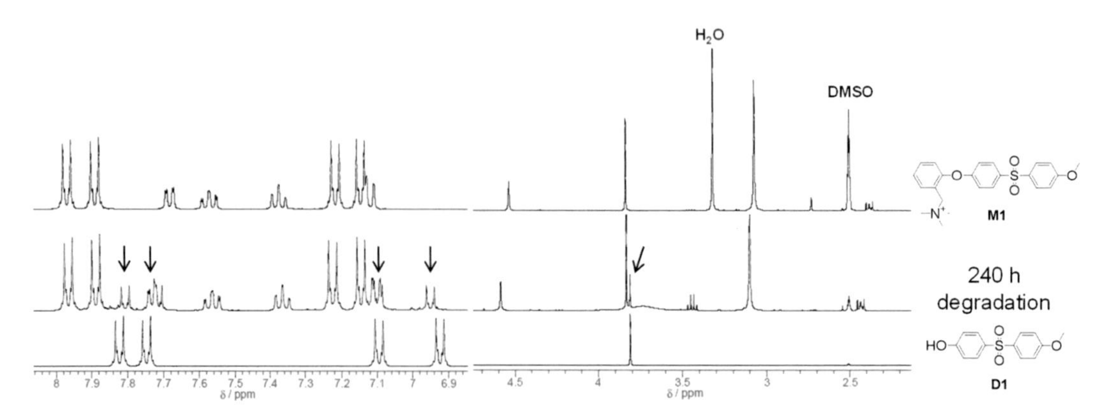

図 6 モデル化合物 M1 のアルカリ分解試験前後の ^{1}H-NMR 変化。矢印：分解物に由来する化合物のピーク

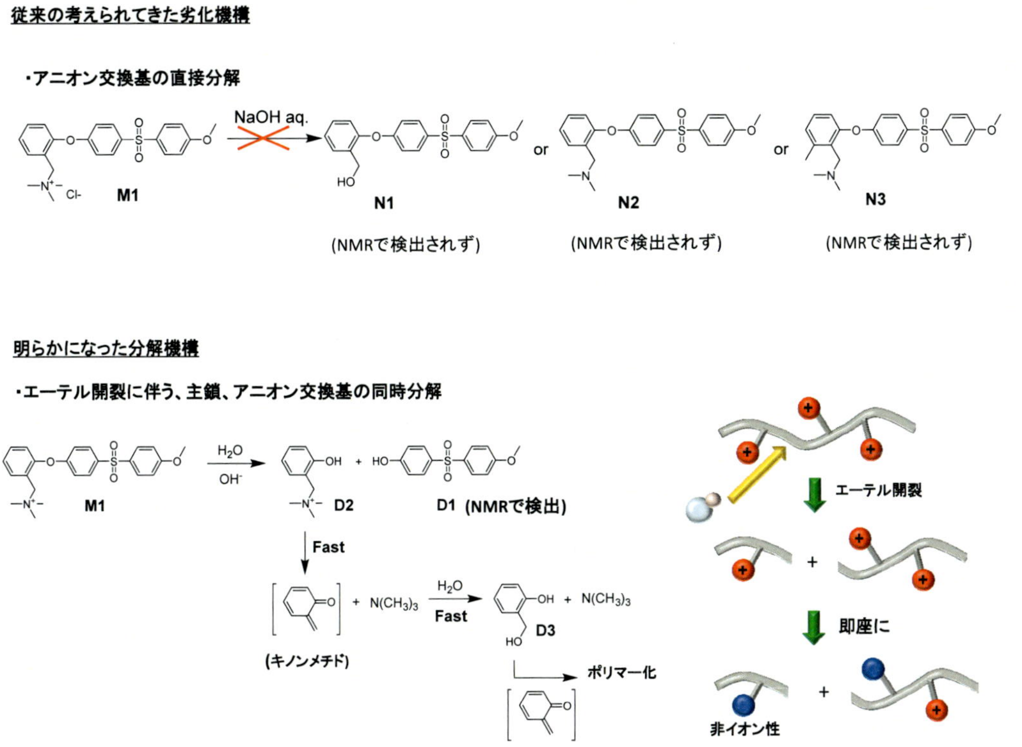

従来の考えられてきた劣化機構

・アニオン交換基の直接分解

NaOH aq.
M1
N1 (NMRで検出されず)
or N2 (NMRで検出されず)
or N3 (NMRで検出されず)

明らかになった分解機構

・エーテル開裂に伴う、主鎖、アニオン交換基の同時分解

M1
H_2O OH^-
D2
D1 (NMRで検出)
Fast
(キノンメチド)
+ $N(CH_3)_3$
H_2O Fast
D3
+ $N(CH_3)_3$
ポリマー化

エーテル開裂
即座に
非イオン性

図 7　モデル化合物 M1 のアルカリ分解機構

その後、ポリエーテルケトン(図 2b)型のモデル化合物でもアルカリ耐久性試験を行ったが、同様の結果が得られた。この事から、ポリエーテルケトン系の電解質膜においても、主鎖のエーテル結合の開裂が起点となり、主鎖、アニオン交換基が同時分解することがわかった[7]。

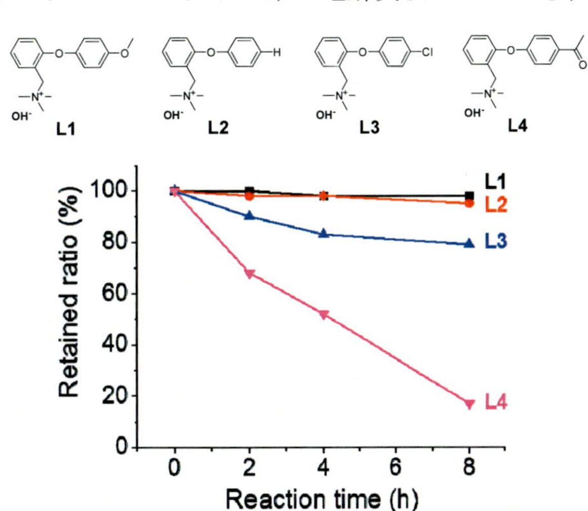

図 8 モデル化合物のアルカリ耐久性（1M NaOH in CH_3OH-H_2O at 80℃）

このような結果から、高分子主鎖のエーテル結合の安定性がアニオン伝導膜の耐久性に重要であると言える。そこで我々は、図 8 のように、同一のイオン交換基（ベンジルトリメチルアンモニウム基）を持ち、異なる置換基を導入したモデル化合物 L1-L4 で耐久性試験を比較した。その結果、化学耐久性は L1>L2>>L3>L4 の順に高くなり、芳香族に電子供与性の置換基（メトキシ基）を導入するとエーテル

結合の耐久性が上がり、電子吸引性の置換基（クロロ基、アセチル基）を導入するとエーテル結合の耐久性が低下することがわかった[7]。実際に、一般的なアニオン伝導膜の化学耐久性において、ポリフェニレンオキシド系電解質膜(図 2c)は、PES(図 2a)や PEK 系電解質膜(図 2b)より高いことが知られており、骨格のエーテル結合のまわりにスルホンやケトンなどの電子吸引性基を持たない膜の方が劣化しにくい[8]。

高耐久性アニオン伝導材料の最近の開発状況

前項で述べたように、一般的なアニオン伝導膜は、主鎖のエーテル結合が分解の起点となり、アルカリ溶液中で劣化していくことが明らかになった。この知見を踏まえると、耐久性を向上させるための最もシンプルな指針は、主鎖にエーテルを始めとする、ヘテロ元素の構造を含まない芳香族骨格の高分子材料を設計することにある。しかし、一般にエーテル結合は高分子主鎖に回転自由度を与え、溶解性や機械特性に優れた膜を与える。多くの芳香族系エンジニアリングプラスチック材料が、ポリエーテル型の高分子材料であるのもこのような理由が一端として存在する。主鎖にエーテルを含まない材料を燃料電池用の電解質材料として開発する場合、溶媒への溶解性や製膜性にも留意して設計しなければならない。現在世界中でこのような考えのもとでアニオン伝導膜の材料開発が行われており、その中でいくつかの材料を紹介する。

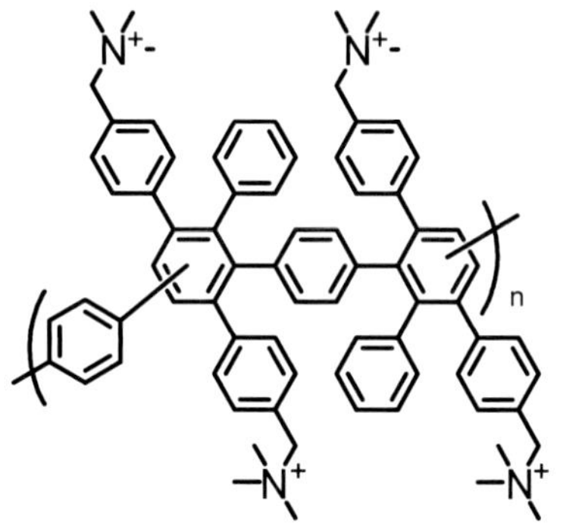

図 9 分岐型ポリフェニレンアニオン伝導膜の開発例[9]

Hibbs らは、図 9 に示すようなポリフェニレンを開発した[9]。一般的な直鎖型のポリフェニレンが強くスタッキングし、溶媒に不溶であるのに対し、この材料は分岐型の構造を有しており、溶媒に溶解し製膜することが可能である。分子量が数千程度と大きくはないが、彼らは燃料電池の電解質膜やアイオノマーとして使用している。

宮武らは、高分子主鎖骨格にパーフルオロアルキル鎖を持つドメインと、ポリフェニレンのドメインを有するブロック共重合体高分子を開発した（図 10）[10]。パーフルオロアルキルを骨格とするテフロンなどの材料は、化学的に不活性であり、耐久性に極めて優れている。実際に固体高分子形燃料電池のプロトン交換膜として用いられているナフィオンは、パーフルオロアルキルを基軸とした高分子材料にスルホン酸基を導入したもので、

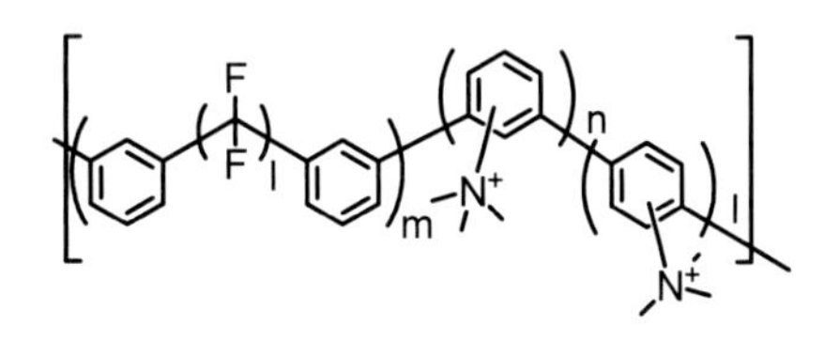

図 10 パーフルオロアルキルとポリフェニレンのマルチブロック型アニオン伝導膜の開発例 [10]

その高い化学耐久性が実用化の成功の一因ともなっている。このような経緯でパーフルオロアルキル系高分子の側鎖にスルホン酸基の代わりにアニオン交換基を導入した電解質材料

は初期段階において開発が行われていたが、アニオン交換基が容易に分解してしまうという問題が起こった[11]。宮武らの開発した高分子では、アニオン交換基が、ポリフェニレンのドメインのみに導入されており、このような問題が回避されていると考えられる。

Chulsung Bae らは、ポリフェニレンアルキレンを骨格とするアニオン伝導材料を開発した(図 11)[12]。彼らは、超強酸であるトリフルオロメタンスルホン酸を用いた、フリーデルクラフト型の重合反応を用いてこの材料を合成している。この重合反応は選択性や反応性の点で他には類を見ない優れた長所を有しており、同様の手法で 20 万を超える高分子量を有する高分子材料も報告されている[13]。宮武らや Bae らの開発した高分子では、高分子主鎖骨格に芳香族骨格だけではなく、より柔軟性に富むパーフルオロアルキルやアルキル鎖が導入されており、溶解性に優れた材料が得られている。

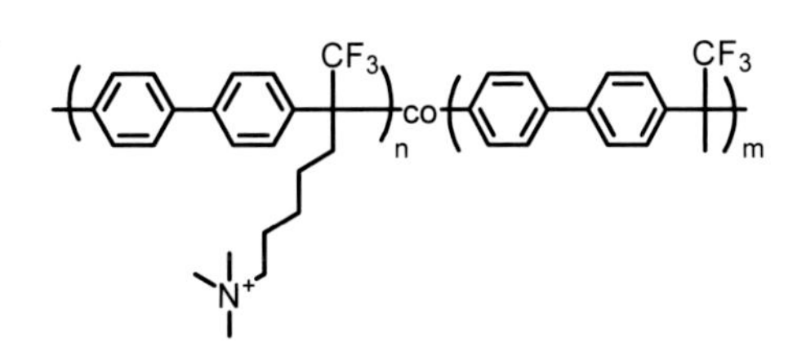

図 11　ポリフェニレンアルキレンアニオン伝導膜の開発例　[12]

我々は、これらの研究とは独立して 2 つの材料設計コンセプトに基づいてアニオン伝導材料の開発を行っている。1 つ目は、分子の主鎖骨格にねじれ構造を導入した材料の開発、2 つ目は可溶性前駆体を用いた材料の開発である。

スピロ構造を骨格に持つ高耐久性アニオン伝導材料の開発

我々は、主鎖にエーテルを持たない剛直な芳香族高分子で、溶媒への溶解性に優れた材料を開発するためにスピロ構造を主鎖骨格に有する高分子の開発を行っている。スピロ構造を持つ材料の中でも、ヘテロ元素を骨格に持たない芳香族分子スピロビフルオレンに着目した。スピロビフルオレンは、2 つのフルオレン環が中央で直角にねじれた構造となっており、このモノマーを、高分子骨格に位置選択的に導入することにより、高分子の主鎖がねじれた材料が得られる。このようにねじれた骨格を持つ高分子では、ポリマー同士の分子間のスタッキングが抑制され溶解性に優れた材料が得られると期待できる(図 12)。実際に、開発した材料は重量平均分子量が 2−3 万程度のもので、予想通り有機溶媒へ 50mg/ml 以上の高い溶解性を示した。得られたアニオン伝導膜は、1MNaOH 溶液に 80℃1 週間浸漬後、フェントン溶液に 60℃　8 時間浸漬後共に、材料の主鎖骨格やアニオン交換基などの分子構造に顕著な変化が見られなかったことから、化学耐久性に優れた材料であることがわかった[14]。

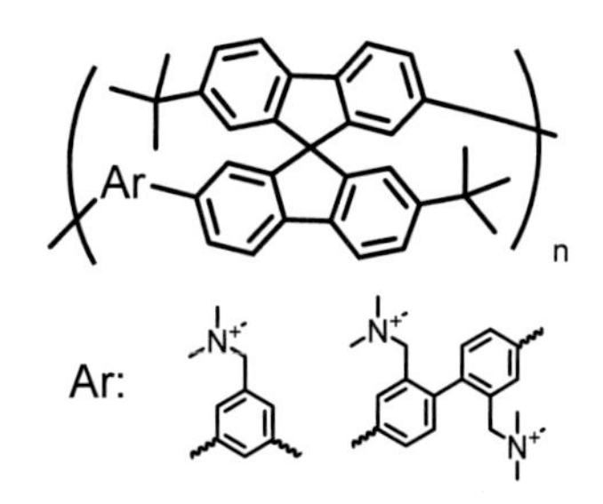

図 12 スピロビフルオレンを骨格に導入したアニオン伝導性ポリマー

可溶性前駆体を用いた高耐久性アニオン伝導材料の開発

一般にポリフェニレンなどのエーテルを骨格に持たない芳香族高分子は分子同士が強くスタッキングし溶媒に不溶となるため、燃料電池用の電解質膜として製膜することが困難である。このような問題を回避する１つの方法として、溶媒に可溶な前駆体高分子を用いて製膜を行い、製膜後に高分子固体反応を用いて目的の芳香族骨格を持つ高分子に変換するという手法が考えられる。このような高分子膜反応の中でも、熱のみで反応が進行する、アントラセン分子のディールズアルダー/レトロディールズアルダー型の反応に着目した(図 13)。この反応は本来平衡反応であるが、熱によるレトロディールズアルダー反応ではジエチルアゾジカルボキシレートが脱離し、系外へと放出されるため平衡を偏らせることができる。ジエチルアゾジカルボキシレートがアントラセンに付加した分子は分子全体が、折れ曲がった構造となっている。このため、このモノマーを主鎖に導入した前駆体高分子は主鎖の平面性が崩れ、ポリマー同士がスタッキングできないため溶媒に溶解する。実際に、合成した前駆体高分子は 13000 の分子量を持ち、ジメチルホルムアミドに 300mg/ml 以上の極めて高い溶解性を示した。この前駆体高分子の溶液を用いて製膜し、真空中で熱をかけることで骨格をアントラセンへと変換し、目的の高分子を得た(図 14)。熱重量・質量分析（TGA-MS）の結果から、前駆体高分子は 100℃付近から骨格反応が起こり、200℃付近からアニオン交換基が熱分解し始めることがわかり、最適な反応温度は 180℃となった。骨格変換後のアニオン伝導高分子は主鎖の平面性が高くなり、分子間でスタッキングする。その結果どのような溶媒に対しても完全に不溶化した。また、ジエチルアゾジカルボキシレートが脱離することで骨格反応後にイオン交換基容量(IEC)が 2.5mmeq/g から 3.2mmeq/g へと増加するが、含水率は逆に 40wt%から 30wt%へと低下した。これも、ポリマー同士の分子間相互作用が強くなった結果、膨潤しにくい構造になったためであると考えらえる。

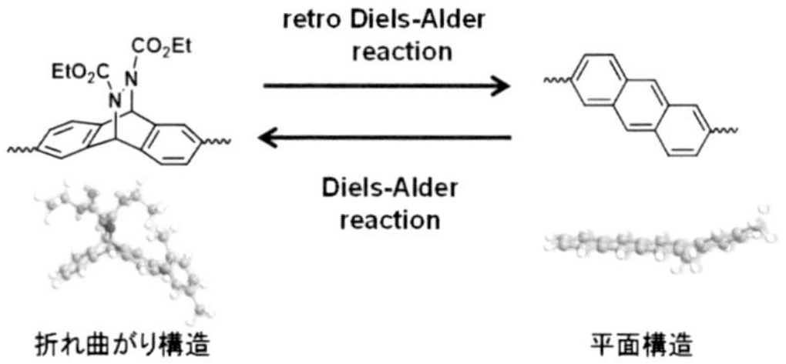

図 13 アントラセン分子の構造変換反応

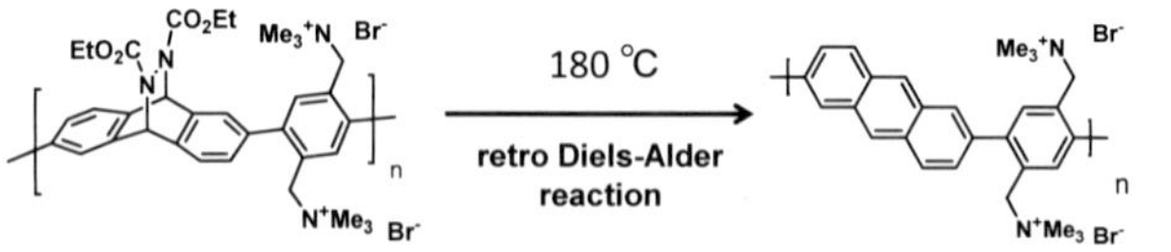

図 14　可溶性前駆体アニオン伝導膜の骨格変換反応

得られた材料のアルカリ耐久性、酸化耐久性を 8M NaOH 水溶液 80℃、フェントン溶液(3wt% H_2O_2、3ppm $FeSO_4$) 60℃の加速試験で評価した。両方の加速試験においても、膜のイオン伝導度の変化は観察されなかったから、得られた高分子が高い化学耐久性を持つことが示された(図 15)。このように化学耐久性に優れると期待されるものの、従来の手法では製膜が困難であった芳香族アニオン伝導材料を、可溶性前駆体の高分子膜反応を用いることにより達成した [15]。

以上のように、分子骨格にヘテロ元素を含まない高分子材料を基軸として、耐久性に優れたアニオン伝導材料が世界中で開発され始めている。特筆すべきは、これまでに紹介した材料のいずれも、アニオン交換基としては特別なものを導入しているわけではなく、一般的な4級アンモニウム基を用いている点である。従来アニオン伝導膜の劣化はアニオン交換基の分解に起因すると考えられ、耐久性アニオン交換基の開発が必須と考えられていたが、劣化機構を正確に理解した上で、材料開発を行っていくことの重要性を示しているといえる。今後はこのような研究を踏まえ、電解質膜の物性を考慮したシステム的な設計開発を行うことで化学耐久性だけでなく、イオン伝導特性や膜特性などの観点でさらに高性能なアニオン伝導膜の開発が行われていくであろう。

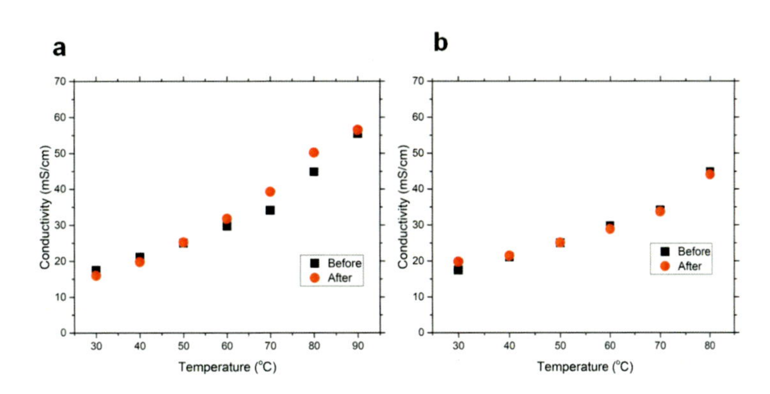

図15　aアルカリ耐久性試験(8M NaOH 80℃ 168h)前後及びb　酸化耐久性試験(3wt% H2O2, 3ppm FeSO4 60℃ 8h)前後の炭酸イオン伝導度変化

細孔フィリング膜

細孔フィリング膜は、1989年に我々により提案・開発され、その後、分離膜の世界では米国、カナダ、ヨーロッパ各国など世界中で、同様のコンセプトで分離膜が開発されてきた。これまでに、細孔中に電解質ポリマーを充填することにより細孔フィリング膜のコンセプトを燃料電池の分野に応用し、コンセプトの有効性を証明し、高い性能の燃料電池を開発している[16]。具体的には、耐熱性・耐化学薬品性の高い数十～数百 nm の細孔を有する多孔性基材の細孔中に別のポリマーを充填した膜である。多孔基材マトリックスのたがにより充填ポリマーの膨潤が抑制でき、含水率を維持した状態でも、高い機械的強度を有する電解質膜が作製できる（図16)。特に、耐熱性基材の細孔中にポリマーを埋め込めば、高温下でも基材骨格が膜の構造を維持し充填ポリマーの性能を発揮するはずである。燃料電池用の電解質膜には、イオン伝導度、膨潤耐性、機械強度、耐熱性、化学耐久性など様々な特性が必要とされるが、これら必要な特性全てを有する材料を開発していくことは容易ではない。材料の中にはイオン伝導特性や化学的耐久

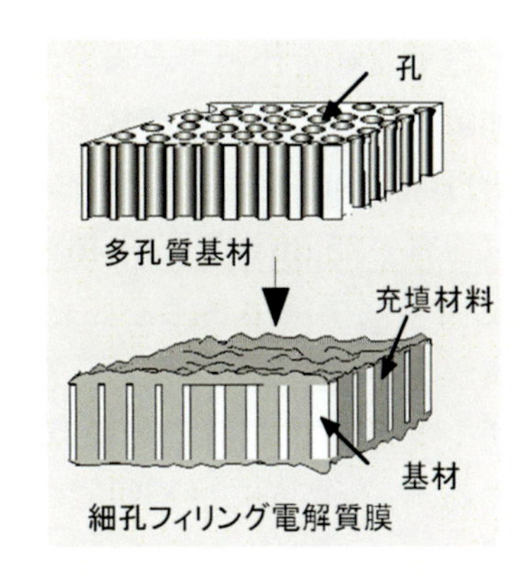

図16 細孔フィリング電解質膜

性の観点から良好な性能を有するものの、膨潤特性や機械的強度が低いことから単体では使用できないものも多く存在する。細孔フィリング膜はそうした材料の長所を損なうことなく、足りない特性を補うことが可能であり、多様な材料へ展開できる普遍性も有している。さらに、電解質材料を小さな細孔の中に閉じ込めることで膜中のイオン官能基の密集状態や水の状態を制御することが可能である[17-20]。その結果、低い含水状態でも高いイオン伝導度を得ることができると同時に、膜の燃料透過性を大きく低減させることができる。以下では、アニオン交換膜の劣化機構を踏まえて架橋性官能基を有する耐久性電解質材料の設計を行い、この材料を細孔フィリング膜へ展開した研究に関して紹介を行う。

高架橋・高イオン官能容量型細孔フィリング膜の開発

アニオン交換膜のアルカリ分解機構の詳細解析から得られた知見をもとに材料設計を行った。エーテル結合を含む材料では、エーテル結合の開裂を介して材料の劣化が起こる。また、量子化学計算を行った結果、電子密度の偏りが生じる部位では OH^-の攻撃を受けやすく劣化が起こりやすいことがわかった[21]。このような観点から、エーテル結合を含まず、電子密度に偏りがなく対称性の高い分子構造がアルカリ耐久性の高い材料として良いと考えた。

分子として、図 17 右に示すように、ベンゼン環とアニオン交換基のみからなるPTDAMPB(ポリトリジメチルアミノメチルフェニルベンゼン)を設計した。この分子は前述の設計要件を満たしており、モノマーの 1 単位に3つの架橋点を有する高架橋構造になっている。高架橋させることにより、材料の化学耐久性をさらに向上させることが可能である。また、この架橋点はアニオン交換基としても作用し、材料のイオン交換基容量は 4.4 meq と極めて高い。これにより高いイオン伝導度と高い耐久性を両立できるのではないかと考えた。

この材料単体は高架橋構造のために粉末状の形状をしており、膜として使用するには機械強度の観点から現実的ではない。そこで、細孔フィリング膜に展開し強度を補うことで高性能の電解質膜を作製できると考えた。

前駆体である TDAMPB と、架橋剤である α,α'-ジクロロ-*p*-キシレンのテトラヒドロフラン（THF）溶液をポリエチレンの多孔質基材（膜厚：25μm、空孔率 46%）に充填し細孔内で架橋反応させることで目的の電解質膜を得る事が出来た[22]。充填前のポリエチレン基材は細孔の光散乱により白く見えるが、反応後には透明になり細孔内部にポリマーが充填されていることが目視で確認できる（図 17)。さらに、膜内部に均一に充填されていることを断面 SEM や Confocal ラマンスペクトルにより確かめ

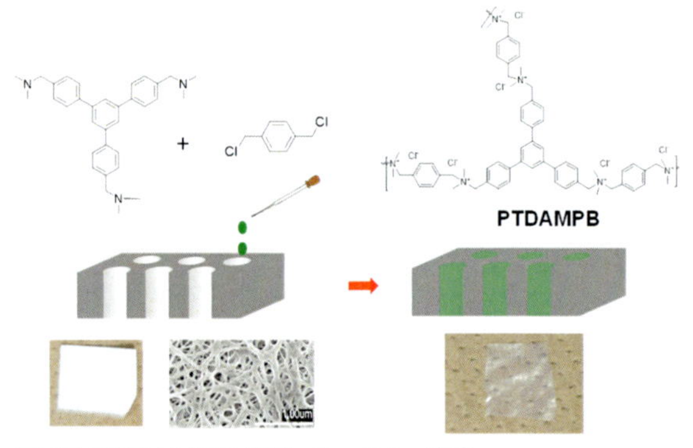

図 17 PTDAMPB 細孔フィリング膜

た。
作製した電解質膜のイオン官能基容量を滴定や元素分析から評価した。その結果、ほぼ理論値に近い値が得られ、細孔内部で十分な架橋反応が起こっていると考えられる。
次に得られた電解質膜の物性を調べた。参照として市販品として一般的に用いられている低架橋性のポリビニルベンジルトリメチルアンモニウムクロリド(PVBTAC)を用いた細孔フィリング膜も作製した。

OH-イオン伝導度を測定した所、70℃で 86mS/cm と高い値を示した。この電解質膜の含水率は 20wt%程度であり、材料自身の高架橋構造及び多孔質基材の膨潤抑制効果により含水率がかなり低く抑えられている。これまでにもイオン伝導度の高いアニオン交換膜は多く報告されているが、材料の含水率が高く膨潤しやすいことから、伝導度と膨潤耐性を両立することは容易ではない。少ない水で効率的にイオンを伝導するという観点から考えると極めて良好な性能が得られている。

次に膜の耐久性を調べた。膜の化学耐久性をアルカリ耐久性、ラジカル耐性から評価した。アルカリ耐久性は 1M NaOH 水溶液、80℃の条件で膜を浸漬し、浸漬前後のイオン伝導度変化を観察した。ラジカル耐性はフェントン溶液、80℃の条件で膜を浸漬し、浸漬前後の膜の重量変化を観察した。アルカリ溶液浸漬後の膜のイオン伝導度を評価した所、1 か月浸漬後も伝導度の低下は 10-20%程度であり、高いアルカリ耐久性を有していることがわかった。フェントン耐性に関しては、VBTAC を充填した細孔フィリング膜はキャスト膜に比べ

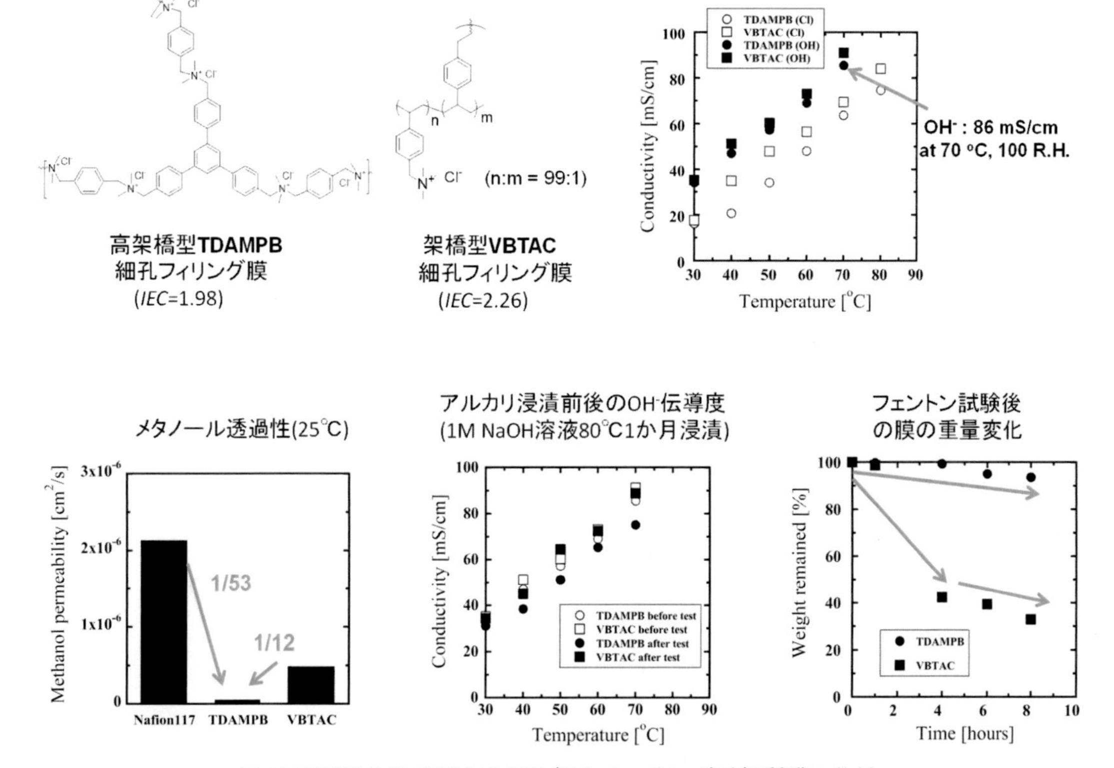

図 18 VBTAC 及び TDAMPB 細孔フィリング電解質膜の物性

ると遅いものの分解が起きている。一方でPTDAMPB電解質膜では分解が著しく抑制されていることがわかる。これはPTDAMPBがラジカル耐性のある芳香族を基盤とした分子構造であるという事と、高架橋構造を有していることに起因していると考えられる。
最後に、液体燃料への展開を志向し、作製した電解質膜のメタノール燃料透過性を評価した。その結果、作製したPTDAMPB細孔フィリング膜は極めて低いメタノール透過性を示した。メタノール透過係数は、ナフィオン112膜の1/53、VBTAC細孔フィリング膜と比較しても1/12となっている。多孔質基材に充填させることによる抑制効果に加え、設計した材料の剛直な構造、高架橋構造を反映してメタノール透過を劇的に抑制することができたと考えられる。これらの結果から、イオン伝導特性、化学耐久性、膨潤耐性、機械強度、燃料透過性に優れた高性能の電解質膜を作製することができた（図18）[22]。

以上のように、アニオン交換膜のアルカリ劣化機構の解析結果を材料の分子設計に反映させ、細孔フィリング技術を用いて、実際の電池用電解質膜として応用可能な材料へと展開した。この技術は、上述の架橋性伝導材料だけでなく、前項で示したようなヘテロ元素を骨格に持たない高耐久性のアニオン伝導材料にも現在展開を行っており、今後幅広い高耐久性アニオン伝導材料の開発が可能となるであろう。

終わりに

アニオン伝導膜を用いた固体アルカリ燃料電池は、コストやエネルギー密度の観点から次世代の燃料電池として多くの期待を集めている。これまで、アニオン伝導膜の耐久性が低かったことから、実用化に向けた取り組みが遅れていたが、近年になって膜の劣化機構が明らかになり、現在では化学耐久性に優れた多くの電解質膜が開発されつつある。今後、これらの高耐久性電解質膜を用いて、アルカリ燃料電池の実用化の実証に向けた取り組みが加速されるであろうと予想される。

参考文献

[1] J. R. Varcoe, P. Atanassov, D. R. Dekel, A. M. Herring, M. A. Hickner, P. A. Kohl, A. R. Kucernak, W. E. Mustain, K. Nijmeijer, K. Scott, T. W. Xu and L. Zhuang, *Energy Environ. Sci.,* **7**, 3135-3191 (2014).
[2] T. Sata, M. Tsujimoto, T. Yamaguchi, K. Matsusaki, *J. Membrane Sci.,* **112**, 161 (1996).
[3] D. Y. Chen and M. A. Hickner, *ACS Appl. Mater. Interfaces.,* **4**, 5775-5781 (2012).
[4] C. G. Arges and V. Ramani, *Proc. Nat. Aca. Sci.U. S. A.,* **110**, 2490-2495 (2013).
[5] S. Miyanishi, T. Yamaguchi, *Phys. Chem. Chem. Phys.,* **18**, 12009-1202 (2016).
[6] E.Modica, R. Zanaletti, M. Freccero and M. Mella, *J. Org. Chem.,* **66**, 41-52 (2001).
[7] S. Miyanishi, T. Yamaguchi, *New J. Chem.,* **41**, 8036-8044 (2017).
[8] A. Amel, L. Zhu, M. Hickner, Y. Ein-Eli, *J. Electrochem. Soc.,* **161**, F615-F621 (2014).
[9] M. R. Hibbs, C. H. Fujimoto, C. J. Comelius, *Macromolecules,* **42**, 8316-8321 (2009).
[10] H. Ono, J. Miyake, S. Shimada, M. Uchida, K. Miyatake, *J. Mater. Chem. A,* **3**, 21779-21788 (2015).

[11] K. Matsui, E. Tobita, K. Sugimoto, K. Kondo, T. Seita, A. Akimoto, *Appl. Polym. Sci.,* **32**, 4137–4143 (1986).

[12] W. H. Lee, Y. S. Kim, C. Bae, *ACS Macro Lett.,* **4**, 814-818 (2015).

[13] L. I. Olvera, M. T. Guzmán-Gutiérrez, M. G. Zolotukhin, S. Fomine, J. Cárdenas,_F. A. Ruiz-Trevino, D. Villers, T. A. Ezquerra, E. Prokhorov, *Macromolecules,* **46**, 7245–7256 (2013).

[14] S. Miyanishi, T. Yamaguchi, *J. Mater. Chem. A, in press*

[15] H. P. R. Graha, S. Ando, S. Miyanishi and T. Yamaguchi, *Chem. Commun.,* **54**, 10820-10823 (2018).

[16] T. Yamaguchi, S. Nakao, S. Kimura, *Macromolecules,* **24**, 5522-5527 (1991).

[17] T. Yamaguchi, H. Zhou, S. Nakazawa, N. Hara, *Adv. Mater.,* **19**, 592-596 (2007).

[18] N. Hara, H. Ohashi, T. Ito, T. Yamaguchi, *J. Phys. Chem. B.,* **113**, 4656-4663 (2009).

[19] H. Jung, K. Fujii, T. Tamaki, H. Ohashi, T. Ito, and T. Yamaguchi, *J. Membrane Sci.,* **373**, 17-111 (2011).

[20] H. Jung, H. Ohashi, T. Tamaki, Takeo Yamaguchi, *Chem. Lett.,* **42**, 14-16 (2013).

[21] K. Matsuyama, H. Ohashi, S. Miyanishi, H. Ushiyama, T. Yamaguchi, *RSC Advances,* **6**, 36269-36272 (2016).

[22] G. S. Sailaja, S. Miyanishi, T. Yamaguchi, *Poly. Chem.,* **6**, 7964-7973 (2015).

III－３　エネルギーの貯蔵・運搬（エネルギーキャリア）利用を指向した電池技術の開発

III－３－１　固体酸化物形電解セル（SOEC）による水素製造

吉野正人

（東芝エネルギーシステムズ株式会社）

はじめに

近年、エネルギーキャリアとして水素への注目が高まっている。その背景には、脱炭素化やエネルギーセキュリティーへの課題への対応から、太陽光発電や風力発電に代表される再生可能エネルギーの利用拡大がある。水力や地熱などの安定した出力が見込める再生可能エネルギーに対して、立地制約などが比較的少ない太陽光や風力などを利用するものは、天候や気候などに左右され、電力として利用する場合、その変動による系統安定性や品質などの低下、需給バランスの不均衡による余剰電力や不足電力の発生などが実際に生じている。この課題への対処として二次電池をはじめとする電力貯蔵技術の開発・実証が盛んに行われているが、従来化石燃料が担ってきた貯蔵性と輸送性の観点を念頭とした化学物質への変換がエネルギーキャリアという言葉に代表され期待されている。

その中で、水素は電気との相性がよく、水の電気分解により水素を発生させることができ、また､水素を燃料として燃料電池反応や直接燃焼によって電気を生み出すことができる｡また、状態変化や種々の物質への変換などもできることから、エネルギーキャリアの出発物質として考えることができる。本章では、電解技術の概要とともに、高効率な電解技術の一つである高温水蒸気電解法について紹介する。

１．　種々の水電解手法

図１に種々の電気分解法による水素製造原理を示す｡基本的な原理はいずれの手法も同じで､電子を通さずイオンのみを伝導する電解質を有する電気化学セルに原料である水ないし水蒸気と一定の電力を加えると、カソードより水素が、アノードより酸素が発生する。電気化学セルに用いる電解質によって、動作温度や原料となる水の状態、電解質を伝導するイオン種、電極材料などが異なる。代表的な手法として、アルカリ型、PEM 型、SOEC 型がある[1]。

アルカリ型は、20～30%NaOH や KOH などのアルカリ水溶液を電解質として用い、隔膜によりアノード側とカソード側とに分けて電気分解を行う。動作温度は商用レベルで 80℃前後であるが､200℃程度まで検討されている。電解質濃度や動作温度を上げることで効率を上げることが可能であるが、腐食の問題などから材料制約がある。隔膜は耐久性のあるアスベストなどを従来用いていたが、人体への影響などが懸念されることから、高分子多孔質材などの代替材料が検討されている。電極材としては、主にニッケル系触媒が用いられている。本手法は古くから実用化され、数百 m^3/h の大規模プラントの稼働実績もある。

PEM 型は、スルフォン酸基を有するプロトン伝導型の固体高分子膜を電解質として用い、高分子膜の両面にアノードとカソードをそれぞれ形成して電気分解を行う。動作温度は 80℃前後であるが、近年、高温タイプも検討されている。触媒は主にPtなどの貴金属系触媒を用いるが、アノードでは酸化イリジウム系材料なども用いられている。本手法も実用化されており、高電流密度での運転が可能なためコンパクト化できること、99.99%以上の高純度な水素が得られること、などが特徴である。

SOEC 型は、イオン導電性を有する固体酸化物を電解質として用い、電解質両面にアノードとカソードをそれぞれ形成して、水蒸気の電気分解を行う。電解質は酸化物によって導電するイオン種が異なる。動作温度は500～1000℃である。触媒は主にカソードではNi系触媒、アノードではペロブルカイト型構造をもつ酸化物が用いられている。本手法は研究開発段階であるものの、近年、開発が加速され、実証レベルに近づいている。

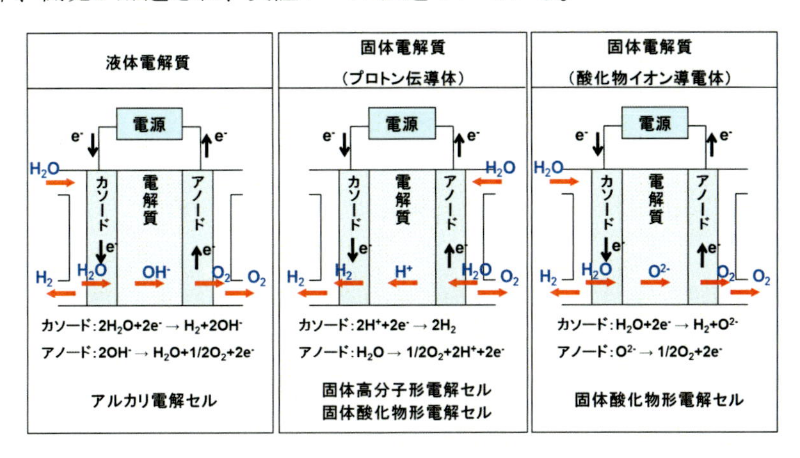

図 1　種々の電気分解法による水素製造原理

2.　高温水蒸気電解の原理と特徴

2.1.　原理と特徴

SOECを用いた高温水蒸気電解法は、比較的高温（500～1000℃）の条件下で水蒸気を電解する。電気分解に必要なエネルギーは以下の式で表される。

$$\Delta H = \Delta G + T\Delta S \qquad (1)$$

ここで、⊿Gはギブスエネルギー差、T⊿Sはエントロピー項であり、電解反応では、⊿Gを電気エネルギー、T⊿Sを熱エネルギーとして与える。図2に電解に必要なΔHとΔG及びTΔSの温度による違いを示す。⊿Hは水の場合は約286kJ/mol、水蒸気の場合は約249kJ/molであり、温度に依存せずほぼ一定である。一方、⊿Gは高温になるに伴い小さくなり、T⊿Sは大きくなる。このことから、高温での水蒸気電解は電気エネルギーの消費を抑え、高効率での水素製造が可能となることが特徴である。

さらに、高温水蒸気電解の特徴として、運転条件により熱量が変化することが挙げられる。前述のように、電解反応ではTΔSの熱を必要とする（吸熱）が、逆反応である燃料電池としての発電反応ではTΔSの熱が生じる（発熱)。また、いずれの反応においても、セルに電流を流すとジュール熱が生じる。高温水蒸気電解における理論電圧は次式で表される。

$$E_{cell_0} = E_0 + \left(R_g \frac{T}{2F} \ln \frac{P_{H_2} * P_{O_2}{}^{0.5}}{P_{H_2O}}\right) \quad (2)$$

$$E_0 = \frac{\Delta G}{2F} \quad (3)$$

ここで、Rg は気体定数、T は絶対温度、F はファラデー定数である。P はガス分圧を表し、添字 H2、O2 及び H2O はそれぞれ水素、酸素及び水（水蒸気）を表わす。理論電圧は、電気化学セルの仕様などに関わらず、温度、水蒸気や水素・酸素分圧などの運転条件により一意に定まる。実際に電流を流した際には、電解電圧は下式で表され、抵抗成分が発生する。

$$E_{cell} = E_{cell_0} + \mu a(I) + \mu c(I) + I \times R = E_{cell_0} + ASR \times I \quad (4)$$

ここで、μは電極過電圧であり、電極触媒の活性や反応に関与するガスの電極活性点近傍における拡散性などが関係する。添字 a はアノード、c はカソードを表す。また、I は電流密度、R はオーム面積抵抗であり、電解質のイオン伝導率と厚みのほかに、電極のオーム抵抗や接触抵抗などが関与する。ASR はこれらの抵抗成分を一括りとした実効面積抵抗(Area Specific Resistance)であり、電気化学セルに電流を流すことによってジュール熱が発生する。吸・発熱とジュール熱の関係を図 3 に模式的にまとめる。燃料電池として稼動させる場合には電流密度に関わらず発熱運転となるが、電解として稼動させる場合にはある電流密度以下では吸熱(endothermic)、逆に当該電流密度以上ではジュール熱が TΔS を上回り、発熱（exothermic）となる。さらに、抵抗によって発生するジュール熱（I×（IR+μa(I)+μc(I)））とエントロピー（TΔS）がバランスする点（熱中立点（Thermal Neutral Point））が存在する。このように運転条件により熱量が変化する傾向は、他の電解方式にはなく、高温水蒸気電解法に特有のものである。

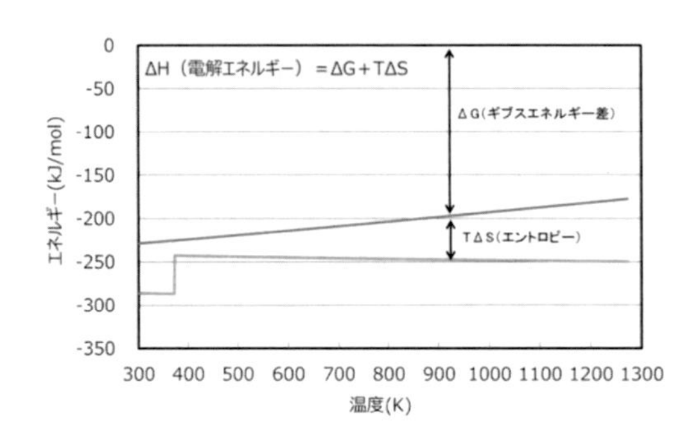

図 2　電解に必要なΔH とΔG 及びTΔS の温度による違い

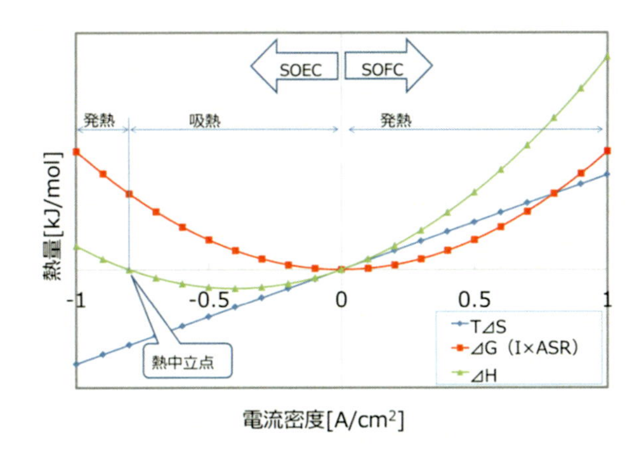

図3　吸・発熱とジュール熱の関係

2.2. セル材料と形状

高温水蒸気電解に用いる固体酸化物形の電気化学セル（Solid Oxide Electrolysis Cell。以下、SOEC）は、用いる材料や構造、形状などは、基本的には、固体酸化物形燃料電池（Solid Oxide Fuel Cell。以下、SOFC）のものと同様である。表1に主なセル材料を示す。

表1　固体酸化物形電気化学セルに用いる主な材料

構成層		主な材料
電解質	酸化物イオン導電体	YSZ、ScSZ GDC、SDC LSGM
	プロトン導電体	$BaCeO_3$、$SrCeO_3$
カソード		Ni-YSZ サーメット Ni- CeO_2 系サーメット
アノード		LSM、LSC、LSCF

電解質は、主に酸化物イオン導電体が用いられる。一般的には、イットリア（Y_2O_3）やスカンジア（Sc_2O_3）を安定化剤とした安定化ジルコニア（YSZ や ScSZ など）が用いられる[2]が、サマリア（SmO_2）やガドリニア（GdO_2）を固溶したセリウム酸化物（SDC、GDC など）、ペロブスカイト型構造のランタンガレート複合酸化物（$La_{1-x}Sr_xGa_{1-y}Mg_yO_3$ など）など、比較的低温でも高いイオン伝導性を示すセラミックスも用いられている。一方で、近年はプロトン導電体の検討も盛んに行われている[3]。プロトン導電体による高温水蒸気電解は、図1に示すように、水蒸気を供給する電極の対極側に水素が発生することから、水蒸気などが含まれない純粋な水素を得られる利点がある。高温条件下で水蒸気に接することから、硫化物やハロゲン化物のよ

うな加水分解により変質するような固体電解質の適用は難しく、酸化物系の固体電解質が用いられる。酸化物系のプロトン伝導体としては、$BaCeO_3$や$SrCeO_3$などABO_3の組成式で表されるペロブスカイト型構造でAおよびBサイトの一部を部分的に置換し、導電性や化学安定性を向上させた材料などの開発が進められ、高温水蒸気電解への適用検討もされつつある[4],[5]。また、電極については、SOFCで用いられている材料系を適用している。カソードではNi-YSZサーメットや$Ni\text{-}CeO_2$系サーメット材料が、アノードについてはランタンマンガナイト系やランタンコバルタイト系ペロブスカイト複合酸化物材料（$La_{1-x}Sr_xMnO_3$、$La_{1-x}Sr_xCo_{1-y}Fe_yO_3$など）が主に用いられている。

酸化物系のSOECの構造は、これらの酸化物系の材料をもちいた積層構造体となっている。図1に示したように、電解質層を挟んでアノード層およびカソード層が積層された構造で、セル全体の厚みは数百μm～1mm程度である。電解質層は緻密であり、十数μm～100μm程度の厚みとしているのが一般的である。安定化ジルコニアなど機械的強度が高い材料を用いるため支持体としての機能を持たせたりする一方、抵抗が大きいため薄膜化したりする場合もある。アノードおよびカソード電極層は反応ガスおよび生成ガスの拡散が必要なため多孔質であり、十分な触媒活性を得るために数十～100μm 程度としているのが一般的であるが、これらを支持体として用いる場合には数百μmの厚さにしたりする。

SOECの形状については、実際の用途に応じて様々な形状のセルが用いられている。セルは、原料粉末にバインダーや溶媒などを混合してスラリーを作成し、押出成形やテープ成形などの成形技術やプリント技術を用いてこれらを積層成形体とし、高温で焼結させることで製造することができる。セラミックスは用いる成形方法によって比較的容易に任意の形状に成型することが可能であるため、円筒型や平板型などの形状があり、熱応力等に対する強度や気密性（アノードとカソード雰囲気の隔離）、セル集積度、などの観点から、形状を選択すると考えられる。近年は、円筒型と平板型の機能を併せ持つ、円筒平板型のセルなどがSOFCにおいて実用化されており、SOECとしての適用も可能と考える。

2.3. 開発の歴史

SOECを用いた高温水蒸気電解は、1980年代に旧西ドイツのDornier社が小規模の試験装置を用いた研究が行われたのが最初である[2]。その後、米国のアイダホ国立研究所やGeneral Electric社、Westing House社等も研究を行っていた。日本では旧工業技術院 電子技術総合研究所（現 独立行政法人 産業技術総合研究所）や、山梨大学・九州大学を始めとする幾つかの大学等で基礎検討が進められた。近年は、再生可能エネルギーの利用拡大を受け、高効率水素製造技術の一つとして注目され、SOECの研究開発が活発になっている。工学的規模の観点では、Dornier社が円筒型セルで構成した入力2kW級水素発生装置[2]、米国・アイダホ国立研究所が平板セルスタックを用いた$5Nm^3/h$級水素製造装置[6]、九州大学がランタンガレード系電解質を用いた平板セルスタックで$1Nm^3/h$級水素製造装置[7]を開発し、水素製造実証を行ってきた。最近では、ドイツのSunfire社が一つの電気化学セルを電解と発電とのリバーシブルで運用する、電解時の入力電力が約150kWのSOFC/SOECシステムを開発、フィールド実証を行っている[8]。

3. 酸素イオン導電電解質を用いたSOECによる電解特性例

本節では、酸素イオン導電性を有する固体酸化物形電解質を用いたSOECの高温水蒸気電解特性について、例を挙げて紹介する。

3.1. 基本的な電解特性

図4は、SOECを複数積層・集積して作製したスタックの、ある温度条件における電解時の電流-電圧（I-V）特性と吸発熱特性を一例として示したものである。平均セル電圧はスタック電圧を積層数で除した単セルあたりの平均電圧である。I-V 特性について、従来の低温型の電解特性と比較した場合、OCVも電解電圧も非常に低い値を示しているのが特徴である。開回路電圧（Open Circuit Voltage。以下、OCV）は水蒸気濃度にも依存するが、0.9V弱程度を示し、水の理論電解電圧：約 1.23V（25℃、1atm）に対して十分低い領域が存在する。また、電流を流すことで電圧は上昇する傾向を示し、前述した熱中立点の電圧（約1.3V）を一つの評価基準とした場合、このスタックでは0.7～0.8A/cm^{2}程度の電流密度まで電流を流すことができる。このI-V特性は、温度や雰囲気条件に依存する。例えば、雰囲気条件については、水蒸気濃度条件すなわちガス分圧の変化に伴いOCVは変化するものの、I-V特性の傾きに対する水蒸気濃度の影響は小さい傾向であった。そのため、水蒸気濃度の増加に伴い、単セルあたりの電圧1.3V（熱中立点）における電流密度も大きくなる傾向を示した。このことから、カソードの還元状態を維持できる水素を供給しつつ、できるだけ高い水蒸気濃度条件とすることで高電流密度での電解が可能になると考えられる。また、I-V 特性の傾きについてはできるだけ小さいことが望ましい。I-V特性の傾きは動作温度やASRに依存するため、動作温度の高温化や抵抗が少ないSOECを開発するなど、が必要である。次に、吸発熱特性については、スタック中央部に配置されたセルの近傍に熱電対を設置し、I-V 特性取得中にスタック温度の計測を行った結果である。いずれの条件においても、電流密度が増大するに伴ってスタック温度の熱電対指示値は低下し、極小値を経た後に上昇に転じる傾向を示した。本試験では、温度の極小値はOCV時の温度に対して約10～15℃低い値を示し、また、図4において計測された熱中立点（約1.3V）での電流密度条件において、OCVに対する温度変化がほぼゼロとなっていることを確認した。この結果は、先述した、反応熱とジュール熱との関係と一致し、ある電流密度条件以下では吸熱運転であるが、当該電流密度以上ではジュール熱が T⊿S を上回り発熱運転となり、ジュール熱とエントロピーT⊿Sがバランスする点（熱中立点）が存在することを実際のスタックを用いた試験で裏付けている。

図5は、スタックを用いた電解試験において発生水素量を計測し、入力電流とスタック電圧からスタックにかかる電力を算出、1Nm^{3}あたりの水素を製造するために必要な電力量（水素製造原単位）を計算した結果の一例である。平均セル電圧：約1.3Vの熱中立点における電流密度条件において、本スタックの水素製造原単位は約3kWh/Nm^{3}であった。また、熱中立点以下の吸熱領域では、水素製造原単位はより小さくなる傾向を示した。このことから、外部から熱を供給することが可能であれば、より高効率に水素を製造することができると考えられる。

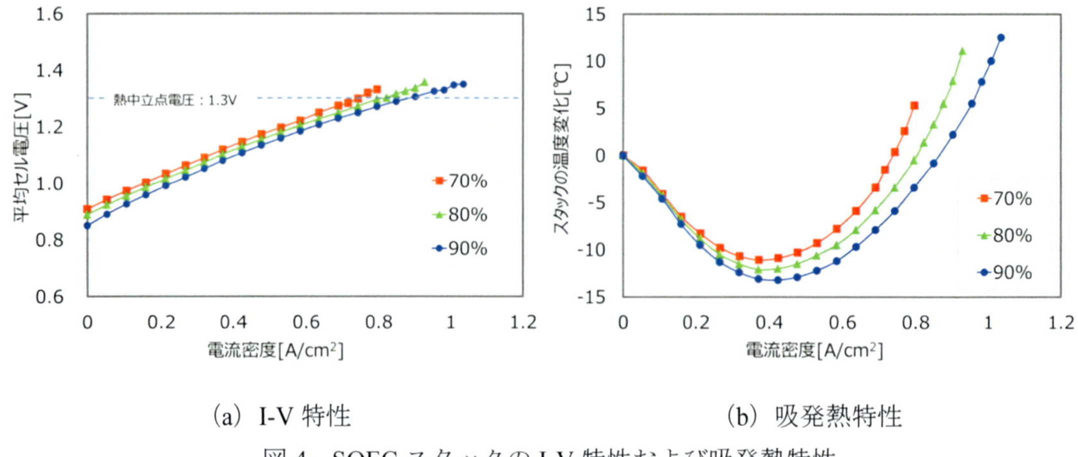

（a） I-V 特性　（b） 吸発熱特性

図 4　SOEC スタックの I-V 特性および吸発熱特性

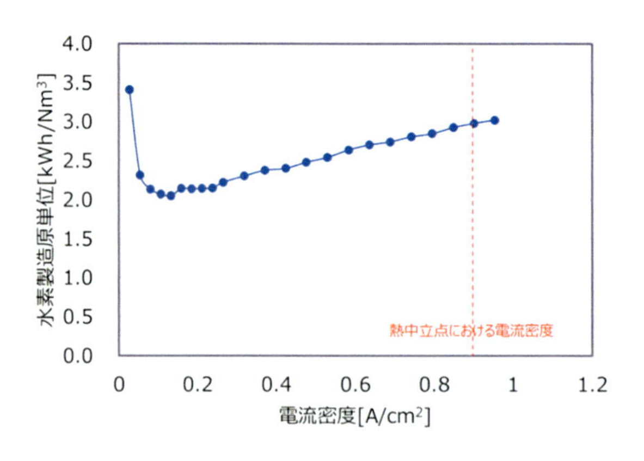

図 5　水素製造原単位の計算結果

3.2. セルの耐久性向上

固体酸化物型電解セルを高温水蒸気電解に用いる場合、課題の一つとして耐久性が挙げられる。電解運転時の性能劣化は大きく、その劣化メカニズムはセル仕様（材料、電極構造等）や運転条件（温度、組成等）に大きく依存すると考えられる。近年は、材料の適正選択やセル構造の改良により、徐々に耐久性が向上し、劣化影響因子の解明が前進している。

カソード電極に関して、一例として、図 6 にカソード電極が Ni-YSZ と Ni-GDC の場合での耐久性に違いについて示した。Ni サーメットの作成方法やその他の構成部材などを同一として、Ni サーメットの電解質材料成分のみ変更した。Ni-YSZ 系セルは SOFC において実績のある材料系であるが、SOFC の逆反応である電解反応を行ったところ急激な電圧上昇がみられたのに対して、Ni-GDC 系セルでは大きなセル電圧の上昇は見られず、長期間にわたって安定したセル電圧を示した。両者の相違点として、YSZ はイオン導電性のみを示すのに対して、GDC は還元雰囲気下では電子とイオンの混合導電性を示すことである。詳細なメカニズムの解明には至っていないが、例えば、Ni-GDC では、GDC の混合導電性の発現とともに、GDC が Ni と比較して活性は小さいものの触媒としても機能することから、Ni の触媒や電子伝導の機能負担が軽減され電極全体で反応が進行し、急激なセル抵抗の増大を抑制している一つの要因として推測される。一方、アノード電極に関しては、高酸素分圧や、電解質とアノード電極成分との相互拡散等による高抵抗成分の形成や成分偏析などが劣化要因として挙げられる。これらは局所的な電流密度の増大や構造変化などを引き起こし、電極構造の変化や電極自体の剥離などが生じる可能性が懸念される。図7は電解連続運転前後のアノード／電解質界面の元素分布測定結果の一例である。電解質にはYSZ、アノードにはLSCFを用い、両者間に反応抑制のためのGDCの層を挟んでいる。セルの焼成段階ですでに相互拡散が生じており、$SrZrO_x$の高抵抗成分の形成、Co成分の偏析などが見られ、長時間の電解運転後にはこれらが助長されている傾向を示している。そのため、このような成分の相互拡散を抑制することで劣化を抑制することできると考えられる。これらの対策を行うことで、安定領域で電圧上昇率を0.5%/1000h以下に抑えられるようなセル仕様も開発されている。

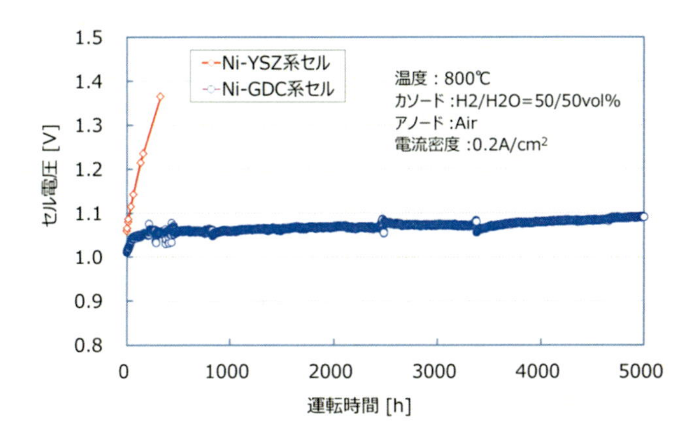

図6　耐久性に及ぼすカソード電極材料種の影響の一例

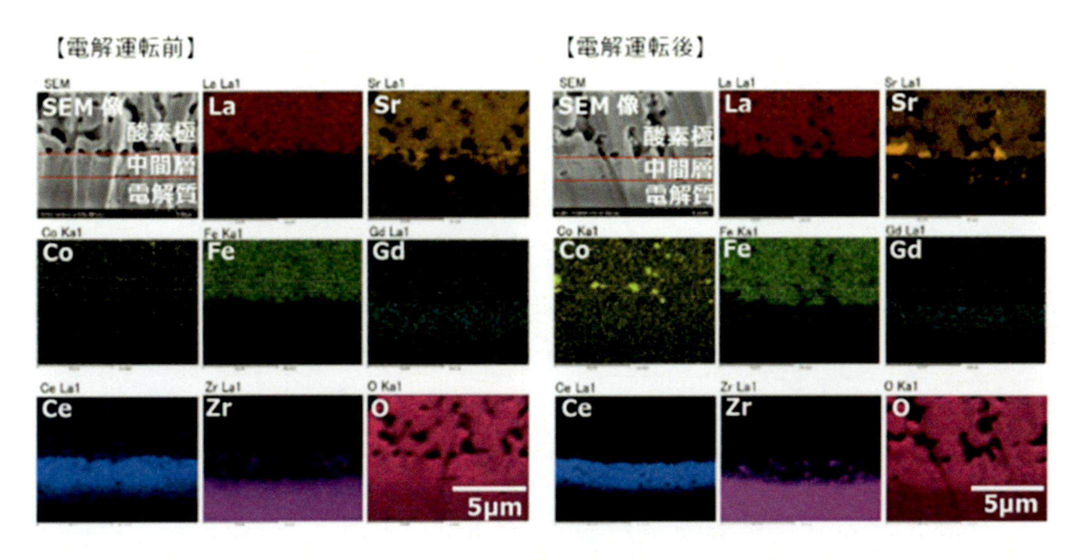

図7　アノード／電解質界面の元素分布測定結果の一例

3.3. 変動入力への応答性

次に、再生可能エネルギーの出力変動を想定し、変動入力を供給した際の応答性について、小型セルやスタックを複数台連結したモジュールでの検討結果例を示す。図8は小型セルに供給する電流密度を周波数1Hzの正弦波で0～0.4A/cm²で変動させた場合のセル電圧応答性例であるが、急な変動入力に対してもセル電圧は良好な応答性を示し、電気化学反応的には非常に速く応答すると考えられる。図9はスタックを複数台連結したモジュールに対して、太陽光発電電力を模擬した変動電流を入力した時の水素製造速度の応答性検討結果の一例である。変動入力電流は実際に取得したPV電力とスタックの電解特性を元に作成し、10秒ごとに電流を変化させた。水素製造速度は、印加する電流の変化に追従して変化することを確認した。これらのことから、SOECはセル～モジュールにおいて、変動入力に対する適応性があることが示唆された。

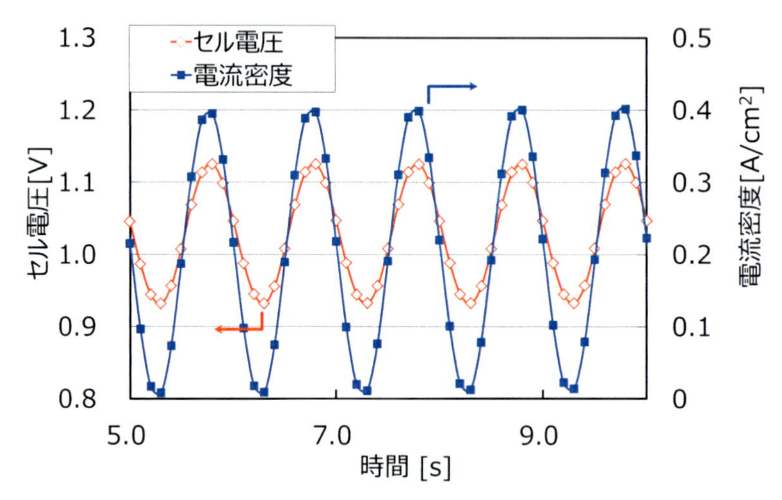

図8　小型セルを用いた変動入力に対する応答性検討例

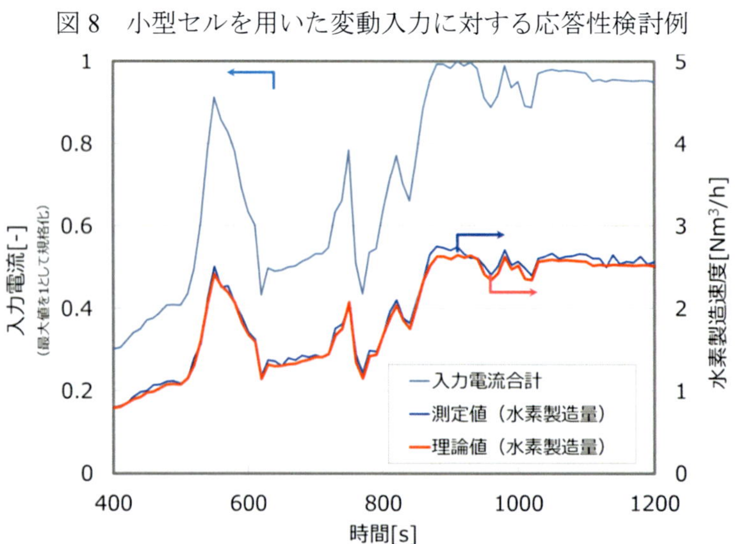

図9　スタックモジュールにおける変動入力に対する水素製造速度の応答性検討例

4.　SOECを用いた水素製造システム

4.1. 水素製造システム

SOECを用いたシステムでは600～800℃の動作温度となり、水蒸気を発生させるためのエネルギーも必要なため、システムにおいては熱的な検討が重要となる。ここでは、一例として、システムのヒートマスバランス解析を行い、SOEC を用いた水素製造システムの水素製造原単位の検討を行った結果について紹介する。

表2にシステムの計算条件（定格運転条件）を、図10にヒートマスバランス解析のプロセスフロー図を示した。システムは、主にSOECスタックを収納したモジュール部と、製造した水素および酸素の排熱を利用した低温および高温再生熱交換器から構成される。原料となる水は低温の再生熱交換器を通過することで水蒸気に転換され、さらに複数段の高温再生熱交換器を経てSOECスタックの動作温度近くまで加熱され、モジュール部に導入される。水蒸気の電解により製造した水素は熱交換による徐熱を行いながら温度を下げ、気液分離により未反応分の水を分離し、水素タンクに貯蔵される。なお、製造した水素の一部および分離された未反応の原料水はリサイクルされ、再びSOECモジュールに供給される。また、水素製造と併せて発生する酸素も高い熱エネルギーを持っており、熱回収を行うことでシステム全体の効率を上げることができる。150kWの投入電力に対して、SOECの熱中立条件での水素製造原単位をベースに、水蒸気発生や昇温・SOEC 前段加熱などの熱入力、ポンプ動力や放熱ロス、除湿動力などを加味し、ヒートマスバランスを解析した結果、システムとしての水素製造原単位は4kWh/Nm^3程度の性能見込みが得られる見込みを得た。PEM型やアルカリ型などの従来の低温型の水電解システムでは水素製造原単位は5～6kWh/Nm^3であり[5][6][7][8]、2～3割程度の電解電力の削減効果があると考えられる。さらに、工場などからの排蒸気などを使用した場合には、水からの水蒸気発生に必要な潜熱分のエネルギーを補えるため、より少ない水素製造原単位での水素製造が期待できる。

表2　システムの計算条件（定格運転条件）

主要目	仕様
水素製造量	50Nm^3/h
SOEC 電解電力	151.6kW
定格 SOEC 運転温度	700℃
水蒸気供給量	46.2kg/h
水蒸気利用率	85%
水素供給量	0.27kg/h
SOEC 入口水素濃度	5%
酸素極供給ガス	なし
目標水素原単位	4.0kWh/Nm^3

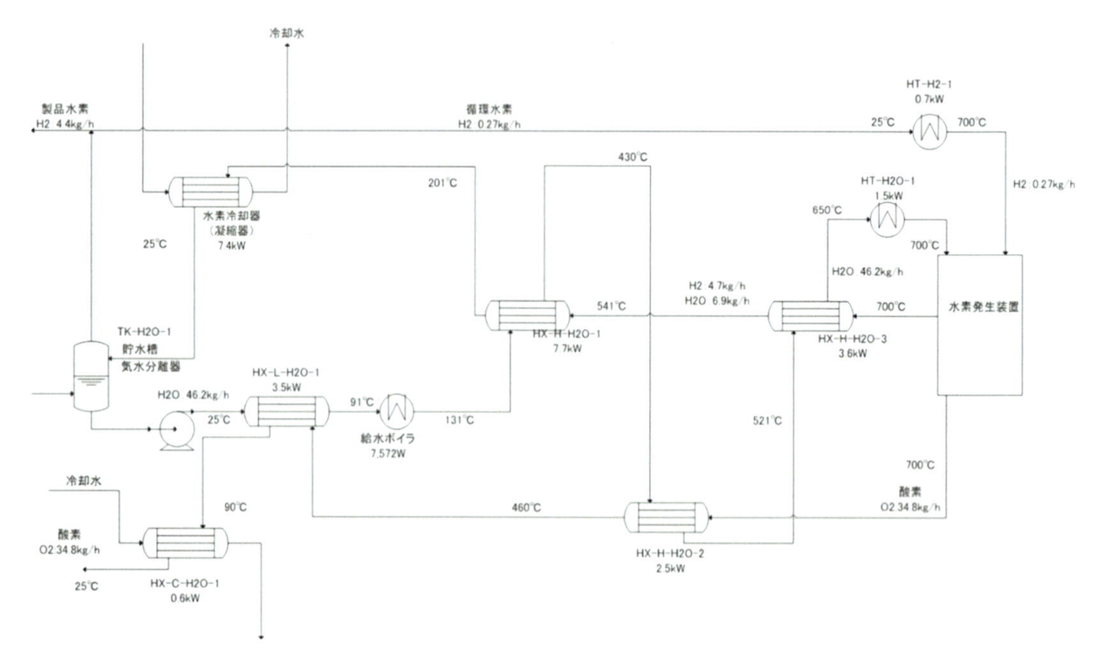

図 10　ヒートマスバランス解析のプロセスフロー図

また、上記の検討を踏まえ、熱交換器を代表とする各構成機器のサイズを調査・検討し、50Nm³/h 規模システムの輸送・組立性を考慮して、システムの機器配置案を検討した。図 11 に 50Nm³/h 級水素製造システムの機器配置鳥瞰図を示す。高さ寸法が大きくなる熱交換器を横置きとし、また、各機器間を連絡する配管は流動抵抗と熱応力を極力小さくするため可能な限り短く、曲り及び昇降が少なくするとともに、適切なフレキシビリティを持った機器配置を検討した結果、輸送コンテナサイズへのパッケージングが可能なモデル構成を得た。

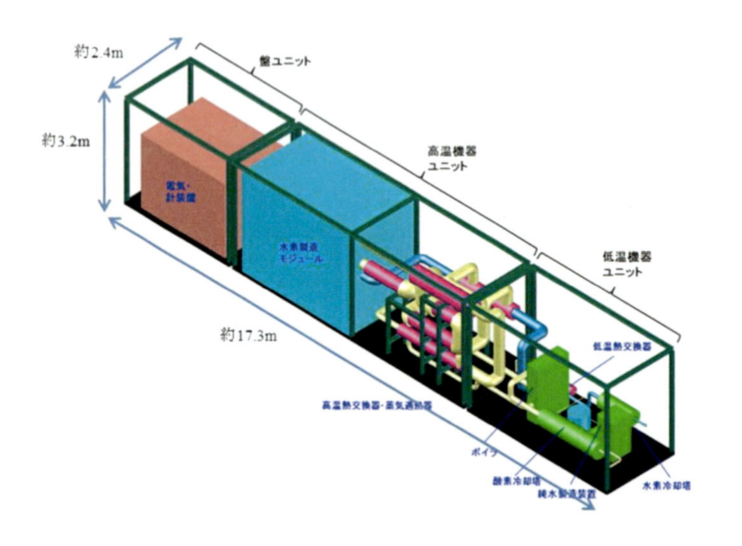

図 11　50Nm³/h 水素製造システムの鳥瞰図

５． SOECの応用例

5.1. CO_2電解

SOECの応用例の一つとして、二酸化炭素（CO_2）の電解がある[9][10]。CO_2は温暖化効果ガスであり、排出量の削減は大きな課題である。一方で、炭素循環の観点からCO_2の回収・利用する技術の研究・開発も進められ、その一つとして、CO_2の電解技術が注目されている。基本的な原理や特徴は水蒸気電解と同じで、吸熱型の反応であり、また、より高温で行うことで電解に必要なエネルギーを熱エネルギーで補うことができる。CO_2の電解により生成するCOは化学物質の原料としての利用価値があり、付加価値の高いエネルギーや有価物への転換が期待できる。

また、このCO_2電解と水蒸気電解を同時に行わせる共電解は、再生可能エネルギーを用いた炭化水素合成が可能であり、将来のエネルギーシステム確立のための重要な技術の一つとして考えられる。水蒸気とCO_2を原料とし、酸化物イオン導電型の電解質を用いたSOECでこれらを同時に電解させることで、水素とCOを主成分とする混合ガスいわゆる合成ガスを一段の反応で得ることができる。従来の合成ガスは、例えば、水電解で得られたH_2とCO_2を加熱して合成ガスを製造するため、エネルギー効率が低いことが課題であり、この課題を解決する一つであると考えられる。また、共電解によって得られる合成ガスは高温であるため、他の物質への転換に際しても、低圧でも反応が進行しやすいと考えられる。CO_2電解の課題としては、電極過電圧が高いこと、炭素析出がしやすいことなどが挙げられ、研究・開発が進められている。

5.2. エネルギーキャリアへの変換

H_2は水や水蒸気の電解によって比較的容易に得られる一方、貯蔵や輸送などの観点において、状態変化に必要なエネルギーやその取扱い、インフラ整備状況、などに課題があると考えられる。そこで、エネルギーキャリアへの転換がH_2エネルギー社会実現への重要な技術の一つとなり、代表的な例として、メタン（CH_4）[11][12][13]、メチルシクロヘキサン（Methylcyclohexane（MCH））[14]、アンモニア（NH_3）などへの変換技術の開発が進められている。しかしながら、このようなエネルギーキャリアを合成する反応は一般的に発熱反応であるため、発生する熱を回収し、有効利用する必要がある。SOECはこれらの発熱を利用することが可能であるため、SOECシステムとエネルギーキャリア合成システムとを組み合わせることで総合効率向上が期待できる。

例えば、CH_4合成について、SOECとメタネーションの組み合わせた場合のシステム概念について図12に示す。メタネーションでの発熱量を蒸気発生に用いることで、従来の水電解とメタネーションとの組合せでの発生する排熱損失を低減できるとともに、SOECの水素製造効率（水素製造量1Nm^{3}あたりの必要電力量kWh）を向上させることができ、メタン合成効率を向上させることができると考えられる。さらに、先述した共電解SOECとメタネーション反応を組合せたシステムでは、CO_2よりも反応が進行しやすいCOを含んだ高温の合成ガスでメタネーションを行うことができるため、加圧動力なども低減できるなど、さらなる高効率化が期待できる。

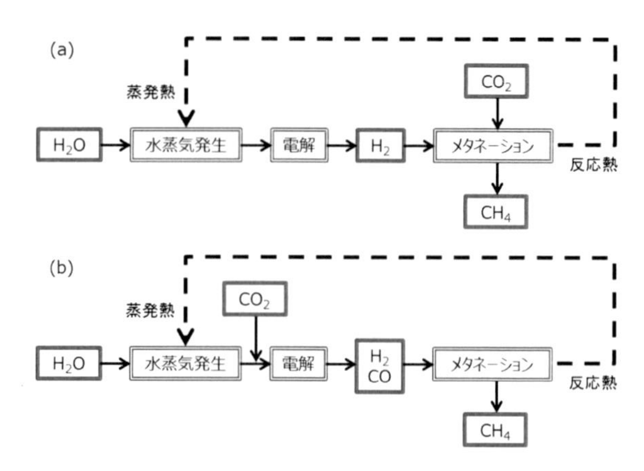

図 12　メタネーションを組合せた SOEC システム概念図
(a) SOEC+メタネーション (b) 共電解 SOEC+メタネーション

また、トルエンの水素化により有機ハイドライドである MCH へ変換するケースでは、本反応は、下式に示すように水素化時に発熱反応となるため、図 13 のように、SOEC への供給水蒸気の生成エネルギーに活用することで、全体システムのエネルギーを低減できる可能性がある。あるモデルケースで SOEC の水素製造効率（水素製造量 $1Nm^3$ あたりの必要電力量 kWh）への影響評価において、ヒートマスバランスを検討した場合、水素化で得られる熱量は蒸気発生器への必要入熱量を上回り、水素とトルエンから MCH を生成する反応熱で十分にまかなうことが可能であり、SOEC 単独で水素製造を行う場合と比べて 10%以上の効率向上が見込める結果も得られている。

C_7H_8（トルエン）$+3H_2=C_7H_{14}$（MCH）　　　$\Delta H=-205$ kJ/mol

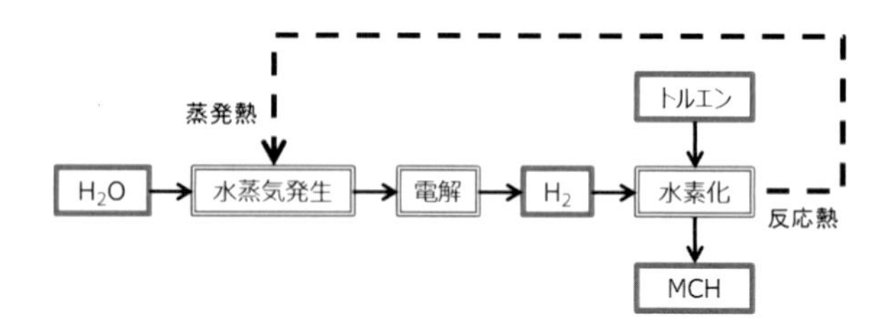

図 13　MCH を組合せた SOEC システムフロー概念図

5.3. 電力貯蔵システム

近年、水素を貯蔵媒体とした電力貯蔵技術の実証プロジェクトなどが広く実施されている。一般的に、電解の電気的な効率は 80%程度であるのに対して、燃料電池等による発電の電気的な効率は～50%であり、電力貯蔵システムを想定した場合、電気→水素→電気の変換効率は 40%となる。このような効率の低下は、変換時にエネルギーの一部が熱エネルギーとして排出されていることが一要因として挙げられる。そこで、図 14 に示すような SOEC と SOFC の吸発熱特性を利用することで電力貯蔵システムの変換効率の向上が期待できる。図 14 に SOEC と

SOFC を組み合せたシステムのエネルギー収支の概念図を示す。SOEC および SOFC はそれぞれの効率が高いため単純に組み合わせただけでも効率向上は見込めるが、SOFC による燃料電池反応時の発熱量を何らかの形で蓄熱して、SOEC による電解反応時に蓄熱した熱量を放熱して必要な熱量を補うことにより、電力⇔水素の変換の高効率化が図れると考えられる。本システムの課題としては、高温条件に対応する蓄熱技術、蓄熱媒体との熱の授受、など、蓄熱技術の開発が必要である。100℃前後の比較的低温条件では、潜熱蓄熱材（PCM：Phase Change Material）を用いた蓄熱技術が実用化されているため水蒸気発生などに用いることでも効率向上が望めるが、600～800℃領域での高温蓄熱技術の実用化により、さらなる高効率化が期待できる。

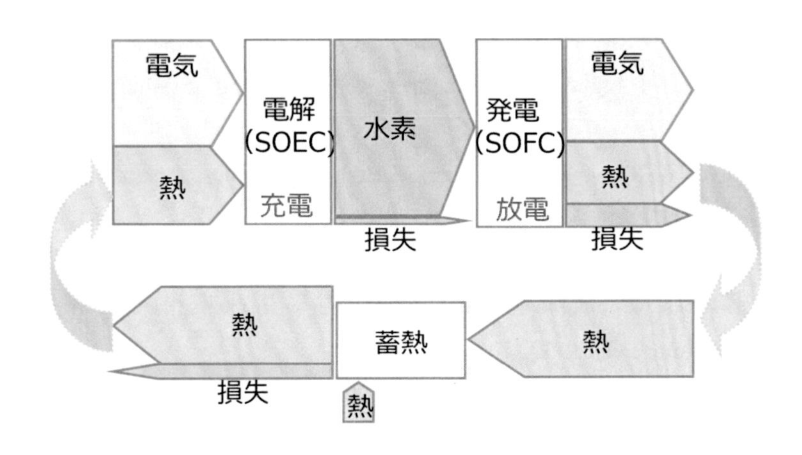

図 14　SOEC と SOFC を組み合せた電力貯蔵システムのエネルギー収支の概念図

５．　おわりに

SOEC を用いた高温水蒸気電解について、その概要について紹介した。SOEC は熱を活用することにより、従来の低温型の電解手法に比較して効率を向上させることができる。一方で、耐久性や信頼性、運用方法やコストなど実用化の面においては、従来手法が大きく先行しており、今後、SOEC を早期に実用化していくためには、これらの課題を克服していくとともに、高温水蒸気電解法の特徴を生かしたシステムやソリューションを提供していくことが必要である。例えば、H_2O/CO_2 共電解や SOEC/SOFC のリバーシブル運転など、従来型の電解手法では対応が難しい、新しい分野への適用も期待できる。高温水蒸気電解法は次世代の電解技術の一つとして、CO_2 フリーで持続的な安心安全快適なエネルギーシステムの実現に貢献できると考える。

謝辞

本報告成果の一部は、経済産業省（METI）から受託した、未来開拓研究プロジェクト「再生可能エネルギー貯蔵・輸送等技術開発」（平成 25 年度）、および、新エネルギー・産業技術総合開発機構（NEDO）から受託した「水素利用等先導研究開発事業／高効率水素製造技術の研究／高温水蒸気電解システムの研究」（平成 26 年度～29 年度）の中で得られたものです。

参考文献

[1] 光島重徳, 藤田礁, Electrochemistry,85(1), 28-33 (2017).

[2] W.Donitz and E.Erdle, Int. J. of Hydrogen Energy, 10(55), 291-295 (1985).

[3] H.Iwahara, T.Esaka, H.Uchida, N,Maeda, Solid State Ionics, 3-4, 359-363(1981).

[4] 松本 広重, Kwati LEONARD, 電気化学, 86, 30-34 (2018).

[5] Y.S.Lee, Y.Takamura, Y.H.Lee, K.Leonard, J.Matsumoto, Mat. Trans, 59, 19-22(2018).

[6] J.S. Herring : U.S. Department of Energy, Annual Merit Review Proceedings (2009).

[7] 平成 18 年度地域新生コンソーシアム研究開発事業「エネルギーカスケード利用型固体電解質水蒸気電解装置の開発」成果報告書（平成 19 年 3 月）

[8] J.Brabandt, 第 14 回国際水素燃料電池展専門技術セミナーFC-6 講演資料 (2018.2).

[9] C.Graves, S.D.Ebbesen, M.Mogensen, K.S.Lackner, Renewable and Sustainable Energy Reviews, 15, 1 (2011).

[10] S.H.Jensen, C.Graves, M.Mogensen, C.Wendel, R.Braun, G.Hughes, Z.Gao, S.A.Barnett, Energy & Environmental Sci., 8, 2471 (2015).

[11] S.Ronsch, Fuel, 166, 276-296 (2016).

[12] K.Ghaib, F.Z.Ben-Fares, Renewable and Sustainable Energy Reviews, 81,433-446 (2018).

[13] E.Giglio, J. Energy Storage, 1, 22-37 (2015).

[14] 岡田佳巳, 水素エネルギーシステム, 33, 8-12 (2008).

III－３－２　二酸化炭素／炭化水素系エネルギーキャリア

辻口　拓也
（金沢大学）

はじめに

低炭素・脱炭素社会の構築に向けて、再生可能エネルギーおよび CO_2 フリー水素の利用促進が急務となっており、これらの時間的・地理的な偏在性の解消が必須である。この解消に向けて、再生可能エネルギーおよび水素を、輸送性・貯蔵性の優れた化学物質に変換して効率的に使用する取り組みが近年注目を集めており、このような化学物質はエネルギーキャリアと呼ばれている。図 1 に内閣府が主導して創設された戦略的イノベーション創造プログラム（SIP）におけるエネルギーキャリアの取り組み例[1]を示す。エネルギーキャリアとして特に重要であると位置づけられているものに、アンモニア、有機ハイドライド、液体水素が挙げられる。また、再生可能エネルギー・水素等閣僚会議において平成 29 年 12 月に決定された水素基本戦略[2]には、有機ハイドライド、アンモニアなどと同様に CO_2 と水素から合成したメタンもエネルギーキャリアとして大きなポテンシャルを有すると明記されている。さらに、メタンと同様に CO_2 と水素によって製造されたギ酸・メタノールなども液体の水素キャリアになり得るため、近年積極的な技術開発が行われている。そこで本項では、炭化水素・二酸化炭素系エネルギーキャリアとして、有機ハイドライド、メタン、ギ酸／メタノール等に注目し、これらの特徴やキャリア合成／脱水素に関する技術開発の動向を紹介する。

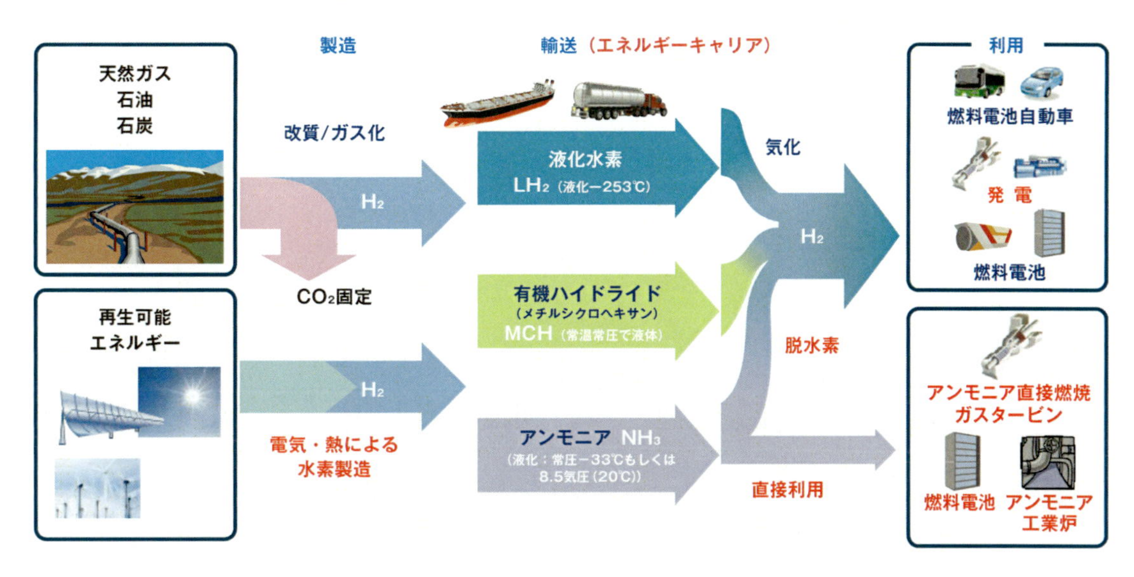

図 1 エネルギーキャリアの取り組み（CO_2 フリー水素バリューチェーンの構築）[1]

1. 有機ハイドライド

有機ハイドライドとは液体の有機系水素化合物の総称である。図 2 に示すように水素を芳香族化合物（トルエン等）と水素添加反応させることでハンドリングに優れた飽和環状化合物

（MCH : メチルシクロヘキサン等）に転換し、これを水素の貯蔵または輸送媒体として用いて、需要地にて飽和環状化合物を脱水素して水素を供給する方法を有機ハイドライド方式による水素貯蔵・供給という[3]。なお、脱水素後に残るトルエン等は水素添加する場所まで運び再度循環利用される。なお、有機ハイドライドの組み合わせはトルエン／MCH に限定されるものではないが、水素貯蔵密度が高いこと、供給網が安定していること、広い温度範囲（-95℃～100℃）で液体であることなどの理由[3]から、トルエン／MCH 系が積極的に推進されている。

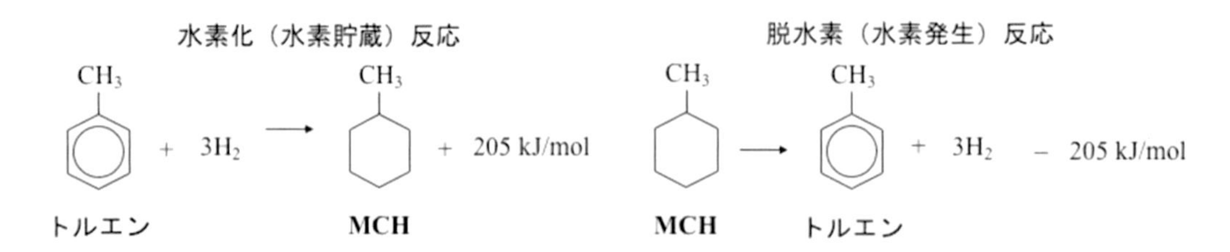

図 2 トルエン／MCH を用いた有機ハイドライド方式の水素化・脱水素反応

同方式による水素の貯蔵・輸送は 1980 年代のユーロ・ケベック水素計画において検討されたものの、安定に水素を発生させる脱水素触媒が開発されなかったため、技術的には未確立であった。しかしながら、千代田化工建設が MCH 転化率 95%, トルエン選択率 99.9%の性能を安定的に維持することが出来る触媒の開発に成功した[4]。すでに 50 Nm^3/h の水素貯蔵・発生デモプラントにおいて 10000 時間の運転を行い、装置性能ならびに開発した触媒の寿命と耐久性が確認されている。同社は図 3 に示すようなグローバル水素サプライチェーン構想を提案しており、2020 年には海外から水素を海上輸送し、国内で供給する事業を行う予定である[5]。

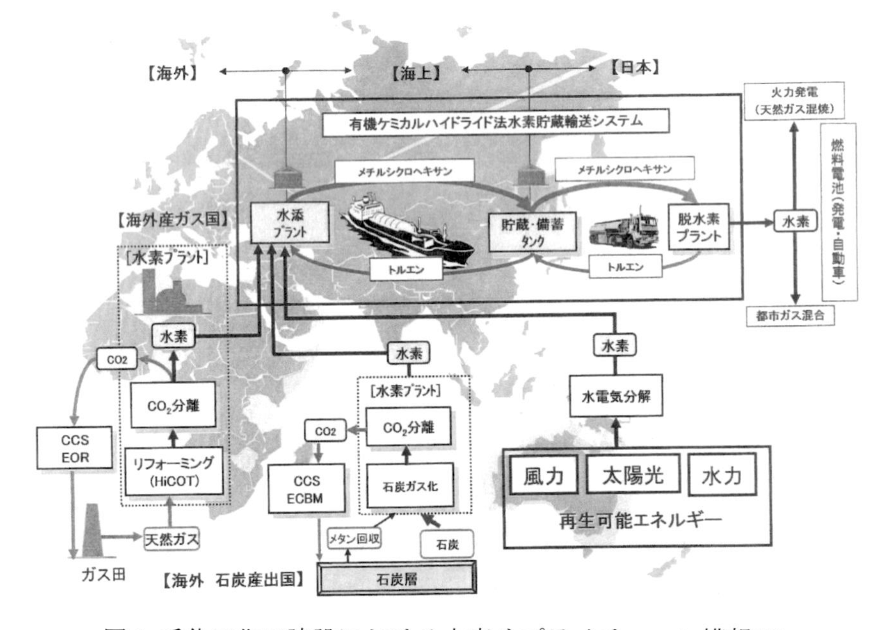

図 3 千代田化工建設における水素サプライチェーン構想[4]

上記プロセスは触媒を用いた反応であるが、図 4 に示すような固体高分子電解質膜を用いたトルエンの水素化も注目されている[6-9]。トルエンの水素化反応は発熱反応であるため、理論的に発熱によるエネルギー損失が生じる。一方で、トルエンの直接電解水素化を行うプロセスでは、電解プロセス一段でトルエンを水素化する。このとき図 4 に示すように、カソードではトルエンの還元水素化、アノードでは水分解による酸素発生を行う。この反応の理論分解電圧は 1.08 V で水の理論分解電圧 1.23 V より低く、高効率電解システムを開発できる可能性がある。実際に横浜国立大学の研究グループでは、カソードに PtRu/C 触媒を用いた膜電極接合体を用いて、450 mA/cm^2, 2V の条件でのトルエンの水素化に成功しており、物質移動状況の改善は必要であるものの、高いエネルギー効率で 95%のトルエン転化率が期待できるとの知見を得ている。また、PtRu/C 触媒を用いた際には副生成物の選択率も Pt などと比較して低下することも示されている[9]。工業化に向けて本プロセスはいまだに改善の余地は大きいものの、高いエネルギー変換効率が期待されるため、今後の技術発展が期待されている。

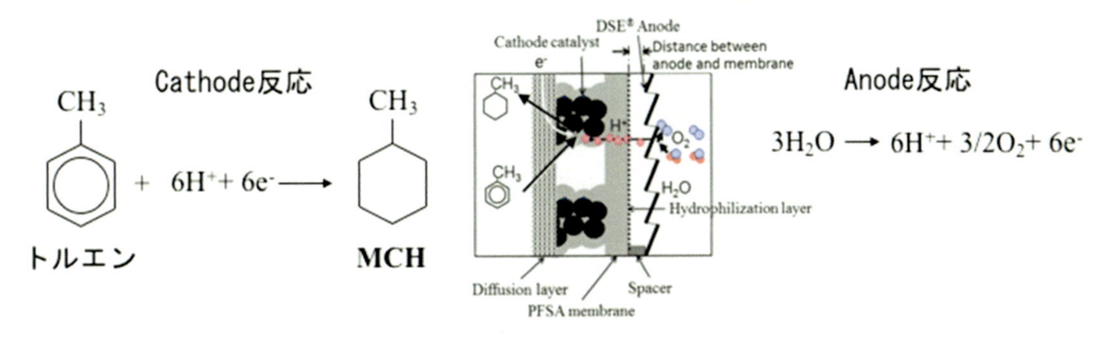

図 4 トルエンの直接電解水素化プロセスと反応式 [6]

2. メタン

再生可能エネルギー由来の電力を用いて製造された水素を CO_2 と反応させることで、メタンが製造される。メタンは天然ガスや都市ガスの 9 割程度を占める可燃性ガスであり、海上を含む長距離輸送（液化天然ガス）や国内での貯蔵および需要地への供給インフラが既に整っている。このような理由から欧州、特にドイツを中心にメタンを用いた Power to Gas 実証事業が既に盛んに行われている[10]。例えば、Audi はアミン法でバイオガスから回収した CO_2 と、風力発電で得られた電気を駆動源とした 6 MW のアルカリ水電解槽で製造された水素を用いて合成天然ガスを製造するプラントを 2013 年に稼働している[11]。本プラントは年間 4000 時間程度の駆動で、1000t の合成天然ガスを製造することができる。また、欧州の Integrated High-Temperature Electrolysis and Methanation for Effective Power to Gas Conversion （HELMETH）project では、85%の再生可能エネルギーを合成天然ガスに転換可能な、高温電解槽とメタネーションモジュールからなるシステム（図 5）を開発した[12]。メタネーションは発熱反応であり、この熱を高温電解に用いる水蒸気の生成に使用することによってプロセスの熱効率を向上させている。

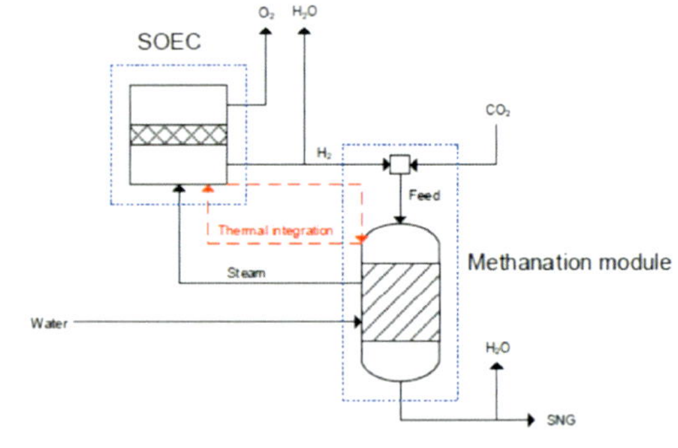

図 5 HELMETH プロジェクトにおけるメタネーションモジュール（左）と電解モジュール（右）および、プロセスの概念図 [12]

上記のように既に実用プロセスがいくつか提案されているが、メタネーションプロセスの改善に向けた触媒の開発やリアクターの開発も進められている。メタネーションにおいては Ni/Al_2O_3 が最もよく用いられている[13]。Ni は活性とメタンの選択率が高く、比較的安価であることが特徴である。一方で、Ni は大気中で酸化されやすいことや有害物質である $Ni(CO)_4$ が生成されることが課題であるとされている[14]。このような問題から、貴金属である Ru も触媒として使用される。Ru は高価ではあるものの、比較的低い反応温度出でも活性及びメタン選択率が高い。実際に Ru を担体の TiO_2 にバレルスパッタ法で担持した触媒を用いて、160 ºC で 100%のメタン収率が得られたことが報告されており[15]、一般的なメタネーションの温度（300-350℃程度）に比べて低い温度でもメタネーションが可能であることが明らかにされている。

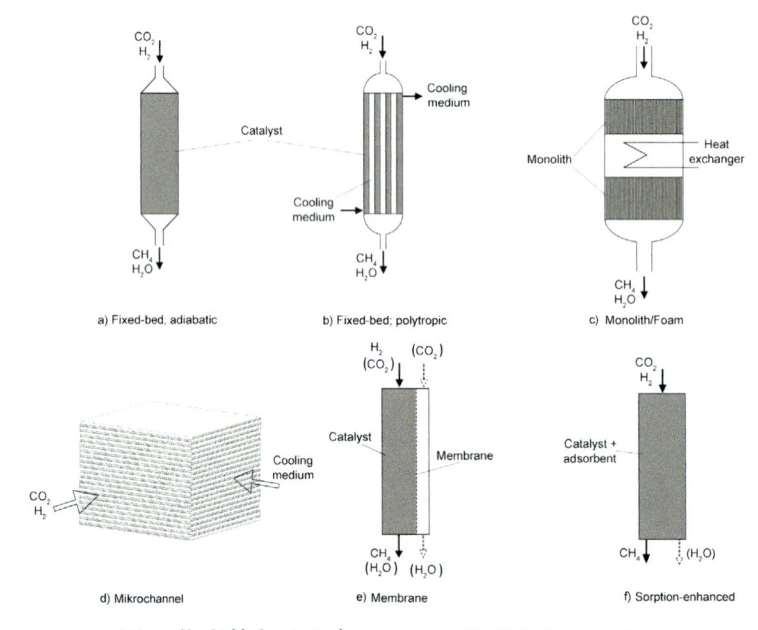

図 6 代表的なメタネーションリアクター[16]

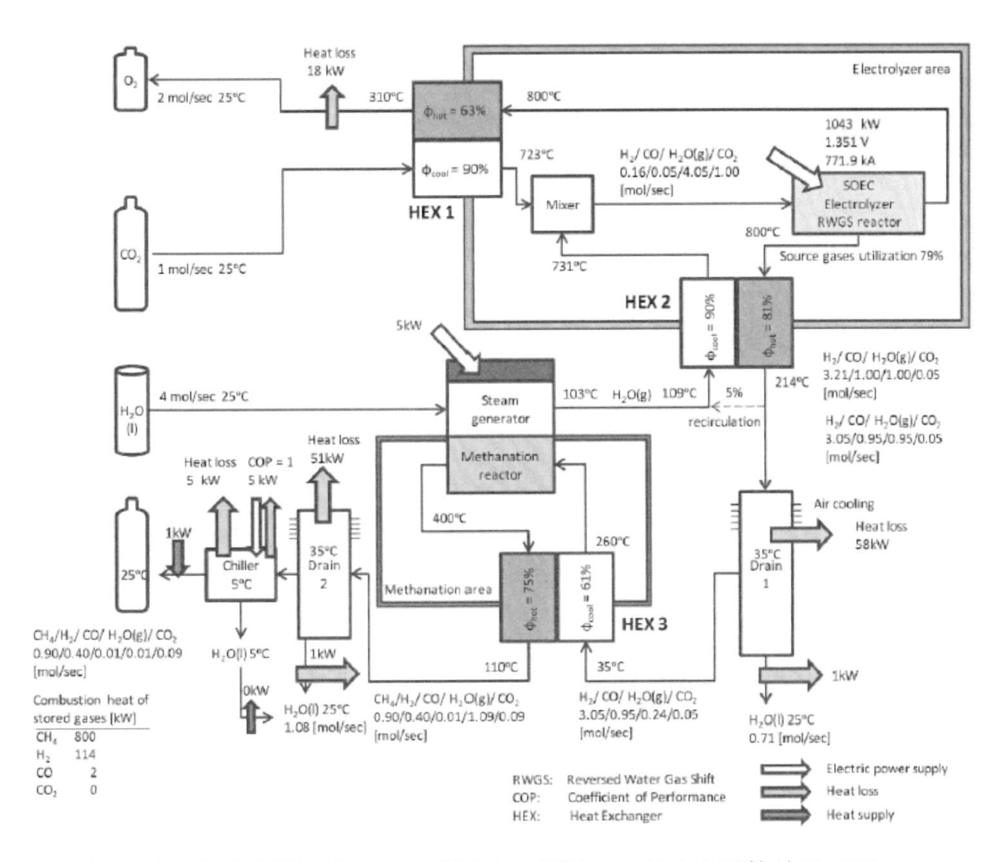

図 7 共電解を利用した SOEC 型メタン製造システムと計算結果 [17]

メタネーションの効率はリアクターの形状も大きく影響を受ける。図 6 に代表的なリアクターの概念図を示す[16]。ガスと触媒が良好に接触する固定床流通型の反応装置が一般的に使用されているが、近年表面積の大きなモノリス型（図 6 (c)）や伝熱性能の良い microchannel 型（図 6(d)）、温度制御に優れた membrane 型（図 6(e)）、水のシフト反応や水蒸気改質にて既に適用されており、高い CO_2 反応率が期待できる Sorption-enhansed 型（図 6(f)）などが提案されている。固定床流通型は既に多数の実績が存在するが、その他のタイプは未だ開発段階にあり、デモプラントでの実証や装置コストの検討が必要である。

上記のように、水電解によって水素を得てそれを別プロセスでメタンに変換するプロセスに対して、固体酸化物形電解セル（SOEC）を用いて水蒸気と二酸化炭素を電解し、得られた一酸化炭素からメタンを合成するプロセス[17]が報告されている。一例として、図 7 に共電解を利用した SOEC 型メタン製造システムと熱物質収支に基づいて行われた熱力学計算と化学平衡計算の結果を示す[17]。このシステムは大別すると水素と一酸化炭素の混合ガスを製造する SOEC 型共電解槽とメタン製造を行う触媒反応炉で構成されている。SOEC 型電解槽では式(1)-(3)式が起こり、メタン製造部では式(3)と式(4)が生じる。

$$H_2O \rightarrow H_2 + \frac{1}{2}O_2 \qquad (1)$$

$$CO_2 \rightarrow CO + \frac{1}{2}O_2 \tag{2}$$

$$CO + H_2O \leftrightarrow CO_2 + H_2 \tag{3}$$

$$CO + H_2 \leftrightarrow CH_4 + H_2O \tag{4}$$

様々な仮定に基づいた理論計算結果ではあるものの、熱損失がない条件ではエネルギー効率 87%、CO_2 からのメタン転換率 89.9 %、最終生成ガスのメタン濃度 64.4%が期待できるとの結果が報告されている[17]。このように高いエネルギー変換効率が期待できるもののカソード反応が複雑であるため、反応機構の解明や新規カソード材料の研究が積極的に行われている[18]。一方で、SOEC の反応条件やカソード材料によって、微量のメタンが生成されることが報告されている[19,20]ことから、別プロセスを用いずに式(1)～(4)を電極上で同時に起こす SOEC（Methane synthesis -SOEC）の検討[21]も進められている。いまだにメタンの収率は低いものの、装置の簡素化や熱の有効利用の促進に伴いプロセス全体の高効率化が期待される[22]ことから、今後の技術開発が望まれている。

3. その他の CO_2 由来の液体エネルギーキャリア（ギ酸・メタノール・その他）

メタン同様に CO_2 を原料とするエネルギーキャリアとして、ギ酸やメタノール、その他のアルコールなども検討されている。これらは常温常圧で液体であり、体積あたりのエネルギー密度が高いため、輸送貯蔵性に優れた物質である。また、天然ガスなどの化石燃料を原資としてではあるものの、既に工業な製造方法が確立されている点もインフラ整備の観点などから有利となる。

3.1 ギ酸

ギ酸（HCOOH）は単純なカルボン酸であり、常温常圧で刺激臭のある無色透明の液体である。工業的にはギ酸メチルの加水分解や酢酸製造時の副生成物として得られている。2013 年の世界的な流通量は 720000 t であった[23]。図 8 に示すような CO_2 の還元を介したギ酸による水素貯蔵（エネルギーキャリアとして）の可能性は 1970 年代後半に既に提唱されていた[24]。ギ酸の水素貯蔵密度は 53 g/L（4.4 wt%）であり、これは米国の DOE が定めるターゲットの 5.5wt%　比較すると低いものの、取り扱いの容易さや比較的製造しやすい点から定置用エネルギー貯蔵システムとして期待されている。

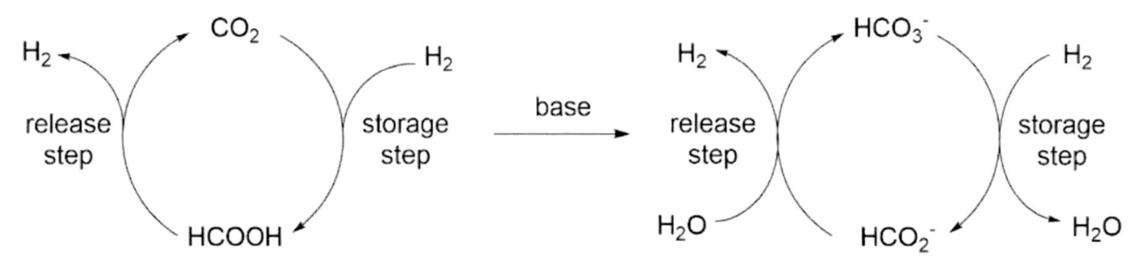

図 8 CO_2／ギ酸およびギ酸塩（イオン）／重炭酸塩（イオン）による水素貯蔵[24]

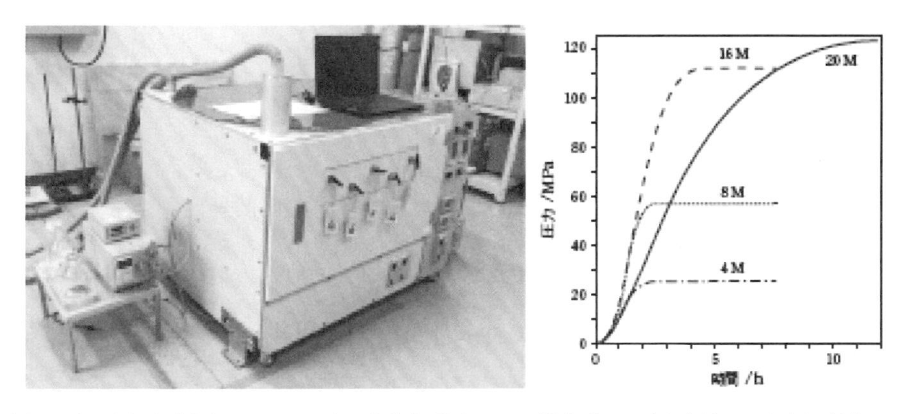

図 9 高圧水素製造システムとギ酸を分解して得られる高圧ガスの圧力変化[27]

ギ酸の合成（CO_2の水素による還元）および脱水素反応の効率向上に向けた触媒の研究は近年非常に多く行われており、進展が著しい。これらの詳細はいくつかの Review 論文[23, 25]に詳しくまとめられているためそちらを参照されたい。触媒を用いたギ酸の合成およびギ酸からの水素生成プロセスに関して、産業技術総合研究所では反応水溶液の酸・塩基を制御することによって効率的にギ酸が得られるイリジウム触媒錯体の開発に成功している[26]。一方で、本触媒は酸性条件下ではギ酸の分解にも有利に働くことが明らかにされている[27]。また、同グループは同触媒とギ酸を図 9 に示したような耐圧容器で反応させることによって、100 MPa 以上の高圧水素を取り出すことに世界で初めて成功したことを報告している[28]。また、この際に CO は検出限界以下であったことも併せて報告されている。燃料電池自動車に必要な水素の圧力が 70 MPa（供給圧力 82 MPa）であること、燃料電池の触媒毒である CO がほとんど含まれないことを考慮すると、ギ酸による水素貯蔵・供給システムは水素供給価格の低減に向けて非常に魅力的なシステムであると考えられる。

触媒を用いたギ酸合成に加えて、CO_2の電気化学還元によるギ酸の製造も近年注目を集めている。CO_2の電気化学還元によってギ酸が生成することは古くから知られており、Sn を触媒にすることで高いファラデー効率が得られることが近年報告されている[29]。ギ酸がエネルギーキャリアとして注目を集めるのに呼応して、固体高分子膜を用いる CO_2還元セルを用いたギ酸製造プロセスがいくつか提案されている。例えば、Yang らは図 10 に示すような 3 室構造のCO_2電気化学還元セルによってギ酸の製造に成功したことを報告している[30]。これは、水を供給するアノードと、pH7-11 で運転されるガス拡散層電極で構成されるカソード、これらの中間にある pH1-5 に保たれているギ酸流通層の 3 室によって構成されており、アノードとギ酸流通層はカチオン交換膜で、カソードとギ酸流通層はアニオン交換膜でそれぞれ仕切られている。CO_2還元によるギ酸の製造は低い pH では水素生成と競合するため、ファラデー効率が低くなる。そのため、アルカリ金属を含む電解液を用いたものが多かったが、この結果として生成されるギ酸はギ酸塩の状態で製造されるため、ギ酸を得るために脱塩処理が必要であった。これらの問題を解決するために、上記のような構造が提案されている。反応は下記の要領で進行する。まず、カソードでCO_2が水と反応し、$HCOO^-$と OH^-が生成する。

$$CO_2 + H_2O + 2e^- \rightarrow HCOO^- + OH^- \tag{5}$$

同時にアノードでは水の酸化が生じ、酸素とプロトンが生じる。

$$2H_2O \rightarrow 4H^+ + 4e^- + O_2 \tag{6}$$

$HCOO^-$とOH^-はアニオン交換膜を通り中心部のギ酸流通路へ移動し、アノードで生成され、カチオン交換膜を介してギ酸流通路へ到達したプロトンと反応してギ酸と水を生成する。

$$H^+ + OH^- \rightarrow H_2O \tag{7}$$

$$H^+ + HCOO^- \rightarrow HCOOH \tag{8}$$

本プロセスでギ酸を製造したところ、条件によって5-20wt%のギ酸が生成できることが確認されている。また、140 mA/cm^2、セル電圧 3.5 V で500h安定的にCO_2の還元が進行することが確認されており、その際のファラデー効率は94%と高い値を示している。本プロセスではギ酸の合成に水素を用いないため、再生可能エネルギーを直接ギ酸に変換できる。得られたギ酸を直接ギ酸形燃料電池で発電すれば、水素キャリアを用いる場合と比べてシステムの小型化・簡素化に大きく貢献可能である。実用化に向けて、カソードでの物質移動の改善や高い活性を示す触媒の開発が必要であるものの、このようなシステムは小規模な再生可能エネルギーの貯蔵システムとして有望な技術であると考えられる。

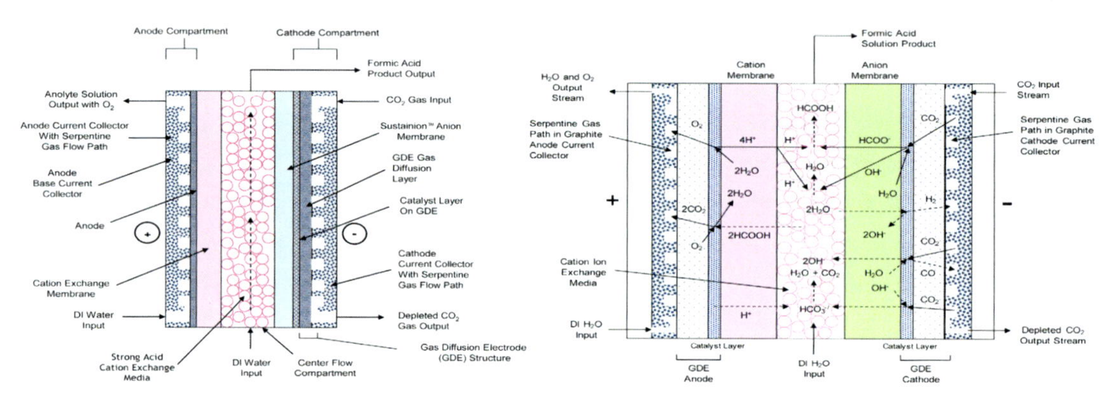

図 10　CO_2の電気化学還元による3室ギ酸製造セルおよび電気化学反応とイオンの移動[30]

3.2 メタノール

ギ酸と同様に最も単純なアルコールであるメタノールも CO_2 と水素から合成可能なエネルギーキャリアのひとつである。メタノールは無色透明の液体で比較的水素密度が高く（12.6 wt%）、輸送貯蔵に既存のインフラを使用可能である。図 11 にメタノールと CO_2 による水素貯蔵サイクルのコンセプト[23]を示す。1960 年代には図 11 に示すようなメタノールを CO_2 と共に使用することで水素キャリアとして使用可能であるとのアイデアが提唱されており、近年は Olah によって、メタノールを中心とした循環型社会である「メタノールエコノミー」の概念が広く知れ渡るようになった[31]。彼らはすでに不均一触媒と地中熱を用いたメタノールエコノミーを実証するプラントをアイスランドに設立しており[32]、renewable methanol の製造を実証している。ギ酸と同様に CO_2 からメタノールを製造するための触媒の開発は数多く行われており、これらは Review 論文を参照されたい[23]。

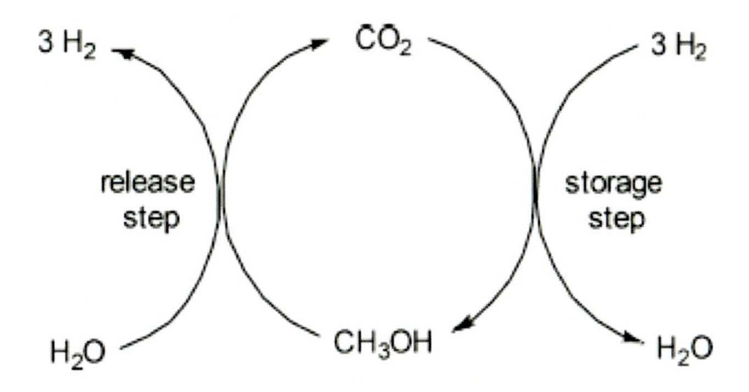

図 11 メタノール／CO_2による可逆的水素貯蔵サイクルのコンセプト[23]

電気化学的なアプローチによるメタノール合成はギ酸と比較すると萌芽段階にある。これは、メタノールを製造する際にギ酸またはギ酸イオンを経由して反応が進行することや、メタンや CO などの副生成物が多くファラデー効率が低いことに起因する。一方で、図 12 に示すように p-Gap 半導体電極と均一系 pyridinium ion 触媒を用いて CO_2を光電気化学還元することによって 100%の選択率でメタノールを合成可能なことが報告されている[33]。生成量が小さく実用化までには障壁は大きいものの、水素由来ではなくメタノールを高い選択率で合成する技術として期待されている。

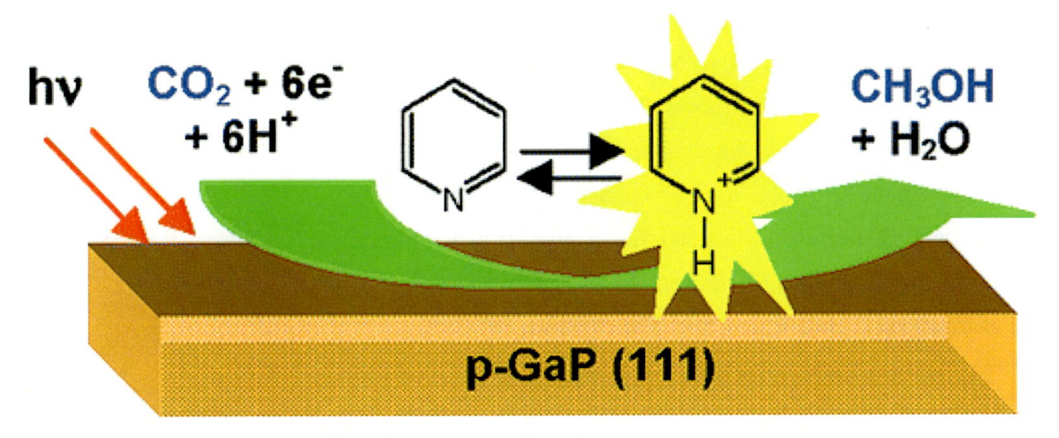

図 12 CO_2の光電気化学還元によるメタノールの合成[33]

3.3 その他のエネルギーキャリア

上記以外のアルコールなどもエネルギー密度の高さからエネルギーキャリアとして期待されているものの、高い収率での合成方法は未だ確立されていない。一方で、キャリア合成時の選択性には難があるものの、CO_2の有効利用法のひとつとして光合成でのグルコースの製造やそこからのバイオ由来のエタノール, 2-プロパノール、ブタノール、グリセロールの製造などが報告されている[23]。収率や選択率、生成速度などの課題は多いものの、将来的にエネルギーキャリアのひとつとして用いられることが十分期待される。

おわりに

炭化水素系および CO_2 由来のエネルギーキャリアの概要とその合成方法について紹介した。炭素鎖の長いアルコール系のエネルギーキャリアを除いて、水電解で得られた水素をキャリアに付加するための技術はすでに確立されており、実証フェーズにあるものが多い。これらの技術は海外からの大量の水素の輸送に適した技術である。一方で、電気化学的に水電解とキャリアへの水素添加を同時に行う技術は未だに研究段階にあるものの、反応条件が柔和であることやプロセスが簡素化することから、比較的小規模の再生可能エネルギーの輸送貯蔵に適していると考えられる。また、CO_2 由来のエネルギーキャリアは CO_2 の有効利用技術のひとつとしても重要であり、今後も更なる技術革新が期待される。

参考文献

[1] 戦略的イノベーション創造プログラム SIP エネルギーキャリアパンフレット（http://www.jst.go.jp/sip/k04.html#PAMPH）

[2] 水素基本戦略　経済産業省ホームページ（http://www.meti.go.jp/press/2017/12/20171226002/20171226002-1.pdf）

[3] 奥田誠、表面科学 **36(11)**, 572-576 (2015)

[4] 岡田佳巳、斉藤政志、恩田信博、坂口順一、水素エネルギーシステム, **33(4),** 8-12 (2008)

[5] NEDO ニュースリリース http://www.nedo.go.jp/news/press/AA5_100807.html （

[6] S.Mitsushima, Y. Takakuwa, K. Nagasawa, Y. Sawaguchi, Y.Kohno, K. Matsuzawa, Z. Awaludin, A. Kato, Y. Nishiki, *Electrocatalysis*, **7**, 127 (2016).

[7] K. Takano, H. Tateno, Y. Matsumura, A. Fukazawa, T. Kashiwagi, K. Nakabayashi, K. Nagasawa, S. Mitsushima, M.Atobe, *Bull. Chem. Soc. Jpn.*, **89**, 1178 (2016)

[8] K. Takano, H. Tateno, Y. Matsumura, A. Fukazawa, T.Kashiwagi, K. Nakabayashi, K. Nagasawa, S. Mitsushima, M.Atobe, *Chem. Lett*. **45**, 1437 (2016,)

[9] Fukazawa et al., Bull. Chem. Soc. JPn.2018, 91, 897-899

[10] http://europeanpowertogas.com/projects-in-europe/（2018.8.26 アクセス）

[11] M. Specht, J. Brellochs, V. Frick, B. Stürmer, U. Zuberbühler The Power to Gas process: storage of renewable energy in the natural gas grid via fixed bed Methanation of CO_2/H_2. In: Schildhauer TJ, Biollaz SMA, editors. Synthetic natural gas from coal, dry biomass, and power-to-gas applications. Villigen: John Wiley & Sons, Inc; 2016. p. 191–220.

[12] HELMETH web page, Project Deliverables 4.2 Report on the overall system design and operational tests of the combined system（ http://www.helmeth.eu/index.php/documents）（2018.8.26 アクセス）

[13] K. Ghaib and F.Z. Ben-Fares, *Renewable and Sustainable Energy Reviews* **81**, 433-446 (2018)

[14] Y. L. Kao, P. H. Lee, Kao, P. H. Lee, Y. T. Tsemg I.L. Chien, J.D. Ward, *J. Taiwan Inst Chem E* **45**, 2346-2357 (2014)

[15] T. Abe, M. Tanizawa, K. Watanabe, A. Taguchi *Energy Environ. Sci.*, **2**, 315 (2009)

[16] Y. Wang, T. Liu, L. Lei, F. Chen, *Fuel Processing Technology*, **161**, 248-2582 (2017)
[17] 前田厚史、渡邉憲太郎、荒木拓人、森昌史、燃料電池 **17(1)** 81-89 (2017)
[18] X. Zhang, Y. Song, G. Wang, X. Bao, *Journal of Energy Chemistry* **26(5)**, 839-853 (2017)
[19] W. Li, H. Wang, Y. Shi, and N. Cai, *Int. J. Hydrogen Energy*, **38** 11104 (2013)
[20] Y. Luo, W. Li, Y. Shi, T. Cao, X. Ye, S. Wang, and N. Cai, *J. Electrochem. Soc.*, **162**, F1129 (2015)
[21] N. Fujiwara, R. Kikuchi, A. Takagaki, T. Sugawara S. T. Oyama, *ECS Transactions*, **78 (1)** 3247-3256 (2017)
[22] C. Graves, S. D. Ebbesen, M. Mogensen, K.S. Lackner, *Renewable and Sustainable Energy Reviews*, **15**, 1 (2011)
[23] K. Sordakis, C. Tang, L. K. Vogt, H. Junge, P. J. Dyson, M. Beller, G. Laurency, *Chemical Reviews* **118**, 372-433 (2108)
[24] R. Williams, R. S. Crangdall, A. Bloom, *Appl. Phys. Lett.* **33**, 381-383(1978)
[25] S. Enthaler, J. Langerman, T. Schmidt, Energy Environ. Sci. **3,** 1207-1217(2010)
[26] Y. Himeda, *Green Chem.* **11**, 2018 (2009).
[27] 井口昌幸，姫田雄一郎，川波肇、"新エネルギー:水素の貯蔵・利用方法"，サイエンスネット **56**, 6-9 (2016).
[28] M. Iguchi, Y. Himeda, Y. Manaka, K. Matsuoka,H. Kawanami, *ChemCatChem* **6**, 96 (2016)
[29] G.K.S. Prakash, F. A. Viva, G. A. Olah, *Journal of Power Sources*, **223** 68-73 (2013).
[30] H. Yang, J. J. Kaczur, S. D. Sajjad, R. I. Masel, *Journal of CO_2 Utilization* **20** 208-217 (2017)
[31] G. A. Olah, A. Goeppert,G. K. S. Prakash, Beyond Oil and Gas:The Methanol Economy, 2nd ed., Wiley-VCH, Weinheim, 2009 (1st ed., 2006).
[32] G. A. Olah, *Angew. Chem. Int. Ed.* **52**, 104 – 107 (2013)
[34] E.E. Barton, D.M. Rampulla, A.B.Bocarsly, *Journal of the American Chemical Society,* **130(20),** 6342–6344 (2013)

III－３－３　アンモニアのエネルギーキャリアへの適用

高坂文彦
（産業技術総合研究所）

はじめに

再生可能エネルギーの大規模導入および低炭素社会の実現に向けて、電気エネルギーを化学エネルギーとして貯蔵・輸送する、エネルギーキャリアに関する技術開発が近年精力的に進められている。エネルギーキャリアとしては、水素、ギ酸、アルコール、メタン、アンモニア、有機ハイドライドなどが考えられているが、中でもアンモニアは比較的低い圧力で液化が可能（常温で8.6 気圧）であり、水素含有量やエネルギー密度も高いことから有望なエネルギーキャリアとして注目されている。加えて、アンモニアは分子内に炭素を含まない点も魅力であり、燃料としての使用後にも水と窒素のみが生成物である CO_2 フリー燃料である。このため、近年、アンモニアはエネルギーキャリアとして注目され、その合成技術や利用技術について、基礎研究から実証試験まで精力的に進められている。アンモニアは、既に毎年、世界で約 2 億トンもの量が生産され国際商品として流通しており、合成、輸送、利用技術が既にかなりの部分で確立されていることもエネルギーキャリアとしての大きな利点である。

本章では、再生可能エネルギーの大規模導入に向けたエネルギーキャリアとしてのアンモニアについて、エネルギーキャリアとしての特徴に加えて、合成手法や利用技術に関する最新の研究動向について記述する。

1. エネルギーキャリアとしてのアンモニア

1-1. エネルギーキャリアとしてのアンモニアの特徴

エネルギーキャリアとして求められるのは、大量輸送、貯蔵が可能であり、使いたいときに容易にエネルギー源として使用可能なことである。アンモニア等各種エネルギーキャリアの水素密度および液化条件を表 1 に示す。アンモニアは、大きなエネルギー密度および液化の容易さから有望なエネルギーキャリアであり、常圧で-33℃、常温では 8.6 気圧で液化される。この液化条件は LPG とほぼ同じであり、液化状態での貯蔵・運搬に関する技術は多くが既に確立されている。アンモニアはその臭気と急性毒性が懸念事項としてあげられることがあるが、既に一定の管

表 1 各種エネルギーキャリアの水素密度およびその他の特性

	アンモニア	メチルシクロヘキサン	ギ酸	圧縮水素 （35MPa）
水素含有量[wt%]	17.8	6.16	4.4	100
水素密度[kg-H_2 m^{-3}]	121	47	53	23.2
沸点[℃]	-33.4 （常温 8.6 気圧で液化）	101	100.8	
水素放出エンタルピー[kJ mol-H_2^{-1}]	30.6	67.5	4	

理下で世界中で大量に使用されている物質であり、利用の障壁はそれほど大きくはないと考えられる。可燃性についても、アンモニアは着火温度も高く(651℃)、爆発限界も小さいため、水素、天然ガスやガソリンに比べると危険性は小さい。

エネルギーキャリアとしてのアンモニアの合成・利用技術の概念図を図1に示す。アンモニアは、現在、世界で年間約2億トン生成されており、世界で生成される水素の約半分がアンモニア合成に使用されている[1]。アンモニア合成法はハーバーボッシュ法として1世紀以上の歴史を有しており、水素と窒素から触媒を用いて合成される。水素は主に天然ガスの改質反応により製造したものが用いられており、現状のプロセスでは水素生成時に多量の CO_2 が排出される。このため、低炭素社会の実現に向けた再生可能エネルギーの大規模導入に向けて、今後は再生可能エネルギー由来の水素を念頭に置いたエネルギーキャリアとしてのアンモニア合成・利用技術を開発していくことが必要である。

アンモニアをエネルギーキャリアとして利用するためには、分解反応を進行させて水素を取り出すか、または直接燃料として利用するかの二通りが考えられる。アンモニアの分解反応、つまり水素生成反応は、500℃以上、触媒存在下で比較的容易に進行し、平衡転化率も99%以上と高い点は重要である。アンモニアの直接利用では、燃料電池によるアンモニア発電やガスタービンやボイラーでのアンモニア直接燃焼（専焼または混焼）が検討されている。

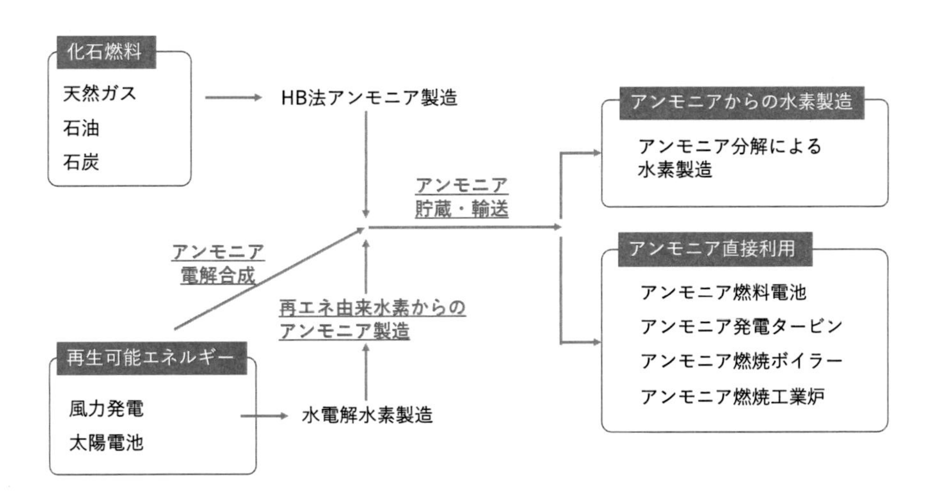

図1 エネルギーキャリアとしてのアンモニアの合成および利用技術

1-2. エネルギーキャリアとしてのアンモニアの経済性

エネルギーキャリアとしてのアンモニアの経済性については、現在国際的に流通しているアンモニア価格を参考に検討可能である。2016年3月の水素燃料電池ロードマップでは、水素の目標価格は2020年代後半までにプラント引き渡し価格が30円/Nm³以下とされているが、30円/Nm³の水素と熱量等価のアンモニア価格は約50円/kg-NH_3である。アンモニアの国際市場価格は天然ガス価格と強い相関があるため変動も大きいが、近年では50円/kg-NH_3を下回ることも多く、2016 年では 20〜40 円/kg-NH_3 である。このため、エネルギーキャリアとしてのアンモニアを考えた場合、現状でもアンモニアは水素以上に安価なエネルギーキャリアであるということができる。

一方で、再生可能エネルギー由来の水素をアンモニア合成原料として用いた場合には、再生可能エネルギーの電力価格がアンモニア価格に最も大きな影響を与える。日本での現状の電力価格では上述のような安価なアンモニアの合成は困難であるが、国際的には近年では 2-3 円/kWh の電力価格も存在しており、国際的なサプライチェーンを考慮した場合には再生可能エネルギー由来のアンモニアもエネルギーキャリアとして将来競争力を持つことは十分に考えられる。

1-3. 国内外のアンモニア関連のプロジェクト

アンモニアの合成および利用技術に関して、国内では、科学技術振興機構(JST)および内閣府の戦略的イノベーション創造プログラム(SIP)を中心に多くのプロジェクトが進行中である[2,3]。

SIP は 2014 年度に内閣府が創設したプログラムであり、エネルギーキャリア領域において、「CO_2 フリー水素利用アンモニア合成システム開発」、「アンモニア水素ステーション基盤技術」、「アンモニア燃料電池」、「アンモニア直接燃焼」の 4 テーマが採択され実施されている[2]。それぞれの技術開発の詳細については 3, 4 節において後述する。SIP は平成 30 年度までのプログラムであるが、それ以降の実用化・事業化に向けた発展のために、2017 年にはグリーンアンモニアコンソーシアムが設立されている。

JST のプログラムでは、「エネルギーキャリアとしてのアンモニアを合成・分解するための特殊反応場の構築に関する基盤技術の創成」、「分子触媒を利用した革新的アンモニア合成および関連反応の開発」、「固体電解質を用いた電解セルの電極触媒高性能化によるアンモニア合成システムの開発」、「酸水素化物による新しいアンモニア合成触媒」が採択され進行中である[3]。その他にも、新エネルギー・産業技術総合開発機構(NEDO)の採択テーマとして、イオン液体を用いたアンモニア電解合成法の検討や溶融塩を用いた水と窒素からのアンモニア電解合成などが検討されてきた。以上のように、近年、特にこの数年、アンモニア関連技術に関する研究開発は精力的に進められて多くの成果を輩出しており、今後も基礎研究から実証研究まで活発な研究投資がなされると考えられる。

国外においてもアンモニア合成･利用技術に関する多くの研究が行われている。DOE の ARPA-E においては 2017 年から REFUEL プログラムがスタートし、アンモニアの合成・利用に関する 10 以上のプロジェクトが採択され[4]、2019 年度以降の継続については予算削減の観点から不透明な点が多いものの、研究開発が進められている。具体的には、アンモニア直接利用の燃料電池や、プロトン伝導性固体酸化物、アニオン交換膜や固体酸電解質を用いたアンモニア電解合成、触媒的アンモニア分解による水素製造や膜反応器、マイクロ波やプラズマを用いたアンモニア合成等である。いずれも再生可能エネルギーを意識したプロジェクトであり、低炭素化社会実現に向けたエネルギーキャリアとしてのアンモニアに注目したテーマとなっている。

2. これまでのアンモニア合成および利用技術

2-1. ハーバーボッシュ法によるアンモニア合成技術

アンモニア合成法は、20 世紀初めに KIT の F. Haber と BASF の C. Bosch により確立され、BASF によって商業化されハーバーボッシュ法として 1 世紀以上の歴史を有している。反応は 400〜500℃、20〜30 MPa で鉄系触媒を用いて行われ、窒素 1 分子と水素 3 分子から 2 分子のアンモニアが合成される（式 1）。

$$N_2 + 3H_2 \rightarrow 2NH_3 \quad (1)$$

反応は分子数の減少する反応であることから、十分な平衡転化率を得るために高圧で行われる。反応温度については、発熱反応であることから熱力学（平衡制約）的には低温が望ましいが、熱回収および速度論的観点、その他の反応器との関連から 400〜500℃で運転が行われている。

アンモニア製造工程は、原料精製（脱硫）、天然ガスからの合成ガス合成（水蒸気改質と部分酸化）、シフト反応工程、脱炭酸工程、メタネーション工程、アンモニア合成工程で構成される。合成に用いられる水素は化石燃料から合成されるが、原料は初期の石炭から天然ガスに変遷しており、現在では、中国など一部地域では依然として石炭が主に用いられているものの、主に天然ガスの水蒸気改質によって合成される水素が用いられている。

アンモニア合成反応は大きな発熱反応であるが、システムは吸熱反応である天然ガスの改質反応（式 2）を含み、アンモニア合成の発熱を適切に回収・利用するシステムとして確立されている。

$$CH_4 + 2H_2O \rightarrow CO_2 + 4H_2 \quad (2)$$

その他にも、アンモニア合成に用いられる窒素は、改質の部分酸化に用いられた空気から得られるものを有効利用している。また、ハーバーボッシュ法の確立から現在に至るまでの 1 世紀の間に、各工程は改善・省エネ化されており、現在ではかなり安価に天然ガスからアンモニアを合成できるようになっている。天然ガスを用いた場合、消費エネルギーは現在では 7000-8000 kWh/t-NH_3 まで下がってきており、製造コストも同様に低減されてきた。

現在のアンモニアプラント 1 系列では日産 2000 トンの製造能力があり、最大で 3000 トン近くのプラントも存在する。生産量は世界で約 2 億トンで約半分がアジアで生産されている。これらの値は毎年伸びており、新規工場が稼働するなどしている。一方、日本での生産能力は縮小しており、2015 年時点では 4 工場、91 万トン/年の生産であり、約 20 万トンを輸入している。

2-2. これまでのアンモニア合成触媒開発と反応機構

前述したように、ハーバーボッシュ法ではアンモニアは窒素と水素から触媒を用いて 400〜500℃、20〜30MPa で合成される。触媒には二重促進鉄が用いられることが多く、現在でも鉄系触媒が主流であるが、一部ではルテニウム系触媒の利用も行われている。

アンモニア合成反応は下記の素過程に従って進行する。(*は触媒表面の吸着サイト)

$$N_2 + * \rightarrow N_2* \quad (3)$$

$$N_2* + * \rightarrow 2N* \quad (4)$$

$$H_2 + 2* \rightarrow 2H* \quad (5)$$

$$N^* + H^* \rightarrow NH^* + * \qquad (6)$$

$$NH^* + H^* \rightarrow NH_2^* + * \qquad (7)$$

$$NH_2^* + H^* \rightarrow NH_3^* + * \qquad (8)$$

$$NH_3^* \rightarrow NH_3 + * \qquad (9)$$

アンモニア合成において鍵となる反応は、非常に安定な分子である窒素分子が有する窒素三重結合(945kJ mol^{-1})の解離反応であり、鉄系触媒とルテニウム系触媒のいずれを用いた場合でも、多くの場合に律速段階は式(4)で表される窒素解離過程であると考えられている[5–7]。しかし、それぞれの触媒種で窒素・水素・アンモニアの吸着の強さが異なるため、表面吸着種の被覆状態は異なっており、各気体に対する分圧依存性は大きく異なる[8,9]。一般に、鉄系触媒では解離窒素が Fe 表面に比較的強く吸着し、H の吸着は比較的弱い。このため、H_2/N_2 比が高く、NH_3 圧が低い時に有利である。つまり、反応圧は高く、転化率が低い条件で高い活性を示す。一方、ルテニウム系触媒では、水素吸着が強く、低温・高圧の条件ではアンモニア生成速度の水素次数は負の値になり水素被毒が生じやすい。しかし、低温低圧における活性は鉄系触媒以上に高い。このため、反応器を 2 段に分けて、前段で鉄系触媒を用いてアンモニア合成を行い、後段でルテニウム系触媒を用いて低温で高い転化率を達成する手法も開発されている。

アンモニア合成反応の詳細な反応機構や鉄系およびルテニウム系触媒の高活性メカニズムは、触媒の表面状態や表面吸着種の観察に関する分析技術の進歩とともに明らかにされてきた。XPS、TEM や STM による触媒表面状態の詳細なキャラクタリゼーションや、TPD、FT-IR や HREELS を用いた表面吸着状態の分析が行われ、高活性な結晶面の存在やアルカリ金属などの促進剤の効果、Fe と Ru での表面吸着種の違いが明らかにされてきた[8,9]。

二重促進鉄触媒では、酸化鉄に K_2O および Al_2O_3 を 1~2%添加したものが用いられる。Al は構造制御剤であり、アンモニア合成に高活性な Fe(111)面を表面に多く形成させる効果がある[9]。一方、K は化学的促進剤であり、低い仕事関数を有するアルカリ金属が窒素分子への電子供与を促進すると考えられている[9]。窒素分子は Fe 表面にまずは end-on 型で吸着し、その後 side-on 型となり、解離反応が進行する。Fe 系触媒では side-on 型への移行が比較的容易に進行し、その後の解離反応が律速であるために表面の結晶面によって活性が大きく異なり、表面は解離窒素で覆われやすい。一方、Ru 系触媒では、endo-on 型の吸着から side-on 型への移行が遅く、窒素分子の結合を弱めるためのアルカリ促進剤や担体の効果が大きい[10]。特に Cs の添加が有効であり、Cs の添加によって窒素分子の反結合性軌道への電子の逆供与が行われ、これにより窒素の三重結合の解離が促進されると考えられている。Ru 系触媒におけるアルカリ促進剤および担体が窒素解離活性に与える影響については、東工大の秋鹿らによって詳細に調べられている[10,11]。FT-IR を用いて吸着窒素の赤外吸収シフトを観察した結果、アルカリ金属の添加や塩基性担体の利用によって吸着窒素のピークは小さな波数へとシフトし、電子供与によって結合が弱くなることで、窒素解離活性、つまりアンモニア合成活性が大きく向上することが示されてきた。その他にも、^{15}N を用いた分析や速度論解析による詳細な反応機構の議論も行われている[5–7,12]。

3. アンモニア合成技術の最近の研究開発動向

3-1. 触媒的合成法

3-1-1. 再生可能エネルギー由来水素を指向したアンモニア合成システム開発

前述したように、化石燃料由来の水素を用いたアンモニア合成では、水素製造時に多量の CO_2 が排出される。このため、低炭素社会の実現に向けては、化石資源を用いない、再生可能エネルギー由来の水素を利用したアンモニア合成システムの開発が求められる。再生可能エネルギーを利用したアンモニア合成としては、水電解により製造した水素と窒素から触媒的にアンモニアを合成する手法と、電力を用いて水と窒素から直接アンモニアを合成する電解合成法が挙げられる。アンモニア電解合成は現状では基礎研究段階であるが、アルカリ水電解や固体高分子形燃料電池を用いた水電解は現状でも高い効率が得られることから、現在、再生可能エネルギー由来の水電解水素を念頭に置いたアンモニア合成システムの実証試験が進められている。

再生可能エネルギー由来の水素を用いたアンモニア合成システムの特徴としては、再生可能エネルギーの出力変動に伴って水素製造量が時間によって変動する点が挙げられる。このため、通常のハーバーボッシュ法では一定の圧力および水素供給量で行われるが、再生可能エネルギー由来水素を用いた場合には水素供給量が変動する可能性があり、低温・低圧でも高い活性を示す触媒開発が求められるとともに、水素供給量の変動時の実証試験を行うことが重要である。現在、産総研再生可能エネルギー研究センターにおいてSIPプログラムにより日産20 kgのスケールでアンモニア合成システムの実証試験が取り組まれている。これまでに、10 MPa以下の圧力で高い活性を維持できるRu系触媒を開発しており、今後、水電解由来の水素を原料とするアンモニア合成の実証試験が行われる。

3-1-2. 新規触媒開発の研究動向

近年のエネルギーキャリアとしてのアンモニアへの注目の高まりとともに、新規アンモニア合成触媒に関する研究開発も活発になっている。東工大の細野らのグループは、CaAl系エレクトライドにRuナノ粒子を担持したアンモニア合成触媒を開発し、300℃程度の低温での高い活性を報告している[13]。開発されたCaAl系エレクトライドは仕事関数が約-2.4 eVと小さく且つ安定な酸化物であり、窒素分子への電子供与が促進されることで窒素解離反応が加速されたと考えられている。アンモニア合成への活性化エネルギーは既存の触媒と比較して小さく、反応速度論解析を行うことで窒素解離反応が十分に早く律速過程ではない可能性を示すとともに、通常のRu系触媒で生じる水素被毒が起こりにくく高圧下でも高い活性を示すことを報告した[14,15]。

大分大の永岡らは、Pr_2O_3 を担体としてRu担持を行うことで、Ruが粒子状ではなく担体表面を低い結晶性で覆った構造となることを見出し、アンモニア合成活性への高い活性を報告している[16]。FT-IRを用いて吸着窒素由来のピークが低波数側へとシフトすることを確認しており、開発した触媒を用いることで吸着窒素分子の結合を弱めることができることを明らかにしてきた。その他にも、京都大学の小林らは、Ruを担持していない単体の水素化物表面におけるアンモニア合成活性を報告している[17]。酸水素化物 $BaTiO_{2.5}H_{0.5}$ および水素化物 TiH_2 についてアンモニア合成触媒としての活性を調べ、Ru を担持していない状態でもアンモニア合成に活性を示すことを報告した。H^-イオンを結晶格子中に含まない酸化物ではこのような活性は当然見られず、H^-イオンの高い電子供与性や還元力が窒素分子の活性化に寄与したと考えられる。水素化物については、中国の Wang らによっても LiH と遷移金属の混合物がアンモニア合成に高い活性を示すことが報告されている[18]。これらの水素化物は大気中では不安定であり扱いの難しい物質であるが、アンモニア合成雰囲気である窒素-水素雰囲気下では温度条件によっては安定に存在可能であり注目される。

以上は、不均一系触媒の最新の研究動向であるが、均一系触媒による常温常圧でのアンモニア合成についても研究が進められている。東大の西林らのグループは、PNP 型ピンサー配位子や PCP 型ピンサー配位子を有するモリブデン系窒素錯体を開発し、窒素分子の常温常圧での還元によるアンモニア合成を報告した[19]。常温常圧での窒素からのアンモニアの生成は、自然界では窒素固定酵素であるニトロゲナーゼによって行われているが、窒素分子が遷移金属に配位することで活性化されアンモニアが合成される点では類似している。水素源は現状では水素ガスや水分子ではなく今後の反応開発が期待されるが、これまでに、錯体触媒あたり 1000 当量のアンモニア合成を達成しており更なる発展が期待される。

3-2. 水と窒素からの直接合成法としてのアンモニア電解合成

現在のアンモニア合成は、前述したように主に天然ガスから合成した水素を用いて行われているが、水、窒素および電力から直接アンモニアを合成する手法であるアンモニア電解合成反応は、化石資源に依存しない低炭素化社会の実現や再生可能エネルギーの大規模導入に向けた革新的アンモニア合成法として期待される。アンモニア電解合成システムは、正極（アノード)、負極（カソード)、電解質から構成される。プロトン伝導性固体電解質を用いた場合のアンモニア電解合成反応の模式図を図 2 に示す。アノードで水の電気分解が進行し、電解質内を移動したプロトンと外部回路を経由した電子によってカソードで窒素分子が還元されアンモニアが生成する。このため、システム全体では、水、窒素および電力から直接アンモニアが合成される。

Anode: $$H_2O \rightarrow 1/2O_2 + 2H^+ + 2e^- \quad (10)$$

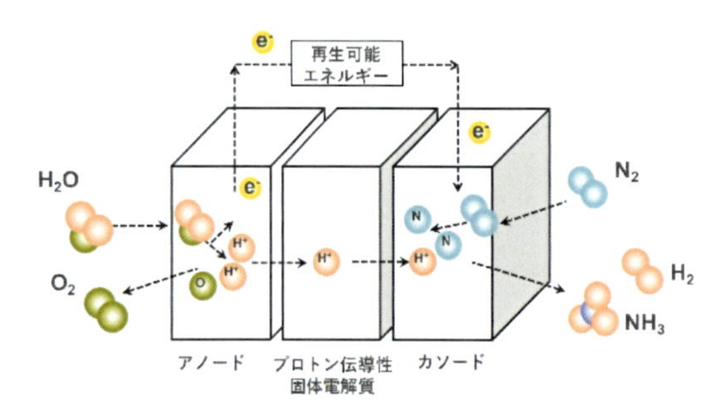

図 2 アンモニア電解合成の模式図
（プロトン伝導性固体電解質を用いた場合）

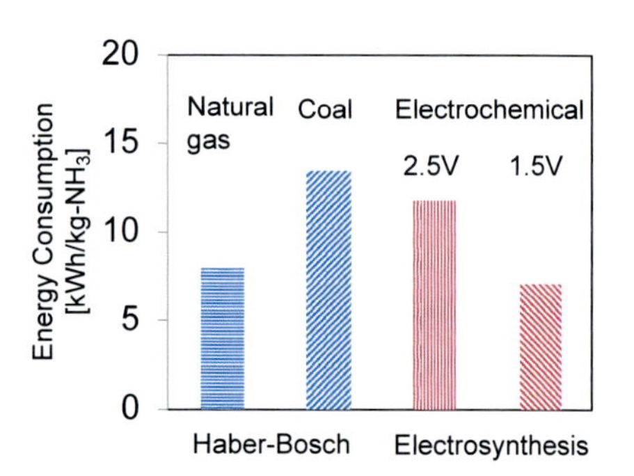

図 3 各種アンモニア合成における
エネルギー消費量の比較 [20,21]

Cathode: $N_2 + 6H^+ + 6e^- \rightarrow 2NH_3$ (11)

Overall: $3H_2O + N_2 \rightarrow 2NH_3 + 3/2O_2$ (12)

消費エネルギーについても検討が行われており、ファラデー効率の向上および過電圧の低減によって触媒的合成と同程度または下回る可能性が報告されている（図 3）[20,21]。

アンモニア電解合成の特徴は、反応器外部から電気エネルギーを加える系であるため触媒反応における平衡転化率を上回るアンモニアが得られる可能性があり、また、電圧印加によって律速過程である窒素解離反応が促進されればより低温でのアンモニア合成が可能となる点である。実際に、触媒的アンモニア合成と同程度の温度域である 400～600℃におけるアンモニア電解合成に加えて、より低い温度域である中温域（200～400℃）および低温域（100℃以下）におけるアンモニア合成が報告されており、アンモニア生成効率および反応速度の向上のための電極触媒開発が行われている[22–27]。一方で、アンモニア電解合成法はいずれの温度域についても現状では基礎研究段階であり、特に、カソードでの副反応である水素の生成反応(式 13) の抑制が大きな課題である。

$$2H^+ + 2e^- \rightarrow H_2 \quad (13)$$

このため、窒素還元反応の促進と水素生成反応抑制を両立する電極触媒の開発が大きな鍵となり、様々な電極材料や電極構造が検討されている。表 2 には、プロトン伝導性固体電解質を用いた 400～600℃の温度域におけるアンモニア電解合成について、代表的なものをまとめた。カソード材料としては、アンモニアの生成に必要な窒素解離・プロトン伝導・電子伝導の三点が求められ、これまでに様々な電極が検討されてきた。具体的には、サーメット電極(Ni-BCY[28]、Ni-BZCY[29]、Ag-Co_3Mo_3N[30])、含浸電極(Fe-BCY)[31]、酸化物電極(BSCF)[32]が報告されている。筆者らは、窒素解離反応に高い活性を有する Ru に着目した電極材料開発を行い、イオン・電子混合伝導性を有するとともに還元雰囲気下において自発的に 2-5 nm の Ru ナノ粒子を表面に析出させる $La_{0.3}Sr_{0.6}Ti_{0.6}Ru_{0.4}O_3$ および $BaCe_{0.8}Y_{0.1}Ru_{0.1}O_3$ を開発し、アンモニア電解合成への活性を報告した[33,34]。特に、$BaCe_{0.8}Y_{0.1}Ru_{0.1}O_3$ はプロトン電子混合伝導体であり、析出した Ru ナノ粒子へのプロトン・電子の直接供給により活性が向上する可能性を示してきた[34]。

表 2　プロトン伝導性固体電解質を用いたアンモニア電解合成

Cathode	Electrolyte	T [°C]	r_{NH3} [mol s^{-1} cm^{-2}]	Faraday efficiency [%]	Year	Ref
Pd	$SrCe_{0.95}Yb_{0.05}O_3$	570	1.6×10^{-9}	78	1998	[35]
AgPd	$La_{1.9}Ca_{0.1}Zr_2O_{6.95}$	460-560	2.0×10^{-9}	68	2004	[36]
Fe	$SrZr_{0.9}Y_{0.1}O_3$	450	6.2×10^{-12}	–	2007	[37]
Ru/MgO	$SrCe_{0.95}Yb_{0.05}O_3$	570	9.1×10^{-14}	–	2009	[38]
$Ba_{0.5}Sr_{0.5}Co_{0.8}Fe_{0.2}O_3$	$BaCe_{0.85}Y_{0.15}O_3$	530	4.1×10^{-9}	60	2010	[32]
Ag-Co_3Mo_3N	$LiAlO_2$-(Li,Na,K)$_2CO_3$	450	3.3×10^{-10}	–	2015	[30]
Ni-BZCY	$BaZr_{0.7}Ce_{0.2}Y_{0.1}O_3$	620	1.7×10^{-9}	2.1	2015	[29]
Ru-doped $La_{0.3}Sr_{0.6}TiO_3$	$BaCe_{0.9}Y_{0.1}O_3$	500	3.8×10^{-12}	–	2017	[33]
Ru-doped BCY	$BaCe_{0.9}Y_{0.1}O_3$	500	1.0×10^{-11}	0.25	2017	[34]
K-Fe-BCY	$BaCe_{0.9}Y_{0.1}O_3$	500-650	6.7×10^{-10} (with H_2 addition)	0.29	2017	[31]
Ni-BCY	$BaCe_{0.9}Y_{0.1}O_3$	500	2.8×10^{-10}	0.05–0.70	2017	[28]

この他にも、低温域(～100℃)および中温域（200～400℃）におけるアンモニア電解合成に関しては、2015 年以降で 20 報以上の論文が報告されており研究開発が国際的に活発化されている。低温域においては、電解質に Nafion、アニオン交換膜やイオン性液体が用いられる。電極触媒としては、高温域では不安定な材料も利用可能であり、CNT 担持 Fe 電極触媒[39]、MOF 電極[40]、窒素ドープグラフェン[41]、チタン系錯体触媒[42]などが報告されている。量子化学計算に基づき窒素分子への水素付加によるアンモニア生成経路が提案されており[41,43]、高温域とは異なる反応機構によるアンモニア生成が考えられる。

$$N_2 + H^+ + e^- + * \rightarrow N_2H* \tag{14}$$

$$N_2H* + * \rightarrow NH* + N* \tag{15}$$

200～400℃の温度域における中温型アンモニア電解合成は、200℃近傍で高いプロトン伝導度を示す CsH_2PO_4 等の酸素酸塩[44]や、溶融塩[45]を用いたアンモニア電解合成が報告されている。中温域で高いイオン伝導度を示す固体電解質は少ないが、熱力学、速度論の両面を考慮した際に適切な温度域であり、今後の進展が期待される。

4. アンモニア利用技術の最近の研究開発動向

4-1. アンモニア分解による水素製造

エネルギーキャリアとしてのアンモニアの利用には、アンモニアを分解して生成する水素を燃料として利用する方法と、アンモニアを直接利用する方法の二通りがある。アンモニアの分解反応は、Ni などの触媒存在下において 500℃以上の温度域では比較的容易に進行し、99%以上の転化率が可能である。アンモニア分解による水素生成反応は吸熱反応であり、生成する水素の燃焼熱の約 10%を反応器外部から供給することが必要となる。

$$2NH_3 \rightarrow N_2 + 3H_2 \tag{16}$$

この値は比較的大きいが、メチルシクロヘキサンからの脱水素と比較すると小さな値である。

これまでに、エネルギーキャリアとしてのアンモニアの利用を目指して、アンモニアを水素貯蔵媒体として利用した、アンモニア水素ステーションの基盤技術開発が広島大を中心に SIP において行われてきた[46]。燃料電池自動車用水素燃料の国際規格(ISO140687-2)では水素純度 99.97%、100ppm 以下の窒素およびアルゴン、アンモニア 0.1ppm 以下が要求されており、これらを満たすアンモニア分解触媒およびアンモニア除去材料の開発、水素精製装置の開発が行われた。これまでに、550℃以下でアンモニアを 0.1%以下まで分解する Ru 系触媒を開発して 1Nm^3/h のスケールで上記条件を満たす水素製造技術が報告されており、今後、10 Nm^3/h でのアンモニア分解実証試験や、アンモニア水素ステーションとしての実証試験が行われる予定である。

4-2. アンモニア燃料電池

エネルギーキャリアとしてのアンモニアの利用法としては、固体酸化物形燃料電池(SOFC)への直接供給による発電技術も検討されている。アンモニア燃料電池の概念図を図 4 に示す。燃料極にアンモニアを直接供給し、燃料極上でアンモニアの分解反応を進行させ、生成した水素とカソード側から電解質を通して供給される酸化物イオンとの間で電極酸化反応が進行し発電が行われる。SOFC では、燃料極として主に Ni-YSZ が用いられているが、Ni は Ru に序でアンモニア分解活性が高い触媒材料と知られている。加えて、SOFC は 700℃以上の高温で運転されるため、Ni-YSZ 燃料極へのアンモニアの供給時には、アンモニアは Ni-YSZ 電極触媒上で容易に分解され水素に変換される。このため、水素供給時と同程度の発電性能がアンモニアの直接供給によっても得られることが京大の江口らのグループによって報告されている[47,48]。その際、アンモニアは電極触媒上で直接電極酸化されるのではなく、Ni 表面上で分解されて生成した水素の電極酸化反応が進行することによって発電反応が進行することが示されている。これまでに、ボタンセルを用いた実験室レベルの検討のみでなく、1 kW のアンモニア燃料電池スタックの開発に成功している。上述したように、アンモニア分解による水素生成は吸熱反応であり外部からの熱供給が要求される。一方で、アンモニア燃料電池では、燃料電池の発電時の過電圧によって生じる発熱を燃料極内のアンモニア分解反応の吸熱に用いることが可能であることもシステムとしての利点である。

以上は 700℃以上の高温作動である SOFC での成果であるが、100℃以下で作動するアニオン交換膜を電解質に用いた燃料電池へのアンモニアの直接供給も検討されている[49]。低温域におけるアンモニア燃料電池では、高温域とは異なり燃料極上でのアンモニアの直接電極酸化反応が支配的であるため高活性な電極触媒開発が鍵となっており、Pt や Ru 系電極触媒の開発および反応中間体を含む反応機構解析が精力的に行われている。

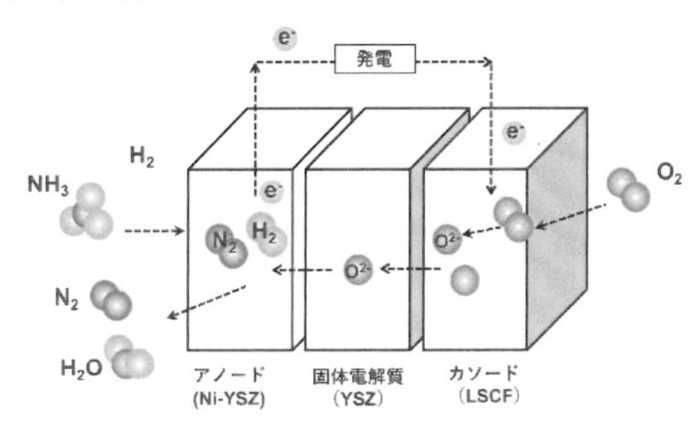

図 4 アンモニア燃料電池（固体酸化物形燃料電池）

4-3. アンモニア燃焼技術

アンモニアの分解反応による水素製造では外部からの熱供給が必要だが、アンモニアを直接燃焼用燃料として利用することができればエネルギー効率の面から優位である。一方で、アンモニアは天然ガスと比較して燃焼速度が遅く着火や保炎性が悪いなど一般に燃焼性が低く、また、分子中に窒素原子を含むことから燃焼時に NO_X が生成する懸念もあるため、これらの課題の解決を目指して発電用ガスタービンや微粉炭ボイラーにおける混焼および専焼に関する実証試験が行われている[50]。

産総研、福島再生可能エネルギー研究所(FREA)では、50 kW のマイクロガスタービンを用いた実証試験が行われた。アンモニア専焼に加え、灯油やメタンとの混焼試験が行われ、NO_X の生成を抑制しながら安定的に発電を行うことに成功している。微粉炭ボイラーにおけるアンモニア混焼試験は電中研において行われており、これまでに、20%アンモニア混焼で 760 kW のボイラ一で試験が行われた。NO_X の生成はアンモニアの注入条件を調整することで石炭専焼時と同等まで抑えることに成功している。NO_X 生成の抑制については、アンモニアが還元剤としても働くためであると考えられ、ディーゼルエンジンにおけるアンモニア SCR による脱硝機構と同様の機構が発現していると考えられる。その他にも、工業炉におけるアンモニアの直接燃焼も検討されており、10 kW スケールでの専焼およびメタン混焼が実施されており、燃焼技術における CO_2 排出削減に向けた今後の取り組みが期待される。

5. おわりに

アンモニアはその単純な化学構造からモデル物質としても興味深い物質であり、ハーバーボッシュ法としての確立以降も、表面科学や分析技術の進歩に伴って多くの基礎研究が継続的に行われてきたが、近年のエネルギーキャリアとしての注目に伴って、基礎研究から実証試験まで幅広く研究開発が活発化している。エネルギーキャリアとしては、高いエネルギー密度と液化の容易さが魅力であるが、既に国際商品として 1 世紀以上の歴史を有して広く流通しており、ハンドリング技術やインフラの多くが確立されていることも大きな利点である。さらに、分子内に炭素を含まず、再生可能エネルギーを用いることで真に CO_2 フリーな燃料となることが可能であり、水・窒素という地球上にどこにでもある物質から合成し放出が可能である点も大きい。今後も、燃焼および触媒的合成・分解に関する実証試験に加えて、アンモニア電解合成などの再生可能エネルギーを利用した革新的アンモニア合成技術の開発、常温常圧でのアンモニア合成触媒の開発、小規模分散型電源としての利用を目指した低温でのアンモニア燃料電池の開発など、エネルギーキャリアとしてのアンモニアの革新的合成・利用技術に関する取り組みが期待される。

参考文献

[1] R. Lan, J.T.S. Irvine, S. Tao, *Int. J. Hydrogen Energy.* 37 (2012) 1482–1494

[2]戦略的イノベーション創造プログラム(SIP) エネルギーキャリア 研究開発計画, http://www8.cao.go.jp/cstp/gaiyo/sip/keikaku/4_enekyari.pdf

[3] JST-CREST 再生可能エネルギーからのエネルギーキャリアの製造とその利用のための革新的基盤技術の創出, https://www.jst.go.jp/kisoken/crest/research_area/ongoing/bunyah25-1.html

[4] DOE, ARPA-E, REFUEL, https://arpa-e.energy.gov/?q=program-projects/REFUEL

[5] M. Bowker, *Catal. Today.* 12 (1992) 153–163.

[6] L.M. Aparicio, J. Dumesic, *Top. Catal.* 1 (1994) 233–252.

[7] O. Hinrichsen, *Catal. Today.* 53 (1999) 177–188.

[8] 秋鹿研一, 触媒. 46 (2004) 660–666.

[9] 秋鹿研一, 触媒. 40 (1998) 588–595.

[10] K. Aika, *Catal. Today.* 286 (2016) 14-20.

[11] J. Kubota, K. Aika, *J. Phys. Chem.* 98 (1994) 11293–11300.

[12] G.E.O. Hinrichsen, F. Rosowski, A. Hornung, M. Muhler, *J. Catal.* 165 (1997) 33–44.

[13] M. Kitano, S. Kanbara, Y. Inoue, N. Kuganathan, P. V Sushko, T. Yokoyama, M. Hara, H. Hosono, *Nat. Commun.*

6 (2015) 6731.

[14] Y. Kobayashi, M. Kitano, S. Kawamura, T. Yokoyama, H. Hosono, *Catal. Sci. Technol.* 7 (2017) 47–50.

[15] M. Kitano, Y. Inoue, H. Ishikawa, K. Yamagata, T. Nakao, T. Tada, S. Matsuishi, T. Yokoyama, M. Hara, H. Hosono, *Chem. Sci.* 7 (2016) 4036–4043.

[16] K. Sato, K. Imamura, Y. Kawano, S. Miyahara, T. Yamamoto, S. Matsumura, K. Nagaoka, *Chem. Sci.* 8 (2016) 674-679.

[17] Y. Kobayashi, Y. Tang, T. Kageyama, H. Yamashita, N. Masuda, S. Hosokawa, H. Kageyama, *J. Am. Chem. Soc.* 139 (2017) 18240–18246.

[18] P. Wang, F. Chang, W. Gao, J. Guo, G. Wu, T. He, P. Chen, *Nat. Chem.* 9 (2017) 64–70.

[19] K. Arashiba, Y. Miyake, Y. Nishibayashi, *Nat. Chem.* 3 (2011) 120–125.

[20] D. Miura, T. Tezuka, *Energy*. 68 (2014) 428–436.

[21] K. Kugler, B. Ohs, M. Scholz, M. Wessling, *Phys. Chem. Chem. Phys.* 16 (2014) 6129–38.

[22] S. Giddey, S.P.S. Badwal, A. Kulkarni, *Int. J. Hydrogen Energy*. 38 (2013) 14576–14594.

[23] V. Kyriakou, I. Garagounis, E. Vasileiou, A. Vourros, M. Stoukides, *Catal. Today*. 286 (2017) 2–13.

[24] I. Amar, R. Lan, C.T.G. Petit, S. Tao, *J. Solid State Electrochem.* 15 (2011) 1845–1860.

[25] X. Guo, Y. Zhu, T. Ma, *J. Energy Chem.* 26 (2017) 1107–1116.

[26] I. Garagounis, V. Kyriakou, A. Skodra, E. Vasileiou, M. Stoukides, *Front. Energy Res.* 2 (2014) 1–10.

[27] C.X. Guo, J. Ran, A. Vasileff, S. Qiao, *Energy Environ. Sci.* 11 (2018) 45–56.

[28] N. Shimoda, Y. Kobayashi, Y. Kimura, G. Nakagawa, S. Satokawa, *J. Ceram. Soc. Japan.* 125 (2017) 252–256.

[29] E. Vasileiou, V. Kyriakou, I. Garagounis, A. Vourros, A. Manerbino, W.G. Coors, M. Stoukides, *Solid State Ionics.* 288 (2015) 357–362.

[30] I. Amar, R. Lan, C.T.G. Petit, S. Tao, *Electrocatalysis*. 6 (2015) 286–294.

[31] F. Kosaka, T. Nakamura, A. Oikawa, J. Otomo, *ACS Sustain. Chem. Eng.* 5 (2017) 10439–10446.

[32] W.B. Wang, X.B. Cao, W.J. Gao, F. Zhang, H.T. Wang, G.L. Ma, *J. Memb. Sci.* 360 (2010) 397–403.

[33] F. Kosaka, N. Noda, T. Nakamura, J. Otomo, *J. Mater. Sci.* 52 (2017) 2825–2835.

[34] F. Kosaka, T. Nakamura, J. Otomo, *J. Electrochem. Soc.* 164 (2017) F1323–F1330.

[35] G. Marnellos, M. Stoukides, *Science,* 282 (1998) 98–100.

[36] Y.H. Xie, J. De Wang, R.Q. Liu, X.T. Su, Z.P. Sun, Z.J. Li, *Solid State Ionics.* 168 (2004) 117–121.

[37] M. Ouzounidou, A. Skodra, C. Kokkofitis, M. Stoukides, *Solid State Ionics*. 178 (2007) 153–159.

[38] A. Skodra, M. Stoukides, *Solid State Ionics*. 180 (2009) 1332–1336.

[39] S. Chen, S. Perathoner, C. Ampelli, C. Mebrahtu, D. Su, G. Centi, *ACS Sustain. Chem. Eng.* 5 (2017) 7393–7400.

[40] X. Zhao, F. Yin, N. Liu, G. Li, T. Fan, B. Chen, *J. Mater. Sci.* 52 (2017) 10175–10185.

[41] S. Mukherjee, D.A. Cullen, S. Karakalos, K. Liu, H. Zhang, S. Zhao, H. Xu, K.L. More, G. Wang, G. Wu, *Nano Energy*. 48 (2018) 217–226.

[42] E.Y. Jeong, C.Y. Yoo, C.H. Jung, J.H. Park, Y.C. Park, J.N. Kim, S.G. Oh, Y. Woo, H.C. Yoon, *ACS Sustain. Chem. Eng.* 5 (2017) 9662–9666.

[43] D. Bao, Q. Zhang, F. Meng, H. Zhong, M. Shi, Y. Zhang, J.-M. Yan, Q. Jiang, X.-B. Zhang, *Adv. Mater.* 29 (2017)

1604799.

[44] G. Qing, R. Kikuchi, S. Kishira, A. Takagaki, T. Sugawara, S.T. Oyama, *J. Electrochem. Soc*. 163 (2016) E282–E287.

[45] T. Murakami, T. Nishikiori, T. Nohira, Y. Ito, *J. Am. Chem. Soc.* 125 (2003) 334–335.

[46] JST共同発表:アンモニアから燃料電池自動車用水素燃料を製造, https://www.jst.go.jp/pr/announce/20160719-2/index.html

[47] J. Yang, A.F.S. Molouk, T. Okanishi, H. Muroyama, T. Matsui, K. Eguchi, *ACS Appl. Mater. Interfaces*. 7 (2015) 28701–28707.

[48] A.F.S. Molouk, J. Yang, T. Okanishi, H. Muroyama, T. Matsui, K. Eguchi, *J. Power Sources.* 305 (2016) 72–79.

[49] S. Suzuki, H. Muroyama, T. Matsui, K. Eguchi, *J. Power Sources*. 208 (2012) 257–262.

[50] 塩沢文朗, 水素エネルギーシステム, 42 (2017) 3–8.

III－4　電池技術のコスト評価

大友順一郎
（東京大学）

1. はじめに

低炭素社会・脱炭素社会実現に向けて、燃料電池、二次電池、および太陽電池などの電池技術の社会普及は必須の課題であるが、技術、経済、制度、社会情勢など、様々な視点からそれら電池技術の本格的な普及を考える必要がある。本稿では、主にエンジニアリングの立場から見た対象システムの性能およびコストの評価を通じて、電池技術の導入シナリオの提案の取り組みについて紹介する。具体的な対象技術として、主に燃料電池を取り上げて解説する。

新技術の社会導入に向けては、社会ニーズに適合した性能やコストを満たすことが必要条件となる。一方、新材料や原理の発見が、製品に応用され、やがて社会から要求される仕様（ここでは要求性能やコストのことを示す）を満たすかは必ずしも自明ではない。多くの場合、社会ニーズとの不整合や関連するさまざまな条件の制約から、社会導入に至る前に開発が中断されることがほとんどであろう。新材料や考案されるシステムを含み、対象技術の今後の社会普及を考える場合、対象技術の順方向の開発と社会ニーズに基づく要求仕様からみた逆方向の評価、いわばフォーワードとバックワードの両者の視点で考える方法論が有効である。また、もう一つの視点として、それら対象技術の予測性が重要となる。着目する技術が、将来どの程度の温暖化ガス削減能力を持つのか、導入コストの削減率はどの程度になるか、あるいは将来要求される仕様に対しどの部分の技術開発が必要になるか、将来予測の精度も備えた評価手法の構築が求められる。

以上の観点から、本稿では、技術とコスト評価の評価手法の解説を行った上で、燃料電池の技術評価（性能、製造コスト、および発電コスト）とそれに基づく技術導入シナリオについて議論する。また、同様の手法に基づく二次電池や太陽電池のコスト評価についても取り上げ、その概要を紹介する。

2. コストエンジニアリングについて

電池技術などの低炭素技術の性能とコスト評価について、実際のシステムを構成している物質材料に基づき、できるだけ原理的に評価する手法を考案した[1,2]。すなわち、現実のシステムについて、数値モデル計算により対象システムの性能を再現し、その結果を基に、構成材料の物性値や構造から将来の性能の予測を試みた。また、数値計算で再現した結果から対象システムのサイジングを行い、構成材料の重さを決定することで、製造に必要な原材料の必要な量を推定し、製造コストの算出を行った。さらに、製造プロセスについても各プロセスを細分化することで、精度の高い製造コストの算出を試みた。以上の手法に基づく対象技術の性能とコストの一連の評価手法を、本稿では“コストエンジニアリング”と称する。すなわち、コストエンジニアリングにより、現状の技術評価に加えて将来技術の予測を行い、並行して製造コストを評価することで、対象技術の社会普及の潜在能力を評価することを試みた。

2−1. 評価手法の実際

図1にコストエンジニアリングの評価手法の概念図を示す。対象となる低炭素技術のデバイスやシステムの設計の基礎となる知識基盤（動作原理、材料物性、微細構造、デバイスやシステムの設計など）を集約し、数値モデル解析を行うことで、対象となるデバイスやシステムの性能を再現すると共に、それらの物理的なサイズを決定することで、構成材料の必要な量の算出を行った。得られた材料の情報から、製造プロセスを設計し、その製造コストを算出した。本手法では、様々な製造装置のコスト情報をコスト関数の形式でデータベース化することで、原理的に様々な技術に対応できる汎用的な評価手法の構築が可能である。本稿では、主に固体酸化物形燃料電池（SOFC）の具体例について解説する[1,2]。以下では、円筒横縞形セルスタックを用いたSOFC コンバインドサイクルシステムを対象に技術評価の具体例を詳述した上で、円筒平板形などの他のセルデザインについても紹介する。

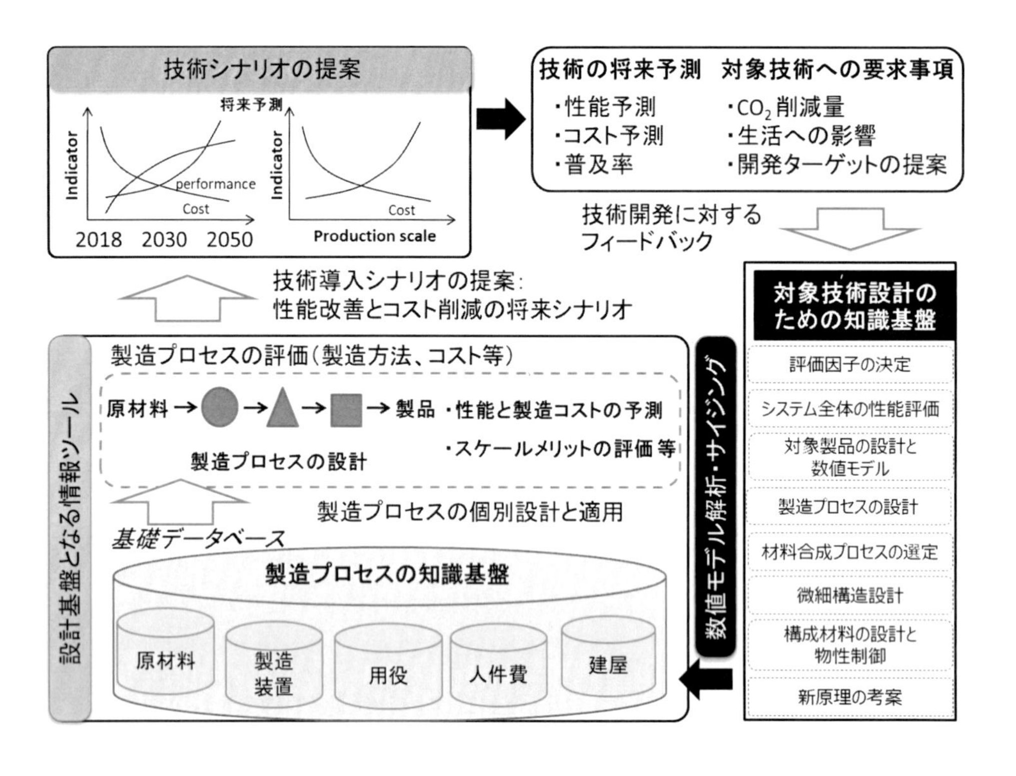

図1. 低炭素技術の性能・コスト評価手法（コストエンジニアリング）の概念図

2−2 具体事例の紹介：250kW 級 SOFC コンバインドサイクルシステムの評価

2−2−1 数値モデル解析

SOFC 発電システムは、700W 家庭用定置型分散電源から数百 kW〜1MW 程度までの中型発電機が開発されており、さらに数百 MW〜1GW 程度までの大型発電機への展開も考えられている [3,4]。国内では SOFC とガスタービンとの中型の複合発電機である 250kW 級 SOFC コンバインドサイクルシステムの開発が進められており、現在実機の導入が進められている[5]。また、大型機として SOFC にガスタービンと蒸気タービンを組合せたトリプルコンバインドサイクルシステムが検討されており、計算上は発電効率 70% の極めて高効率の火力発電システムが考案されている[4]。以下、円筒横縞形セルスタックを用いた 250kW 級 SOFC コンバインドサイクルシステムの数値モデル解析とコスト分析について解説し、将来の社会普及に向けた技術シナリオについても述べる。

220kW の SOFC モジュールと 30kW のマイクロガスタービンで構成される SOFC コンバインドサイクルシステム（SOFC-MGT）を想定し、都市ガスを燃料に用いる場合について検討した。図 1 に円筒横縞形セルスタックの模式図を示す。中・大型機用の円筒横縞形セルチューブのセル長は 1500 mm （電極部分長さ :1000 mm）である。

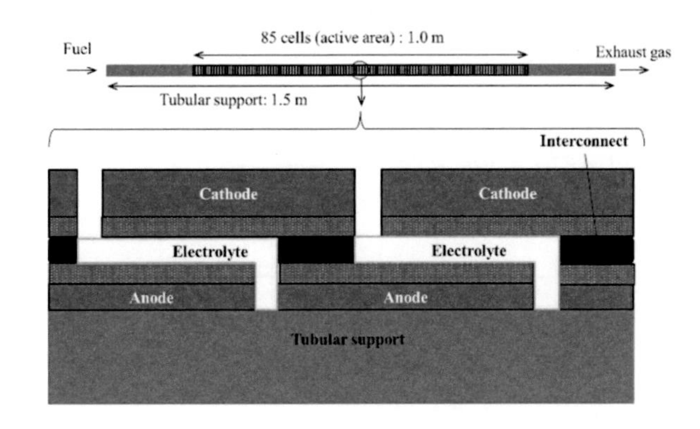

図 1　円筒横縞形セルスタックの模式図

表1a　円筒横縞形 SOFC モジュール仕様

定格 AC 出力(kW)	220
DC 出力 (W)	230
出力 (W/cell-tube)	100
セルチューブ本数 (cell/module)	2300
作動温度 (°C)	900

表 1b　セルチューブ主要構成部材

	構成材料
燃料極(支持体)	CSZ $((ZrO_2)_{1-x}(CaO)_x)$
燃料極(活性層)	Ni-YSZ
電解質	YSZ $((ZrO_2)_{1-x}(Y_2O_3)_x)$
空気極	LSCM-YSZ $La_{1-x-y}Sr_xCa_yMnO_3$ (LSCM)
インターコネクト	$La_{1-x}Sr_xTiO_3$

中・大型機では、横縞形 （セルチューブ 1 本あたりのスタック数 : 80 ～ 90 セル）の採用により、高電圧発電による高効率化が実現されている。実機では、2000～3000 本のセルスタックがスチール製の高圧容器内に格納され、一つのモジュールを形成している。表 1a に標準的な SOFC モジュールの仕様を示した。また、円筒横縞形セルチューブの構成材料を表 1b に示した[1]。

表 1a での条件での発電シミュレーションの結果（電流-電圧曲線）を図 2 に示す。数値計算には有限要素法により電極反応や主に電解質のオーミック抵抗に起因する電圧降下（過電圧）を計

算した。シミュレーションに用いた支配方程式（活性化過電圧、濃度過電圧、抵抗過電圧等）をAppendix の表 A1 にまとめるが、その数値モデルのより詳細な説明については、原著論文[1]や本書の基礎編を参照していただきたい。図中に、三菱重工（現三菱日立パワーシステムズ）の円筒横縞形実機の単セルの発電データとの比較を示す[1]。単セル電極および電極間の接続部分であるインターコネクタの寸法や構成材料の変更によりセル性能が改善され、その変更前後の旧型および現行型の発電性能について、今回の数値モデルで再現できていることがわかる。また、既往報告を基に電極材料やその構造の最適化や電解質の薄膜化によるセル性能の改善した場合について（図中の改善型）、その予測値も記す。例えば、セル電圧 0.85～0.8V で作動させる典型的な場合を想定すると、改善型の電流密度は現行型のそれと比較すると約 1.5 程度になり、モジュールの小型化に大きく寄与することが示唆される。このように、実機の再現に加え、改善予想を行うことで、現行の円筒横縞形セルスタックのサイジングと共に将来の性能向上についても議論ができる。あるいは、目標値に対するセル改善の到達度や材料開発の目標を設定することもできる。この結果を基に、円筒横縞形 SOFC のモジュール製造コストの算出を行った。その内容を次節で紹介する。

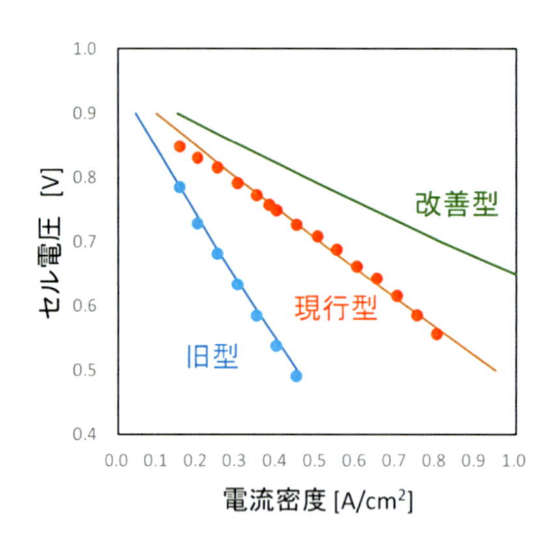

図 2　円筒横縞形単セルの電流-電圧曲線（発電条件は表 1a を参照）

2−2−2 SOFC モジュールの製造コストおよび発電コストの評価

図 3 に円筒横縞形 SOFC モジュールの製造プロセスを示す。表 1b に示した構成材料の造粒工程とペーストの調整、支持体へのテープキャスティングと乾燥・焼成、およびスタッキングの工程を経て SOFC モジュールが作られる。図 4 に円筒横縞形（標準ケース）の 220kW SOFC モジュールの製造コスト構造の生産スケール依存性の結果を示す。年産スケール 100 台で 234 円/W、1000 台で 113 円/W、年産 10000 台で 95 円/W の結果が得られた[1]。ここで、図 4 の計算では、原理的な物質の重さに基づく原価計算の立場から、原材料費のコストは年産スケールに依らず一定であるとし、歩留まり 100%の理想状態を仮定している。生産コストは、原材料費に加え、人件費、用役費、設備費、および建設費から算出され、原材料費以外は、年産台数に対するスケー

ルメリットが考慮されている。なお、NEDO の 2020〜2030 年以降における目標値は、SOFC モジュール製造コストが 150 円/W 以下の値である[6]。従って、その目標値は達成可能であることが示唆された。中・大型機の将来の普及に向けて、SOFC のシステムコストおよび発電コストを低減する方策について検討した。表 3 に 250kW 級 SOFC/MGT コンバインドサイクルの技術シナリオを示す。製造工程（生産スケール、歩留まり）・セルデザイン（支持体径）・セル性能・寿命および BOS コストについて、現在から 2030 年に向けての改善シナリオを示した。なお、現時点の SOFC モジュールの量産化は行われておらず、積み上げ法によるコスト構造の推算ができないため、現在のモジュールコストは、原材料費にコストファクター（=7 を仮定 [1]）を乗じることで求めた参考値である。その結果、2020 年および 2030 年の段階で、システムコストはそれぞれ約 160 円/W から約 100 円/W まで低減可能であることが示された。

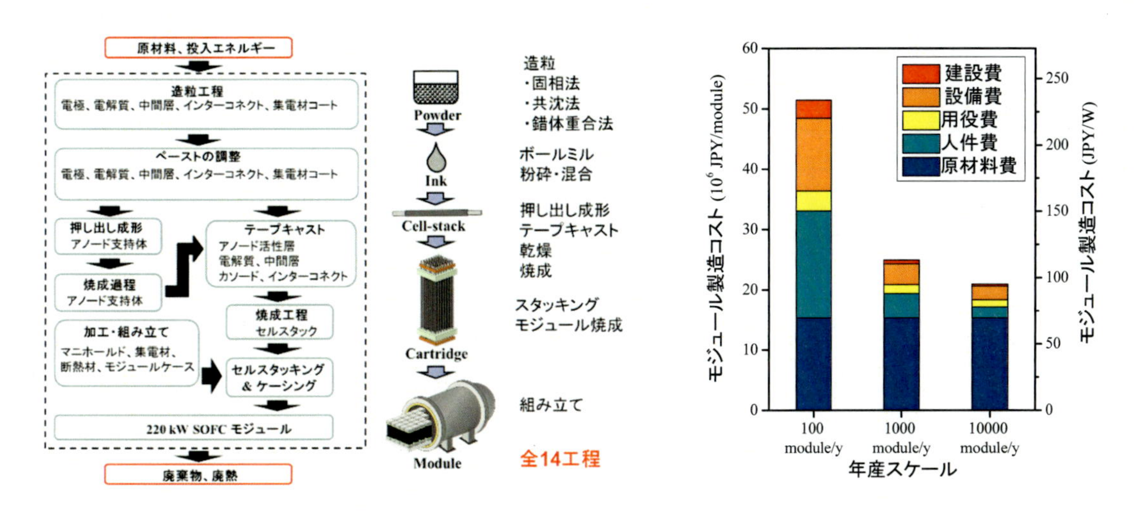

図 3 円筒横縞形 SOFC モジュール製造プロセス　　　図 4　SOFC モジュールの製造コスト構造

表 3 の技術シナリオを基に、発電コストを求めた。発電コスト *C*p（円 /kWh）は、システムコスト *C*system と燃料コスト *C*fuel の和から求めた（*C*p = *C*system + *C*fuel ）。*C*system（円 /kWh）は、システム購入価格 *P*FC、年間の発電量 *E*an（kWh）および年経費率 α（= 0.2 [1]）から求めた（*C*system = *C*system·α/ *E*an）。また、*C*fuel（円 /kWh）は、都市ガスの燃焼熱あたりの単位コスト *UC*CG（円/kWh）および発電効率 ηelec から求めた（*C*fuel = *UC*CG/ηelec ）。さらに、*C*fuel については、廃熱利用（コジェネレーション）も考慮して発電コストの計算を行った。すなわち、発電時の発熱量の 1/3 が発電コストと等価であるとして（成績係数 *COP* が 3 の電動ヒートポンプの使用を想定した場合に相当）、発電コストに廃熱利用を組み込んだ試算を行った。廃熱回収効率を η_{heat} とすると、C_{fuel} は、UC_{CG}、η_{elec} 、η_{heat} および *COP* から求めることができる（$C_{fuel} = UC_{CG}/(\eta_{elec} + \eta_{heat}/COP)$ ）。その結果を図 5 に示す。都市ガスコスト: 90 円/Nm3 を仮定した場合、技術シナリオで述べた技術革新と量産スケールを向上させることで、SOFC の発電コストを 12 円/kWh 以下に低減可能であることが示唆された。ここで、廃熱利用による発電コスト削減への寄与は、約 1 円/kWh 程度である。なお、LNG 価格を輸入価格と同等として 50 円/Nm3 を仮定

した場合、発電コストは約 8 円/kWh （廃熱利用を含まない場合は約 9 円/kWh ）となり、通常の火力発電所の発電コストとほぼ同じ水準の値が得られた。

表 3. 220 kW SOFC/30 kW MGT システムの技術シナリオ

	現在	2020～2025	2030
セルタイプ	円筒横縞	円筒横縞	円筒横縞
製造スケール (module/year)	< 10	100	1000
歩留まり (%)	-	80	90
セル直径 (mmϕ)	30	20	15
出力 (W/tubular cell-stack)	80	100	120
運転圧力 (MPa)	0.2	0.5	1.5
エネルギー変換効率 [a] (%)	52 [b]	56	60
熱回収効率 (%)	18	16	14
総合効率 (%)	70	72	74
寿命 (year)	<10	15	20
SOFC モジュール (JPY/W)	598 [c]	198	56
マイクロガスタービン (MGT) コスト (JPY/W)	200	150	100
MGT 効率 [a] (%)	30	32	33
BOS コスト [c,d] (JPY/system)	87	59	48
システムコスト (JPY/W)	637	251	110

a. 効率は LHV 基準で計算
b. 値は文献[4]から推算
c. コストファクター (= 7) を仮定し計算
d. BOS (balance of system) コストはガスタービン以外の補機を含む

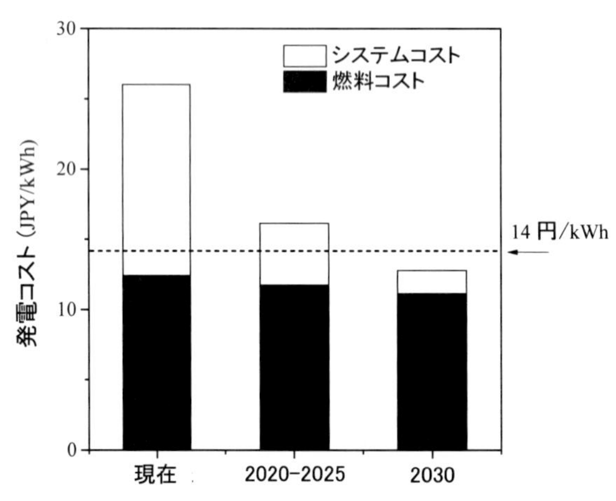

図 5 250kW 級 SOFC コンバインドサイクルシステムの発電コスト評価
図中の点線：系統電力コスト（業務用）

以上示したように、コストエンジニアリングの手法を通じて、将来技術の見通しを示すことができる。中・大型発電用 SOFC コンバインドサイクルシステムにおいては、発電効率を現状の 55% から 60% 以上に引き上げ、システムコストを 100 円/W 程度まで低減することで、発電コストを 12 円/kWh 以下にできることが示された。続いて、家庭用 700W の小型 SOFC 発電システムの評価について紹介する。

2−3 家庭用 SOFC 発電システムの技術評価

現在、国内で市場投入されている家庭用 SOFC システムは送電端出力で 700W であり、スタック、補機 および給湯機から構成されるコジェネレーションシステムである。図 6 (a)に家庭用定置型燃料電池(FC CHP)コジェネレーションシステムの国内出荷台数とシステムコストの変遷をまとめた(SOFC および固体高分子形燃料電池（PEFC）システムの合計台数)[7]。国内の家庭用 FC CHP システムの出荷台数は 2017 年 5 月時点で累計 20 万台を突破し、その内訳は、家庭用 PEFC CHP システムが多勢を占めるが、2016 年からは家庭用 SOFC CHP システムの導入も本格化している。また、家庭用 SOFC CHP システムの発電効率は 2016 年時点で 52%（LHV）に達している（図 6 b）。現在使用されているのは円筒平板形セルである（Appendix 図 A1)。現状技術におけるスタックの仕様と単セルの構成材料を Appendix にまとめた(表 A2,A3)。また、将来技術革新に対してセルデザインの進化（マイクロチューブ形）を仮定して評価を行った。

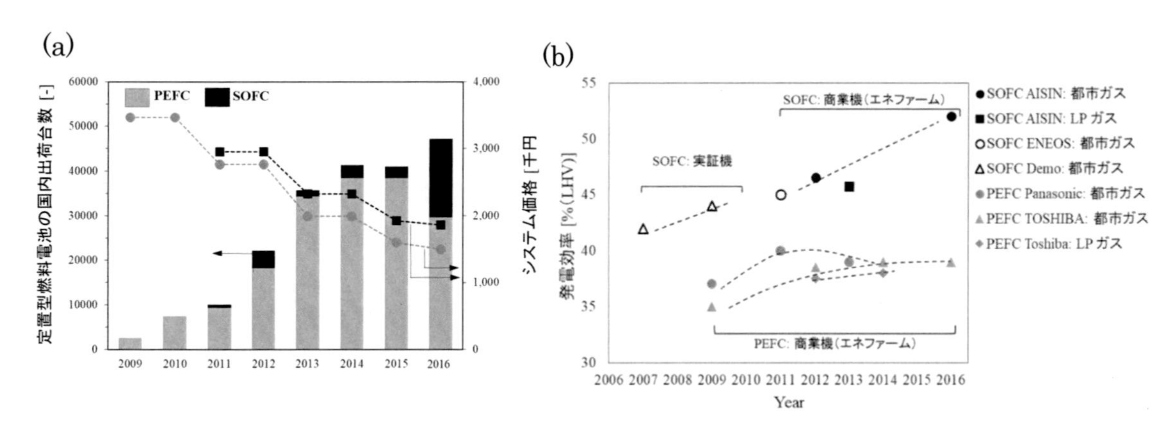

図 6　定置型燃料電池(FC CHP)システムの国内出荷台数とシステムコスト（a）及び発電効率(b)

本稿では紙面の都合上、円筒平板形セルスタックの製造コストおよび発電コストの評価結果についてのみ示す。より詳細は原著論文[2]を参照していただきたい。図 7 に円筒平板形のスタック製造コストの分析結果を示す。 年産スケール 10 万台で約 80 円/W、年産 100 万台で約 50 円/W の結果が得られた（ただし、歩留まり 100%の理想状態での計算である)。なお、NEDO の 2030 年以降の SOFC 普及期における概算目標値は、小型（家庭用）SOFC 用のスタック製造コストが 5 万円/kW に設定されている[8]。今回の SOFC に関する詳細な積み上げ計算によって、定量的に 1kW あたり 5 万円のコスト目標は達成可能範囲 にあることが示された。

図 8 に発電コストの分析結果を示す。現状での発電コストは約 60 円/kWh 程度であり、高コス

トであることがわかる。なお、この数字は、都市ガス価格のディスカウントや政府の補助金を含まない正味の計算値であり、実際の購入ユーザーが負担するコストではないことを付記する。一方、技術革新と量産スケールを向上させることで、SOFC の発電コストを系統電力コスト（家庭用：23 円 /kWh）以下に低減することは十分に可能であることが示唆された。その実現に向けては、発電効率の高効率化（52% → 60%）、システムの高寿命化（10 年→ 15 年）、稼働率 50% 以上が必要条件となることがわかった（Appendix 図 A2 に発電コストの稼働率依存性を示す）。

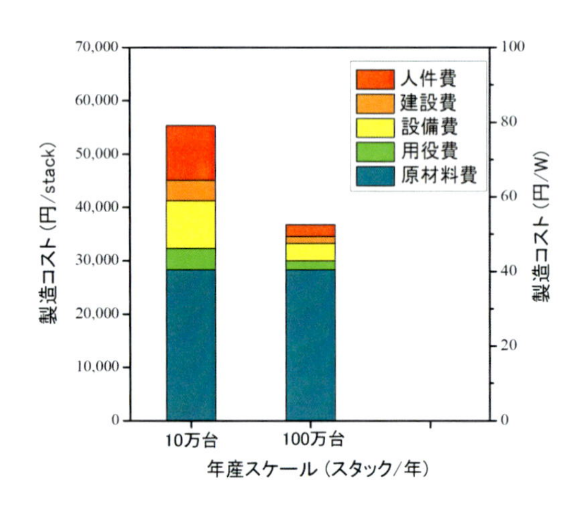

図 7　円筒平板形スタック製造コスト(700W)

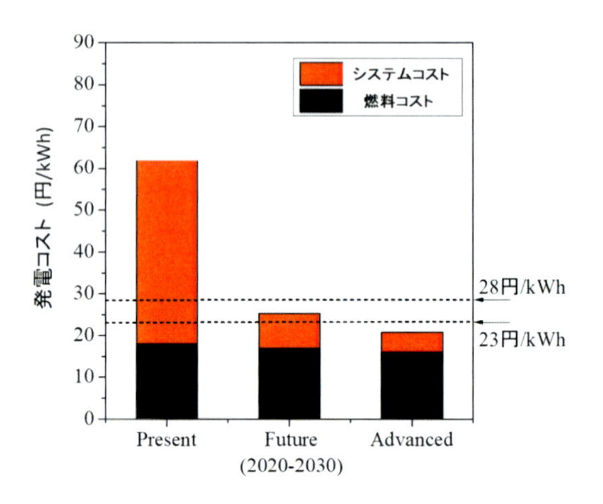

図 8　家庭用 SOFC CHP システムの発電コスト
（都市ガスコスト：140 JPY/Nm^3, 稼働率: 80%）

2−4 リチウムイオン二次電池および太陽電池のコスト評価と将来電源構成における役割

コストエンジニアリングによる技術評価は、リチウムイオン二次電池および太陽電池でも検討されている。その詳細は文献[10,11]に詳しく解説されているが、ここではそれらのコスト評価に基づき、将来電源構成における電池技術の役割について論じる。なお、参考資料として、Appendix の表 A4 にリチウムイオンバッテリー（LIB）の技術革新の見通し（技術シナリオ）についてまとめた。

国内の 2030 年の電源構成の再生可能エネルギーの占める割合の目標値は 22〜24%であるが、再生可能エネルギーの導入が大規模に進むに従い、その変動抑制が重要な技術課題になっている例えば、ドイツでは、再生可能エネルギーの変動抑制を火力で調整するシステムが導入されている [12]。国内でも、スマートグリッドを用いた電力供給システムにおいて、太陽光や風力といった再生可能エネルギーとの共存が必要であり、その変動抑制が重要な技術課題となる。表 4 に太陽電池・蓄電池システムの技術シナリオ[10,11]に基づき、太陽電池と蓄電池の複合システムコストを算出した結果を示す。表中の太陽電池の改善型と革新型の値は、それぞれシリコン系太陽電池の薄膜化（改善型：年産 5GW）および化合物半導体あるいは有機・ペロブスカイト型太陽電池のタンデム化（革新型：年産 1GW）を想定して算出した結果である[10]。蓄電池については、年産 10GWh を前提として、正・負極の新材料の適用（改善型）に加え、製造プロセスと材料開発の進展（革新型）を考慮して算出した値である[11]。太陽電池の国内の発電量の 20 時間分を蓄電する場合を想定すると、発電コストは 100 円/kWh～15 円/kWh となり、3 時間分の短時間の蓄電を想定すると 32 円/kWh～7 円/kWh の結果が得られている。すなわち、太陽電池と蓄電池の組み合わせによっても、今後の技術革新と量産スケールの向上の程度に強く依存するが、現状の系統電力コストと同等のコストでシステムを構築することが可能であることが示唆されている。

表 4　太陽電池・蓄電池複合システムのコスト[9]

	基準ケース	改善型	革新型
太陽電池モジュールコスト(円/W)	100	50	40
効率（%）	17	20	35
設置コスト（円/W）	100	50	20
寿命（年）	20	20	30
システムコスト（円/kWh）	20	10	5
Li イオン電池 (円/Wh_{st})	20	8	5
寿命（年）	5	5	10
コスト　20h 分(円/kWh_{st})	80	32	10
3h 分（円/kWh_{st}）	12	5	2
合計（PV+LIB 20h 分,円/kWh）	100	42	15
合計（PV+LIB 3h 分,円/kWh）	32	15	7

一方、SOFC の発電コストの議論から、その発電コストは、小型機（家庭用定置型）で 28 円/kWh～23 円/kWh 程度になり、中・大型機では、14 円/kWh～10 円/kWh 程度であると計算された（それぞれ、図 8 および図 5 を参照）。従って、SOFC システムの将来的な活用方法として、稼働率向上の観点からスマートグリッド内のベース電源（特に中・大型機）としての活用が考えられる。その際、余剰発電の系統電力への逆潮も想定される。SOFC のベース電源は、蓄電システムを併用した太陽電池や風力などの再生可能エネルギーとの共存が可能であり、系統電力の変動抑制としての利用が期待される。なお、系統電力の変動抑制については、電力変動の時定数に対する最適な技術オプションの選択が必要であり、比較的短時間の変動抑制に対してはガスタービンや畜電池の利用が想定され、燃料電池の場合は、比較的長時間の変動抑制での活用が期待される。

4.　まとめ

本稿では、低炭素・脱炭素社会の要となる電池技術の技術評価手法（コストエンジニアリング）について論じた。特に SOFC の性能予測・コスト評価について詳細に解説を行った。本文で述べたように、SOFCシステムの発電コストについては、中・大型機では14円/kWh程度までの低減の可能性があり、家庭用小型機では28円から23 円/kWh程度へのコスト低減の潜在性を有することが示された。従って、いずれのシステムについても、現在の系統電力コストと同等あるいはそれ以下への発電コストの低減が見込まれ、社会導入に対する大きな潜在能力を有するが、その実現に向けては、発電効率、生産技術、および稼働率向上に向けた取り組みが必要不可欠である。一方、太陽電池等再生可能エネルギーの発電コストは、将来的に10〜5 円/kWhに到達することが予想され、社会導入に対する大きな潜在能力を有する。また、LIBと太陽電池を組み合わせたシステムを考えた場合においても、将来の技術革新と量産スケールの向上に伴い、系統電力と同等のコストの実現が可能である。ただし、その蓄電量は太陽電池の発電量の数時間程度にとどまるであろう。従って、再生可能エネルギーによる出力変動や余剰電力の問題解決の観点から、次世代の電力系統内での再生可能エネルギーと蓄電のシステムと併せて、燃料電池の活用（ベース電源・出力変動調整、および水電解による水素エネルギー貯蔵システム）についても今後の研究開発の活性化が必要である。

参考文献

[1] J. Otomo, J. Oishi, K. Miyazaki, S. Okamura and K. Yamada, “Coupled Analysis of Performance and Costs of Segmented-In-Series Tubular Solid Oxide Fuel Cell for Combined Cycle System”, Int.J.Hydrogen Energy, 42 (30), 19190-19203 (2017).

[2] J. Otomo, J. Oishi, T. Mitsumori, H. Iwasaki and K. Yamada, “Evaluation of Cost Reduction Potential for 1kW Class SOFC stack production: Implications for SOFC Technology Scenario”, Int.J.Hydrogen Energy, 38 (33), 14337-14347 (2013).

[3] 玄後義, 小林由則, 安藤喜昌, 久留長生, 加幡達雄, 小阪健一郎,「200 kW 級固体酸化物形燃料電池（SOFC）発電システムの開発と展望」三菱重工技報 45(1), 27-30 (2008).

[4] 小林由則, 安藤喜昌, 加幡達雄, 西浦雅則, 冨田和男, 眞竹徳久「究極の高効率火力発電-SOFC （固体酸化物形燃料電池）トリプルコンバインドサイクルシステム」三菱重工技報 48(3), 16-21 (2011).

[5] 三菱日立パワーシステムズ HP　技術情報「燃料電池発電システム（開発中）」
https://www. mhps.com/technology/business/power/sofc/index.html

[6] Fuel cell & Hydrogen 2009-2010 http://www.nedo.go.jp/content/100079666.pdf

[7] 2016年度燃料電池発電システム 出荷量統計調査報告 電機 8月号 28-32 (2017).

[8] NEDO SOFC ロードマップ http://www.nedo.go.jp/content/100086193.pdf

[9] 科学技術振興機構 低炭素社会戦略センター「低炭素社会実現に向けた技術および経済・社会の定量的シナリオに基づくイノベーション政策立案のための提案書, 技術開発編, “固体酸化物形燃料電池システム（Vol.3）－将来の電源構成における SOFCの役割と技術開発課題－”, JST低炭素社会戦略センター, pp.1-10, 2016年3月.
(http://www.jst.go.jp/lcs/documents/publishes/item/fy2015-pp-03.pdf)

[10] 科学技術振興機構 低炭素社会戦略センター「低炭素社会実現に向けた技術および経済・社

会の定量的シナリオに基づくイノベーション政策立案のための提案書:技術開発編　太陽光発電システム（Vol.2）－定量的技術シナリオを活用した高効率シリコン系太陽電池の経済性評価－」LCS-FY2014-PP-03(pp. 1-11), 2014 年 3 月.
http://www.jst.go.jp/lcs/documents/publishes/item/fy2014-pp-03.pdf
[11] 科学技術振興機構 低炭素社会戦略センター「低炭素社会実現に向けた技術および経済・社会の定量的シナリオに基づくイノベーション政策立案のための提案書:技術開発編　蓄電池システム（Vol.2）－高容量化活物質を用いた蓄電池のコスト試算と将来展望－」LCS-FY2014-PP-04 (pp. 1-10), 2014 年 3 月(http://www.jst.go.jp/lcs/documents/publishes/item/fy2014-pp-04.pdf).
[12)] 12 Insights on Germany's Energiewende (2013 年 2 月).
http://www.agora-energiewende.de/fileadmin/Projekte/2012/12-Thesen/Agora_12_Insights_on_Germanys_Energiewende_web.pdf

Appendix

1）コストエンジニアリングによる SOFC 製造コストの試算方法

１．SOFC 発電システムの仕様を実機の情報に基づき決定した上で、SOFC セルスタックの数値モデルを構築し、発電の数値シミュレーションを実施した。実機を再現できるモデル構築を確認した後、セルスタックのサイジングを行い、セルを構成するのに必要な材料の重さを算出した。（電流－電圧曲線の数値シミュレーションの実際は原著論文[1]を参照していただきたい）

２．SOFC セルスタックの年間生産規模を設定した上で、製造プロセスの詳細を構築し、ブロックフローダイアグラム（BFD）、プロセスフローダイアグラム（PFD）、物質収支、および熱収支に基づくプロセス設計を行った。

３．上述のプロセス設計を基に、変動費（原材料費、用役費）を算出した。

４．各プロセスの製造機器の仕様を決定し、機器データベース（コスト関数）を用いて、コスト、重量、設置面積を算出した。

５．製造機器のコスト、重量、設置面積を用いて、配管、電気・計装、建屋等の工事を含めた工場の総建設費を求めた。さらに、プロセスの運転要員数を定め、固定費（設備費、人件費）を求め、製造コストを算出した。製造装置に関する個別の具体的な数値は、装置メーカーへのインタビューとエンジニアリング会社からの情報に基づき決定した。

６． SOFC システムの寿命と稼働率より発電コストを求めた。さらに、セルデザイン、スタック性能、構成材料、および製造技術等の改善についてケーススタディを行い、その結果を技術シナリオとして提示した。なお、発電コストは、システムコストと燃料コストの合計として算出しているが、コジェネレーションによる廃熱利用を考える場合は、発電時の発熱量の 1/3 が発電コストと等価であるとして、発電コストに組み込み算出した。

2）円筒横縞形セルの支配方程式[1]

表 A1　円筒横縞形セルの支配方程式

SOFC 単セルの電気化学モデル

ガス拡散方程式: $\nabla\left(D_{\mathrm{i}}^{\mathrm{eff}}\nabla C_{\mathrm{i}}\right)=\frac{1}{n_{\mathrm{e}}F}i$ (1)

オーム則: $-\sigma_{\mathrm{el}}^{\mathrm{eff}}\nabla\phi_{\mathrm{el}}=i$ (2)

$-\sigma_{\mathrm{O}}^{eff}\nabla\phi_{\mathrm{O}}=i$ (3)

多成分拡散モデル:

$$D_{\mathrm{i}}^{\mathrm{eff}}=\frac{\varepsilon}{\xi}\left(\frac{1-\alpha_{\mathrm{i,n}}y_i}{D_{\mathrm{i,n}}}+\frac{1}{D_{\mathrm{i,k}}}\right)^{-1} \quad \text{with} \quad \alpha_{\mathrm{i,n}}=1-\left(\frac{M_{\mathrm{i}}}{M_{av}}\right)^{\frac{1}{2}} \tag{4}$$

混合平均拡散係数:

$$D_{\mathrm{i,n}}=\frac{1-y_{\mathrm{i}}}{\sum_{\mathrm{i}\neq\mathrm{j}}\frac{y_{\mathrm{i}}}{D_{\mathrm{i,j}}}} \tag{5}$$

バトラー・ボルマー式:

$$i=i_0\left\{\exp\left(\frac{(1-\alpha_{\mathrm{t}})n_{\mathrm{e}}F\eta_{\mathrm{Act}}}{RT}\right)-\exp\left(-\frac{\alpha_{\mathrm{t}}n_{\mathrm{e}}F\eta_{\mathrm{Act}}}{RT}\right)\right\} \tag{6}$$

活性化過電圧:

燃料極: $\eta_{\mathrm{Act,a}}=E_{\mathrm{r}}-(\phi_{\mathrm{O}}-\phi_{\mathrm{el}})-\eta_{\mathrm{Conc,a}}$ (7)

空気極: $\eta_{\mathrm{Act,c}}=-(\phi_{\mathrm{el}}-\phi_{\mathrm{O}})-\eta_{\mathrm{Conc,c}}$ (7')

濃度過電圧:

燃料極:

$$\eta_{\mathrm{Conc,a}}=-\frac{RT}{n_eF}\ln\left(\frac{p_{\mathrm{H_2}}^{\mathrm{bulk}}\,p_{\mathrm{H_2O}}^{\mathrm{TPB}}}{p_{\mathrm{H_2}}^{\mathrm{TPB}}\,p_{\mathrm{H_2O}}^{\mathrm{bulk}}}\right) \tag{8}$$

空気極:

$$\eta_{\mathrm{Conc,c}}=-\frac{RT}{n_eF}\ln\left(\frac{p_{\mathrm{O_2}}^{\mathrm{bulk}}}{p_{\mathrm{O_2}}^{\mathrm{TPB}}}\right) \tag{8'}$$

ネルンスト式に基づく起電力:

$$E_{\mathrm{r}}=-\frac{\Delta G_f^{\circ}}{4F}-\frac{RT}{2F}\ln\left(\frac{p_{\mathrm{H_2O,a}}}{p_{\mathrm{H_2,a}}}\right)+\frac{RT}{4F}\ln(p_{\mathrm{O_2,c}}) \tag{9}$$

セル電圧: $V_{\mathrm{cell}}=E_{\mathrm{r}}-E_{\mathrm{loss}}-V_{\mathrm{pol}}$ (10)

$V_{\mathrm{pol}}=\eta_{\mathrm{Act,a}}+\eta_{\mathrm{Act,c}}+\eta_{\mathrm{Conc,a}}+\eta_{\mathrm{Conc,c}}+\eta_{\mathrm{Ohm}}$ (10')

チューブ形モジュールの出力: $P_{\mathrm{stack}}=N_{\mathrm{cells-series}}I_{\mathrm{cell}}V_{\mathrm{cell}}$ (11)

F: ファラデー定数 (F = 96485 C/mol), R: 気体定数 [R = 8.314 J/(mol K)], T: 温度 (K),

i: 電流密度 (A/m^2), ϕ_j: j 種 の電位 (j : 電子, 酸化物イオン) (V), i_0: 交換電流密度 (A/m^2),

I: 電流 (A), V_{cell}: c セル電圧 (V), E_{r}: ネルンスト式に基づく起電力 (V), E_{loss}: ネルンスト損失 (V),

η_{Act}: 活性化過電圧 (V), η_{Conc}: 濃度過電圧 (V), η_{Ohm}: 抵抗過電圧 (V), α_t: 移行係数 (-),

n_e: 電子移動数, C_i: i 種のモル濃度 (mol/m^3),

$D_{\mathrm{i,j}}$: 2 成分系相互拡散係数 (m^2/s), $D_{\mathrm{i,k}}$: i 種のクヌッセン拡散係数 (m^2/s),

$D_{\mathrm{i,n}}$: i 種の多成分系平均拡散係数(m^2/s), $D_{\mathrm{i}}^{\mathrm{eff}}$: i 種の有効拡散係数 (m^2/s),

M_i: i 種の分子量 (-), M_{av}: 混合系の平均分子量 (-), y_i: i 種のモル分率 (-),
p_i: i 種の分圧 (Pa), r: 平均細孔半径 (m), ε: 空孔率 (-), ξ: 屈曲率 (-),
L_{TPB}: 三相界面長 (m), R_p: 界面抵抗 (Ω), P: 出力 (J/s), $N_{cells\text{-}series}$: 直列のセル数 (-)

3）家庭用 SOFC CHP システムの仕様および構成材料（円筒平板形セル: 図 A1 および表 A2,A3） [2]

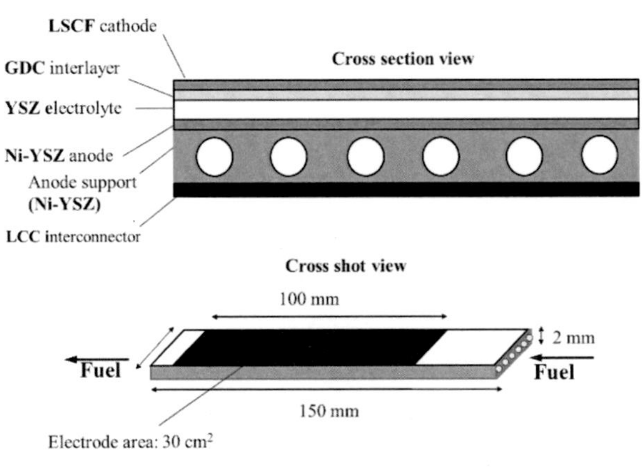

図 A1　円筒平板型単セル模式図 [2]

表 A2.　円筒平板形 SOFC 仕様

項目	値
定格出力 （AC） (W)	700
DC 出力 (W)	800
平均出力密度 (W cm^{-2})	0.19
平均電流密度 (A cm^{-2})	0.25
単セルの電極面積 (cm^2)	30
セル枚数	140
運転温度 (°C)	750
S/C 比 (加湿メタン)	2.5

表 A3. 円筒平板型セル構成材料	略語
$(ZrO_2)_{0.92}(Y_2O_3)_{0.08}$	YSZ
$Ce_{0.8}Gd_{0.2}O_{1.9}$	GDC
$La_{0.6}Sr_{0.4}Co_{0.2}Fe_{0.8}O_{3-d}$	LSCF
$La_{0.8}Ca_{0.2}CrO_{3-d}$	LCC
Co_2MnO_4	CMO

4) リチウムイオンバッテリー（LIB）の技術革新の見通し

表 A4　LIB 技術シナリオ [11]

	現状	2020～2025	2030
正極/負極活物質	$LiCoO_2$/黒鉛	Co-Li_2O/黒鉛※	Co-Li_2O/Si ※
生産規模　(GWh/y)	1*	10	10
収率 (%)	66*	90	90
正極/負極容量密度 (mAh/g)	150/400	350/900	580/1400
蓄電容量 (Wh_{st}/電池)	8.6	9.5	15.4
エネルギー密度 (Wh_{st}/kg)	200	260	430
製造コスト(円/kWh_{st})	18	8	5

※10 GWh/y, 収率 90%：13 円/Wh_{st},　※現状：12 円/ Wh_{st} (170 Wh_{st}/kg)

5) 家庭用 SOFC CHP システムの発電コストの稼働率依存性

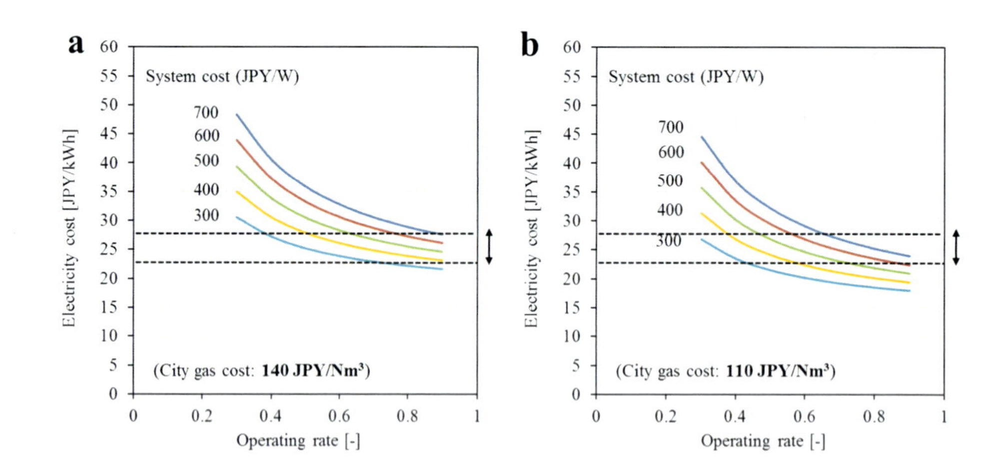

図 A2　家庭用 700W SOFC CHP システムの発電コストの稼働率依存性
計算条件：発電効率 55%（LHV)：システム寿命 15 年（将来ケース）；
廃熱利用も発電コストに反映している（廃熱回収率：35%, 総合効率 90%）；
*参考文献[9]の図を改変の上掲載
*廃熱利用（コジェネレーション）については、発電時の発熱量の 1/3 が発電コストと等価であるとして発電コストに組み込み、計算を行った。

III－5　電池技術と将来のエネルギーの姿

伊原　学
（東京工業大学）

地球温暖化抑制という社会的課題とエネルギー技術

地球温暖化の抑制は、人類が将来にわたって解決すべき本質的な社会的課題である。COP21（気候変動枠組条約締結国会議）における Paris agreement では、産業革命以前のレベルに比べて将来の温度上昇を 1.5～2℃以下に抑制するとの合意がなされた。図 1 に”Paris agreement”の抜粋を示す。

Paris agreement in COP 21
(December in 2015)

----------*also notes* that much greater emission reduction efforts will be required than those associated with the intended nationally determined contributions in order to hold the increase in the global average temperature to below 2 ˚C above pre-industrial levels by reducing emissions to 40 gigatonnes or to 1.5 ˚C above pre-industrial levels by reducing to a level to be identified in the special report referred to in paragraph 21 below ----------

図 1　COP21 における Paris agreement の抜粋

日本では 2030 年までに 2013 年比で 26%の CO_2 排出量を削減し、2050 年までには 80%の CO_2 排出量の削減を目標とする環境基本計画が閣議決定されている。図 2 に主要国の電源の構成比を示す。なかでもフランスは、電源構成比で低炭素電源とされる原子力発電の比率が高く、化石燃料を主体とする日本とは対照的であるものの、2030 年までに 1990 年レベルよりも 40%、2050 年までには 75%の CO_2 排出量を削減することを決めている。また、2030 年までには 32%を再生可能エネルギー由来とし、50%のエネルギー使用量を削減する目標を掲げている。つまり、世界各国が CO_2 排出量の削減、エネルギー消費量の抑制と再生可能エネルギーの導入を主とする CO_2 排出量の削減に向けて取り組んでいるといえる。

しかし、これらの極めて高い削減目標の達成は容易ではない。著者もメンバーである東京工業大学、産業技術総合研究所、エネルギー総合工学研究所の共同研究による NEDO（New Energy and Industrial Technology Development Organization）水素シナリオ研究[2]など、いくつかの研究では 80%削減へのシナリオを検討している。その結果、現在のエネルギーシステムの抜本的な変革がなければ、到底実現し得ない目標であることが指摘されている。CO_2 は産業部門、運輸部門、民生部門それぞれから排出されており、それぞれの部門におけるエネルギー関連の排出量は、総量として主要な割合を占めている。したがって、エネルギー供給、特に発電における CO_2 排出量をほぼフリーにすることが必要であると考えられている。

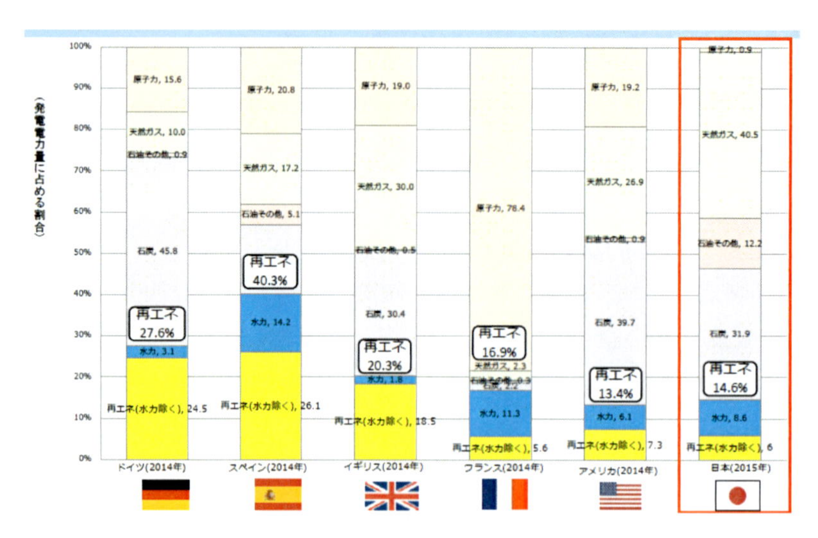

図２　主要国の各電源の構成比率（経産省ホームページより引用[1]）

発電時の CO_2 排出量をフリーにする３つの電源、再生可能エネルギーと電池技術

発電時の CO_2 排出量をフリーにするカーボンブリー電源は、大きく分けて３つある。一つ目は、太陽電池、風力発電、水力発電、地熱発電などの再生可能エネルギーを活用した電源、二つ目には、天然ガスや石炭を燃料とする火力発電で生じる CO_2 を回収し、深海や地層に隔離貯蔵する CCS（Carbon dioxide Capture and Storage）といわれる技術を使った CCS 火力発電による電源、三つ目は、原子力発電による電源である。CO_2 を CCS によって処理する技術は充分に実用レベルに達しているものの、分離回収、圧縮、貯蔵場所への搬送にともなう追加的な CO_2 排出、コスト負担が必要となる。また、廃棄物となる CO_2 は自国にて隔離貯蔵することが原則となっていて、CCS に適した貯蔵場所は、地質学的にアクティブな日本において限定的と見られている。原子力発電は、福島発電所での事故以来、安全性対策に対するコスト増など経済的優位性の低下に加え、社会受容性の観点からも、日本においては大幅な拡大は難しい状況にある。また、これら２つの電源は集中的な初期投資が必要で、その設備投資は長期に渡って回収するビジネス構造を持っているため、社会的要因の変化が生じた場合にビジネス計画の変更もしくは中止といった機動的な対応が難しい。

一方、太陽電池などの再生可能エネルギーによる電源は、これまでコスト高とみられていたが、特に太陽電池は急激に低コスト化し、例えば、米国における太陽電池システム価格（図３に平均価格の変化を示す。）は、この５年間で約半分ほどにも低下している。特に、日射時間の長いアブダビでは、太陽電池によるメガソーラー発電所の電力を 2.42 セント(US$)/kWh（Levelized Cost of Electricity : LCoE ）もの低価格（日本での民生用電力価格は 15～23 円/kWh）にて販売する契約（丸紅と中国 Jinko Solar が共同で提示）が締結されたことが報道されている（2016 年９月）。しかし、一方で FIT 制度（Feed-in Tariff、固定価格買取制度）によるメガソーラー導入が促進され、地理的条件が比較的有利な九州電力管内では、2018 年 4 月 8 日正午に太陽電池発電の出力が総電力需要の約 80%と、系統の安定性が限界近くに達し、今後、太陽電池からの出力を抑制する可能性が高まったと報道された。太陽電池発電、風力発電などの再生可能エネルギーを利用する電源は、天気や雲などの天候に左右されやすく、分スケール、時間スケール、１日や季節によっても大きく変動する変動型の電源である。電気を供給する電力グリッドは、そこに接続される電力消費量の総量と、発電によって供給される各種電源からの供給総量とが等しいことで電力グリッド内の電圧が維持されている。しかし、気象条件の急激な変化などによって変動型電源の発電量が大きく変動した場合、電力消費と供給のバランスが崩れ、大規模な停電が生じる危険性が指摘されている。現在は、余剰電力などで水をくみ上げる揚水発電を使って調整しているが、揚水発電による調整力容量はエリアによって様々であり、揚水発電用のダムが大雨で満水となることや、需給バランス予測が外れると系統の調整力は低下する。したがって、今後は、揚水発電の活用、エリア外への送受電、火力発電の出力抑制に加えて、原子力発電の出力抑制も含めた、より弾力的な運用の検討が必要になる。また、太陽電池は夜間の発電量はゼロとなるため、そのための代替電源、もしくは蓄電池や電気分解による水素による化学的な貯蔵システム PtoG（Power to Gas）などの、蓄エネルギー技術が求められている。

つまり、将来に向けて再生可能エネルギーの利用拡大が求められ、太陽電池などの一次エネルギーの変換デバイス、そして、蓄電池や電気分解セル/燃料電池などによる蓄エネルギーデバイス・システムの各種電池技術が将来のエネルギーシステムにおいては、より重要な役割を占めると考えられる。

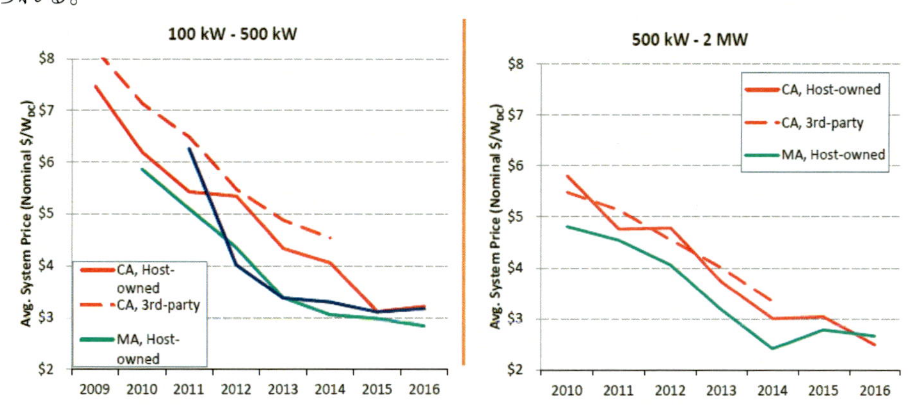

図３　米国における太陽電池システムの平均価格の推移（NREL 報告書[3]より引用）

集中発電システムと分散発電システムの協調

現在の電力システムは、大規模な発電システムによって高効率発電された電力が、系統の配電網によって送られ消費される、集中発電システムである。一方、住宅用の太陽電池や燃料電池、ホーム蓄電池など小型のエネルギーデバイスは、発電もしくは充放電による電力が系統と連系することで、大規模発電所からの電力ネットワークに接続され、利用される分散型の発電システムである。以下に、将来に渡って、集中発電システムが使われ続けるのか、あるいは、分散型のシステムが導入されていくのかを考えてみたい。

図４に、著者も日本工学アカデミーのメンバーとして参画した、世界工学アカデミー　エネルギー委員会報告書[4]（2015 年 10 月発行）からの引用を示す。本委員会では、将来のビル技術お

よび自動車や鉄道などの移動体に関する将来技術を、5回のミーティングにて集中議論した。参加国は、日本のほか、インド、中国、韓国、イギリス、ドイツ、スイス、USA、カナダ、オーストラリア、南アフリカの各国であった。図4に示すようにビル技術では、高効率化のために建築構造的工夫によるパッシブな手法と、電池技術などの各種エネルギーデバイスを用いるアクティブな手法に分類される。将来はビル内および自治体などの比較的小規模な単位にて分散型の電源ネットワークを形成し、さらに集中型の大規模発電所と電力網を介して接続される技術が発展していくと予想されている。

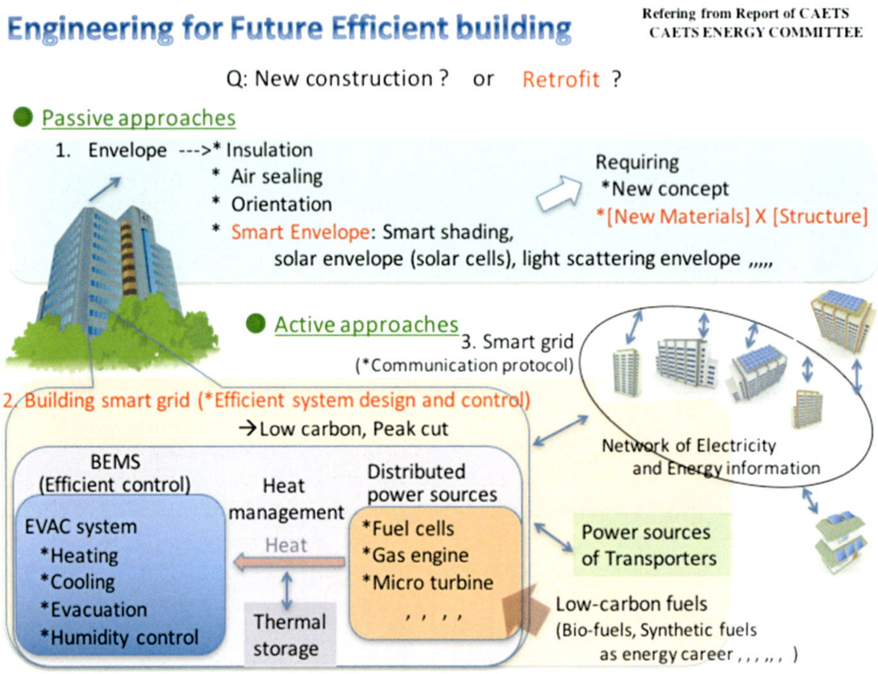

図4　世界工学アカデミーエネルギー委員会によるビル技術の将来イメージ

一般的に、化石燃料などを一次エネルギーとする発電システムは、その規模が大きくなるに従い変換効率は高くなる。逆にその規模が小さくなるに従って高効率化が困難になる。では、小型の分散型デバイス・システムのメリットは何であろうか。熱力学第一法則であるエネルギー保存則は、化学エネルギーなどの内部エネルギー変化（ΔU）は、仕事（w）と熱（q）の総和となると教えている。

$$\Delta U = q + w$$

つまり、燃料電池などで仕事（w）である電気エネルギーに変換した後、それ以外は熱となりエネルギーの総量は保存される。直接、化学エネルギーから電気エネルギーに変換する変換効率が低くても、排熱として生成する熱の利用率を向上させれば、総合効率は向上できる。一方で、電気エネルギーは送電線によって容易に送ることができるが、熱はそのエネルギー密度も低く、特に遠方への輸送は難しい。したがって、分散型の小型電源でも、熱の需要と供給を適切に合致させることができれば、熱利用率の向上によって総合効率を上げ、CO_2排出量を集中型の電源よりも削減できる可能性がでてくる。このように、各種電池技術を含めた技術の進展と熱の利用効率を向上させるシステム設計によって、将来は大規模な集中型発電システムと太陽電池、燃料電池、蓄電池などの各種分散型電源が共存するエネルギーシステムになるものと考えられる。

各種エネルギーデバイスを統合し、再エネ電源の大量導入を可能にする系統協調/分散型システムの必要性

電力系統は同時同量の需給バランスを維持することで、系統の安定化をおこなっている。さらに、現状ではタービンによって発電機を回転させる火力発電、原子力発電などのタービン発電がほとんどであることから、タービンのもつ慣性力も使って電力周波数の維持、安定化などをおこなっている。しかし、太陽電池や蓄エネルギーデバイスが系統に電力を供給する場合は、PCS（power conditioning system）を通じて直交変換し電力を供給するため、タービン発電のような慣性力を使った周波数維持機能は利用できない。つまり、多量の再エネ変動型電源が電力系統に接続された場合には、気象条件などに依存する中小規模の多くの変動型電源が従来の交流電力グリッドに接続されることにより生じる同時同量の需給インバランスによって、「周波数制御」、「電圧の維持」、「過渡安定度の確保」に関する課題が生じる。そのため、中小様々な直流電源が、ICT を使って制御可能な PCS により交流電力グリッドに接続された条件下において、分散グリッド内の高効率制御と上記 3 つの系統の安定化に関する課題を解決できる新しいエネルギーシステムの開発が必要となる。このようなシステムを我々は、“系統協調/分散型リアルタイムスマートエネルギーシステム”と呼んでいる。

この“系統協調/分散型リアルタイムスマートエネルギーシステム”を使って中小の様々な電源を統合し、全体として大きな発電所のように機能させ、系統の安定化に貢献するエネルギーリソースアグリゲーションが必要とされる。リソースアグリゲーターは、これから構築される電力自由市場にて適切な発電/需要電力予測に基づきビジネスをおこなうことができる。しかし、例えば、東京電力管内の需要予測など、大規模かつ、比較的長い時間スケールでのデマンド予測はおこなわれてきたものの、エネルギーリソースアグリゲーターが扱うと想定され、リアルタイムデータの活用がより重要となる「1 万～数万 kw 規模」の比較的中小規模の分散ネットワーク内での各種発電/需要電力予測、および、それらに基づく制御技術開発は今後必要となる課題である。

また、EV（Electric Vehicle）、FCV（Fuel Cell Vehicle）などの車の稼働率は一般的に数%以下であることから、駐車している時間に電力系統に接続して、車の利用に影響なく車載電源を活用できれば、エネルギーリソースアグリゲーターは大容量の分散型電源（蓄電、発電）を利用できることになる。しかし、エネルギーリソースアグリゲーターは、管理する分散型ネットワークにどれだけの EV、FCV などのモバイル電源が接続され、どれだけの電力量を活用できるかを予測、把握する必要も生じる。図５に「系統協調/分散型リアルタイムスマートエネルギーシステム」によるエネルギーリソースアグリゲーションの概念図を示す。

つまり、再生可能エネルギー由来の電源比率を増加させ、CO_2排出量を 80%削減し、地球温暖化抑制に貢献するためには、太陽電池などの一次エネルギーの変換デバイス、そして、蓄電池や電気分解セル/燃料電池などによる蓄エネルギーデバイス・システムの各種電池技術の開発とともに、変動型再生可能エネルギーを主体とする分散電源と既存の集中型電源とが電力グリッドに接続され、AI 解析や通信などの情報技術を活用した電力系統を安定的に制御供給する情報システム技術が求められることになる。

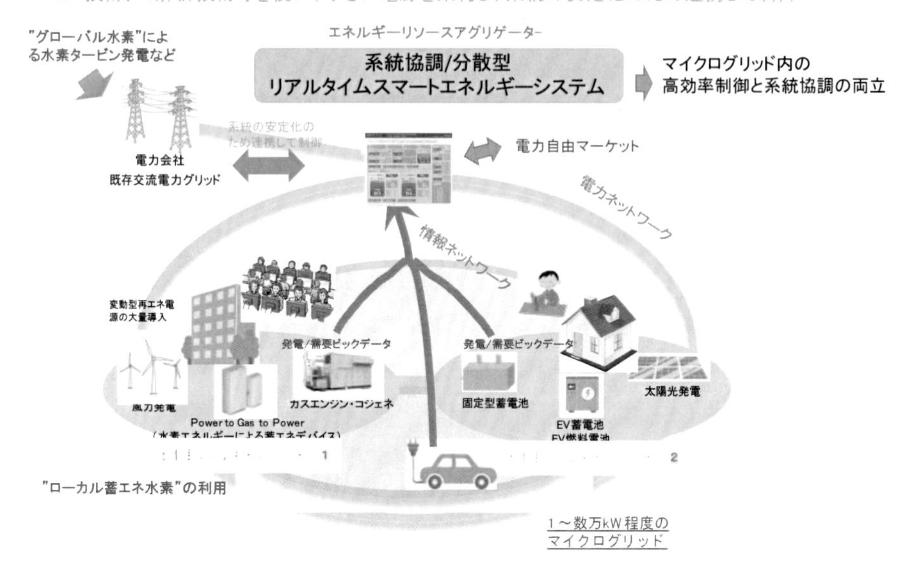

図５　「系統協調/分散型リアルタイムスマートエネルギーシステム」による
エネルギーリソースアグリゲーションの概念図

各種電池技術/建築技術/情報技術の融合、システム開発の例

--環境エネルギーイノベーション棟と 1.4MW 太陽電池/100kW 燃料電池/35kW×3 ガスエンジン/100kWh リチウムイオン蓄電池を実際に制御するエネスワロー--

著者らは、60%以上の低炭素化と電力自給自足が設計上可能で、かつ高い耐震性能を有するビルとして設計され、南壁面、西壁面、屋上が総枚数 4570 枚の太陽電池パネル（650kW）で覆われた特長を有する東工大環境エネルギーイノベーション棟（EEI 棟、図６に外観写真を示す。）のエネルギー設備のシステム設計をおこなった。また、既存のエネルギー設備の双方向情報通信を可能とする分散型スマートエネルギーシステム“エネスワロー”（東工大にて商標登録）の開発もおこなってきたので以下に紹介する。エネスワローは、上記した「系統協調/分散型リアルタイムスマートエネルギーシステム」への発展を目指している[5-10]。

2015 年には、エネルギーミックスと電力の平準化をおこなう機能を持つ“エネスワローver.3”を開発し、大岡山キャンパスにて運用を開始した。738kW の太陽電池、105kW（35kW×3）のガスエンジン、96kWh（48kWh×2 台）のリチウムイオン二次電池をキャンパス内に増設し、2012 年に竣工した EEI 棟の 650kW の太陽電池、100kW の燃料電池、排熱を利用する空調機器などの EEI 棟エネルギーシステムとも連携して制御をおこなう。 したがって、大岡山キャンパスの太陽電池の発電容量は合計で約 1.4MW となり、メガソーラー発電所に匹敵する発電容量を有している。これによって、ピークでは大岡山キャンパスの 15~20%もの電力を、太陽電池を主とする分散電源で供給することが可能となり、一層の CO_2 排出量の削減を実現している。

図 6　東工大環境エネルギーイノベーション棟（EEI 棟）の外観写真（大岡山キャンパス）

“エネスワローver.3”（現在は ver 3.2 までバージョンアップ）は、熱需要に応じた各分散電源の高効率運転をおこなうとともに、リアルタイムデータに基づく独自の電力予測式によってピークカット制御をおこなう。さらに、停電時には太陽電池、ガスエンジン、燃料電池、リチウムイオン二次電池の各分散電源が連携し、EEI 棟に自立的に電力を供給することが可能で、災害時などの長期停電時でも永続的に自立運転を継続することができる。エネスワローの特徴を下記にまとめる。また、図 7 に東工大大岡山キャンパスの地図を示す。赤色で示した建物屋上には太陽電池が設置されている。

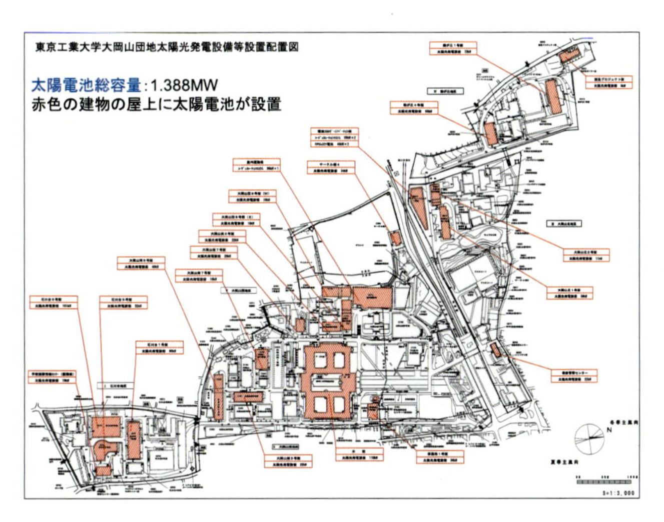

図 7 東工大大岡山キャンパスと太陽電池パネル設置位置

エネスワローver.3.2の特徴

エネスワローver3.2のトップ画面のスクリーンショットを示す（図８）。また、下記にシステムの機能、特長を示す。

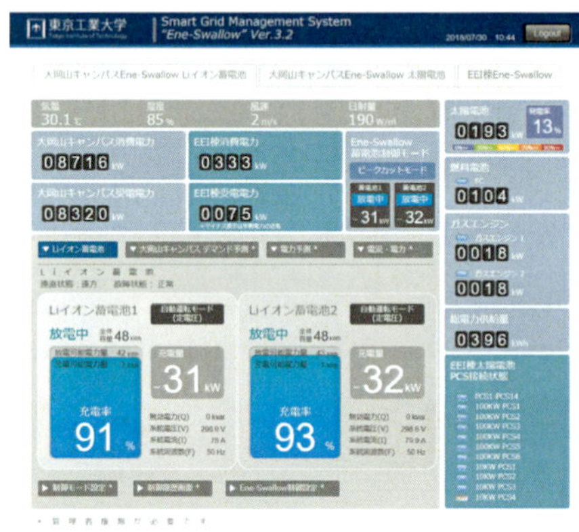

図８　エネスワローver3.2のトップ画面のスクリーンショット（上：30分後の受電量予測表示、下：ピークカット動作時の表示）

- エネスワローver.1はEEI棟内のエネルギー機器を制御、ver.2では、キャンパス全体の太陽光発電量のリアルタイム取得を実現し、エネスワローver.3では、ver.1、ver.2との相互連携、統合化が可能となった。
- msオーダーの高速で処理可能な制御エンジン部と１分ごとに処理するIEEE1888ストレージサーバーから構成されている。
- IEEE1888に規格化するマルチゲートウェイを採用し、BacNET/IP通信、TCP/IP通信、ModBus通信、DAIKIN DIII-NET通信、FTP通信、アナログ通信などの異なるプロトコルを有する多様なメーカーの機器を接続した実績を持ち、多種多様な機器からのエネルギーデータを集約取得することが可能である。
- 既設のBEMS（Building Energy Management System）などをコネクトし、System of systemsの構成となっている。
- BEMSがコネクトされ、連携して燃料電池、ガスエンジンからの排熱を高度利用する制御をおこなう。
- 外調器　風量も考慮したドラフトチャンバー電力按分計算式などを採用するなど、各機器のシステム原理から導き出される独自の按分式を使って、詳細でより正確な電力按分をおこなうことが可能であり、電力計を最小限にでき低コスト化が実現できる。
- 太陽電池の各ストリングスについて、直流電流、直流電圧を計測し、PCSからのデータと比較表示する機能を有している。
- 停電時には、エネスワローver.3が積極的に発電機と空調の電力量のバランスを自動的にとることで、二次電池と連携して自立運転をおこなう。
- リアルタイムデータに基づく「1.　30分ごとの電力量予測」、「2.　数分後の電力量予測」を独自開発した計算式で予測し、契約電力を超えないようピークカット制御をおこなう。
- 空調の設定温度、計測温度、外気温度、受電量などから自動的に、かつユーザーに無理なく空調の負荷抑制をおこなう機能を有している
- 空調の設定温度、計測温度、外気温度、受電量などが一定の条件を満たした場合、自動的にメール配信する機能を有している

東工大大岡山キャンパスの契約電力は約 10000kw であり、リソースアグリゲーターが管理すると想定される最小規模と同程度である。また、以上述べたように、変動型再エネ電源である太陽電池、化石燃料を使い電力と熱を利用するコジェネレーション型の分散電源である燃料電池、ガスエンジン、蓄エネルギーデバイスであるリチウムイオン蓄電池がすでにエネスワローに接続されている。また、学内にて整備を進めている全学的電力検針システム（Green Terminal）との部分連携が可能となっており、今後、より高度な予測と制御をおこなう「系統協調/分散型リアルタイムスマートエネルギーシステム」への発展を目指している。

将来のエネルギーシステムにおける 2 つの水素エネルギーの役割

著者らは、将来のエネルギーシステムにおける水素エネルギーの役割や、将来の水素エネルギー導入量などを、学理に基づいた性能予測などをベースに解析をおこない、導入量やコストがどのような要因で変化するのか、水素社会が来るとすればどのような姿なのか、また、各エネルギーキャリアなどの特長と役割などについて整理して技術シナリオとしてまとめた[2]。NEDO のサイトからダウンロードできるので、ご参照いただきたい。

本節では、まず水素の特徴を整理し、そこから見えてくる水素の利用方法、水素の製造方法などについても紹介し、電池技術、システム技術との関連を説明していきたい。

下記に水素の特徴を示す。

1．水素は一次エネルギーではない。
2．水素を燃料として用いる際には CO_2 を排出しない。
3．燃料電池のほか、タービンやエンジンでも水素を燃料として利用できる。
4．水素をいくつかの方法で、ほぼ CO_2 を排出せずに製造することができる。（カーボンフリー水素）

これらの特徴から、水素を化学的エネルギーストレッジとして用いるための各種技術開発が近年盛んである。水素は主に以下に示す 3 つの方法で製造できる。

1．天然ガスの水蒸気改質およびシフト反応

$CH_4 + H_2O \rightarrow 3H_2 + CO$　　Steam reforming

$CO + H_2O \rightarrow CO_2 + H_2$　　Shift reaction

2．石炭の水蒸気改質およびシフト反応

Black coal（瀝青炭）: water content(3%), Volatile matter(32%),Solid carbon (57%), ash content(11%)

Brown coal （褐炭）: water content(63%), Volatile matter(50%), Solid carbon (50%), ash content(1%)

$Coal \rightarrow H_2 + C_mH_n + C$　　Thermal decomposition

$C + H_2O \rightarrow H_2 + CO$　　Steam reforming

$CO + H_2O \rightarrow CO_2 + H_2$　　Shift reaction

1，2の手法は、技術的に成熟していて広範囲での工業化が可能である。特に褐炭は、利用価値が低いとされてきたが、水素生成には適しているため、安価な水素製造原料として期待される。

しかし、これらの手法は水素製造量に対応した CO_2 排出を伴うため、前述したように Paris Agreement を前提とするなら、CCS が必要となり、CCS に必要なエネルギーについて追加的な CO_2 排出量削減措置が求められることになる。

３．再生可能エネルギー由来の電力を用いた水の電気分解

理論的には水素、酸素から水蒸気が生成する際のギブズエネルギー差（ΔG）が、燃料電池では電力として取り出せ、逆に、電気分解反応では、このΔG分を電力で与えることで、水素、酸素が得られる。しかし、第２章の「電気化学・電極反応の基礎」の項で解説したように、これは熱力学的に理想的な可逆過程の場合であり、実際には燃料電池では得られる電力は ΔG よりも小さくなり、逆に電気分解反応で必要な電力はΔGよりも大きくなる。電気分解における追加的なエネルギー（過電圧）をどこまで最小化できるのかは、電極の材料や構造に依存することになるため、技術開発要素となる。

$$H_2O \overset{\Delta G}{\longleftrightarrow} H_2+1/2O_2$$

この電気分解の際に、太陽電池や風力などの再生可能エネルギー由来の電力を用いれば、使用時に CO_2 を排出することがなくカーボンフリー水素が得られる。これらのカーボンフリー水素をタンクなどで貯蔵し、必要な場所、必要な時に電力として燃料電池やタービンなどから供給すれば、水素は化学的エネルギーストーレッジとして機能することになる。電力（power）から水素ガス（gas）を得るため、PtoG（Power to Gas）とも呼ばれる。

図９に水素関連技術の全体像を示す。

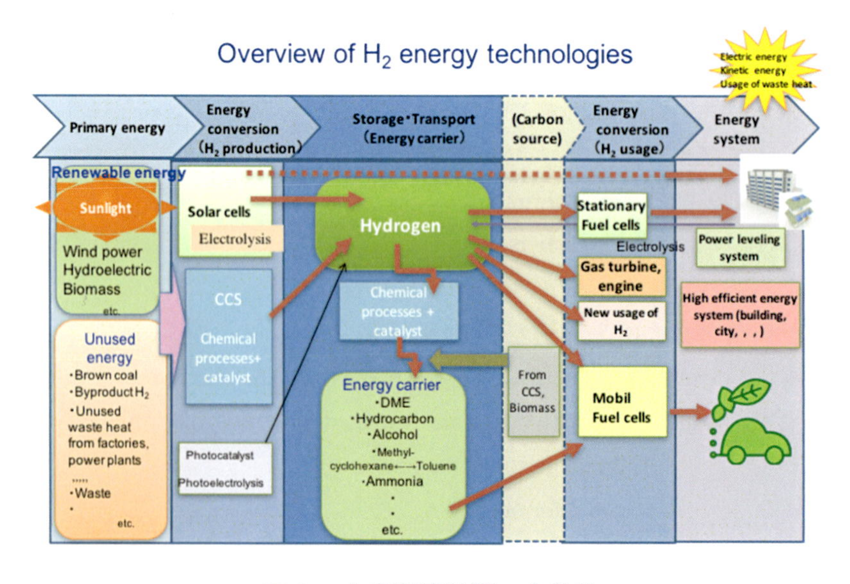

図９　水素関連技術の全体像

前述した東工大/産総研/エネ総工研による研究チーム[2]では、水素エネルギーの役割、位置づけを下記の「グローバル水素」および「ローカル蓄エネ水素」に分類した。

1．グローバル水素：CO_2排出削減という制約条件下で、エネルギー資源をグローバルに有効活用(resource allocation 最適化)するための重要なオプション

この場合、水素を地球規模で輸送する必要があるため、適切なエネルギーキャリアが必要であり、現在、液化水素、アンモニア、メチルシクロヘキサンなどが検討されている。図 10 にグローバル水素利用の概念図を示す。

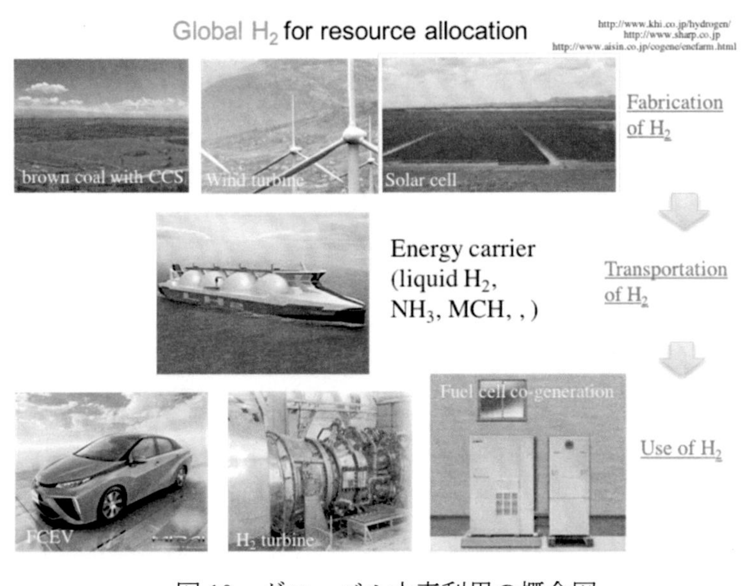

図 10　グローバル水素利用の概念図

2．ローカル蓄エネ水素：変動型再生可能エネルギーを大量利用する際の電力平準化という制約下で、ローカルな蓄エネルギーとしての重要なオプション

グローバル水素では、前節で紹介した日照時間や安い労働力が得られ太陽電池からの電力を安価で供給できるアブダビなど、水素製造時に必要な電力を安く供給できるメリットがある。一方で、ローカル蓄エネ水素では、「キャリア製造＋脱水素」に関わる CO_2 排出量およびコストが不要であるというメリットを持つ。ローカル蓄エネ水素利用では、「系統協調/分散型リアルタイムスマートエネルギーシステム」によって、蓄電池とともに系統の安定化に貢献するエネルギーデバイスにもなりうる。想定されるシステム構成の例を図 11 に示す。蓄電池は、比較的短い時間スケールでの速い充放電に適したデバイスであり、一方、水素 PtoG は長い時間スケールでの蓄エネルギーデバイスとして適している。

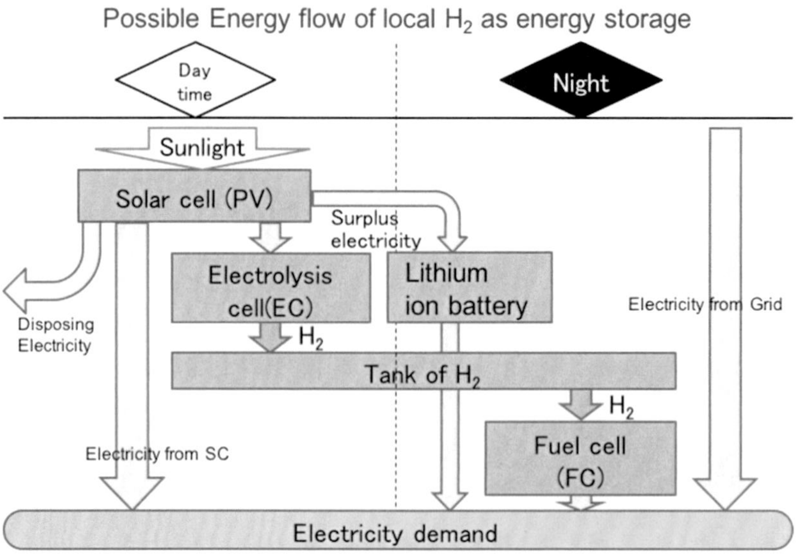

図 11　水素 PtoG システムを利用した分散エネルギーシステムの例

将来にむけて

今後、再生可能エネルギーを主とする社会へと変革していく。再生可能エネルギーの量は気象条件に依存しているため、グローバルに偏在している。つまり、どこでどのように得られた再生可能エネルギーを、どのようなキャリアで、どのように送られたのかにより、そのコストが大きく異なることを意味する。また、将来、エネルギー需要量に応じ、世界的に安価な CO_2 フリーエネルギーから使われ、高価なエネルギーであっても必要量に応じて導入せざるを得なくなる社会がくると考えられる。2050 年に向けて各種電池技術の技術開発が遅れれば、日本は将来、高いエネルギーコストを支払わなければならなくなるであろうし、それは同時に技術開発が牽引するビジネスチャンスでもある。Paris Agreement による CO_2 排出量削減という制約のもと、電気化学をベースとする各エネルギー変換技術開発、そして情報技術をも取り込んだシステム技術開発が、今後、益々重要になってくるであろう。

参考文献

[1] http://www.meti.go.jp/committee/kenkyukai/energy_environment/saisei_dounyu/001_haifu.html）

[2] 東京工業大学、産業技術総合研究所、エネルギー総合工学研究所、平成 28 年度～平成 29 年度成果報告書　水素利用等先導研究開発事業 トータルシステム導入シナリオ調査研究、http://www.nedo.go.jp/library/seika/shosai_201810/20180000000349.html）

[3] NREL 報告書　NREL/PR-6A20-68425

[4] ” TRANSITIONING TO LOWER CARBON ECONOMY----Technology and Engineering Considerations in Building and Transportation Sectors---“世界工学アカデミーエネルギー委員会（International Council of Academies of Engineering and Technological Sciences, CAETS energy committee）報告書、2015 年 10 月

https://www.cae-acg.ca/caets-energy-committee-issues-low-carbon-building-and-transportation-study/
[5] 伊原学，ICTインフラの整備により変化するエネルギー管理の将来　その2　「スマートグリッド“エネスワロー”と東京工業大学グリーンヒルズ構想」，一般社団法人建築設備綜合協会発行「BE建築設備」2014年9月号，(2014)
[6] 伊原学，低炭素化への取組み　(1)都市と一体化する将来の分散型エネルギーシステムに向けた、東工大“グリーンヒルズ構想”—エネスワローによるキャンパスのスマートグリッド化—，公益社団法人空気調和・衛生工学会発行学会誌2014年5月号，88(5)，(2014)，9-15
[7] 伊原学，東工大“環境エネルギーイノベーション棟”の設備概要とスマートグリッド“エネスワロー”によるエネルギーデータの総合化，建材試験情報，50，(2014)，2-7
[8] 伊原学, スマートグリッド管理システム”エネスワロー”によりエネルギーデータが統合化される”環境エネルギーイノベーション棟”，日本設備設計事務所協会発行「設備設計」10月号, 49, (2013), 3-10
[9] 伊原学, 環境エネルギーイノベーション棟のエネルギーシステムの概要、今後のエネルギーシステムについての展望, 株式会社建築技術発行「建築技術」2012年10月号, (2012), 20
[10] 伊原学，“東工大環境エネルギーイノベーション棟”の環境エネルギー設備とこれからのエネルギー，「近代建築」2012年7月号, (2012)

最近の化学工学 67

進化する燃料電池・二次電池

ー反応・構造・製造技術の基礎と未来社会を支える電池技術ー

2019年2月15日　初版発行

化学工学会　関東支部　編

化学工学会　エネルギー部会、材料・界面部会　著

定価（本体価格3,900円＋税）

発行所　化学工学会関東支部

〒112-0006　東京都文京区小日向4-6-19

共立会館5階

TEL 03(3943)3527

FAX 03(3943)3530

発　売　株式会社　三恵社

〒462-0056　愛知県名古屋市北区中丸町2-24-1

TEL 052(915)5211

FAX 052(915)5019

URL http://www.sankeisha.com

乱丁・落丁の場合はお取替えいたします。

ISBN978-4-86487-996-5 C3043 ¥3900E